쉽게 배우는

대학기초물리

유주식 지음

교육과학사

머리말

물리학은 오랜 역사를 가지고 있으며 세계적으로 널리 알려진 훌륭한 교재들이 많다. 그런데 유명한 책들에서 소개하는 물리학의 내용은 너무도 광범위하고 방대하므로 전공과목을 공부하는데 필요한 내용을 간추려서 쉽게 설명한 책이 필요하다.

이 책은 이공계열의 물리학 입문서로서 기본적인 내용을 간결하게 정리하고 알기 쉽게 설명하였다. 이 책의 목적은 이공계열 학과에서 전공 공부에 필요한 기본적인 물리량의 개념을 익히게 하는 데 있다. 충분한 양의 예제와 연습 문제를 수록하고, 특히 기초가 부족한 학생들도 스스로 공부할 수 있도록 문제 풀이 과정을 상세하게 기술하였다. 연습문제는 주요 핵심 개념을 파악할 수 있게 하는 문제들로 구성되어 있으며, 특히 공무원 임용시험에 출제된 문제를 많이 수록하여 각종 시험에도 도움이 되게 하였다.

대부분의 대학 교재들은 연습문제 풀이를 해 주지 않지만 이 책은 우선적으로 학생들이 쉽게 공부할 수 있도록 모든 연습문제의 정답과 풀이 과정을 기술하였다.

아무쪼록 이 책을 통하여 전공공부에 필요한 물리적 개념을 익히게 되기를 바라는 바이다. 끝으로 책의 출판에 도움을 주신 교육과학사 관계자분들께 감사드린다.

2025년 7월

유 주 식

차 례

제1장

서론

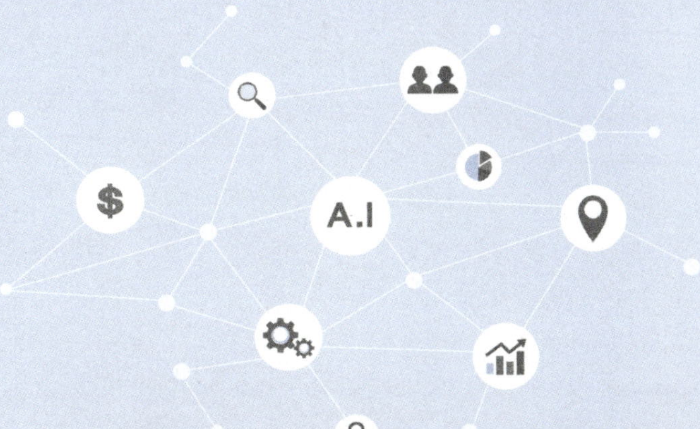

1.1 물리량과 측정

질량, 길이, 시간 등과 같이 어떤 물리적 현상을 기술하는 데 필요한 개념들을 물리량이라 한다. 물리학은 다른 과학과 마찬가지로 각종 물리량들의 실험적인 관측과 정량적인 측정에 기초를 두고 있다.

물리학은 측정에 바탕을 두고 있다. 자연 현상을 표현하기 위해 다양한 관점에서 현상을 측정한다. 각각의 측정은 물체의 질량과 길이와 같은 물리량과 연관되어 있다. 그런데 어떤 측정된 결과를 다른 사람에게 알려 줄 때는 표준이 정의되어 있어야 한다. 다른 장소에서 다른 사람이 측정할 때도 같은 결과가 나와야 하고, 측정에 사용된 표준은 시간에 따라서 변해도 안 된다.

모든 물리량은 정해진 표준 값과 비교하여 각각 고유의 단위로 측정한다. 즉, 단위는 해당 물리량의 측정값에 붙이는 고유한 이름이다. 예를 들어 킬로그램[kg]은 질량이라는 물리량의 단위이며, 미터[m]는 길이(거리)라는 물리량의 단위이다. 정확하게 1.0m 라는 길이의 표준은 정해진 시간 ($\frac{1}{299,792,458}$ 초) 동안 빛이 진공 속에서 진행한 거리로 정의한다. 이와 같은 단위와 표준은 임의로 정할 수 있지만 각 정의들이 국제적으로 인정받아야 한다.

일단 표준을 세우면 해당 물리량의 표준과 비교하는 측정 방법을 고안해야 한다. 길이를 예로 들면, 작게는 원자의 반지름부터 크게는 별과 별 사이의 거리까지 매우 광범위한데 이와 같은 다양한 모든 길이를 표준과 비교할 수 있어야 한다. 우리는 일상생활에서 길이를 잴 때 흔히 미터자를 사용한다. 이것은 미터자가 표준의 어림값이기 때문이다. 그러나 대부분의 비교 과정은 간접적인 경우가 많다. 원자의 반지름이나 별들 사이의 거리를 미터자로 잴 수 없기 때문이다.

서로 다른 물리량들은 아주 많다. 그런데 다행스럽게도 물리량들이 모두 독립적이지는 않다. 예를 들어 속력(v)은 시간(T)에 대한 길이(L)의 비(L/T)이다. 따라서 길이와 시간과 같은 기본이 되는 물리량을 정의하고 속력은 기본 물리량인 길이와 시간과 같은 기본 표준량으로 정의할 수 있다. 이와 같이 물리량 중에서 질량, 길이, 시간과 같이 다른 물리량을 쓰지 않고도 정의될 수 있고, 이들을 이용하여 다른 물리량을 표현할 수 있는 물리량을 기본량이라 한다. 기본 물리량에 대한 표준은 이용하기 쉽고 변하지 않아야 한다.

1 공간

좌표계 상의 어떤 위치에서 물체가 차지하는 기하학적 영역을 의미한다. 1차원, 2차원, 3차원 문제에서 물체의 위치를 나타내기 위해서는 각각 1개, 2개, 3개의 좌표가 필요하다. 예를 들어 [그림 1.1]과 같은 3차원 직각좌표계 상에서 어떤 점 (P)의 위치는 3개의 좌표 (x, y, z)로 표현할 수 있다.

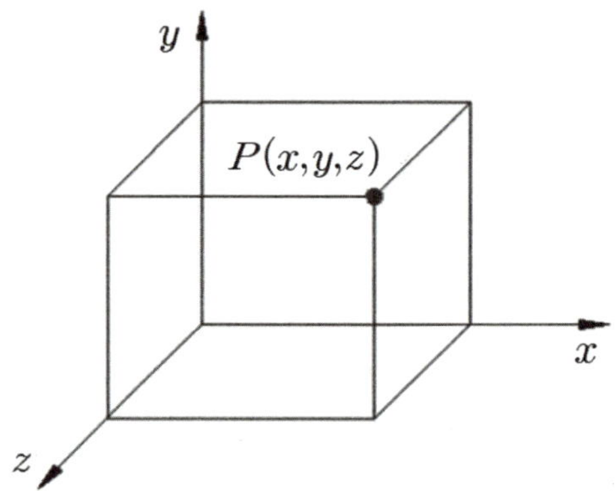

[그림 1.1] 공간에서 위치

2 길이

공간에서 두 점 사이의 거리를 길이로 나타낼 수 있다. 공간에서 두 점 사이의 거리는 공간에서 한 점의 위치를 기술하는데 필요하며 고려하는 물리계의 크기를 나타낸다.

1983년 10월 제17차 도량형 총회에서 다음과 같이 길이의 단위 미터[m]를 정의하였다.

> 표준 1미터[m]는 진공 속에서 빛이
> $$\frac{1}{299,792,458} \text{ 초[s]}$$
> 동안 진행한 거리이다.

이 숫자는 빛의 속도(c)가 정확하게

$$c = 299,792,458 \ [\mathrm{m/s}]$$

가 되도록 택한 숫자이다. 이 정의는 우주에서 빛의 속도가 어디에서든지 같다는 가정에 근거를 두고 있다. 이상에서 정의한 빛의 속도는 약 30만 [km/s]이다. 지구 반지름은 약 6,400 [km]이므로 지구 둘레는 $2\pi \times 6,400\,[\mathrm{km}] \approx 40,212\,[\mathrm{km}]$이다. 따라서 빛은 1초에 지구를 $\frac{300,000}{40,212} \approx 7.5$ 바퀴 도는 셈이 된다. 빛은 아주 빠르다는 것을 알 수 있다.[1)]

3 질량

질량은 물질의 양을 나타내며 물체의 관성력에 대한 단위이다. 물체의 질량은 서로 다른 물체끼리의 인력에 영향을 미친다.

[1] 표준 킬로그램[kg]

> 질량의 SI 단위인 킬로그램[kg]은 파리 근교의 국제도량형국에 보관되어 있는 높이와 지름이 3.9cm 인 백금-이리듐 원통[그림 1.2]의 질량으로 정의한다.

1) 빛의 속도가 약 30만km/s라는 것은 기억하도록 한다. 이공계 학생에게는 상식이 아닐까.

[그림 1.2] 1kg 질량의 표준원기

이와 같이 표준원기를 정의하고 이와 똑같은 2차 표준원기를 제작하여 여러 나라의 표준연구소에 보내 이들을 이용하여 다른 물체의 질량을 잴 수 있게 하였다.

[2] 두 번째 표준 질량(원자질량단위 u)

원자들의 질량은 표준 킬로그램과 비교하는 것보다 더 정확하게 비교할 수 있으므로 이들을 이용하여 두 번째 표준 질량을 정의하였다. 즉, 탄소-12 원자의 질량을 국제 협약에 따라 12 원자질량단위(atomic mass unit, u)의 질량으로 정의하였다. 두 표준 질량[kg, u] 사이의 관계는 다음과 같다.

$$1\,[\mathrm{u}] = 1.66053886 \times 10^{-27}\,[\mathrm{kg}]$$

[3] 밀도

물질의 밀도(ρ)는 단위 부피(V)당 질량(m)으로 정의한다.

$$\rho = \frac{\text{질량}}{\text{부피}} = \frac{m}{V} \quad \cdots\cdots (1.1)$$

밀도의 단위로는 kg/m^3, g/cm^3 등이 있다. 물의 밀도는 약 $1000kg/m^3$이다.

4 시간

시간은 어떤 사건의 연속에 대한 단위이다. 즉, 일상생활이나 과학적 현상의 관찰에서 어느 때인가를 알아야 사건들을 순서대로 나열할 수 있다. 그리고 대부분의 현상에서 사건이 얼마나 오래 지속되었는가를 알 필요가 있다. 따라서 표준시간은 다음 두 물음에 답할 수 있어야 한다. "사건이 언제 일어났는가?" "사건이 얼마나 지속되었는가?"

1967년 제13차 도량형 총회에서 세슘시계에 기초를 둔 표준 초[s]를 다음과 같이 국제 표준으로 채택하였다.

> 표준 1초[s]는 세슘-133 원자로부터 방출된 특정 파장의 빛이
> 9,192,631,770 번
> 진동할 때 걸리는 시간으로 정의한다.

1.2 차원과 단위

물리량의 성질을 표현하기 위해 사용되는 변수를 차원이라 한다. 예를 들어, 거리를 L, 시간을 T로 나타내면 속도는 단위 시간에 이동한 거리이므로 차원은 $L/T=LT^{-1}$이 된다. 이에 반해 단위는 인위적으로 정한 크기를 기준으로 차원을 표현하기 위해 사용되는 것을 말하며, 여러 가지로 표현될 수 있다. 예를 들어 속도의 차원은 단위계와 무관하게 LT^{-1}이지만, 속도의 단위에는 m/s, cm/s, km/min, km/h 등 여러 가지가 있다. 따라서 인위적으로 정한 크기는 기준에 따라 다를 수가 있으므로 각 나라마다 사용하는 단위가 다양하게 나타나는데 최근에는 국제적으로 공인된 SI 단위계를 많이 사용하는 추세에 있다.

자연과학과 공학에서 나타나는 기본차원에는 [표 1.1]의 7개가 있고, 힘, 속도, 가속도, 압력 등의 다른 차원들은 이들의 조합으로 표현된다.

1 SI 단위(국제단위계)

SI 단위는 국제표준화기구(국제 도량형 총회)에서 단위를 통일하여 국제적으로 통용되도록 채택한 단위를 말한다. SI 단위에는 7개의 기본 단위 [표 1.1]과 2개의 보조 단위 [표 1.2]가 있다.

[표 1.1] SI 기본 차원과 단위

기본량(차원)	단위	명칭	기본량(차원)	단위	명칭
질량	kg	킬로그램	물질량	mol	몰
길이	m	미터	전류	A	암페어
시간	s	초	광도	cd	칸델라
온도	K	켈빈			

[표 1.2] SI 보조 단위

기본량	단위	명칭
평면각	rad	라디안(radian)
입체각	sr	스테라디안(steradian)

† 각(평면각과 입체각)은 차원이 없는 무차원량이다.

[참고 1.1] 평면각과 입체각

반지름 r인 원호의 길이가 l일 때 평면각은 $\theta = l/r$로 정의된다. [그림 1.3]의 (a)에서 반지름의 길이와 호($\widehat{AB}$)의 길이가 같을 때 중심각의 크기($\angle AOB$)를 1 rad (라디안)이라 한다. 반지름의 길이가 1인 부채꼴에서 호의 길이가 a 이면 중심각의 크기는 a [rad] 이다.

반지름 r인 구면을 원뿔이 잘라낸 면적을 S라 할 때 입체각은 $\phi = S/r^2$로 정의된다. 입체각의 단위는 sr(스테라디안)이다. [그림 1.3]의 (b)와 같이 원뿔이 잘라낸 구의 표면적이 r^2이 될 때 입체각은 1 sr이다. 따라서 구 전체의 표면적은 $4\pi r^2$이므로 폐구면의 입체각은 4π [sr]이 된다.

평면각과 입체각은 각각 길이 비와 면적 비이므로 모두 차원이 없는 무차원량이다. 따라서 각속도(ω)의 차원은 $1/T$이고 SI 단위는 [1/s]가 된다.

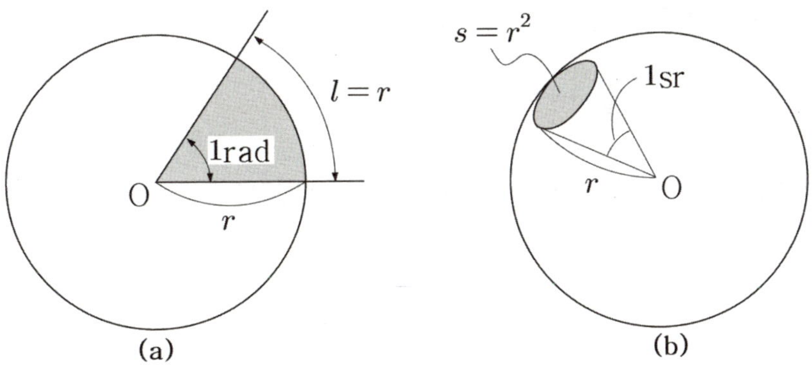

[그림 1.3] (a) 평면각[rad] (b) 입체각[sr]

2 절대단위계와 중력단위계

질량, 길이, 시간, 힘의 영어 단어는 각각 mass, length, time, force이므로 일반적으로 이 4개의 물리량을 나타내는 기호로 M, L, T, F를 사용한다.

[1] 절대단위계(MLT 계)

기준량으로 질량(M), 길이(L), 시간(T)을 잡고 이들을 조합하여 다른 단위를 나타내는 단위계이다.

[2] 중력단위계(FLT 계)

기준량으로 힘(F), 길이(L), 시간(T)을 잡고 이들을 기본으로 하여 다른 단위를 나타내는 단위계이다.

예를 들어 속도(v), 가속도(a), 밀도(ρ)의 차원을 절대단위계로 나타내면 다음과 같다.

$$[v] = \left[\frac{\text{거리}}{\text{시간}}\right] = \frac{L}{T} = LT^{-1}$$

$$[a] = \left[\frac{\text{속도 변화}}{\text{시간}}\right] = \frac{[\text{속도}]}{[\text{시간}]} = \frac{L/T}{T} = \frac{L}{T^2} = LT^{-2}$$

$$[\rho] = \left[\frac{\text{질량}}{\text{부피}}\right] = \frac{M}{L^3} = ML^{-3}$$

이상에서 기호 $[X]$는 물리량 X의 차원을 나타낸다.

[예제 1.1] 힘 F의 차원을 질량 M, 길이 L, 시간 T로 나타내라.

풀이 뉴턴의 운동법칙 $F=ma$로부터 힘의 차원($[F]$)은 다음과 같다.

$$[F]=[ma]=[m][a]=M\times\frac{L}{T^2}=MLT^{-2}$$

3 동차성의 원리

이론적으로 어떤 물리량 y와 변수 $x_1,\ x_2,\ \cdots,\ x_n$의 관계가 다음과 같을 때

$$y=f(x_1, x_2, \cdots, x_n)$$

좌변과 우변의 각 항은 같은 차원을 가진다.

설명 물리적인 현상을 기술하는 방정식의 각 항들은 차원의 동일성을 만족해야 한다는 것이 기본 전제가 된다. 예를 들어 초기 속도 V_0, 가속도 a인 물체의 t 시간 후의 속도는

$$V=V_0+at \quad \cdots\cdots \text{①}$$

이다. 이 식을 차원 관점에서 쓰면 속도의 차원은 LT^{-1}이고 가속도의 차원은 LT^{-2}이므로

$$LT^{-1}=LT^{-1}+(LT^{-2})(T)$$
$$\therefore\ LT^{-1}=LT^{-1}+LT^{-1} \quad \cdots\cdots \text{②}$$

이다. 따라서 식 ①은 동차성의 원리를 만족한다. 이와 같은 차원 해석은 물리적인 문제의 답에 대한 중요한 검산 역할을 하며, 과학자나 공학자에게 식이 취해야 할 형태에 대한 힌트를 제공한다. 예를 들면, 에너지 E, 질량 m, 빛의 속도 c를 관련 짓는 아인슈타인의 식 $E=mc^2$은 왜 $E=m^2c$ 또는 $E=mc^3$이 아닐까? 에너지 E의 차원은 ML^2/T^2이다. 그러나 m^2c와 mc^3

의 차원은 각각 $M^2(L/T)$, $M(L/T)^3$이므로 E의 차원과 다르다. 따라서 $E=m^2c$ 또는 $E=mc^3$이 될 수 없다. 반면 mc^2의 차원은 $M(L/T)^2$이므로 E의 차원과 일치한다. 따라서 $E=mc^2$은 차원의 관점에서 옳은 식임을 알 수 있다.

4 MKS 단위계 (SI 단위)

길이 [m], 질량 [kg], 시간 [s]를 기본단위로 하는 단위를 MKS 단위라 한다. MKS 단위계에서 힘의 단위는 N (Newton), 압력은 Pa (Pascal), 일과 에너지는 J (Joule), 일률(동력)은 W (Watt)이다.[2)]

① 1N: 1kg의 물체에 1m/s^2의 가속도를 내게 하는 힘

$$1\text{N} = 1\text{kg} \cdot \text{m/s}^2 \qquad \cdots\cdots (1.2)$$

② 1J: 1N의 힘을 작용하여 1m 이동했을 때 한 일

$$1\text{J} = 1\text{N} \cdot \text{m} \qquad \cdots\cdots (1.3)$$

③ 1Pa: 1N의 힘이 1m^2에 수직으로 작용할 때의 압력

$$1\text{Pa} = 1\text{N/m}^2 \quad (1\,\text{bar} = 10^5\,\text{Pa}) \qquad \cdots\cdots (1.4)$$

④ 1W: 1초에 1J의 일을 할 때의 일률(동력)

$$1\text{W} = 1\text{J/s} = 1\text{N} \cdot \text{m/s} \qquad \cdots\cdots (1.5)$$

2) 단위의 정의를 잘 알아두도록 한다.

5 CGS 단위계

길이 [cm], 질량 [g], 시간 [s]를 기본단위로 하는 단위를 CGS 단위라 한다.

① 1 dyne: 1g 의 물체에 $1cm/s^2$의 가속도를 일으키는 힘

$$1dyne = 1g \cdot cm/s^2 \quad (1N = 10^5 dyne) \qquad \cdots\cdots (1.6)$$

② 1 erg: 1dyne의 힘을 작용하여 1cm 이동했을 때 한 일

$$1 erg = 1 dyne \cdot cm \quad (1J = 10^7 erg) \qquad \cdots\cdots (1.7)$$

[Note] SI 단위에서 길이 [m], 질량 [kg], 시간 [s]를 '기본단위'라 하고, 이들의 조합으로 표현되는 N (Newton), P a (Pascal), J (Joule), W (Watt) 등을 '유도단위' 또는 '조립단위'라고 한다.

6 중력단위계

길이 [m], 시간 [s]와 힘의 단위 [kgf]를 사용한다.

• 1 kgf: 질량 1 kg의 물체에 작용하는 중력(1 kg의 무게)

$$1kgf = 9.80665 N \approx 9.8 N \qquad \cdots\cdots (1.8)$$

질량 $m = 1kg$의 무게(W)는 다음과 같다.

$$W = mg = 1kg \times 9.80665 m/s^2 = 9.80665 kg \cdot m/s^2 = 9.80665 N$$

일반적으로 중력가속도 값을 $g = 9.8\mathrm{m/s^2}$으로 하고 $1\mathrm{kgf} = 9.8\mathrm{N}$으로 하지만 조금 더 정확한 값을 구하기 위해 $g = 9.81\mathrm{m/s^2}$을 사용하기도 한다.

[Note] 각종 시험문제에서는 계산상 편의를 위해 $g = 10\mathrm{m/s^2}$으로 주기도 한다. 이때는 $1\mathrm{kgf} = 10\mathrm{N}$이 된다.

한편 토목, 건축 분야에서는 취급하는 무게가 크므로 다음과 같이 정의되는 tonf 또는 tf를 많이 사용한다.

$$1\mathrm{ton\,f} = 1\mathrm{t\,f} = 1000\mathrm{kgf}$$

질량 1ton=1t=1000kg이고, 1tonf는 1000kg의 무게를 나타낸다. 무게를 나타낼 때 f를 생략하고 1000kgf를 1ton 또는 1t로 나타내기도 하지만 혼란을 일으킬 수 있으므로 피하는 게 좋다. 질량과 무게는 분명하게 다른 물리량이다.

7 SI 단위의 접두사

학문 분야와 나라에 따라 여러 종류의 단위가 사용된다. SI 단위는 각국에서 사용하던 단위를 표준화시키기 위하여 만든 것이다. SI 단위를 사용할 때, 매우 크거나 작은 값을 쉽게 다룰 수 있도록 [표 1.3]과 같은 SI 단위의 접두사를 정의하여 사용한다.

[표 1.3] SI 단위의 접두사

곱해지는 수	명칭	기호	곱해지는 수	명칭	기호
10^{24}	yotta	Y	10^{-1}	deci	d
10^{21}	zetta	Z	10^{-2}	centi	c
10^{18}	exa	E	10^{-3}	milli	m
10^{15}	peta	P	10^{-6}	micro	μ
10^{12}	tera	T	10^{-9}	nano	n
10^{9}	giga	G	10^{-12}	pico	p
10^{6}	mega	M	10^{-15}	femto	f
10^{3}	kilo	k	10^{-18}	atto	a
10^{2}	hecto	h	10^{-21}	zepto	z
10^{1}	deka	da	10^{-24}	yocto	y

예 $4.5\ \mathrm{kN} = 4.5 \times 10^3\ \mathrm{N} = 4500\ \mathrm{N}$, $0.008\mathrm{m} = 8 \times 10^{-3}\mathrm{m} = 8\mathrm{mm}$

$3\mathrm{m} = 3 \times 10^2\mathrm{cm}$, $5\mathrm{mm} = 5 \times 10^{-3}\mathrm{m}$, $7\ \mathrm{MPa} = 7 \times 10^6\ \mathrm{Pa}$

[예제 1.2] 압력(P)은 단위면적(A)에 수직으로 작용하는 힘(F)으로 정의된다. 압력의 차원을 MLT 계로 나타내라.

풀이 압력 $P = \dfrac{F}{A}$ 이므로 압력의 차원은

$$[P] = \left[\frac{F}{A}\right] = \frac{[F]}{[A]} = \frac{F}{L^2} = FL^{-2}$$

이고, 힘의 차원은

$$[F] = [ma] = [m][a] = M \times (L/T^2) = ML/T^2$$

이므로 MLT 계에서 압력의 차원은 다음과 같다.

$$[P] = \frac{F}{L^2} = \frac{ML/T^2}{L^2} = ML^{-1}T^{-2}$$

[예제 1.3] 1N의 힘은 몇 dyne인가?

풀이 SI 접두사에 따라서 $1\text{kg} = 10^3\text{g}$, $1\text{m} = 10^2\text{cm}$ 이다.

$$\begin{aligned} 1\text{N} &= 1\text{kg} \cdot \text{m/s}^2 \\ &= 10^3\text{g} \cdot 10^2\text{cm/s}^2 = 10^5[\text{g} \cdot \text{cm/s}^2] \\ &= 10^5\,[\text{dyne}] \end{aligned}$$

[예제 1.4] 1J의 일은 몇 erg인가?

풀이 $1\text{J} = 1\text{N} \cdot \text{m}$, $1\,\text{erg} = 1\,\text{dyne} \cdot \text{cm}$ 이다.

$$\begin{aligned} 1\text{J} &= 1\text{N} \cdot \text{m} \\ &= 10^5\text{dyne} \cdot 10^2\text{cm} = 10^7\,[\text{dyne} \cdot \text{cm}] \\ &= 10^7\,[\text{erg}] \end{aligned}$$

[예제 1.5] 1N/mm^2의 압력은 몇 MPa인가?

풀이 $1\,\text{Pa} = 1\,\text{N/m}^2$, $1\text{mm} = 10^{-3}\text{m}$ 이다.

$$\begin{aligned} 1\text{N/mm}^2 &= 1\text{N}/(10^{-3}\text{m})^2 \\ &= 1\text{N}/(10^{-6})\text{m}^2 = 10^6\,[\text{N/m}^2] = 10^6\,[\text{Pa}] \\ &= 1\,[\text{MPa}] \end{aligned}$$

[Note] **[지수법칙]** $(ab)^m = a^m b^m$, $(a^m)^n = a^{mn}$

$(1\text{mm})^2 = (10^{-3}\text{m})^2 = (10^{-3})^2\text{m}^2 = 10^{-6}\text{m}^2$

$1\text{mm} = 10^{-3}\text{m}$ 이므로 $(1\text{mm})^2 = 10^{-3}\text{m}^2$로 하지 않도록 주의한다.

이렇게 실수하는 학생이 의외로 많다.

[예제 1.6] 지표면에서 질량이 400kg인 물체의 무게 $W = mg$는 몇 kN인가? 단, 중력가속도 $g = 9.8\text{m/s}^2$이다.

풀이 질량 $m = 400\text{kg}$, 중력가속도 $g = 9.8\text{m/s}^2$이다.

$$
\begin{aligned}
W = mg &= 400\text{kg} \times 9.8\text{m/s}^2 \\
&= 3920\,\text{kg} \cdot \text{m/s}^2 \\
&= 3920\text{N} \quad (\leftarrow \ 1\text{kg} \cdot \text{m/s}^2 = 1\text{N}) \\
&= 3.92\,\text{kN} \quad (\leftarrow \ 1000\text{N} = 1\text{kN})
\end{aligned}
$$

[예제 1.7] 마이크로미터(μm)는 $1\,\mu\text{m} = 10^{-6}\text{m}$로 정의한다. 1.0km를 마이크로미터로 나타내라.

풀이 $1\,\mu\text{m} = 10^{-6}\text{m}$이므로 $1\,\text{m} = 10^{6}\,\mu\text{m}$이다.

$$
1.0\text{km} = 10^3\text{m} = 10^3 \times (10^6\mu\text{m}) = 10^9\,\mu\text{m}
$$

[예제 1.8] 일 $W = 4\text{MN} \times 3\text{mm}$를 SI 단위 J로 나타내라.

풀이 $1\text{MN} = 10^6\text{N}$, $1\text{mm} = 10^{-3}\text{m}$이다.

$$
\begin{aligned}
W = 4\text{MN} \times 3\text{mm} &= (4 \times 10^6\text{N}) \times (3 \times 10^{-3}\text{m}) \\
&= 12 \times 10^3\,[\text{N} \cdot \text{m}] \\
&= 12{,}000\,[\text{J}]
\end{aligned}
$$

연습문제 1

01 $5\text{kN} \times 0.4\text{mm}$를 SI 단위 J로 나타내라.

02 $m = 40\text{kg}$, $a = 20\text{cm/s}^2$일 때, 힘 $F = ma$를 SI 단위 N으로 나타내라.

03 $F = 4\text{kN}$, $A = 2\text{mm}^2$일 때, 압력 $P = \dfrac{F}{A}$를 SI 단위 Pa로 나타내라.

04 질량 1200kg인 자동차의 무게는 몇 kN인가?

05 지구가 반지름이 $6.4 \times 10^6\text{m}$인 구(sphere)라고 가정한다. (a) 지구 표면의 넓이를 km^2으로 나타내라. (b) 지구의 부피를 km^3으로 나타내라.

06 수소 원자의 지름은 약 0.1nm이다. 몇 개의 수소 원자가 나란히 줄서면 길이 10cm의 직선이 되는가?

07 마이크로미터(μm)를 마이크론이라고 한다. (a) $1\mu\text{m}$는 몇 cm인가? (b) 1.0km는 몇 마이크론인가?

08 두께가 3000m이고 반지름이 2000km인 원판의 부피는 몇 cm^3인가?

09 지구 질량은 약 $5.97 \times 10^{24}\text{kg}$이다. 지구를 구성하고 있는 원자들의 평균 질량이 40u이면 지구는 몇 개의 원자로 이루어져 있는가?

10 넓이의 단위로 많이 사용하는 헥타르(hectare)와 SI 단위와의 관계는 다음과 같다.

$$1\text{hectare} = 10^4\text{m}^2$$

어떤 광산에서 40헥타르의 땅을 매년 50m 깊이로 파낼 때 1년에 파내는 땅의 부피는 몇 km^3인가?

11 물의 단위 부피당 질량은 1000kg/m^3이다. 이것은 몇 g/cm^3인가?

12 700m/s인 비행기의 속력은 몇 km/h인가?

13 천문단위(AU, astronomical unit)는 지구와 태양 사이의 평균 거리를 나타내며,

$$1\,\text{AU} \approx 1.5 \times 10^8\,\text{km}$$

이다. 빛의 속도 $c = 3.0 \times 10^8\,\text{m/s}$를 AU/min으로 환산하라.

14 다이어트를 하는 사람이 일주일에 3.0kg을 감량했다고 한다. 이 사람의 평균 질량 감량 속도는 몇 mg/s인가?

15 어떤 금속의 밀도는 7.9g/cm^3이며 금속 원자 하나의 질량은 $9.3 \times 10^{-26}\text{kg}$이다. 원자의 모양은 구(sphere)이고 원자들이 빽빽하게 채워져 있다고 할 때 다음을 구하라.

(1) 원자 하나의 부피[m^3]

(2) 이웃한 원자들 사이의 중심거리[nm]

16 힘 F, 거리 s일 때, 일 $W = Fs$의 차원을 질량 M, 길이 L, 시간 T로 나타내라.

17 일률(동력)은 단위 시간에 한 일($P = W/t$)을 나타낸다. 일률(P)의 차원을 MLT계로 나타내라. W는 일이고 t는 시간이다.

18 얕은 물에서의 파의 진행 속도 v는 중력가속도 g와 물의 깊이 h에 의존한다. 어떤 학생이 $v=\frac{1}{gh^2}$이란 관계식을 구하였다. 차원을 검토하여 이 식의 옳고 그름을 판정하라.

19 질량 $m=2\text{kg}$, 속력 $v=2\text{mm/s}$일 때 운동에너지 $K=\frac{1}{2}mv^2$은 몇 erg인가?

20 길이 $\frac{23}{10,000}$m를 SI 접두사 m(milli)을 사용하여 간단하게 나타내라.

21 다음 단위 중 옳은 것은?

① $1\,\text{Pa}=1\,\text{N/m}$ ② $1\,\text{J}=1\,\text{N}\cdot\text{m/s}$
③ $1\,\text{kW}=75\,\text{kgf}\cdot\text{m/s}$ ④ $1\,\text{N}=10^5\,\text{dyne}$

22 다음 단위 중 어느 것이 옳은가?

① $1\,\text{N}=1\,\text{kg}\cdot\text{m/s}$ ② $1\,\text{J}=1\,\text{N}\cdot\text{m/s}$
③ $1\,\text{W}=1\,\text{J/s}$ ④ $1\,\text{bar}=10^6\,\text{N/m}^2$

23 태양은 핵융합 과정을 통하여 에너지를 만들어 낸다. 매 초 $9.0\times10^{26}\,\text{J}$ 만큼의 에너지를 만들어 낸다면 매 초당 감소하는 태양의 질량[kg]에 가장 가까운 값은? (Hint: $E=mc^2$) [공무원 임용시험]

① 1.0×10^{10} ② 1.0×10^{11} ③ 3.0×10^{10} ④ 3.0×10^{11}

24 중력가속도가 4m/s^2인 어느 별에서 질량 3kg의 무게는? [공무원 임용시험]

① 12kgf ② 12tf ③ 12N ④ 12lbf

25 다음 중 옳지 않은 것은?

① $1\text{bar}=10^5\text{Pa}$ ② $1\text{MPa}=10^6\text{Pa}$
③ $1\text{N}=10^5\text{dyne}$ ④ $1\text{J}=10^6\text{erg}$

26 국제적으로 통용되는 SI 단위계(international unit system)에서 정하는 기본단위가 아닌 것은? [공무원 임용시험]

① 미터(meter) ② 킬로그램(kilogram)
③ 켈빈(Kelvin) ④ 뉴턴(Newton)

27 SI 기본단위가 아닌 것은? [공무원 임용시험]

① rad ② s
③ m ④ kg

28 다음 중 모두 SI 기본 물리량인 것은?

① 시간, 길이, 온도 ② 시간, 온도, 에너지
③ 길이, 속도, 가속도 ④ 힘, 가속도, 무게

29 역학적 물리량을 SI 단위로 나타낸 것으로 옳지 않은 것은? [공무원 임용시험]

① 일 − [N • m] ② 힘 − [kg • m/s^2]
③ 동력 − [N • m/s] ④ 에너지 − [N • m/s^2]

30 SI 기본단위에 의한 표시 중 일률(동력)에 해당되는 것은? [공무원 임용시험]

① $m \cdot kg \cdot s^{-2}$ ② $m^{-1} \cdot kg \cdot s^{-2}$
③ $m^2 \cdot kg \cdot s^{-2}$ ④ $m^2 \cdot kg \cdot s^{-3}$

31 SI 단위계에서 기본단위 7가지를 기술하시오. [산업기계기술사]

제2장

직선운동

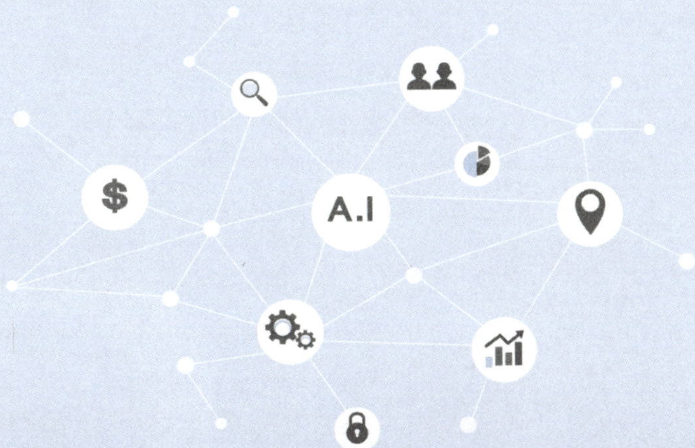

2.1 위치와 변위

1 위치

시간에 따른 물체(입자)의 공간에서의 위치를 알면 물체의 운동을 기술할 수 있다. 물체의 위치는 어떤 기준점에 대한 상대적인 위치로 나타낸다. [그림 2.1]의 x축에서는 원점($x=0$)이 기준점이다. 여기에서 양(+)의 방향은 숫자 또는 좌표 값이 증가하는 방향(오른쪽 방향)이며 반대방향(왼쪽 방향)은 음(−)의 방향이다.

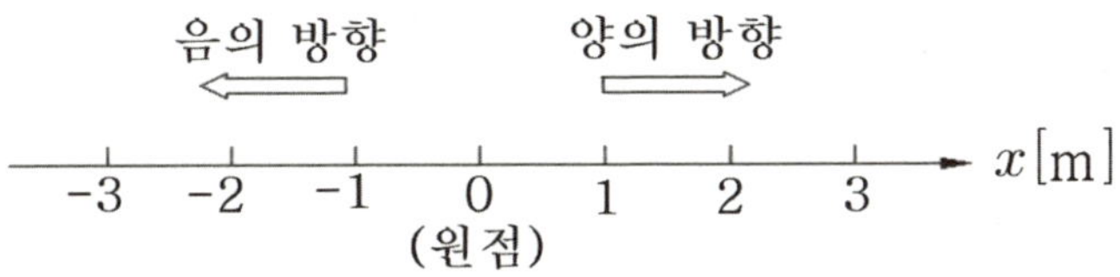

[그림 2.1] 길이의 단위[m]로 x축 위에 표시한 눈금으로써 위치를 표시한다.

예를 들어 입자가 $x=3\text{m}$의 위치에 있다면 입자가 원점으로부터 양의 방향으로 3m 떨어진 곳에 있다는 것을 뜻하고, $x=-3\text{m}$이면 원점으로부터 음의 방향으로 3m 떨어진 곳에 있다는 것을 의미한다.

[Note] 물리학에서 사용하는 용어로는 엄밀하게 말하면 입자의 운동에 대해 기술하고 있다. 이 책에서는 물체라는 용어를 많이 사용하였다. 이 용어가 친숙하기 때문이다. 우리나라 고등학교 교육과정에서도 물체라는 용어를 사용하고 있다. 지나치게 용어에 신경 쓰지 않도록 한다.

2 변위

입자의 변위는 어떤 시간 간격 동안 입자의 위치 변화로 정의된다. 입자가 처음 위치 x_1에서 나중 위치 x_2로 이동할 때 입자의 변위는 다음과 같이 주어진다.

$$\Delta x = x_2 - x_1 \quad \cdots\cdots (2.1)$$

x_1과 x_2의 값을 대입하였을 때 $\Delta x > 0$는 입자가 오른쪽 방향($+x$축)으로 이동한 것을 의미하며, $\Delta x < 0$는 입자가 왼쪽 방향($-x$축)으로 이동한 것을 뜻한다. 변위에서 양(+)의 부호는 표시할 필요가 없지만 음(−)의 부호는 반드시 표시해야 한다. 변위는 방향과 크기를 갖는 벡터양이다. 한편 거리는 입자가 이동한 경로의 길이를 나타낸다.

2.2 평균속도와 평균속력

입자가 어떤 직선 위에서 운동하는 것을 직선운동이라 한다. 직선운동에서 입자의 위치는 시간 t의 함수로서 $x(t)$로 나타낼 수 있다.

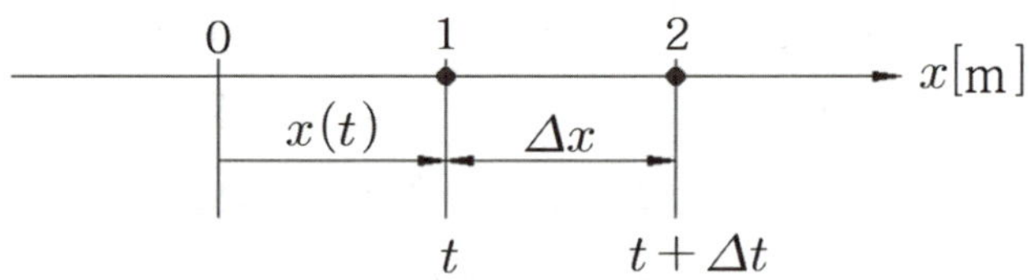

[그림 2.2] 직선운동

1 평균속도

[그림 2.2]와 같이 수직선 위를 움직이는 입자의 시간 t에서의 위치가 $x(t)$이고,

시간이 $t_1 = t$에서 $t_2 = t + \Delta t$까지 변할 때 점 1(x_1)에서 점 2(x_2)까지 이동하였을 경우 평균속도는 다음과 같이 정의된다.

$$v_{x,avg} = \frac{\Delta x}{\Delta t} = \frac{x_2 - x_1}{t_2 - t_1} = \frac{(\text{변위})}{(\text{시간})} \quad \cdots\cdots (2.2)$$

평균속도는 특정 시간 간격 Δt와 그 동안의 변위 Δx의 비율로 표현된다. 변위와 마찬가지로 $v_{x,avg}$도 크기와 방향을 갖는 벡터양이다.

2 평균속력

일상적인 생활에서 속력과 속도는 상호 교환이 가능한 용어이다. 그러나 물리학에서는 이 두 양을 구분하여 사용하고 있다. 예를 들어 42.195 km를 달려 출발점으로 돌아온 마라톤 선수를 생각해 보자. 오랜 시간을 빠르게 달렸지만 다시 원 위치로 돌아온 이 선수의 변위는 0이므로 선수의 평균속도도 0이다. 따라서 이 선수가 얼마나 빨리 달렸는가를 정량적으로 구하기 위해서는 또 다른 물리량이 필요하다. 여기에서 입자의 평균속력 v_{avg}를 다음과 같이 정의한다.

$$v_{avg} = \frac{d}{\Delta t} = \frac{(\text{이동 거리})}{(\text{걸린 시간})} \quad \cdots\cdots (2.3)$$

평균속력은 스칼라양이고, 입자가 이동한 전체 거리(d)를 그때 걸린 전체 시간 간격(Δt)으로 나눈 값이다. 식 (2.3)의 정의에 의해 42.195 km를 2시간 10분 동안에 완주한 선수의 평균속력은 $\frac{42.195 \times 10^3\,\text{m}}{(2 \times 3600 + 10 \times 60)\,\text{s}} = 5.41\,\text{m/s}$가 된다.

평균속력은 방향을 포함하지 않기 때문에 대수적 부호가 필요 없다. 부호를 뺀다면 평균속도와 평균속력이 같은 경우가 많다. 그러나 이동 중에 물체의 운동 방향이 변하는 경우에는 두 양이 전혀 다르게 된다.

[예제 2.1] 자동차가 직선 도로를 20초 동안 달려서 처음 위치로부터 600 m 떨어진 곳에 도착하였다. 자동차의 평균속도[m/s]를 구하라.

풀이 변위 $\Delta x = 600\mathrm{m}$, 시간간격 $\Delta t = 20\,\mathrm{s}$ 이므로 평균속도의 정의로부터 자동차의 평균속도($v_{x,\,avg}$)는 다음과 같다.

$$v_{x,avg} = \frac{\Delta x}{\Delta t} = \frac{(600-0)\mathrm{m}}{20\mathrm{s}} = 30\,[\mathrm{m/s}]$$

[예제 2.2] 자동차가 40km/h의 일정한 속력으로 언덕을 올라간 후 60km/h의 일정한 속력으로 언덕에서 내려왔다. 자동차의 왕복운동의 평균속력을 구하라.

풀이 $v_{avg} = \dfrac{d}{\Delta t}$ 이므로 소요시간 $\Delta t = \dfrac{d}{v_{avg}}$ 이다. 따라서 언덕의 거리를 L[km]이라 하면 자동차가 올라갈 때와 내려올 때 걸리는 시간은 각각

$$t_{\text{올라갈 때}} = \frac{L}{40}[\mathrm{h}],\ t_{\text{내려올 때}} = \frac{L}{60}[\mathrm{h}]$$

이고, 자동차의 총 이동 거리는 $2L$이므로 자동차의 왕복운동의 평균속력은 다음과 같다.

$$v_{avg} = \frac{(\text{이동 거리})}{(\text{걸린 시간})} = \frac{2L}{\dfrac{L}{40}+\dfrac{L}{60}} = \frac{2}{\dfrac{1}{40}+\dfrac{1}{60}} = 48\,[\mathrm{km/h}]$$

[예제 2.3] 직선운동을 하는 어떤 물체의 운동을 위치(x)-시간(t) 그래프 상에 나타내면 [그림 2.3]과 같다. 점 A에서 C 사이에서 물체의 (1) 변위, (2) 평균속도, (3) 평균속력을 각각 구하라.

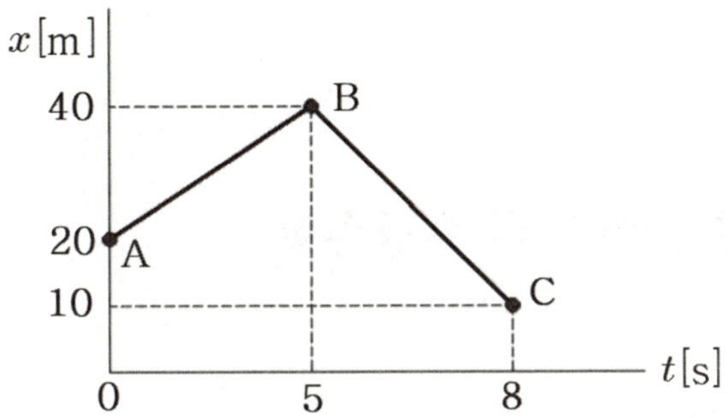

[그림 2.3]

풀이 (1) 점 A와 C에서의 물체의 위치 $x_A = 20\,\text{m}$, $x_C = 10\,\text{m}$이다. 따라서 물체의 변위(Δx)는 다음과 같다.

$$\Delta x = x_C - x_A = 10 - 20 = -10\,[\text{m}]$$

(2) 그래프에서 점 A에서 C까지 이동하는데 걸린 시간 $\Delta t = 8\text{s}$이다. 평균속도($v_{x,\,avg}$)의 정의로부터

$$v_{x,avg} = \frac{\Delta x}{\Delta t} = \frac{(-10\text{m})}{8\text{s}} = -1.25\,[\text{m/s}]$$

이다.

(3) 물체는 점 A에서 B까지 $40\text{m} - 20\text{m} = 20\text{m}$를 이동하였고, 점 B에서 C까지 $40\text{m} - 10\text{m} = 30\text{m}$를 이동하였다. 따라서 물체가 이동한 총 거리는 $20\text{m} + 30\text{m} = 50\text{m}$이다. 그리고 점 A에서 C까지 이동하는데 걸린 총 시간은 $8\,\text{s}$이다. 따라서 평균속력(v_{avg})의 정의로부터 v_{avg}는 다음과 같다.

$$v_{avg} = \frac{(\text{이동 거리})}{(\text{걸린 시간})} = \frac{50\text{m}}{8\text{s}} = 6.25\,[\text{m/s}]$$

이 예제에서는 점 A에서 B까지는 x가 증가하고, 점 B에서 C까지는 x가 감소한다. 즉, 점 B에서 물체의 운동 방향이 바뀌었다(오른쪽으로 가다가 다시 왼쪽으로 되돌아옴). 이와 같이 운동 방향이 바뀔 때는 평균속도와 평균속력의 값이 다르게 나타날 수 있다.

2.3 순간속도와 순간속력

평균속도와 평균속력은 모두 시간 간격 Δt 동안 측정된 값이다. 그러나 얼마나 빨리라는 말은 '물체가 주어진 순간에 얼마나 빨리 움직이고 있는가?'를 나타내는 것이 일반적이다. 이때의 물체의 속도를 순간속도(또는 속도)라 한다.

어느 순간의 속도는 시간 간격 Δt가 0에 가깝도록 줄어들 때의 평균속도로부터 구할 수 있다. 시간 t에서의 물체의 순간속도(또는 속도) $v(t)$는 다음과 같이 정의된다.

$$v(t) = \lim_{\Delta t \to 0} \frac{\Delta x}{\Delta t} = \frac{dx}{dt} \qquad \cdots\cdots (2.4)$$

속도 $v(t)$는 주어진 순간(t)에 물체의 위치 x가 시간에 따라 변하고 있는 비율이다. 위치(x)-시간(t) 그래프에서 $v(t)$는 그 순간(t)에서 위치(x)를 나타내는 곡선 위의 점에서 접선의 기울기가 된다.

속도는 벡터양이므로 크기와 방향을 갖는다. 물체는 $v(t) > 0$일 때 양의 방향(→)으로, $v(t) < 0$일 때 음의 방향(←)으로 움직인다. 여기에서 속도의 크기 $|v(t)|$를 순간속력(또는 속력)이라 한다. 즉, 속력은 방향을 무시한 속도이다. $+4\text{m/s}$의 속도나 -4m/s의 속도는 모두 속력이 4m/s이다.

2.4 가속도

입자의 속도가 시간에 따라 변할 때 그 입자는 가속도 운동을 한다고 말한다. 예를 들어 직선 도로 위를 달리는 자동차의 속도 크기는 가속 페달을 밟으면 증가하고, 브레이크를 밟으면 감소한다. 이와 같은 직선운동에서 속도가 증가하면 가속도는 양(+)의 값을 갖고 속도가 감소하면 음(−)의 값을 가진다.

1 평균가속도

입자가 하나의 축(x축)을 따라 움직일 때 시간 간격 Δt 동안의 평균가속도(a_{avg})는 다음과 같이 정의된다.

$$a_{avg} = \frac{v_2 - v_1}{t_2 - t_1} = \frac{\Delta v}{\Delta t} \qquad \cdots\cdots (2.5)$$

여기에서 시간 t_1에서 입자의 속도는 v_1이고, 시간 t_2에서 입자의 속도는 v_2이다.

2 순간가속도(가속도)

가속도(순간가속도)는 $\Delta t \to 0$일 때의 평균가속도의 극한값이고, 다음과 같이 속도(v)의 시간(t)에 대한 도함수로 정의된다.

$$a(t) = \lim_{\Delta t \to 0} \frac{\Delta v}{\Delta t} = \frac{dv}{dt} = \frac{d}{dt}\left(\frac{dx}{dt}\right) = \frac{d^2 x}{dt^2}$$

$$a(t) = \frac{dv}{dt} = \frac{d^2 x}{dt^2} \qquad \cdots\cdots (2.6)$$

여기에서 v가 x의 함수인 경우

$$a(t)=\frac{dv}{dt}=\frac{dv}{dx}\left(\frac{dx}{dt}\right)=\frac{dv}{dx}(v)=v\frac{dv}{dx}$$

$$a(t)=v\frac{dv}{dx} \quad \cdots\cdots (2.7)$$

로 쓸 수 있다.

임의의 순간에서 입자의 가속도는 그 순간에서의 속도의 시간 변화율이다. 그리고 속도-시간 그래프에서 곡선의 한 점에서의 가속도는 그 점에서의 기울기가 된다. 가속도의 SI 단위는 m/s^2이고, 가속도는 크기와 방향을 갖는 벡터양이다. 가속도의 부호는 속도 변화의 방향을 나타내며 운동 방향과 관계없이 속도가 증가하면 양(+)이고, 감소하면 음(−)이다.

3 등속운동

속력과 운동 방향이 일정한 운동을 등속운동이라 한다. 등속운동에서 속도 v인 질점이 t시간 동안에 이동한 거리를 s라 하면 다음 관계식이 성립한다.

$$v=\frac{s}{t},\quad s=vt,\quad t=\frac{s}{v} \quad \cdots\cdots (2.8)$$

이 관계식은 일상생활(예를 들어 학교에 갔다 온다든지, 등산을 한다든지 등)에서 거리, 시간, 속도가 관련된 문제에서 많이 사용하는 식이다([예제 2.6]). 물리학에서 사용하는 용어로는 속력이라고 해야 하지만 일상생활에서는 속도라는 말을 많이 사용한다.

[예제 2.4] 직선 도로를 4m/s의 속도로 달리는 자동차의 속도가 7초 후에 25m/s가 되었다. 자동차의 평균가속도의 크기는 몇 m/s^2인가?

풀이 초기속도 $v_1=4\text{m/s}$, 시간 간격 $\Delta t=7\text{s}$, 최종속도 $v_2=25\text{m/s}$이므로 평균가속도(a_{avg})는

$$a_{avg} = \frac{v_2 - v_1}{\Delta t} = \frac{(25-4)\mathrm{m/s}}{7\,\mathrm{s}} = 3\,[\mathrm{m/s^2}]$$

이다. 여기에서 차의 속도가 증가하였으므로 가속도는 양의 값을 가진다.

[예제 2.5] 수직선 위에서 움직이는 점 P의 t초 후의 위치가 $x(t) = t^3 - 3t\,[\mathrm{m}]$일 때 $t = 2$초에서 점 P의 속도와 가속도를 구하라.

풀이 직선운동에서 속도와 가속도의 정의에 의해 시간 t에서 속도 $v(t)$와 가속도 $a(t)$는 다음과 같다.

$$v(t) = \frac{dx}{dt} = 3t^2 - 3 \quad \cdots\cdots ①$$

$$a(t) = \frac{dv}{dt} = 6t \quad \cdots\cdots ②$$

식 ①, ②에 $t = 2$를 대입하면 다음과 같이 $t = 2$일 때의 속도 $v(2)$와 가속도 $a(2)$가 구해진다.

$$v(2) = 3 \times 2^2 - 3 = 9\ [\mathrm{m/s}]$$
$$a(2) = 6 \times 2 = 12\ [\mathrm{m/s^2}]$$

[예제 2.6] 등산을 하는데 올라갈 때는 시속 2km로 걸어가고, 내려올 때는 올라갈 때 보다 3km 더 먼 거리를 시속 4km로 걸어왔다. 총 소요 시간이 6시간이면 올라간 거리는 몇 km인가?

풀이 올라간 거리를 x[km]로 놓으면, 내려온 거리는 $x+3$[km]이다. 거리 s [km]를 시속 v [km]로 걸어갈 때 걸리는 시간은

$$t = \frac{s}{v}\ [\text{시간}]$$

이므로 시속 2km로 걸어간 시간은 $\frac{x}{2}$[시간]이고, 시속 4km로 걸어온 시간은 $\frac{x+3}{4}$[시간]이다. 여기에서 총 소요 시간은 6[시간]이므로

$$\frac{x}{2}+\frac{x+3}{4}=6 \quad \rightarrow \quad 2x+(x+3)=24$$
$$3x=21$$
$$\therefore \quad x=\frac{21}{3}=7\,[\mathrm{km}]$$

즉, 올라간 거리는 7[km]이다.

2.5 등가속도 직선운동

직선상에서 운동하는 물체의 속도가 일정한 비율로 변할 때 물체의 가속도는 일정하며, 이러한 운동을 등가속도 직선운동이라 한다.

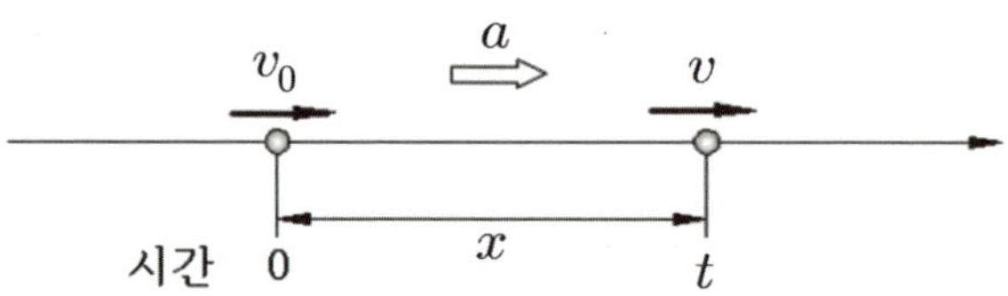

[그림 2.4]

[그림 2.4]와 같이 직선상에서 일정한 가속도 $a\,[\mathrm{m/s^2}]$로 운동할 때, 시간 $t=0$에서의 초기속도 $v_0\,[\mathrm{m/s}]$, t에서의 속도 $v\,[\mathrm{m/s}]$, t초 동안 이동 거리 $x\,[\mathrm{m}]$ 사이에는 다음 관계식이 성립한다.[1)]

1) 식의 유도 과정은 참고로 하고 이 식을 기억하고 사용할 줄 알면 된다. 직선운동에서 가장 기본적인 식이다.

$$v = v_0 + at \quad \cdots\cdots (2.9)$$

$$x = v_0 t + \frac{1}{2}at^2 \quad \cdots\cdots (2.10)$$

$$v^2 - v_0^2 = 2ax \quad \cdots\cdots (2.11)$$

설명 (1) 속도와 가속도의 관계: 가속도의 정의$\left(a = \dfrac{dv}{dt}\right)$로부터

$$dv = a\,dt$$

이다. 이 식을 적분하면

$$v = \int a\,dt = at + C \quad (C\text{는 상수})$$

이고, 초기조건 $t = 0$일 때 $v = v_0$을 대입하면 $C = v_0$이므로

$$v = at + v_0$$

이다.

(2) 이동 거리와 가속도의 관계: 속도의 정의$\left(v = \dfrac{dx}{dt}\right)$로부터

$$dx = v\,dt$$

이다. 이 식을 적분하면

$$x = \int v dt = \int (v_0 + at)dt = v_0 t + \frac{1}{2}at^2 + C \quad (C\text{는 상수})$$

이고, 초기조건 $t = 0$일 때 $x = 0$을 대입하면 $C = 0$이므로

$$x = v_0 t + \frac{1}{2}at^2$$

이다.

(3) 이동 거리와 속도의 관계: 가속도의 식 $a=v\dfrac{dv}{dx}$ 에서

$$adx = vdv$$

이고 가속도 a가 상수일 때 이 식을 적분하면

$$\int_0^x adx = \int_{v_0}^v vdv$$

$$ax = \frac{1}{2}(v^2 - v_0^2)$$

이므로 $v^2 - v_0^2 = 2ax$ 의 관계식이 성립한다.

[Note] 식 (2.11)은 (2.9)와 (2.10)으로부터 유도할 수 있다.

식 (2.9) $v = v_0 + at$ 의 양변을 제곱하면,

$$v^2 = (v_0 + at)^2 = v_0^2 + 2av_0t + a^2t^2 = v_0^2 + 2a\left(v_0t + \frac{1}{2}at^2\right)$$

이다. 여기에서 식 (2.10) $x = v_0t + \dfrac{1}{2}at^2$을 대입하면

$$v^2 = v_0^2 + 2a\left(v_0t + \frac{1}{2}at^2\right) = v_0^2 + 2ax$$

가 성립한다. 즉, 식 (2.9)와 (2.10)으로써 문제를 풀 수 있다. 그런데 식 (2.11)을 사용하면 편리하게 문제를 풀 수 있는 경우가 많으므로 이 식을 알아두면 좋다. 많이 사용되는 유용한 식이다.

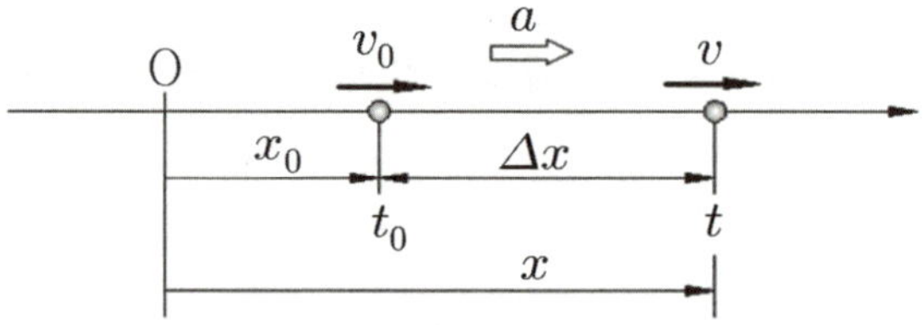

[그림 2.5]

[그림 2.5]와 같이 시간 $t_0 = 0$에서의 초기속도 v_0[m/s], 초기위치 x_0[m], t에서의 속도 v[m/s], 위치를 x[m]라 하면 이동 거리 $\Delta x = x - x_0$이므로 위치와 속도, 가속도의 관계는 다음과 같다.[2)]

$$v = v_0 + at \quad \cdots\cdots (2.12)$$

$$x = x_0 + v_0 t + \frac{1}{2}at^2 \quad \cdots\cdots (2.13)$$

$$v^2 - v_0^2 = 2a\Delta x = 2a(x - x_0) \quad \cdots\cdots (2.14)$$

[예제 2.7] 정지해 있던 물체가 2m/s^2의 가속도로 직선운동을 하였을 때 1분 후의 물체의 속도는 몇 m/s인가?

풀이 초기속도 $v_0 = 0$, 가속도 $a = 2\text{m/s}^2$(등가속도)이므로 $t = 1\,\text{min}$ 후의 속도(v)는 다음과 같다.

$$v = v_0 + at = 0 + 2\frac{\text{m}}{\text{s}^2} \times 1\text{min} = 2\frac{\text{m}}{\text{s}^2} \times 60\text{s} = 120\,[\text{m/s}]$$

[예제 2.8] 등가속도 운동을 하는 물체가 50m 이동하는 동안 물체의 속도가 5m/s에서 20m/s로 증가하였다. 물체의 가속도(a)는 몇 m/s^2인가?

풀이 초기속도 $v_0 = 5\,\text{m/s}$, 나중속도 $v = 20\,\text{m/s}$, 이동 거리 $x = 50\,\text{m}$이다.

$$v^2 - v_0^2 = 2ax$$

$$a = \frac{v^2 - v_0^2}{2x} = \frac{20^2 - 5^2}{2 \times 50} = 3.75\,[\text{m/s}^2]$$

2) 일반적으로 초기위치를 원점으로 잡으므로 식 (2.9)~(2.11)이 많이 사용된다.

[예제 2.9] 72 km/h로 달리고 있는 자동차에 브레이크를 걸었을 때 차가 50 m 미끄러진 후에 정지하였다. 이때 차의 가속도(a)와 정지할 때까지 걸린 시간(t)을 구하라.

풀이 초기속도 $v_0 = 72\text{km/h} = \dfrac{72 \times 1000\text{m}}{3600\text{s}} = 20\text{m/s}$이고 정지했을 때의 최종 속도 $v_1 = 0$이며, 이동 거리 $x = 50\text{m}$다.

먼저 $v^2 - v_0^2 = 2ax$를 사용하여 가속도(a)를 구한다.

$$v_1^2 - v_0^2 = 2ax$$

$$0 - 20^2 = 2a \times 50$$

$$\therefore \quad a = -\frac{20^2}{2 \times 50} = -4 \ [\text{m/s}^2]$$

다음에 속도 관계식 $v = v_0 + at$에서 차가 정지할 때까지 걸린 시간(t)을 구한다.

$$v_1 = v_0 + at$$

$$0 = v_0 + at$$

$$\therefore \quad t = -\frac{v_0}{a} = -\frac{20}{(-4)} = 5 \ [\text{s}]$$

즉, 차의 가속도는 -4m/s^2, 정지할 때까지 걸린 시간은 5초이다. 이 경우에는 차가 감속되었으므로 가속도의 부호가 음(−)이 된다.

[Note] [예제 2.9]를 식 (2.9)와 (2.10)을 사용하여 풀려면

$$0 = 20 + at \cdots\cdots ①$$

$$50 = 20t + \frac{1}{2}at^2 \cdots\cdots ②$$

의 연립방정식으로부터 a와 t를 구해야 한다. 식 ①, ②를 풀면

$$a = -4[\text{m/s}^2], \quad t = 5\,[\text{s}]$$

임을 확인하라. 물론 식 ①, ②를 푸는 것도 그다지 어렵지 않지만 연립방정식을 풀 필요가 없는 식 (2.11)이 매우 유용한 식이라는 것을 알 수 있다.

[예제 2.10] $t=0$에서 출발하여 직선운동을 하는 물체의 속도와 시간의 관계가 [그림 2.6]과 같이 직선으로 나타날 때 다음을 구하라.

(1) 물체의 가속도

(2) 6초 후의 물체의 변위

(3) 6초 동안에 물체가 이동한 거리

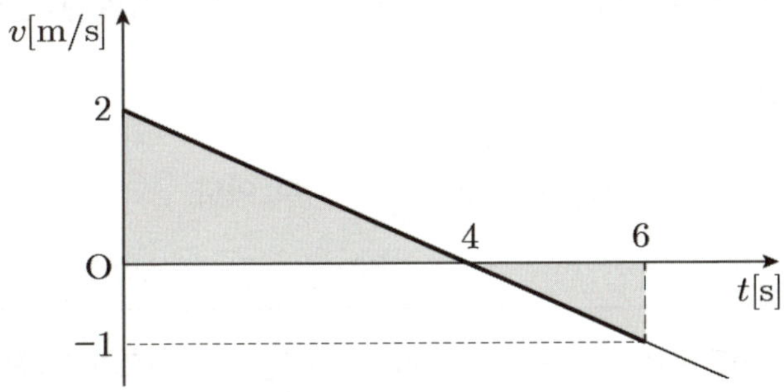

[그림 2.6]

풀이 (1) 직선운동에서 $a=\dfrac{dv}{dt}$이므로 $v-t$ 그래프에서 가속도는 직선의 기울기가 된다.

$$\therefore\ a=-\frac{2}{4}=-\frac{1}{2}\ [\mathrm{m/s^2}]\text{인 등가속도 운동이다.}$$

(2) 그래프에서 $v(t)=-\dfrac{1}{2}t+2\,[\mathrm{m/s}]$이다. $t=0$, 6일 때 물체의 위치를 각각 x_0, x_1으로 하고 $dx=vdt$를 적분하면 다음과 같이 6초 후의 물체의 변위(x_1-x_0)가 구해진다.

$$dx=vdt=\left(-\frac{1}{2}t+2\right)dt$$

$$\int_{x_0}^{x_1}dx=\int_0^6\left(-\frac{1}{2}t+2\right)dt$$

$$\therefore\ x_1 - x_0 = \int_0^6 \left(-\frac{1}{2}t + 2\right)dt = \left[-\frac{1}{4}t^2 + 2t\right]_0^6 = 3\ [\mathrm{m}]$$

(3) 이동 거리 $x = \int_{t_0}^{t_1} |v|\,dt$ 으로 $v-t$ 그래프에서 이동 거리는 넓이가 된다.

$$\therefore\ \text{이동 거리}\ x = \left(\frac{1}{2} \times 4 \times 2\right) + \left(\frac{1}{2} \times 2 \times 1\right) = 5\ [\mathrm{m}]$$

직선운동에서 오른쪽 방향을 양(+)으로 잡으면 속도가 양인 구간 $0 < t < 4$에서는 오른쪽으로 4m 이동하고, 속도가 음인 $4 < t < 6$에서는 왼쪽으로 1m 이동한다. 따라서 총 이동 거리(x)는

$$4\mathrm{m} + 1\mathrm{m} = 5\mathrm{m}$$

이고, 변위($x_1 - x_0$)는 $4\mathrm{m} - 1\mathrm{m} = 3\mathrm{m}$ 이다.

[예제 2.11] 직선운동을 하는 물체의 속도(v)-시간(t) 그래프가 [그림 2.7]과 같을 때 물체가 10s 동안 이동한 거리를 구하라.

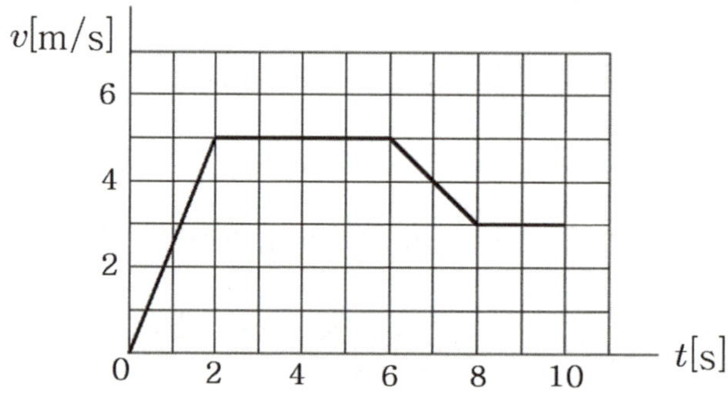

[그림 2.7]

풀이 $v-t$ 그래프에서 이동 거리는 그래프 아래의 넓이와 같다.

$$(\text{이동 거리}) = \left(\frac{1}{2} \times 2 \times 5\right) + (4 \times 5) + \left\{\frac{1}{2} \times 2 \times (3+5)\right\} + (2 \times 3)\ [\mathrm{m}]$$
$$= 39\ [\mathrm{m}]$$

변위와 이동 거리
직선 위를 움직이는 점 P의 속도(v)가 시간(t)의 함수 $v(t)$일 때, 점 P의 위치 변화량(변위)과 점 P가 움직인 거리(이동 거리)는 다음과 같이 속도 $v(t)$를 적분하여 구할 수 있다. (1) 시간 $t=a$에서 $t=b$까지 변위(Δx): $\Delta x = \int_a^b v(t)dt$ (2) 시간 $t=a$에서 $t=b$까지 이동 거리(s): $s = \int_a^b \lvert v(t) \rvert dt$ 적분한 결과는 기하학적으로 $t=a$와 $t=b$ 사이에서 곡선 $v(t)$와 t축이 만드는 도형의 넓이와 같다.

2.6 중력장 내의 직선운동

지구의 물체에는 지구 중심 방향으로 인력이 작용하는데 이것을 중력이라 하며, 중력에 의해 생기는 가속도를 중력가속도(g)라 한다. 중력가속도의 값은 장소에 따라 조금씩 다르지만 일반적으로 $g=9.8\text{m/s}^2$으로 한다. 중력가속도의 방향은 언제나 연직 아래 방향(↓)이다.

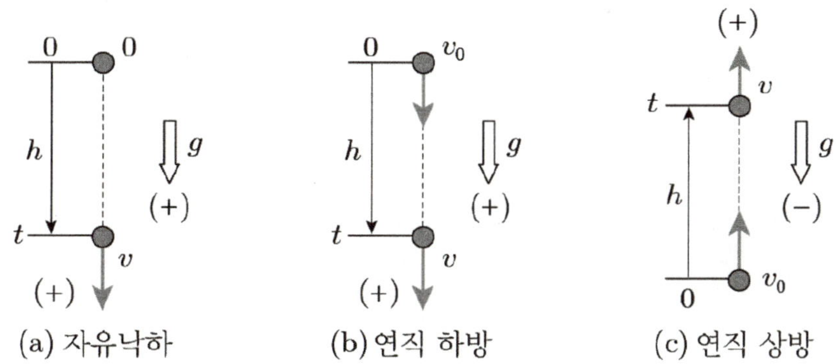

[그림 2.8]

1 자유낙하운동: 초기속도 $v_0 = 0$

무거운 물체를 들고 있다가 가만히 놓을 때와 같이 정지 상태에서 중력의 영향만으로 낙하하는 물체의 운동을 자유낙하운동이라 한다[그림 2.8(a)]. 이때의 운동은 초기속도 $v_0 = 0$이고 가속도는 중력가속도 g인 등가속도 직선운동이다. 물체의 초기 위치를 원점으로 하고 아래 방향을 양(+)으로 잡으면 t초 후의 속도(속력) v와 물체의 이동 거리 h의 관계식은 다음과 같다.[3)]

$$v = gt \quad \cdots\cdots (2.15)$$

$$h = \frac{1}{2}gt^2 \quad \cdots\cdots (2.16)$$

$$v^2 = 2gh \quad \cdots\cdots (2.17)$$

식 (2.9)~(2.11)에 $v_0 = 0$, $a = g$, $x = h$를 대입하면 위의 세 식이 유도된다.

2 물체를 v_0의 속력으로 던졌을 때

(1) 연직 아래 방향으로 v_0의 속력으로 던질 때[그림 2.8(b)]: 아래 방향을 양(+)으로 잡으면 초기속도와 중력가속도의 방향이 같고 가속도 $a = g$이다.

$$v = v_0 + gt \quad \cdots\cdots (2.18)$$

$$h = v_0 t + \frac{1}{2}gt^2 \quad \cdots\cdots (2.19)$$

$$v^2 - v_0^2 = 2gh \quad \cdots\cdots (2.20)$$

식 (2.9)~(2.11)에 $v_0 = v_0$, $a = g$, $x = h$를 대입하면 위의 세 식이 유도된다.

3) 중력장 내의 운동에서 속도와 속력이라는 용어에 지나치게 신경 쓰지 않도록 한다.

(2) 연직 위쪽으로 v_0의 속력으로 던질 때[그림 2.8(c)]: 위 방향을 양(+)으로 잡으면 초기속도와 중력가속도의 방향이 반대가 되므로 가속도 $a=-g$이다. 따라서 이때는 식 (2.18)~(2.20)의 g에 $-g$를 대입하면 된다.

$$v = v_0 - gt \qquad \cdots\cdots (2.21)$$

$$h = v_0 t - \frac{1}{2}gt^2 \qquad \cdots\cdots (2.22)$$

$$v^2 - v_0^2 = -2gh \qquad \cdots\cdots (2.23)$$

물체를 위로 던지면 아래 방향으로 작용하는 중력에 의해 최고점에 도달할 때까지는 속력이 점점 감소한다. 최고점에서 속도(속력) $v=0$이 된 후 운동 방향을 바꾸어 아래로 떨어지게 된다.

[예제 2.12] **지면으로부터 높이가 490m인 건물의 옥상에서 어떤 물체를 자유낙하시켰을 때 물체가 지면에 떨어질 때까지 걸린 시간과 이때의 물체의 속력을 구하라.**

풀이 건물의 높이를 h, 물체가 지면에 떨어질 때까지 걸린 시간을 t로 하면

$$h = \frac{1}{2}gt^2$$

$$\therefore \ t = \sqrt{\frac{2h}{g}} = \sqrt{\frac{2\times 490}{9.8}} = 10\ [\mathrm{s}]$$

이다. 그리고 가속도 g의 등가속도 운동이므로 이때의 속력(v)은 다음과 같다.

$$v = gt = 9.8\times 10 = 98\ [\mathrm{m/s}]$$

† 세계 최고층 건물은 두바이에 있는 부르즈 할리파(828m, 163층)이며, 우리나라 서울의 롯데월드 타워는 555m, 123층이라고 한다.

[예제 2.13] 건물의 옥상에서 어떤 물체를 연직 아래 방향으로 10m/s의 속력으로 던졌더니 2초 후에 지면에 떨어졌다. 건물의 높이를 구하라.

풀이 $v_0 = 10\text{m/s}$, $t = 2\text{s}$이므로 건물의 높이(H)는 다음과 같다.

$$H = v_0 t + \frac{1}{2} g t^2$$

$$= 10 \times 2 + \frac{1}{2} \times 9.8 \times 2^2 = 39.6 \text{ [m]}$$

[예제 2.14] 지면에서 $v_0 = 98\text{m/s}$의 속력으로 총알을 연직 위 방향으로 쏘아 올렸다. 총알이 (1) 최고점에 도달할 때까지 걸린 시간과 (2) 지면으로부터 최고점까지 높이를 각각 구하라.

풀이 최고점에서 총알의 속도 $v = 0$라는 조건을 적용한다.

(1) 최고점에 도달할 때까지 걸린 시간(t)

$$v = v_0 - gt = 0$$

$$\therefore \ t = \frac{v_0}{g} = \frac{98}{9.8} = 10 \text{ [s]}$$

(2) 최고점 높이(h_{max})

$$v^2 - v_0^2 = -2g h_{max}$$

$$0 - v_0^2 = -2g h_{max}$$

$$\therefore \ h_{max} = \frac{v_0^2}{2g} = \frac{98^2}{2 \times 9.8} = 490 \text{ [m]}$$

[예제 2.15] 그림과 같이 지면으로부터 높이 $H = 200\text{m}$에서 v_0의 속력으로 물체 A를 연직 아래로 던지고, 이와 동시에 지면에서 물체 B를 연직 위로 v_0의 속력으로 던져 올렸을 때 4초 후에 두 물체가 만난다면 v_0는 얼마[m/s]인가? 그리고 만나는 위치는 지면으로부터 몇 m 높이인가? 단, A와 B는 동일 연직선상에 있다.

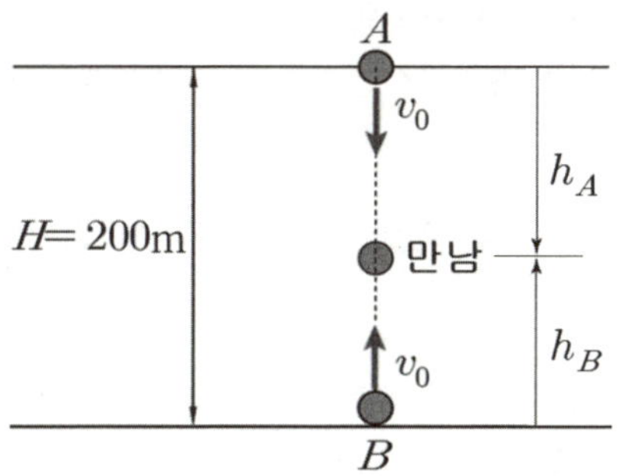

[그림 2.9]

풀이 t초 후에 물체 A가 낙하한 거리(h_A)와 물체 B가 올라간 거리(h_B)는 각각

$$h_A = v_0 t + \frac{1}{2}gt^2, \quad h_B = v_0 t - \frac{1}{2}gt^2$$

이다. 두 물체가 만날 때 $h_A + h_B = H$이므로 $t = 4$초 후에 두 물체가 만난다면 다음과 같이 v_0가 구해진다.

$$h_A + h_B = 2v_0 t = H$$

$$v_0 = \frac{H}{2t} = \frac{200}{2 \times 4} = 25\,[\text{m/s}]$$

두 물체가 만나는 지점의 높이는 물체 B가 올라간 거리와 같다.

$$h_B = v_0 t - \frac{1}{2}gt^2 = 25 \times 4 - \frac{1}{2} \times 9.8 \times 4^2 = 21.6\,[\text{m}]$$

연습문제 2

01 42.195 km를 2시간 10분만에 완주하는 마라톤 선수의 평균속력은 몇 m/s인가?

02 투수가 포수에게 던진 공의 평균속력이 120km/h일 때 투수가 던진 공이 포수에게 가는데 걸리는 시간은 몇 초인가? 단, 투수와 포수 사이의 거리는 20m이다.

03 평균속력 1.4 m/s로 5시간을 걸어가면 걸어간 총 거리는 몇 km인가?

04 정지해 있던 자동차가 출발한 후 4초 후에 속력이 72 km/h가 되었다. 평균 가속도 $[\mathrm{m/s^2}]$의 크기를 구하라.

05 등가속도 운동을 하는 물체가 20m 이동하는 동안에 물체의 속력이 4m/s에서 10m/s로 증가하였다. 물체의 가속도는 몇 $\mathrm{m/s^2}$인가?

06 직선운동을 하는 물체의 시간 t초에서의 위치가 $x = t^3 - 4t^2 + 5t\,[\mathrm{m}]$일 때 $t = 3$초에서의 속도와 가속도의 크기를 구하라.

07 정지 상태$(x_0 = 0,\ v_0 = 0)$에서 출발하여 $2\mathrm{m/s^2}$의 일정가속도로 달리는 자동차의 7초 후의 위치와 속도를 구하라.

08 자동차가 정지 상태에서 출발하여 일정한 가속도로 500m의 거리를 10초에 주파하였다. 자동차의 가속도와 500m 거리를 주파할 때의 자동차의 속도를 구하라.

09 시속 72km로 달리고 있는 차의 브레이크를 밟아서 2초 후에 정지시켰다. 브레이크를 밟은 후의 차의 가속도와 이동 거리를 구하라.

10 어떤 비행기가 이륙하기 위해서는 $40\,\mathrm{m/s}$의 속도에 도달해야 한다. 정지하고 있던 비행기가 일정한 가속도로 $200\,\mathrm{m}$를 달린 후에 이륙하였을 때 비행기의 가속도와 이륙할 때까지 걸린 시간을 구하라.

11 다음 그래프는 직선운동을 하는 물체의 속도(v)와 시간(t)과의 관계를 나타낸 것이다. 다음을 구하라.

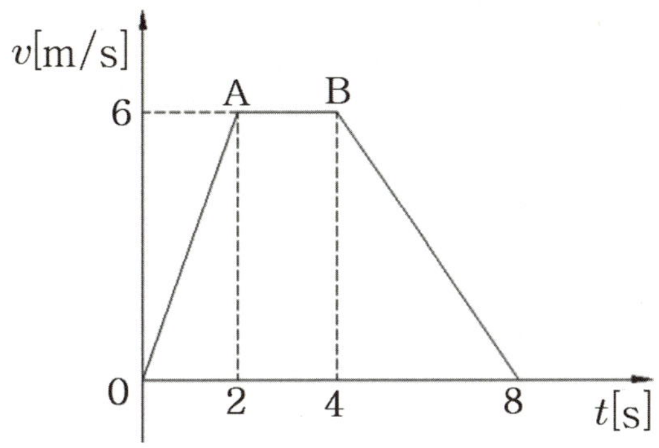

[문제 2.11]

(1) 등속 구간에서 이동 거리[m]
(2) 8초 동안의 평균속력[m/s]
(3) 가속되고 있는 동안의 가속도[$\mathrm{m/s^2}$]
(4) 감속되고 있는 동안의 가속도[$\mathrm{m/s^2}$]

12 다음 그래프는 직선운동을 하는 물체의 속도(v)와 시간(t)과의 관계를 나타낸 것이다. 물체의 변위(x)와 시간과의 관계식을 구하라. 단, $t=0$에서 초기변위 $x_0=0$이다.

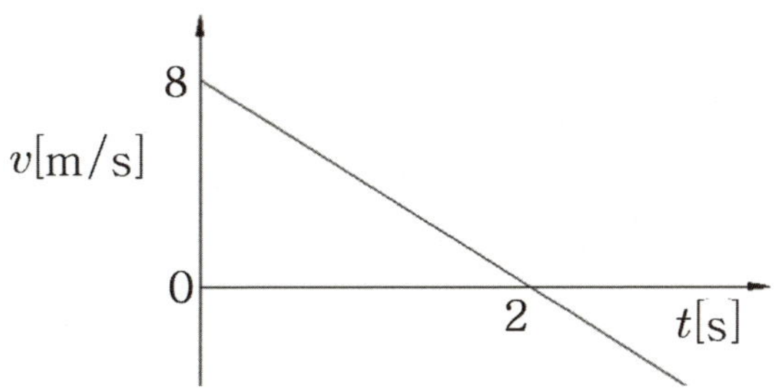

[문제 2.12]

13 높이 H에서 자유낙하한 공이 10초 후에 지면에 도달한다면 H는 몇 m인가?

14 자유낙하한 물체가 100m 아래로 떨어지는 데 걸린 시간과 이때 물체의 속력을 구하라.

15 연직 위로 던진 공의 최고점 높이가 50m이면 던질 때 공의 속력은 얼마인가?

16 속도-시간 그래프가 다음과 같은 물체가 10s 동안 이동한 거리를 구하라.

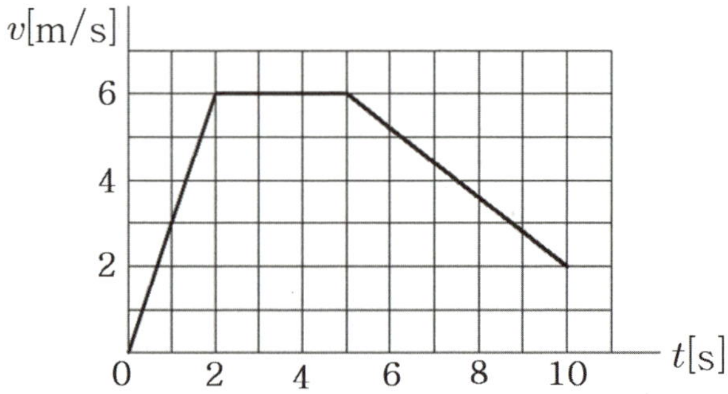

[문제 2.16]

17 초기속도 49m/s로 연직 위로 쏘아 올린 공이 도달할 수 있는 최대높이와 그때까지 걸린 시간을 구하라. 단, 중력가속도 $g = 9.8\,\text{m/s}^2$이다.

18 지면으로부터 높이 H인 곳에서 물체를 자유낙하시킬 때 물체의 높이(지면으로부터의 거리) y와 시간 t와의 관계식을 구하라. 단, 중력가속도는 g이다.

19 물체 A는 지면으로부터 80m 높이에서 가만히 자유낙하시키고, 이와 동시에 물체 B는 지면에서 연직 위로 40m/s의 속력으로 던졌더니 얼마 후 두 물체가 충돌하였다. 충돌 지점의 높이는 지면으로부터 몇 m인가? 단, A와 B는 동일 연직선상에 있다.

20 길이가 2km인 활주로의 한쪽 끝에 착륙한 비행기가 $2.5\,\text{m/s}^2$로 일정하게 감속하여 다른 쪽 끝에 정지하려 한다. 착륙 직전 비행기의 속력은? [공무원 임용시험]

① 40m/s ② 60m/s ③ 80m/s ④ 100m/s

21 질량이 4kg인 물체를 20m/s의 속력으로 연직 위 방향으로 던져 올렸을 때 이 물체가 올라갈 수 있는 최고 높이는 몇 m인가? 단, 공기 저항은 무시하고 중력가속도는 $10\,\mathrm{m/s^2}$이다. [공무원 임용시험]

① 5m ② 10m ③ 15m ④ 20m

22 감나무에서 열린 감이 나무에서 떨어져 1초 후에 지면에 도달하였다. 감이 떨어진 높이와 감의 평균속도는 각각 얼마인가? 단, 공기 저항은 무시하고 중력가속도는 $10\,\mathrm{m/s^2}$이다. [공무원 임용시험]

① 1m, 2m/s ② 1m, 5m/s
③ 5m, 5m/s ④ 5m, 10m/s

23 다음은 처음 속도가 5m/s인 어떤 물체의 운동 상태에 대한 시간(t)과 가속도(a)와의 관계를 나타낸 그래프이다. $t=0$에서 출발하여 4초 동안 이동한 거리는? [공무원 임용시험]

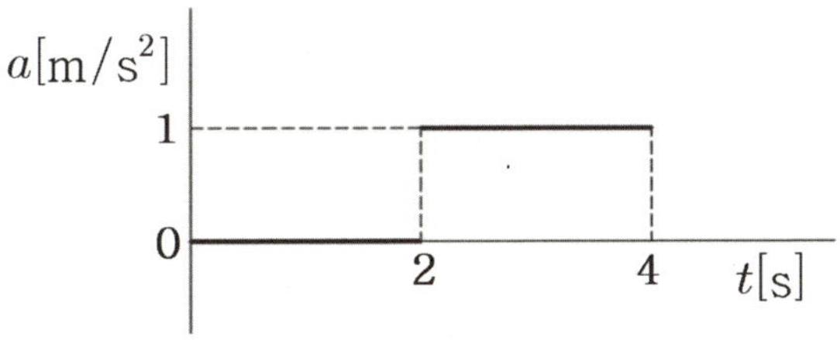

[문제 2.23]

① 8m ② 12m ③ 16m ④ 22m

24 속력 v로 수평 도로를 달리는 자동차에서 급브레이크를 밟았더니 거리 d만큼 미끄러진 후 정지하였다. 이 자동차가 $2v$의 속력으로 같은 도로를 달릴 때 급브레이크를 밟으면 d의 몇 배 거리를 미끄러지다가 정지하겠는가? 단, 공기 저항은 무시한다. [공무원 임용시험]

① $\frac{1}{4}$ ② $\frac{1}{2}$ ③ 2 ④ 4

25 지표면으로부터 높이 H인 지점에서 질량이 m인 물체가 자유낙하 하였다. 지표면에서 $3H/4$ 인 높이에서의 물체의 속력은? (단, 공기저항은 무시하고, 중력가속도는 g 이다) [공무원 임용시험]

① $\frac{gH}{2}$ ② $\sqrt{\frac{gH}{2}}$ ③ $\sqrt{\frac{3gH}{4}}$ ④ $\sqrt{\frac{3gH}{2}}$

26 x축을 따라 움직이는 입자의 위치가 시간에 따라 $x(t) = 7 + 9t - 2t^3$으로 변한다. $t = 3$일 때 입자의 속도[m/s]는? (단, 여기서 x의 단위는 미터[m]이고, t의 단위는 초[s]이다) [공무원 임용시험]

① 음의 x방향으로 3
② 양의 x방향으로 20
③ 음의 x방향으로 20
④ 음의 x방향으로 45

27 그림은 직선 운동하는 물체의 속도를 시간에 따라 나타낸 것이다. 이 물체의 운동에 대한 설명으로 옳지 않은 것은? [공무원 임용시험]

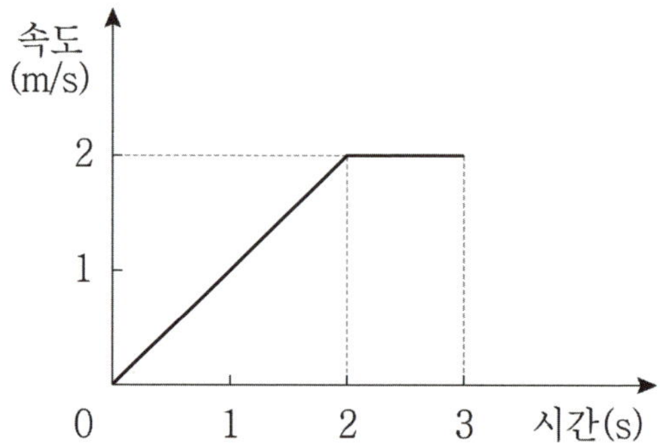

[문제 2.27]

① 0초에서 2초까지 등가속도 운동을 한다.
② 0초에서 2초까지 이동한 거리가 2초에서 3초까지 이동한 거리보다 크다.
③ 0초부터 2초까지 평균속력은 1m/s이다.
④ 1초일 때 가속도의 크기는 1m/s^2이다.

28 출발점에서 도착점까지 움직이는 자동차가 있다. 처음 절반의 거리는 평균속력 100km/h로, 나머지 절반의 거리는 평균속력 25km/h로 이동했다면, 출발점에서 도착점까지 자동차의 평균속력[km/h]은? [공무원 임용시험]

① 40 ② 50 ③ 60 ④ 70

29 활주로에 착륙하고 있는 비행기가 있다. 활주로에 바퀴가 닿는 순간의 비행기 수평 방향 속력이 360km/h이고, 크기 10m/s^2의 일정한 가속도로 감속하여 정지하였다면 비행기가 정지할 때까지 활주로에서 이동한 거리[m]는? (단, 활주로는 수평이고, 바퀴가 닿는 순간부터 비행기는 활주로 위에서 직선운동 한다) [공무원 임용시험]

① 300 ② 360 ③ 480 ④ 500

30 마찰이 없는 수평면에 정지해 있는 물체에 일정한 힘을 가하여 물체가 가속되었다. 1m 거리를 움직였을 때 물체의 속도가 10m/s였다면, 가속도[m/s^2]는?

[공무원 임용시험]

① 2 ② 5 ③ 10 ④ 50

31 50m/s의 속력으로 등속도 운동하는 자동차 A가 정지 상태의 자동차 B를 지나가는 순간, B도 A와 같은 방향으로 등가속도 운동을 시작하였다. B의 가속도가 20m/s^2이라면, B가 A를 처음 앞지르기 시작하는 것은 B가 출발한 순간부터 몇 초 후인가? (단, A, B의 크기는 무시하며 직선운동 한다) [공무원 임용시험]

① 2.5 ② 3 ③ 5 ④ 10

32 그림은 직선도로를 따라 운동하는 어떤 물체의 속도-시간 그래프를 나타낸 것이다. 0초부터 6초까지 물체의 이동 거리[m]는? [공무원 임용시험]

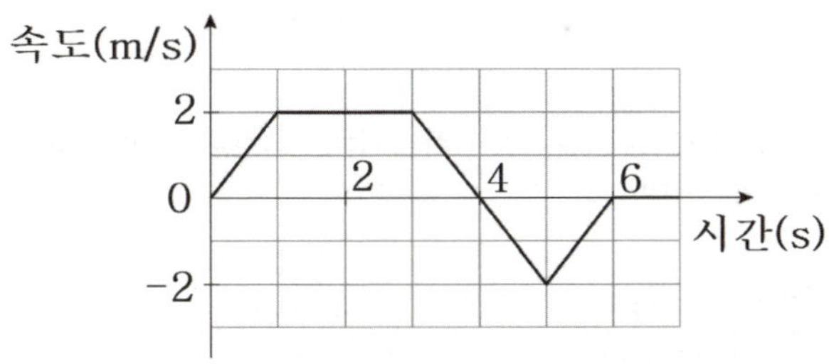

[문제 2.32]

① 4 ② 6 ③ 8 ④ 10

33 어떤 공을 지면에서 연직 위로 던졌다. 이 공이 높이 20m까지 올라갈 수 있다면, 지면에서 공의 초기속력[m/s]은? (단, 공의 크기는 무시하며 중력가속도는 10m/s^2이다.) [공무원 임용시험]

① 10 ② 20 ③ 30 ④ 40

34 두 자동차 A, B가 일직선상에서 서로 마주보고 있다. A는 20m/s의 일정한 속도로 B를 향해서 달리고 있다. A와 B의 거리가 300m가 되는 순간 멈춰있던 B가 10m/s^2의 가속도로 A를 향해 달린다면 두 자동차가 만나는 데 걸리는 시간[초]은? [공무원 임용시험]

① 3 ② 4 ③ 5 ④ 6

35 직선상에서 움직이는 물체의 속도가 시간이 0초일 때 10m/s이며, 5m/s^2의 등가속도 운동을 한다. 5초일 때 물체의 속도[m/s]는? [공무원 임용시험]

① 25 ② 35 ③ 45 ④ 50

36 어떤 높이에 정지해 있던 작은 돌이 자유낙하하여 바닥에 도달하는 데 걸린 시간이 10초였다. 이 돌이 처음과 같은 높이에서 아래 연직방향으로 속력 75m/s로 던져진다면 바닥에 도달하는 데 걸리는 시간[초]은? (단, 공기의 저항은 무시하고, 중력가속도는 10m/s^2이다) [공무원 임용시험]

① 3 ② 4 ③ 5 ④ 6

37 스카이다이버가 지상에서 3000m 상공에 떠 있는 헬리콥터에서 점프를 한다. 공기 저항을 무시한다면 2000m 상공에서 스카이다이버의 낙하속도는? (단, 중력가속도는 9.8m/s^2로 한다.) [공무원 임용시험]

① 300m/s ② 250m/s ③ 200m/s ④ 140m/s

38 그림은 등가속도 직선 운동을 하는 자동차의 속력을 시간에 따라 나타낸 것이다. 자동차의 운동에 대한 설명으로 옳지 않은 것은? [공무원 임용시험]

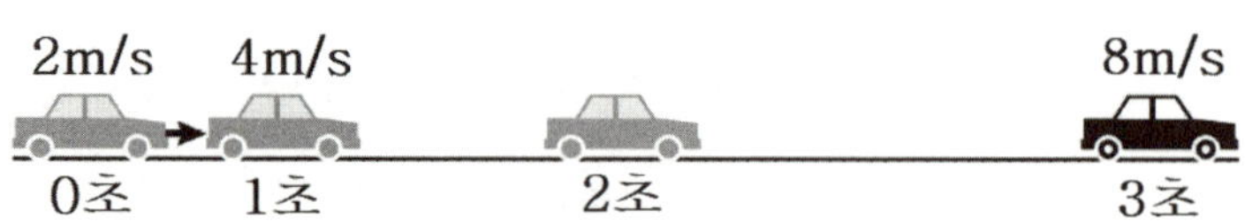

[문제 2.38]

① 가속도의 크기는 2m/s^2이다.
② 2초인 순간의 속력은 6m/s이다.
③ 1초부터 2초까지 평균속력은 5m/s이다.
④ 0초부터 3초까지 이동 거리는 9m이다.

39 직선상을 속력이 $80\mathrm{m/s}$로 등속운동하고 있는 기차가 지나가는 순간, 운전자가 정지해 있던 차를 반대방향으로 $20\mathrm{m/s^2}$의 가속도로 가속시켰다. 몇 초 후 기차와 차 사이의 거리가 $200\mathrm{m}$가 되는가? [공무원 임용시험]

① 1초 ② 2초 ③ 3초 ④ 4초

40 x축 상에서 1차원 운동을 하는 물체가 있다. 시간 t에서 물체의 순간 속도 $v=2t+1$일 때, $t=0$에서 $t=2$까지 물체의 변위는? (Hint: 시간 t_1에서 t_2 사이에서 물체의 변위 $\Delta x=\int_{t_1}^{t_2} v\,dt$) [공무원 임용시험]

① 4 ② 5 ③ 6 ④ 7

제3장

벡터

3.1 벡터와 스칼라

1 스칼라양

거리, 넓이, 부피, 시간, 밀도, 질량, 온도, 에너지, 속력 등과 같이 크기만으로 나타낼 수 있는 물리량을 스칼라양(scalar quantity)이라 한다.

2 벡터양

변위, 힘, 모멘트, 운동량, 속도, 가속도, 자기력 등과 같이 크기와 방향을 갖는 물리량을 벡터양(vector quantity)이라 한다.

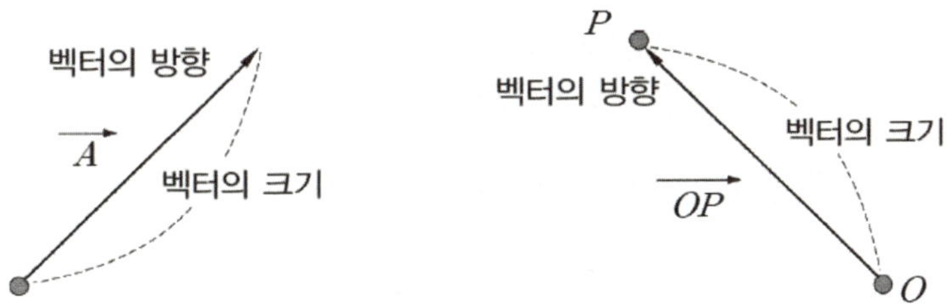

[그림 3.1]

† 변위: 위치를 바꾼 물체의 나중 위치와 처음 위치의 차이를 나타내는 벡터양이다. 처음 위치와 나중 위치를 각각 $\overrightarrow{r_1}$, $\overrightarrow{r_2}$라 하면 변위($\Delta\overrightarrow{r}$)는 $\Delta\overrightarrow{r} = \overrightarrow{r_2} - \overrightarrow{r_1}$이다.

벡터를 그림으로 표시할 때는 [그림 3.1]과 같이 화살표를 사용하여 나타내며, 기호로 표시할 때는 일반적으로 $\overrightarrow{A}$, $\overrightarrow{OP}$ 등과 같이 문자 위에 방향을 의미하는 화살표를 붙여서 나타낸다. 그림에서 $\overrightarrow{OP}$는 벡터의 방향이 점 O에서 P로 향하고 있음을 나타낸다. 벡터 $\overrightarrow{A}$의 크기를 나타낼 때 수학에서는 $|\overrightarrow{A}|$와 같이 절댓값으로 나타내지만 간편하게 A로 나타내기도 한다. 일반적으로 힘 $\overrightarrow{F}$의 크기를 F로 나타낸다.

3.2 벡터의 덧셈과 뺄셈

1 덧셈

두 벡터 $\vec{P}$, $\vec{Q}$의 합 $\vec{P}+\vec{Q}=\vec{R}$은 [그림 3.2]와 같은 평행사변형법이나 삼각형법으로 정의된다.

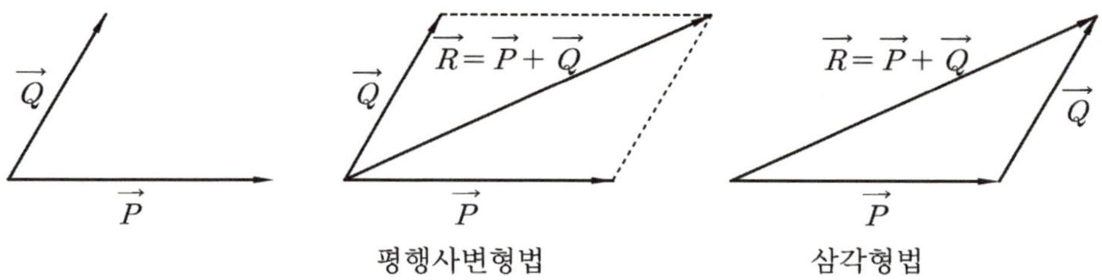

[그림 3.2] 벡터의 합

벡터의 덧셈에 대해서 다음과 같이 교환법칙과 결합법칙이 모두 성립한다.

$$\bullet\ \text{교환법칙: } \vec{P}+\vec{Q}=\vec{Q}+\vec{P} \qquad \cdots\cdots (3.1)$$

$$\bullet\ \text{결합법칙: } \vec{P}+(\vec{Q}+\vec{R})=(\vec{P}+\vec{Q})+\vec{R} \qquad \cdots\cdots (3.2)$$

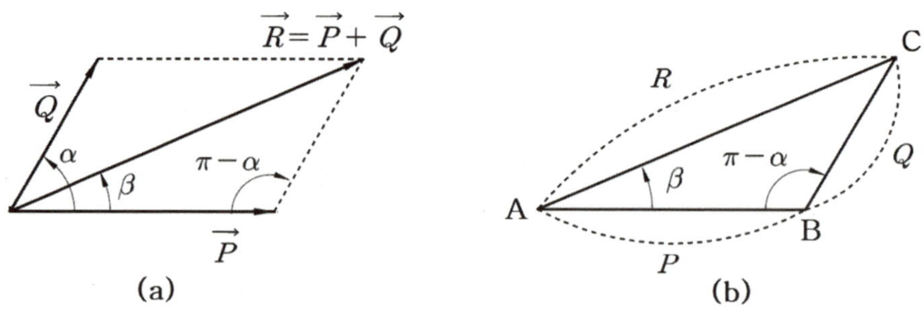

[그림 3.3]

[그림 3.3]의 (a)와 같은 두 벡터 $\overrightarrow{P}$와 $\overrightarrow{Q}$에서 평행사변형법 또는 삼각형법에 의한 두 벡터의 합 $\overrightarrow{R}=\overrightarrow{P}+\overrightarrow{Q}$의 크기($R$)는 (b)의 삼각형 ABC에서 빗변 AC의 길이가 된다. 두 벡터 $\overrightarrow{P}$와 $\overrightarrow{Q}$가 이루는 각을 α라 하면 (b)에서 $\angle B=\pi-\alpha$이다. 여기에서 제2코사인법칙을 적용하면 다음과 같이 두 벡터 합의 크기(R)가 구해진다.

$$R^2=P^2+Q^2-2PQ\cos(\pi-\alpha)$$
$$=P^2+Q^2+2PQ\cos\alpha$$

$$R=\sqrt{P^2+Q^2+2PQ\cos\alpha} \quad \cdots\cdots (3.3)$$

P와 Q는 각각 벡터 $\overrightarrow{P}$와 $\overrightarrow{Q}$의 크기를 나타낸다. [그림 3.4]에서 점 C에서 내린 수직선과 AB의 연장선의 교점을 D라 하면

$$\overline{BD}=Q\cos\alpha,\ \overline{CD}=Q\sin\alpha$$

이므로 삼각형 ACD에서 합력의 방향각 β는 다음과 같이 구해진다.

$$\tan\beta=\frac{\overline{CD}}{\overline{AD}}=\frac{\overline{CD}}{\overline{AB}+\overline{BD}}=\frac{Q\sin\alpha}{P+Q\cos\alpha}$$

$$\beta=\tan^{-1}\left(\frac{Q\sin\alpha}{P+Q\cos\alpha}\right) \quad \cdots\cdots (3.4)$$

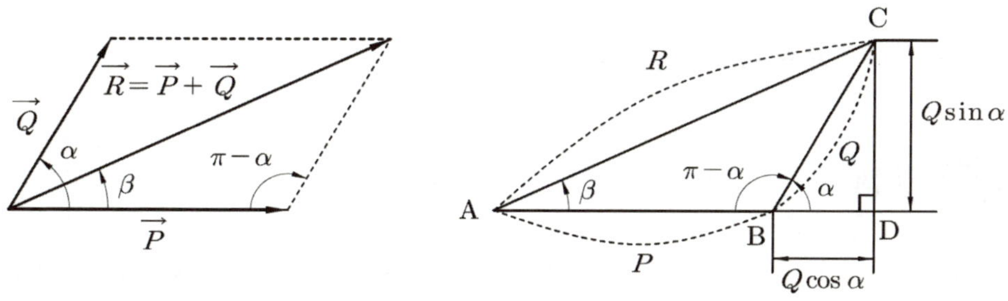

[그림 3.4]

평행사변형법과 삼각형법으로 구한 합력은 같다. 삼각형법은 $\vec{Q}$를 $\vec{P}$의 끝점으로 평행 이동시켜 놓은 것과 같다.

[예제 3.1] [그림 3.5]의 (a)와 같은 방향을 갖는 두 벡터 $\vec{P}$, $\vec{Q}$가 있다. 벡터의 크기 $P = 7\,\mathrm{N}$, $Q = 4\,\mathrm{N}$ 이고 두 벡터가 서로 직각으로 작용할 때 두 벡터의 합 $\vec{R} = \vec{P} + \vec{Q}$의 크기와 방향을 구하라.

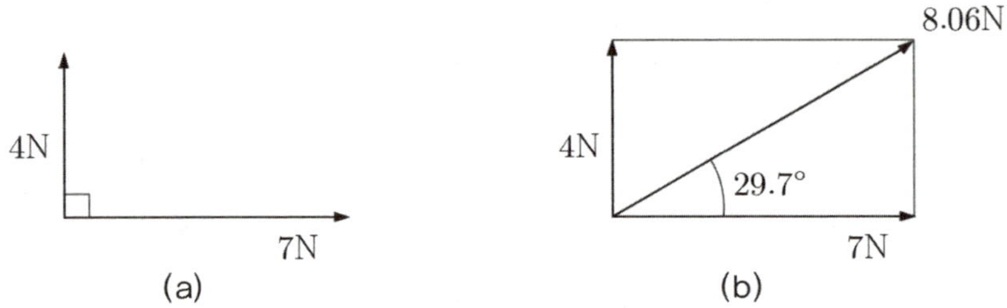

[그림 3.5]

풀이 두 벡터가 서로 직각으로 작용하므로 평행사변형법에 의해 두 벡터의 합의 크기는 두 벡터가 이루는 직사각형의 대각선 길이와 같다.

- 벡터 합의 크기: $R = \sqrt{P^2 + Q^2} = \sqrt{7^2 + 4^2} = 8.06\,[\mathrm{N}]$
- 벡터 합의 방향: $\beta = \tan^{-1}\left(\dfrac{Q}{P}\right) = \tan^{-1}\left(\dfrac{4}{7}\right) = 29.7°$

벡터 합 $\vec{R} = \vec{P} + \vec{Q}$을 도시하면 [그림 3.5(b)]와 같다. $\vec{R}$을 다음과 같이 크기와 방향각으로 나타내기도 한다.

$$\vec{R} = 8.06\,[\mathrm{N}] \angle 29.7°$$

2 뺄셈

벡터의 뺄셈은 [그림 3.6]과 같이 음(−)의 벡터를 더한 것으로 정의한다. 음(−)의 벡터는 크기가 같고 방향이 반대인 벡터이다.

$$\vec{P}-\vec{Q}=\vec{P}+(-\vec{Q}) \quad \cdots\cdots (3.5)$$

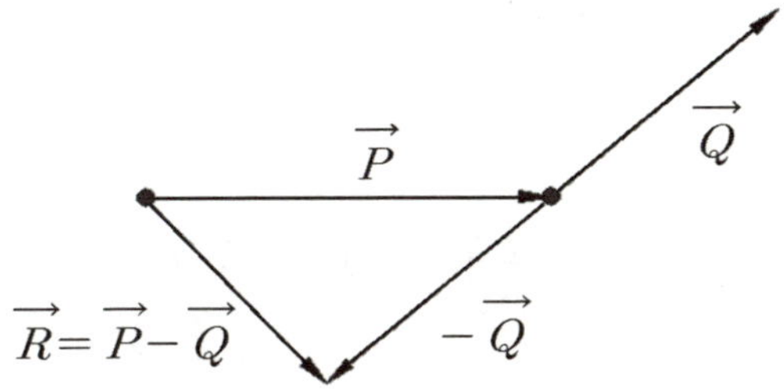

[그림 3.6] 벡터의 뺄셈

3.3 벡터 성분

1 단위벡터

단위벡터는 크기가 1인 벡터로서 차원과 단위가 없다. 단위벡터의 근본 목적은 벡터의 방향을 결정하는 것이다. (x, y, z) 직각 좌표계에서 각 축의 양의 방향으로 단위벡터를 정의하며, 일반적으로 $\vec{i}$ $\vec{j}$, $\vec{k}$로 표시한다. 여기에서 [그림 3.7]과 같은 직각좌표계를 오른손 직각좌표계라 한다.[1)] 이 좌표계를 어떻게 회전시키더라도 오른손 좌표계로 유지된다.

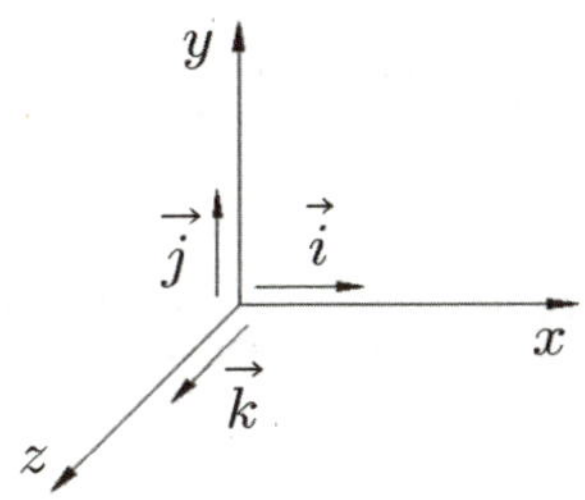

[그림 3.7] 단위벡터

1) 직각좌표계 또는 직교좌표계라 한다.

2 벡터 성분

직각좌표계에서 x, y, z 방향의 단위벡터를 각각 $\vec{i}$ $\vec{j}$, $\vec{k}$라 하면 벡터 $\vec{V}$는 다음과 같이 표현된다.

$$\vec{V} = V_x\vec{i} + V_y\vec{j} + V_z\vec{k} \qquad \cdots\cdots (3.6)$$

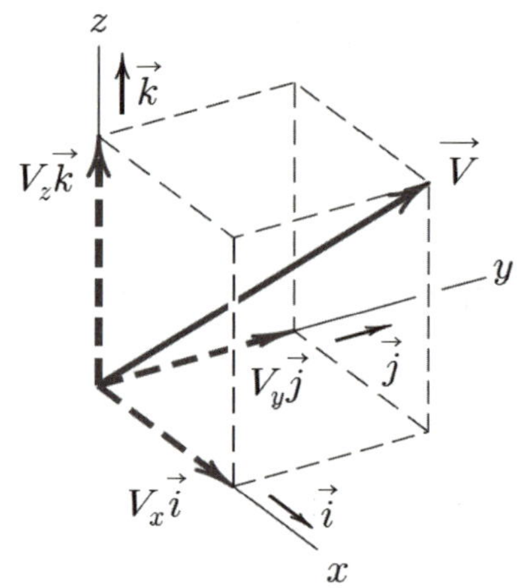

[그림 3.8] 벡터의 성분

[그림 3.8]과 같이 벡터 $\vec{V}$를 직각좌표계를 이용하여 분해한 벡터 $\vec{V_x}$, $\vec{V_y}$, $\vec{V_z}$를 각각 벡터 $\vec{V}$의 x, y, z 벡터성분이라 한다. x, y, z 방향의 단위벡터를 각각 $\vec{i}$ $\vec{j}$, $\vec{k}$라 하면 $\vec{V_x} = V_x\vec{i}$, $\vec{V_y} = V_y\vec{j}$, $\vec{V_z} = V_z\vec{k}$로 쓸 수 있으므로 V_x, V_y, V_z를 각각 벡터 $\vec{V}$의 x, y, z 스칼라성분이라 한다.

3 직각좌표계를 이용한 벡터 성분 분해

벡터를 분해할 때 벡터 성분의 방향은 임의로 정할 수 있지만 일반적으로 직각좌표계를 이용하여 서로 수직인 성분(직각 성분)으로 분해하는 것이 편리하다.[2)]

2) 벡터를 서로 수직인 성분으로 분해하면 벡터 계산을 쉽게 할 수 있다.

하나의 벡터 $\vec{F}$를 직각좌표계를 이용하여 분해한 두 벡터 $\vec{F_x}$와 $\vec{F_y}$를 벡터 $\vec{F}$의 x와 y 벡터성분이라 하고, x, y축 방향의 단위벡터를 각각 $\vec{i}$, $\vec{j}$라 하면 $\vec{F_x}=F_x\vec{i}$, $\vec{F_y}=F_y\vec{j}$로 쓸 수 있으므로 F_x, F_y를 $\vec{F}$의 x, y 스칼라성분이라 한다 [그림 3.9]. $\vec{F}$가 x축과 이루는 각이 θ이면 $\vec{F}$는 다음과 같이 분해된다.

$$\vec{F}=F(\cos\theta\,\vec{i}+\sin\theta\,\vec{j}\,) \quad \cdots\cdots (3.7a)$$

$$F_x=F\cos\theta\,,\ \ F_y=F\sin\theta \quad \cdots\cdots (3.7b)$$

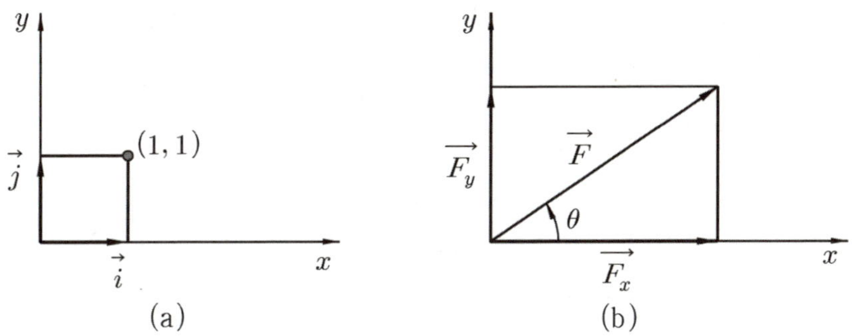

[그림 3.9] (a) 단위벡터 (b) $\vec{F}$의 성분

설명 삼각함수의 정의에 의하여 $\vec{F}$의 스칼라성분 $F_x=F\cos\theta$, $F_y=F\sin\theta$이다. 단위벡터 $\vec{i}$, $\vec{j}$는 각각 방향이 x축, y축이고 크기가 1인 벡터이므로 $\vec{F_x}=F_x\vec{i}$, $\vec{F_y}=F_y\vec{j}$로 쓸 수 있다. 따라서

$$\vec{F}=\vec{F_x}+\vec{F_y}=F(\cos\theta\,\vec{i}+\sin\theta\,\vec{j}\,)$$

이다. 스칼라성분 F_x, F_y는 $\vec{F}$의 방향에 따라 양(+), 음(−) 또는 0의 값을 갖는다. [그림 3.9]의 벡터는 x, y 스칼라성분이 모두 양이며, F_x, F_y를 알 때 $\vec{F}$의 크기 F와 $\vec{F}$가 x축과 이루는 각 θ는 다음과 같이 구할 수 있다.

$$F=\sqrt{F_x^2+F_y^2} \quad \cdots\cdots (3.8a)$$

$$\theta = \tan^{-1}\left(\frac{F_y}{F_x}\right) \quad \cdots\cdots (3.8b)$$

[예제 3.2] [그림 3.10]의 (a)와 같이 점 A에 작용하는 힘 $\vec{F}$가 있다. $\vec{F}$의 크기가 60N일 때 $\vec{F}$의 x, y 스칼라 성분을 구하고 단위벡터 $\vec{i}$, $\vec{j}$를 이용하여 $\vec{F}$를 벡터로 표현하라. 한 눈금의 크기는 1cm이다.

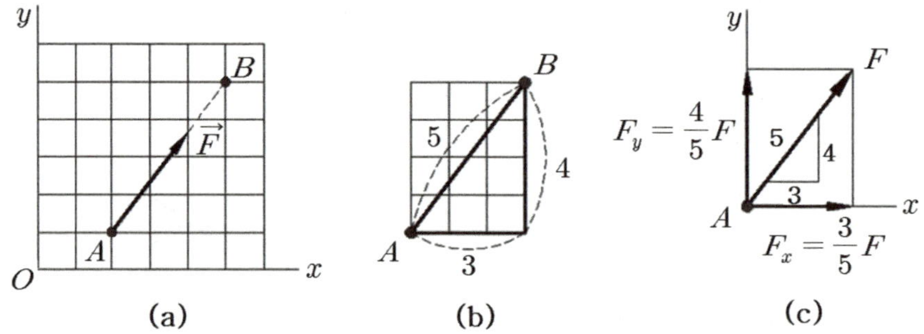

[그림 3.10]

풀이 [그림 3.10]의 (a)에서 $\vec{F}$의 작용선이 점 B와 만나고 있으므로 이 선이 x축 및 y축과 평행한 선으로 구성되는 직각삼각형은 (b와 같다. 따라서 삼각형의 닮음에 의해 $\vec{F}$는 (c)와 같이 분해된다. 즉, $\vec{F}$의 x 스칼라 성분(F_x)과, y 스칼라 성분(F_y)은

$$F_x = \frac{3}{5}F = \frac{3}{5}\times(60\,\text{N}) = 36\,\text{N}$$

$$F_y = \frac{4}{5}F = \frac{4}{5}\times(60\,\text{N}) = 48\,\text{N}$$

이고, 주어진 힘 $\vec{F}$는 다음과 같이 표현된다.

$$\vec{F} = F_x\vec{i} + F_y\vec{j} = 36\vec{i} + 48\vec{j}\ [\text{N}]$$

[예제 3.3] [그림 3.11]의 (a)와 같이 점 A에 작용하는 힘 $\vec{F}$가 있다. $\vec{F}$의 크기가 40N일 때 $\vec{F}$의 x, y 스칼라 성분을 구하고 단위벡터 $\vec{i}$, $\vec{j}$를 이용하여 $\vec{F}$를 벡터로 표현하라. 한 눈금의 크기는 1cm이다.

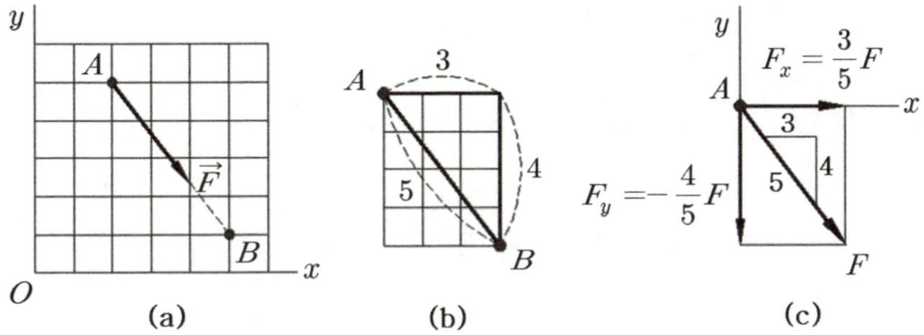

[그림 3.11]

풀이 [그림 3.11]의 (a)에서 $\vec{F}$의 작용선이 점 B와 만나므로 이 선이 x축 및 y축과 평행한 선으로 구성되는 직각삼각형은 그림의 (b)와 같다. 따라서 삼각형의 닮음에 의해 $\vec{F}$는 그림의 (c)와 같이 분해된다. 즉, $\vec{F}$의 x 스칼라 성분(F_x)과 y 스칼라 성분(F_y)은

$$F_x = \frac{3}{5}F = \frac{3}{5} \times (40\,\text{N}) = 24\,\text{N}$$

$$F_y = -\frac{4}{5}F = -\frac{4}{5} \times (40\,\text{N}) = -32\,\text{N}$$

이다. 여기에서 $\vec{F}$의 y성분은 $-y$ 방향으로 향하고 있으므로 음(−)의 값이라는 것에 주의한다. 따라서 힘 $\vec{F}$는 다음과 같이 표현된다.

$$\vec{F} = F_x\vec{i} + F_y\vec{j} = 24\vec{i} - 32\vec{j}\ [\text{N}]$$

4 벡터 성분으로 벡터 더하기

성분으로 분해된 벡터 $\vec{F_1}$, $\vec{F_2}$,⋯, $\vec{F_n}$의 합 $\vec{R}$의 스칼라성분은 각 스칼라 성분들의 대수적인 합으로 구할 수 있다. n개의 벡터

$$\vec{F_1} = F_{1x}\vec{i} + F_{1y}\vec{j}\,,\ \ \vec{F_2} = F_{2x}\vec{i} + F_{2y}\vec{j}\,,\ \cdots\cdots,\ \vec{F_n} = F_{nx}\vec{i} + F_{ny}\vec{j}$$

이 있고, 이들의 합을 $\vec{R} = R_x\vec{i} + R_y\vec{j}$ 라고 하면

$$\vec{R} = \vec{F_1} + \vec{F_2} + \cdots + \vec{F_n} = \sum_{k=1}^{n} \vec{F_k}$$

의 스칼라성분(R_x, R_y)과 $\vec{R}$의 크기(R) 및 방향각(θ)은 다음과 같다.

$$R_x = F_{1x} + F_{2x} + \cdots + F_{nx} = \sum_{k=1}^{n} F_{kx} \quad \cdots\cdots (3.9a)$$

$$R_y = F_{1y} + F_{2y} + \cdots + F_{ny} = \sum_{k=1}^{n} F_{ky} \quad \cdots\cdots (3.9b)$$

$$R = \sqrt{R_x^2 + R_y^2}\,,\ \ \theta = \tan^{-1}\left(\frac{R_y}{R_x}\right) \quad \cdots\cdots (3.9c)$$

[예제 3.4] **다음 세 벡터의 합 $\vec{R} = \vec{A} + \vec{B} + \vec{C}$의 크기와 방향을 구하라.**

$$\vec{A} = 2\vec{i} + 3\vec{j}\,,\quad \vec{B} = -3\vec{i} + 7\vec{j}\,,\quad \vec{C} = 4\vec{i} - 6\vec{j}$$

풀이 각 축에 해당되는 세 벡터 성분들의 대수적인 합으로써 $\vec{R}$의 성분들을 구할 수 있다. 즉, $\vec{R}$의 x 성분을 얻기 위해서는 $\vec{A}$, $\vec{B}$, $\vec{C}$의 x 성분을 모두 합하면 되고, y 성분을 얻기 위해서는 $\vec{A}$, $\vec{B}$, $\vec{C}$의 y 성분을 모두 합하면 된다.

$$R_x = A_x + B_x + C_x = 2 + (-3) + 4 = 3$$
$$R_y = A_y + B_y + C_y = 3 + 7 + (-6) = 4$$

따라서 $\vec{R}$을 단위벡터로 표현하면 다음과 같다.

$$\vec{R} = R_x\vec{i} + R_y\vec{j} = 3\vec{i} + 4\vec{j}$$

그리고 벡터 $\vec{R}$의 크기와 방향은 다음과 같이 구해진다.

$$R = \sqrt{R_x^2 + R_y^2} = \sqrt{3^2 + 4^2} = 5$$

$$\theta = \tan^{-1}\left(\frac{R_y}{R_x}\right) = \tan^{-1}\left(\frac{4}{3}\right) = 53.1°$$

이상에서 구한 크기와 방향각으로써 $\vec{R} = 5 \angle 53.1°$로 나타낼 수 있다.

[예제 3.5] [그림 3.12]의 (a)에서 두 힘 $\vec{P}$, $\vec{Q}$가 이루는 각은 $60°$이고, $P = 6\text{N}$, $Q = 4\text{N}$일 때 $\vec{P}$, $\vec{Q}$를 x, y성분으로 분해하고, 이것을 이용하여 합력 $\vec{R} = \vec{P} + \vec{Q}$의 크기와 방향을 구하라.

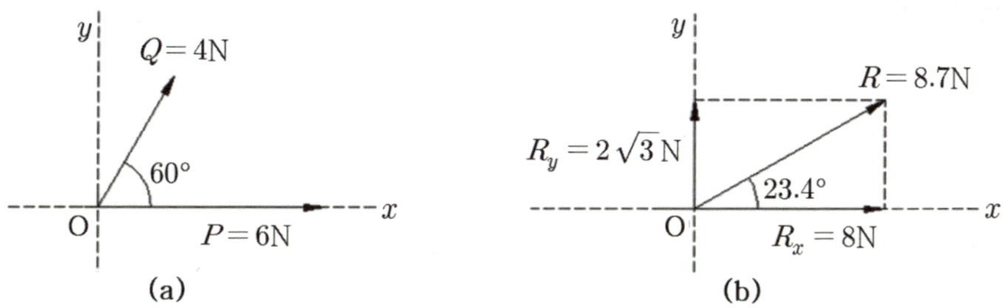

[그림 3.12]

풀이 [그림 3.12]의 (a)와 같이 좌표계를 잡으면

$$\vec{P} = 6\vec{i} \ [\text{N}]$$
$$\vec{Q} = 4(\cos 60° \vec{i} + \sin 60° \vec{j}) = 2\vec{i} + 2\sqrt{3}\vec{j} \ [\text{N}]$$

이다. 따라서 합력은

$$\vec{R} = \vec{P} + \vec{Q} = 6\vec{i} + (2\vec{i} + 2\sqrt{3}\vec{j})$$
$$= (6+2)\vec{i} + 2\sqrt{3}\vec{j} = 8\vec{i} + 2\sqrt{3}\vec{j} \ [\text{N}]$$

이므로, 합력의 크기와 방향각은 다음과 같다.

$$R = \sqrt{R_x^2 + R_y^2} = \sqrt{8^2 + (2\sqrt{3})^2} = 8.7 \ [\text{N}]$$

$$\beta = \tan^{-1}\left(\frac{R_y}{R_x}\right) = \tan^{-1}\left(\frac{2\sqrt{3}}{8}\right) = 23.4°$$

합력 $\vec{R} = 8.7[\mathrm{N}]\ \angle\ 23.4°$을 그림으로 나타내면 (b)와 같다.

[Note] 힘을 직각좌표계의 성분으로 분해하면 관련된 계산을 대수적으로 할 수 있다. 특히 세 개 이상의 힘의 합력을 구할 때 평행사변형법을 여러 번 적용하는 것은 복잡하지만 각 힘을 성분으로 분해하면 쉽게 합력을 구할 수 있다.

3.4 벡터 곱하기

1 내적

두 벡터의 내적(스칼라곱 또는 도트)은 다음과 같이 정의된다.

$$\vec{P} \cdot \vec{Q} = PQ\cos\theta \quad \cdots\cdots (3.10)$$

여기에서 P와 Q는 각각 두 벡터 $\vec{P}$와 $\vec{Q}$의 크기이고, θ는 두 벡터가 이루는 각이다[그림 3.13]. 벡터의 내적은 벡터 $\vec{P}$의 크기에 벡터 $\vec{Q}$의 $\vec{P}$방향 성분 $Q\cos\theta$를 곱한 것, 또는 벡터 $\vec{Q}$의 크기에 벡터 $\vec{P}$의 $\vec{Q}$방향 성분 $P\cos\theta$를 곱한 것으로 볼 수 있다. 내적에서는 교환법칙이 성립한다.

$$\vec{P} \cdot \vec{Q} = \vec{Q} \cdot \vec{P} \quad \cdots\cdots (3.11)$$

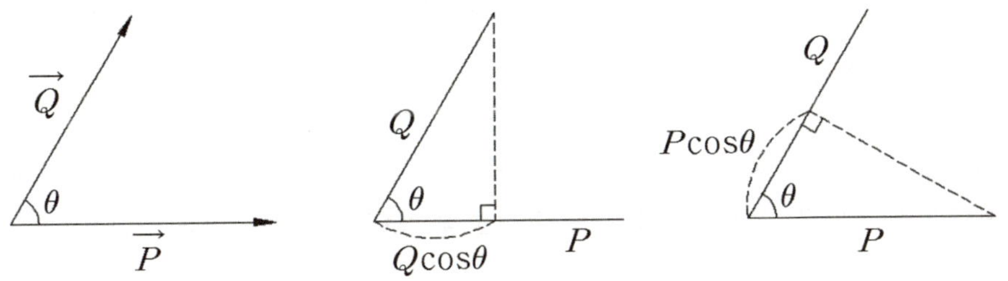

[그림 3.13] 벡터의 내적

내적의 정의로부터 직각좌표계의 단위벡터에 대한 다음 관계식을 얻는다.

$$\vec{i} \cdot \vec{i} = 1, \quad \vec{j} \cdot \vec{j} = 1, \quad \vec{k} \cdot \vec{k} = 1 \quad \cdots (3.12a)$$

$$\vec{i} \cdot \vec{j} = \vec{j} \cdot \vec{i} = 0, \quad \vec{j} \cdot \vec{k} = \vec{k} \cdot \vec{j} = 0, \quad \vec{k} \cdot \vec{i} = \vec{i} \cdot \vec{k} = 0 \quad \cdots (3.12b)$$

$$\vec{P} \cdot \vec{Q} = \vec{Q} \cdot \vec{P} = P_x Q_x + P_y Q_y + P_z Q_z \quad \cdots (3.12c)$$

$$\vec{P} \cdot \vec{P} = P_x^2 + P_y^2 + P_z^2 \quad \cdots (3.12d)$$

이상에서 $\vec{P} = P_x \vec{i} + P_y \vec{j} + P_z \vec{k}$, $\vec{Q} = Q_x \vec{i} + Q_y \vec{j} + Q_z \vec{k}$이다.

$\vec{P} \cdot \vec{Q} = 0$일 때 두 벡터 $\vec{P}$, $\vec{Q}$가 직교한다.

[예제 3.6] 벡터 $\vec{F}$의 크기가 4N이고, $\vec{r}$의 크기가 2m이다. $\vec{F}$와 $\vec{r}$이 이루는 각이 60°일 때 두 벡터의 내적 $\vec{F} \cdot \vec{r}$을 구하라.

풀이 내적의 정의에 의해 $\vec{F} \cdot \vec{r}$의 값은 다음과 같다.

$$\vec{F} \cdot \vec{r} = |\vec{F}||\vec{r}|\cos\theta = 4\text{N} \times 2\text{m} \cos 60° = 4[\text{N} \cdot \text{m}] = 4[\text{J}]$$

† 어떤 물체에 $\vec{F}$의 힘을 작용하였을 때 그 물체의 변위가 $\vec{r}$이면 힘이 물체에 한 일은 $W=\vec{F}\cdot\vec{r}$이다.

[예제 3.7] **다음 두 벡터의 내적을 구하고 두 벡터가 이루는 각을 구하라.**

$$\vec{P}=3\vec{i}-2\vec{j},\quad \vec{Q}=4\vec{i}+5\vec{j}$$

풀이 먼저 두 벡터의 성분으로써 내적을 구한다.

$$\begin{aligned}\vec{P}\cdot\vec{Q}&=P_xQ_x+P_yQ_y\\&=3(4)+(-2)(5)=2 \quad\cdots\cdots ①\end{aligned}$$

그리고 내적의 정의로부터 내적을 구하면

$$\begin{aligned}\vec{P}\cdot\vec{Q}=PQ\cos\theta&=\sqrt{3^2+(-2)^2}\times\sqrt{4^2+5^2}\cos\theta\\&=\sqrt{13}\times\sqrt{41}\cos\theta \quad\cdots\cdots ②\end{aligned}$$

이다. 따라서 ①, ②로부터 다음과 같이 각 θ가 구해진다.

$$\sqrt{13}\times\sqrt{41}\cos\theta=2$$

$$\cos\theta=\frac{2}{\sqrt{13}\times\sqrt{41}}$$

$$\therefore\ \theta=\cos^{-1}\left(\frac{2}{\sqrt{13}\times\sqrt{41}}\right)=85.0°$$

2 외적

두 벡터 $\vec{P}$, $\vec{Q}$의 외적(벡터곱 또는 크로스) $\vec{P}\times\vec{Q}$는 그 크기가

$$|\vec{P}\times\vec{Q}|=PQ\sin\alpha \quad\cdots\cdots (3.13)$$

이고, 방향이 [그림 3.14]와 같이 오른손 법칙에 의해 정해지는 벡터이다.

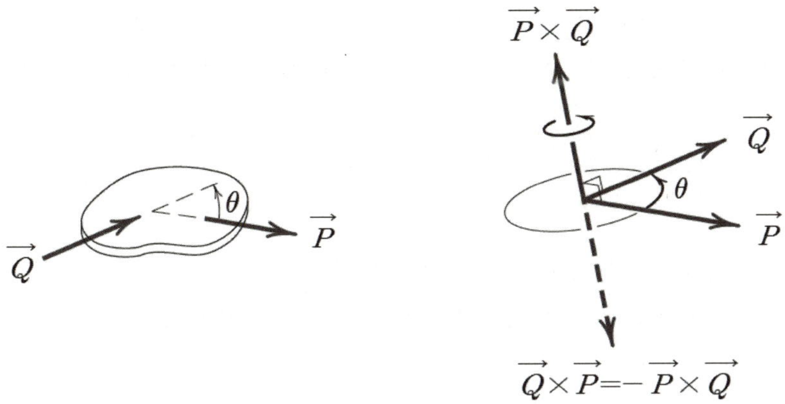

[그림 3.14] 벡터의 외적

오른손 좌표계를 이용하여 외적의 정의로부터 직각좌표계의 단위벡터에 대한 다음 관계식을 얻는다[그림 3.15].

$$\vec{i}\times\vec{i}=0,\qquad \vec{j}\times\vec{j}=0,\qquad \vec{k}\times\vec{k}=0 \quad \cdots (3.14a)$$

$$\vec{i}\times\vec{j}=\vec{k},\qquad \vec{j}\times\vec{k}=\vec{i},\qquad \vec{k}\times\vec{i}=\vec{j} \quad \cdots (3.14b)$$

$$\vec{j}\times\vec{i}=-\vec{k},\qquad \vec{k}\times\vec{j}=-\vec{i},\qquad \vec{i}\times\vec{k}=-\vec{j} \quad \cdots (3.14c)$$

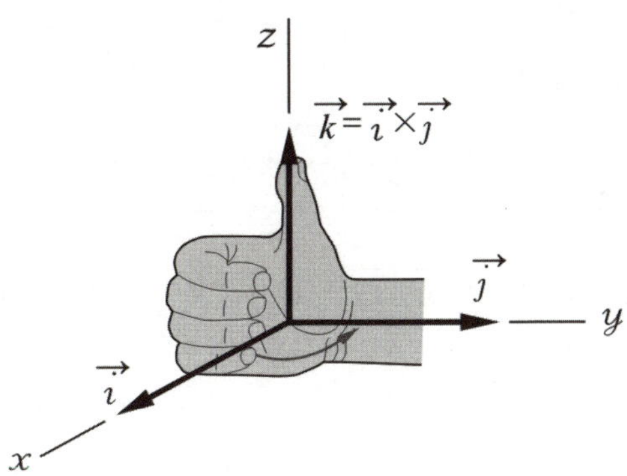

[그림 3.15]

오른손 법칙에 의해 일반적으로 반시계방향(↶)의 부호를 양(+), 시계방향(↷)의 부호를 음(−)으로 정한다. 외적의 순서를 바꾸고 오른손 법칙을 사용하면

$$\overrightarrow{Q} \times \overrightarrow{P} = -\overrightarrow{P} \times \overrightarrow{Q} \quad \cdots\cdots (3.15)$$

이다. 즉, 외적에서는 교환법칙이 성립하지 않는다.

단위벡터의 외적을 기억할 때는 [그림 3.16]을 이용하면 편리하다.

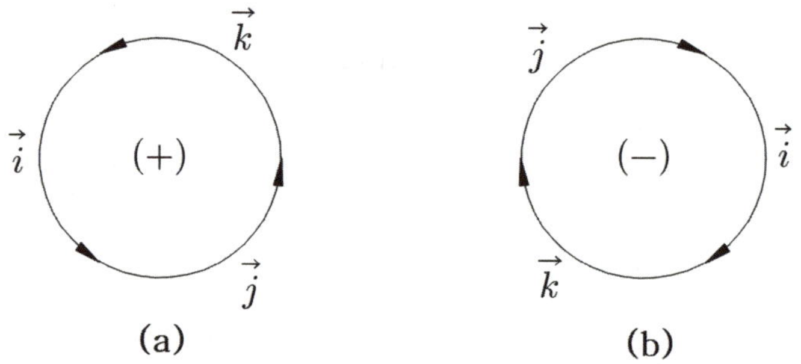

[그림 3.16] 단위벡터의 외적

직각좌표계에서 각 벡터를 성분으로 표현하였을 때 다음과 같이 행렬식으로써 외적을 나타낼 수 있다.

$$\begin{aligned}\overrightarrow{P} \times \overrightarrow{Q} &= \begin{vmatrix} \vec{i} & \vec{j} & \vec{k} \\ P_x & P_y & P_z \\ Q_x & Q_y & Q_z \end{vmatrix} \\ &= (P_y Q_z - P_z Q_y)\vec{i} - (P_x Q_z - P_z Q_x)\vec{j} + (P_x Q_y - P_y Q_x)\vec{k}\end{aligned} \quad (3.16)$$

여기에서 $\overrightarrow{P} = P_x \vec{i} + P_y \vec{j} + P_z \vec{k}$, $\overrightarrow{Q} = Q_x \vec{i} + Q_y \vec{j} + Q_z \vec{k}$이다. 식 (3.16)은 다음과 같이 유도된다.

$$\begin{aligned}\overrightarrow{P} \times \overrightarrow{Q} &= (P_x \vec{i} + P_y \vec{j} + P_z \vec{k}) \times (Q_x \vec{i} + Q_y \vec{j} + Q_z \vec{k}) \\ &= P_x Q_x (\vec{i} \times \vec{i}) + P_x Q_y (\vec{i} \times \vec{j}) + P_x Q_z (\vec{i} \times \vec{k}) \\ &\quad + P_y Q_x (\vec{j} \times \vec{i}) + P_y Q_y (\vec{j} \times \vec{j}) + P_y Q_z (\vec{j} \times \vec{k})\end{aligned}$$

$$
\begin{aligned}
&+P_zQ_x(\vec{k}\times\vec{i})+P_zQ_y(\vec{k}\times\vec{j})+P_zQ_z(\vec{k}\times\vec{k})\\
&=0+P_xQ_y\vec{k}-P_xQ_z\vec{j}-P_yQ_x\vec{k}+0+P_yQ_z\vec{i}\\
&\quad+P_zQ_x\vec{j}-P_zQ_y\vec{i}+0\\
&=(P_yQ_z-P_zQ_y)\vec{i}+(P_zQ_x-P_xQ_z)\vec{j}+(P_xQ_y-P_yQ_x)\vec{k}
\end{aligned}
$$

[참고 3.1] 행렬식 계산

2×2 행렬 $A=\begin{bmatrix} a & b \\ c & d \end{bmatrix}$의 행렬식은 다음과 같다.

$$\det(A)=|A|=\begin{vmatrix} a & b \\ c & d \end{vmatrix}=ad-bc$$

그리고 3×3 행렬의 행렬식은 다음과 같이 계산된다.

$$
\begin{aligned}
\overrightarrow{M}=\begin{vmatrix} \vec{i} & \vec{j} & \vec{k} \\ x & y & z \\ F_x & F_y & F_z \end{vmatrix}&=\vec{i}\begin{vmatrix} y & z \\ F_y & F_z \end{vmatrix}-\vec{j}\begin{vmatrix} x & z \\ F_x & F_z \end{vmatrix}+\vec{k}\begin{vmatrix} x & y \\ F_x & F_y \end{vmatrix}\\
&=(yF_z-zF_y)\vec{i}-(xF_z-zF_x)\vec{j}+(xF_y-yF_x)\vec{k}
\end{aligned}
$$

[예제 3.8] 다음 두 벡터의 외적 $\vec{r}\times\overrightarrow{F}$를 구하라.

$$\vec{r}=-2\vec{i}+3\vec{k},\quad \overrightarrow{F}=3\vec{i}-4\vec{j}$$

풀이 벡터 성분으로 표현된 식 (3.16)을 사용한다.

$$
\begin{aligned}
\vec{r}\times\overrightarrow{F}=\begin{vmatrix} \vec{i} & \vec{j} & \vec{k} \\ r_x & r_y & r_z \\ F_x & F_y & F_z \end{vmatrix}&=\begin{vmatrix} \vec{i} & \vec{j} & \vec{k} \\ -2 & 0 & 3 \\ 3 & -4 & 0 \end{vmatrix}\\
&=[0\times(0)-3\times(-4)]\vec{i}-[(-2)\times0-3\times3]\vec{j}\\
&\quad+[(-2)\times(-4)-0\times3]\vec{k}\\
&=12\vec{i}+9\vec{j}+8\vec{k}
\end{aligned}
$$

3.5 질점에 작용하는 힘의 평형[3)]

1 평형조건

질점(한 점)에 작용하는 여러 힘들 $\overrightarrow{F_1}$, $\overrightarrow{F_2}$, $\cdots$, $\overrightarrow{F_n}$이 평형이 되기 위해서는 모든 힘들의 합이 0이 되어야 한다.

$$\sum \overrightarrow{F} = 0 \qquad \cdots\cdots (3.17)$$

따라서 힘은 벡터이므로 $\overrightarrow{F} = F_x \vec{i} + F_y \vec{j} + F_z \vec{k}$로 나타나면 일반적으로 다음과 같이 각 힘들의 x, y, z 스칼라 성분의 합이 각각 0이 된다.

$$\sum F_x = 0, \quad \sum F_y = 0, \quad \sum F_z = 0 \qquad \cdots\cdots (3.18)$$

이 식으로부터 2차원인 경우 질점에 대한 평형조건은 다음과 같다.

$$\sum F_x = 0, \quad \sum F_y = 0 \qquad \cdots\cdots (3.19)$$

즉, 여러 힘들의 수평 분력의 합과 수직 분력의 합이 각각 0이다.

설명 힘이 평형을 이룰 때 $\sum \overrightarrow{F} = 0$이고, 뉴턴의 운동법칙 $\sum \overrightarrow{F} = m\vec{a}$에서 가속도 $\vec{a} = 0$이므로 물체의 운동 상태에 변화가 없다. 각각의 힘 $\overrightarrow{F}$를 직각성분으로 분해하면

$$\sum (F_x \vec{i} + F_y \vec{j} + F_z \vec{k}) = 0$$
$$(\sum F_x)\vec{i} + (\sum F_y)\vec{j} + (\sum F_z)\vec{k} = 0$$

3) 공학에서 벡터를 공부하는 큰 이유 중의 하나는 힘이 벡터이기 때문이다. 이 단원에서 질점에 작용하는 힘의 평형에 대해 공부한다.

이므로 질점이 평형을 이루기 위한 필요충분조건은

$$\sum F_x = 0, \quad \sum F_y = 0, \quad \sum F_z = 0$$

이다. 이와 같이 한 질점에 작용하는 모든 힘의 합력이 0일 때 그 질점은 역학적으로 평형상태에 있다고 한다.

한 점에 작용하는 두 힘 $\overrightarrow{F_1}$, $\overrightarrow{F_2}$이 평형을 이루기 위해서는 $\overrightarrow{F_1}+\overrightarrow{F_2}=0$이므로 $\overrightarrow{F_1}=-\overrightarrow{F_2}$이다. 즉, [그림 3.17]과 같이 두 힘은 크기가 같고 방향이 반대일 때 평형이 된다.

[그림 3.17]

2 라미의 정리

[그림 3.18]의 (a)와 같이 한 점(A)에 세 힘이 작용할 때 질점 A에 작용하는 합력이 0이 되기 위해서는 그림의 (b)와 같이 힘의 삼각형을 그릴 경우 힘의 종점이 시작점과 일치해야 한다. 따라서 사인법칙에 의해 다음 관계식이 성립한다.

$$\frac{F_1}{\sin(\pi-\theta_1)} = \frac{F_2}{\sin(\pi-\theta_2)} = \frac{F_3}{\sin(\pi-\theta_3)}$$

$$\frac{F_1}{\sin\theta_1} = \frac{F_2}{\sin\theta_2} = \frac{F_3}{\sin\theta_3} \quad \cdots\cdots (3.20)$$

질점에 작용하는 세 힘의 관계를 나타내는 식 (3.20)을 라미(Lami)의 정리라 한다.

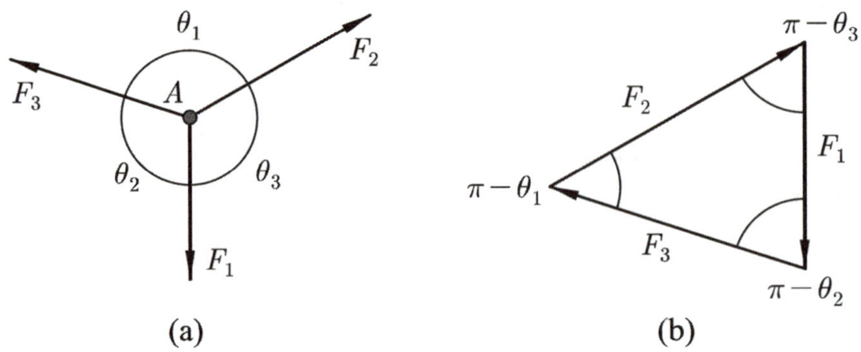

[그림 3.18]

† 질점: 운동할 때 그 크기와 형상을 무시할 수 있으며 질점의 질량 중심의 위치만을 고려한다. 역학 문제에서 물체를 질점으로 가정하면 질량이 한 점에 집중되어 있고, 물체의 회전을 고려할 필요가 없으므로 해석이 간단해진다.

일반적으로 질점에 작용하는 힘[그림 3.19(a)]의 합력이 0이 되기 위해서는 그림의 (b)와 같이 힘의 다각형을 그렸을 때 힘의 시작점과 끝점이 일치해야 한다. 즉, $\overrightarrow{F_1}$을 점 O에서 시작하게 하고, $\overrightarrow{F_2}$, $\overrightarrow{F_3}$, $\cdots$, $\overrightarrow{F_n}$을 차례로 종점과 시점이 연결되도록 배열하면 $\overrightarrow{F_n}$의 종점이 시작점 O에 일치하는 것을 알 수 있다. 질점에서 힘이 평형을 이룰 때 이와 같이 하나의 닫힌 다각형을 형성한다.

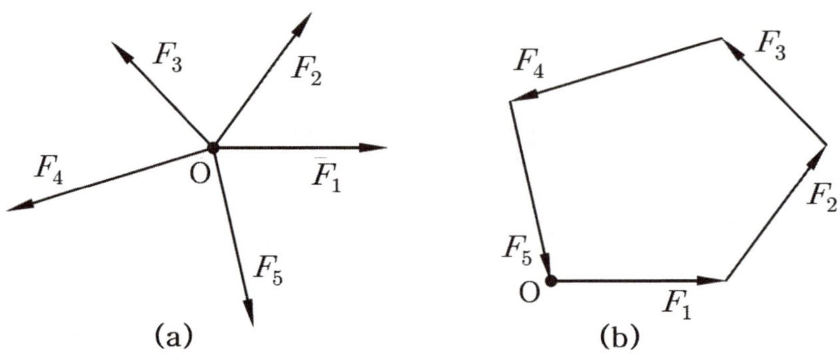

[그림 3.19]

[예제 3.9] 하나의 질점에 작용하는 다음 세 힘이 평형을 이루고 있을 때 $\overrightarrow{F_3}$을 구하라.

$$\overrightarrow{F_1} = 4\vec{i}+3\vec{j}[\mathrm{N}],\ \overrightarrow{F_2} = -12\vec{i}+9\vec{j}[\mathrm{N}],\ \overrightarrow{F_3}$$

풀이 질점에 작용하는 세 힘의 합이 0($\sum\vec{F}=0$)일 때 평형을 이룬다.

$$\sum\vec{F}=\overrightarrow{F_1}+\overrightarrow{F_2}+\overrightarrow{F_3}=0$$

$$\begin{aligned}\therefore\ \overrightarrow{F_3} &= -\overrightarrow{F_1}-\overrightarrow{F_2}\\ &= -(4\vec{i}+3\vec{j})-(-12\vec{i}+9\vec{j})\\ &= (-4+12)\vec{i}+(-3-9)\vec{j}\\ &= 8\vec{i}-12\vec{j}[\mathrm{N}]\end{aligned}$$

[예제 3.10] 그림과 같이 점 O에 작용하는 세 힘이 평형을 이루고 있다. $F_3 = 40\,\mathrm{N}$일 때 $\overrightarrow{F_3}$의 x, y 스칼라 성분을 구하고 F_1과 F_2를 구하라.

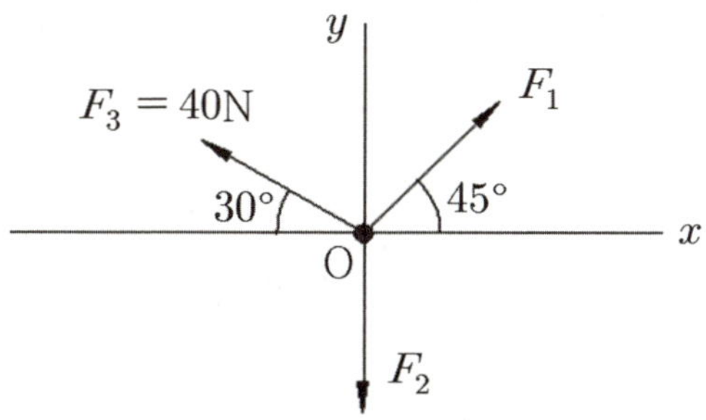

[그림 3.20]

풀이 힘 $\overrightarrow{F_3}$의 x 성분과 y 성분은 다음과 같다.

- x 성분: $F_{3x} = -40\cos30° = -20\sqrt{3}$ [N]
- y 성분: $F_{3y} = 40\sin30° = 20$ [N]

여기에서 x 방향 힘의 평형 조건($\sum F_x = 0$)을 적용하면

$$F_1 \cos 45° + F_{3x} = 0$$

$$F_1 = \frac{-F_{3x}}{\cos 45°} = \frac{-(-20\sqrt{3})}{1/\sqrt{2}} [\mathrm{N}] = 20\sqrt{6} [\mathrm{N}] = 49.0 [\mathrm{N}]$$

이고, y 방향 힘의 평형 조건($\sum F_y = 0$)을 적용하면 다음과 같이 F_2가 구해진다.

$$F_1 \sin 45° + F_{3y} - F_2 = 0$$

$$F_2 = F_1 \sin 45° + F_{3y} = 20\sqrt{6} \sin 45° + 20 [\mathrm{N}]$$
$$= 20\sqrt{3} + 20 [\mathrm{N}] = 54.6 [\mathrm{N}]$$

[예제 3.10]을 라미의 정리를 이용하면 다음과 같이 F_1과 F_2를 구할 수 있다. [그림 3.20]에서 세 힘 $\overrightarrow{F_1}$, $\overrightarrow{F_2}$, $\overrightarrow{F_3}$에 마주보는 대각은 각각

$$\theta_1 = 30° + 90° = 120°$$
$$\theta_2 = 180° - 30° - 45° = 105°$$
$$\theta_3 = 90° + 45° = 135°$$

이다. 여기에서 라미의 정리를 적용하면

$$\frac{F_1}{\sin\theta_1} = \frac{F_2}{\sin\theta_2} = \frac{F_3}{\sin\theta_3}$$

이고, $F_3 = 40\,\mathrm{N}$이므로 다음과 같이 F_1, F_2가 구해진다.

$$F_1 = \frac{\sin\theta_1}{\sin\theta_3} F_3 = \frac{\sin 120°}{\sin 135°} \times 40 [\mathrm{N}] = 20\sqrt{6} [\mathrm{N}]$$

$$F_2 = \frac{\sin\theta_2}{\sin\theta_3} F_3 = \frac{\sin 105°}{\sin 135°} \times 40 [\mathrm{N}] = 20 + 20\sqrt{3} [\mathrm{N}]$$

[예제 3.11] [그림 3.21]의 (a)와 같이 원점(O)에 작용하는 세 힘 $\vec{F_1}$, $\vec{F_2}$, $\vec{F_3}$이 평형을 이루고 있다. $\vec{F_1}$의 크기가 4N일 때 $\vec{F_2}$와 $\vec{F_3}$의 크기를 구하라.

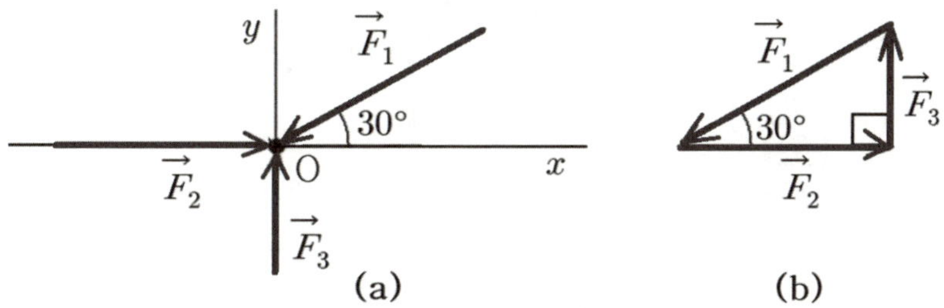

[그림 3.21]

풀이 (1) 닫힌 힘의 삼각형 이용: 세 힘이 평형을 이룰 때 힘을 평형 이동시켜 차례로 머리에 꼬리를 잇대어 연결하면 그림의 (b)와 같은 닫힌 삼각형을 이룬다. 이 삼각형은 직각삼각형이므로 $F_1 = 4\text{N}$일 때 $\vec{F_2}$와 $\vec{F_3}$의 크기는 다음과 같다.

$$F_2 = F_1 \cos 30° = 4\cos 30° = 2\sqrt{3}\ [\text{N}]$$
$$F_3 = F_1 \sin 30° = 4\sin 30° = 2\ [\text{N}]$$

(2) 힘의 성분 분해 이용: 세 힘을 직각좌표계의 성분으로 표현하면

$$\vec{F_1} = 4(-\cos 30°\vec{i} - \sin 30°) = -2\sqrt{2}\,\vec{i} - 2\vec{j}\ [\text{N}]$$
$$\vec{F_2} = F_2\,\vec{i}$$
$$\vec{F_3} = F_3\,\vec{j}$$

이고, 이 식들을 $\sum\vec{F} = \vec{F_1} + \vec{F_2} + \vec{F_3} = 0$에 대입하면

$$(F_2 - 2\sqrt{2})\vec{i} + (F_3 - 2)\vec{j} = 0$$

이 되어 $F_2 = 2\sqrt{3}\ [\text{N}]$, $F_3 = 2\ [\text{N}]$이 구해진다.

[예제 3.12] [그림 3.22]의 (a)와 같이 두 개의 끈 OA, OB로 무게 8N(↓)의 물체를 매달 때 두 끈에 걸리는 장력을 구하라.

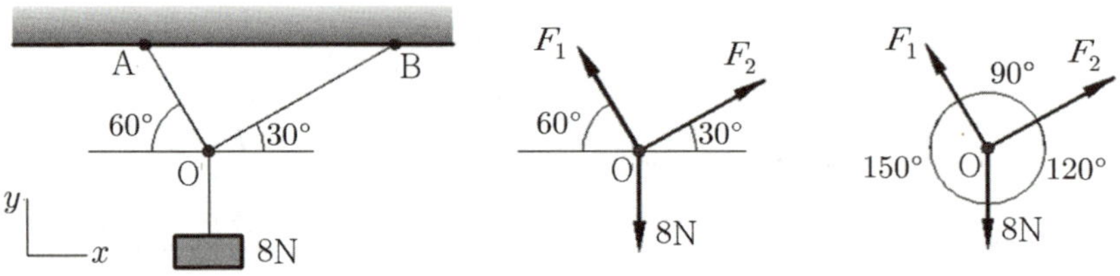

(a) 공간도 (b) 자유물체도 (c) 라미의 정리

[그림 3.22]

풀이 [그림 3.22]의 (a)에서 점 O에 작용하는 힘의 평형을 고려한다. 끈 OA, OB에 걸리는 장력을 각각 F_1, F_2라 하면 그림의 (b)와 같이 세 힘이 평형을 이룬다. **줄의 장력은 언제나 질점을 당기는 방향으로 작용한다.**[4)]

(1) [힘의 성분을 이용하는 방법]

$\overrightarrow{F_1}$, $\overrightarrow{F_2}$를 각각 x, y 성분으로 분해하면

$$\overrightarrow{F_1} = F_1(-\cos 60^\circ \vec{i} + \sin 60^\circ \vec{j}) = F_1\left(-\frac{1}{2}\vec{i} + \frac{\sqrt{3}}{2}\vec{j}\right)$$

$$\overrightarrow{F_2} = F_2(\cos 30^\circ \vec{i} + \sin 30^\circ \vec{j}) = F_2\left(\frac{\sqrt{3}}{2}\vec{i} + \frac{1}{2}\vec{j}\right)$$

이고, 물체 무게 8N은 연직 아래 방향(↓)으로 작용한다.

$$\overrightarrow{F_3} = -8\vec{j}\,[\mathrm{N}]$$

2차원에서 질점에 대한 힘의 평형 조건을 적용한다.

세 힘의 수평성분의 합은 $0(\sum F_x = 0)$에서

4) (b)와 같이 고려하는 시스템에 작용하는 모든 힘을 도시한 그림을 자유물체도라 한다.

$$-\frac{1}{2}F_1+\frac{\sqrt{3}}{2}F_2=0 \quad \cdots\cdots \text{①}$$

이고, 수직성분의 합은 $0(\sum F_y=0)$에서

$$\frac{\sqrt{3}}{2}F_1+\frac{1}{2}F_2-8=0 \quad \cdots\cdots \text{②}$$

이다. ①, ②를 연립하여 풀면 F_1, F_2가 구해진다.

$$F_1=4\sqrt{3}\ \mathrm{N},\ F_2=4\ \mathrm{N}$$

(2) [라미의 정리를 이용하는 방법]

8N을 F_3이라 하면 F_1, F_2, F_3에 마주보는 대각은 각각

$$\theta_1=30°+90°=120°$$
$$\theta_2=60°+90°=150°$$
$$\theta_3=180-(30°+60°)=90°$$

이다[그림 3.22(c)]. 라미의 정리를 적용하면

$$\frac{F_1}{\sin\theta_1}=\frac{F_2}{\sin\theta_2}=\frac{F_3}{\sin\theta_3}$$

에서 $F_3=8\,\mathrm{N}$이므로 F_1, F_2는 다음과 같다.

$$F_1=\frac{\sin\theta_1}{\sin\theta_3}F_3=\frac{\sin 120°}{\sin 90°}\times 8=4\sqrt{3}\ [\mathrm{N}]$$
$$F_2=\frac{\sin\theta_2}{\sin\theta_3}F_3=\frac{\sin 150°}{\sin 90°}\times 8=4\ [\mathrm{N}]$$

라미의 정리를 이용하면 연립방정식을 풀지 않고 곧바로 나머지 두 힘을 구할 수 있다.

[Note] 유연한 케이블(줄)에 의해 물체(질점)에 작용하는 힘은 그 물체를 당기는 인장력이다. 힘의 작용선은 케이블과 일치한다.

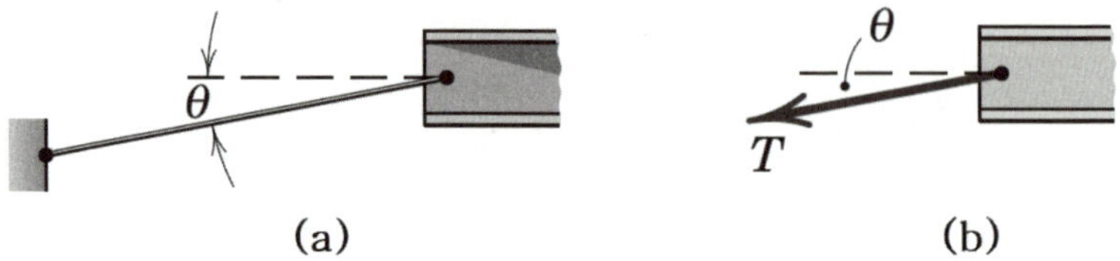

[그림 3.23] 줄에 작용하는 힘은 물체를 당기는 인장력이다.

연습문제 3

01 네 힘의 합력의 크기를 구하라.

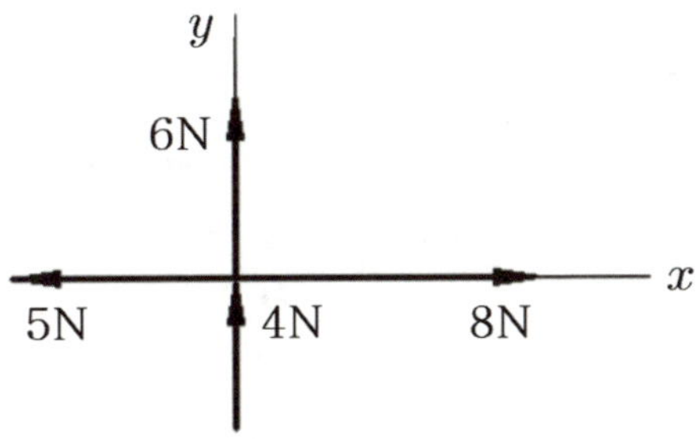

[문제 3.1]

02 그림의 (a), (b)에서 두 힘의 합력의 크기와 합력의 작용선과 x 축 사이의 각을 각각 구하라.

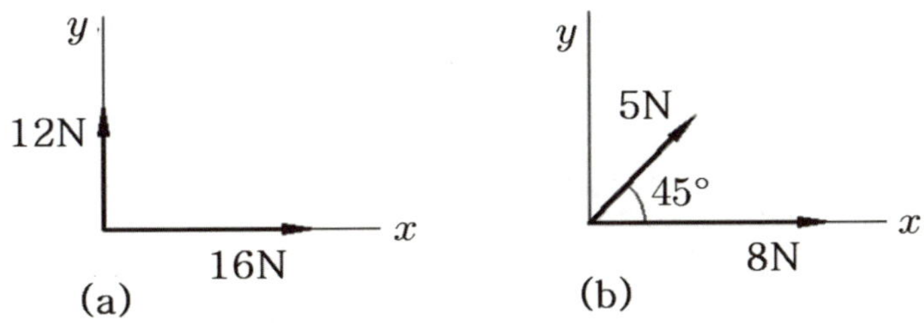

[문제 3.2]

03 그림과 같이 힘 $\vec{F}$의 크기가 $4\,\mathrm{N}$이다. $\vec{F}$의 x, y 스칼라 성분을 각각 구하라.

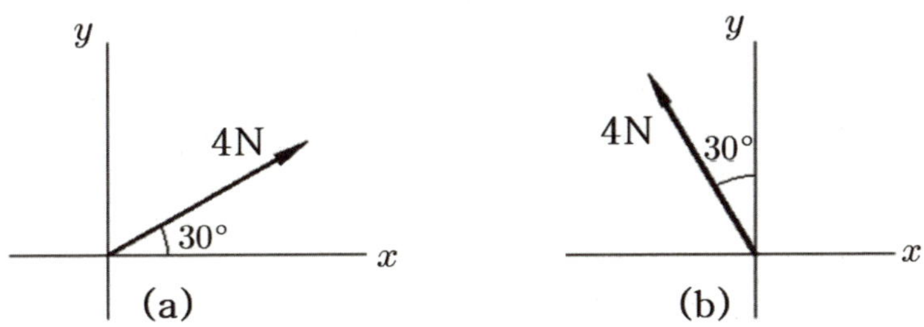

[문제 3.3]

04 힘의 성분 분해를 이용하여 원점에 작용하는 두 힘의 합력의 크기를 구하라. 한 눈금의 크기는 1N 이다.

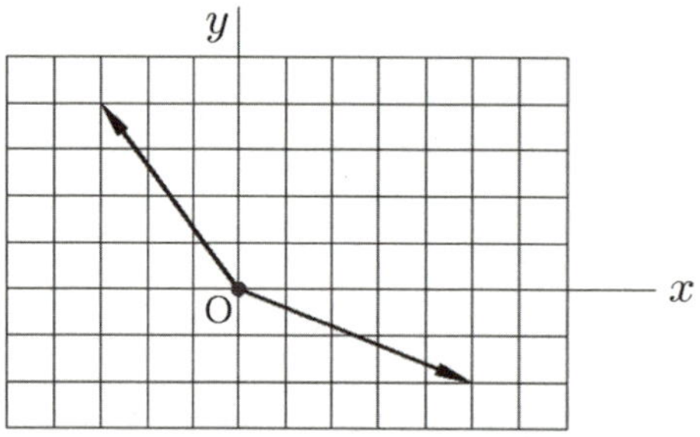

[문제 3.4]

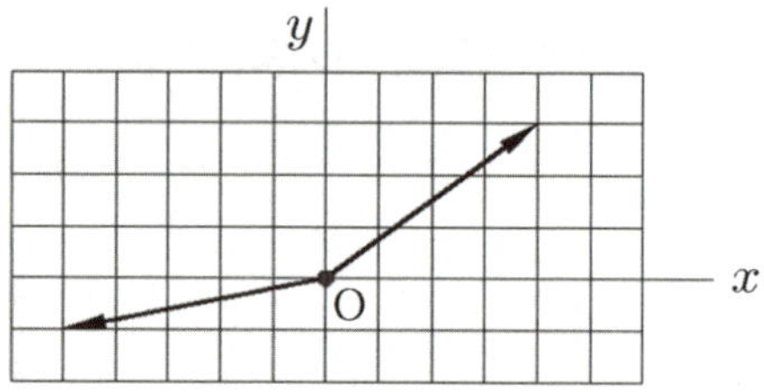

[문제 3.5]

05 힘의 성분 분해를 이용하여 원점에 작용하는 두 힘의 합력의 크기를 구하라. 한 눈금의 크기는 1N 이다.

06 주어진 힘을 성분으로 분해하여 두 힘의 합력($\overrightarrow{R}$)을 구하라.

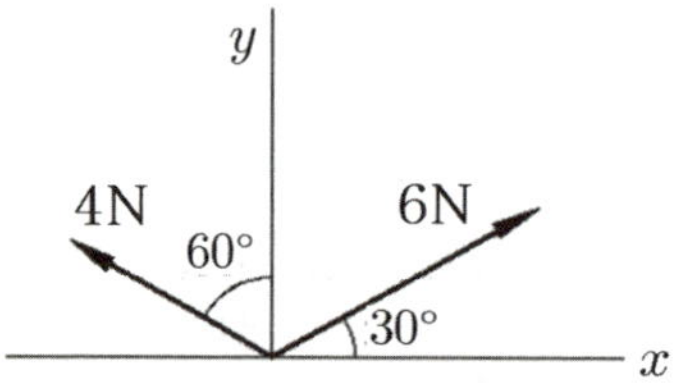

[문제 3.6]

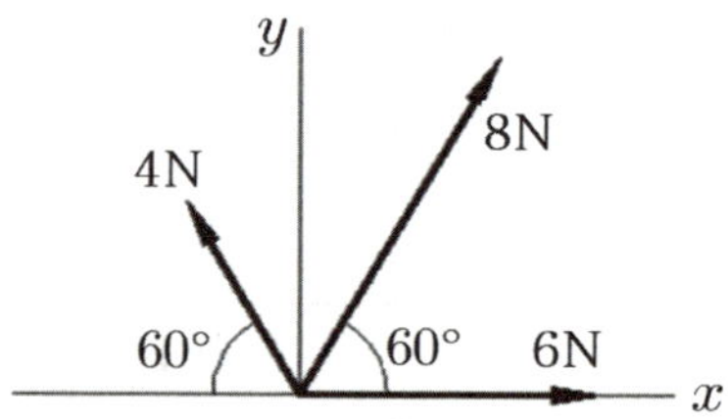

[문제 3.7]

07 주어진 힘을 x, y 성분으로 분해한 후 세 힘의 합력의 크기를 구하라.

08 다음 두 벡터의 내적과 두 벡터가 이루는 각을 구하라.

$$\overrightarrow{P} = 3\vec{i} - 4\vec{j}, \quad \overrightarrow{Q} = -2\vec{i} - 3\vec{k}$$

09 $\vec{Q}=2\vec{i}+3\vec{j}-4\vec{k}$일 때 다음 각 경우에 대하여 외적 $\vec{P}\times\vec{Q}$를 구하라.

(1) $\vec{P}=7\vec{j}$ (2) $\vec{P}=-2\vec{i}+5\vec{j}+\vec{k}$

10 한 점에 작용하는 다음 세 힘이 평형 상태에 있을 때 $\vec{F_3}$을 구하라.

$$\vec{F_1}=-2\vec{i}+5\vec{j}\,[\mathrm{N}],\quad \vec{F_2}=7\vec{i}-3\vec{j}\,[\mathrm{N}],\quad \vec{F_3}$$

11 한 점에 작용하는 다음 세 힘이 평형을 이루고 있을 때 a, b의 값을 구하라.

$$\vec{F_1}=a\vec{i}-2\vec{j}\ [\mathrm{N}],\quad \vec{F_2}=4\vec{i}+b\vec{j}\ [\mathrm{N}],\quad \vec{F_3}=3\vec{i}-7\vec{j}\ [\mathrm{N}]$$

12 한 점에 작용하는 세 힘 $\vec{F_1}=4(\cos30°\vec{i}+\sin30°\vec{j})[\mathrm{N}]$, $\vec{F_2}=-2\vec{j}[\mathrm{N}]$, $\vec{F_3}$이 평형 상태에 있을 때 $\vec{F_3}$을 구하라.

13 그림과 같이 원점에 작용하는 세 힘이 평형을 이루고 있을 때 20N의 힘을 x, y성분으로 분해하여 힘의 크기 F_1과 F_2를 구하라.

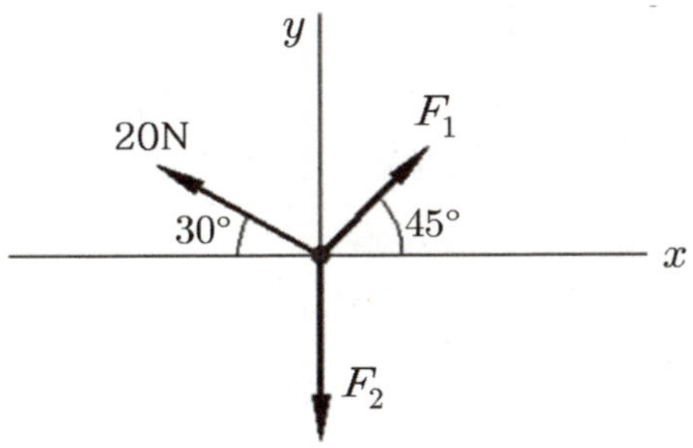

[문제 3.13]

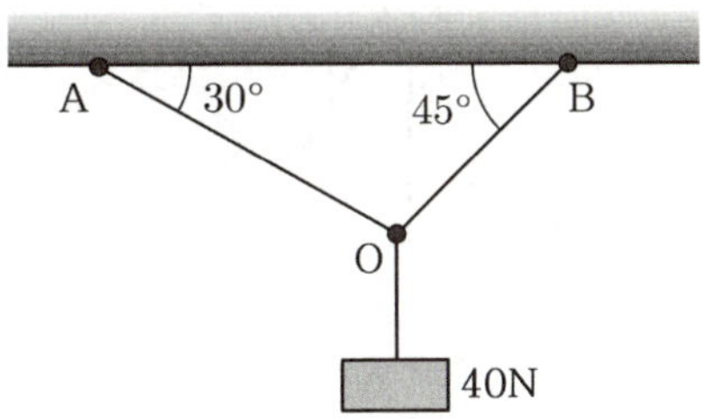

[문제 3.14]

14 그림과 같이 무게가 40N인 물체가 줄에 매달려 있다. 줄 OA, OB에 걸리는 장력을 구하라.

15 그림과 같이 질점에 작용하는 3개의 힘이 평형을 이룰 때 F_1과 F_2를 구하라.

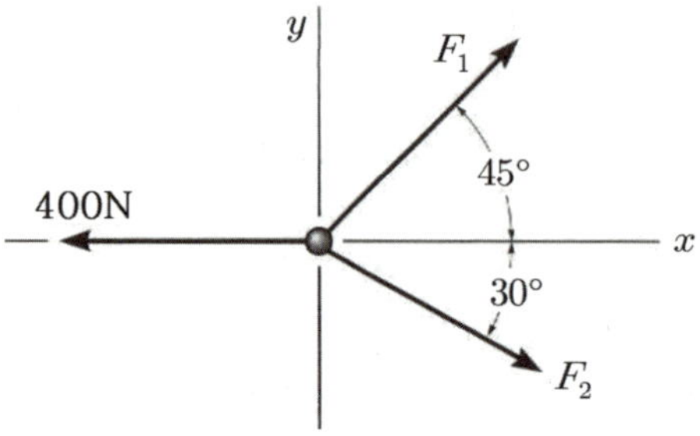

[문제 3.15]

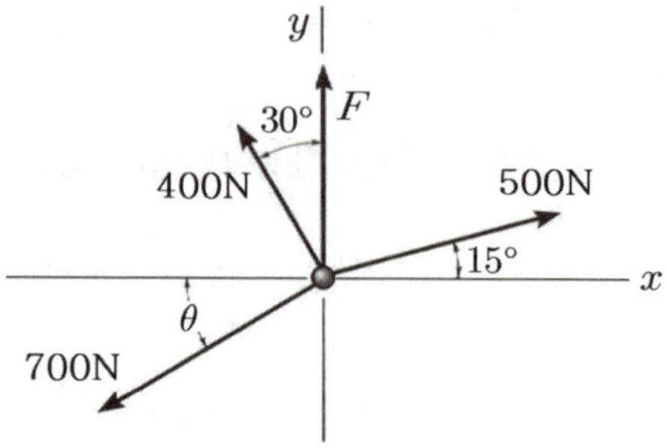

[문제 3.16]

16 그림과 같이 질점에 작용하는 4개의 힘이 평형을 이룰 때, 힘 F와 각 θ를 구하라.

17 그림과 같은 질점에 작용하는 4개의 힘이 평형을 이룰 때, 힘 F와 각 θ를 구하라.

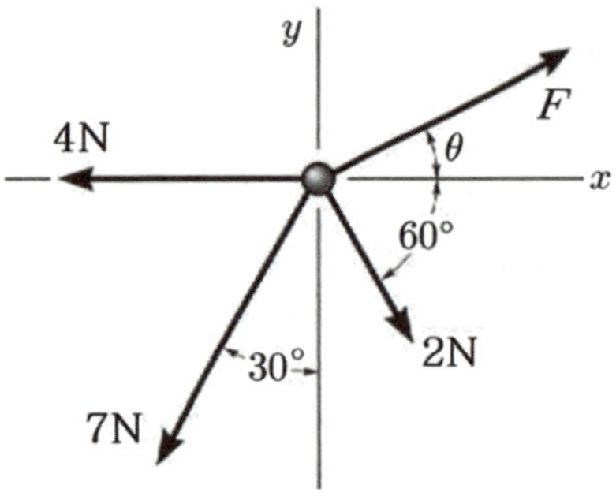

[문제 3.17]

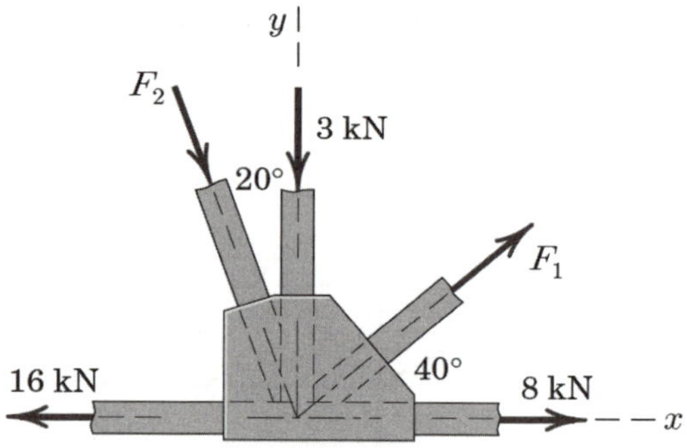

[문제 3.18]

18 그림과 같이 접합점에 작용하는 5개의 힘이 평형을 이루고 있을 때 F_1과 F_2를 구하라.

19 다음 설명 중 옳지 않은 것은? [공무원 임용시험]

① 힘을 표시하는 3요소는 힘의 크기, 방향, 작용점이다.
② 선형 탄성영역에서 응력과 변형률이 비례한다.
③ 동마찰계수는 정마찰계수보다 작다.
④ 힘, 변위, 속력, 가속도는 모두 벡터(vector)양이다.

20 다음 물리량 중 벡터양은 어느 것인가? [공무원 임용시험]

① 질량 ② 온도 ③ 힘 ④ 에너지

21 다음 물리량 중 스칼라양은? [공무원 임용시험]

① 변위 ② 자기장 ③ 운동량 ④ 에너지

22 두 힘 3N과 4N이 서로 60°의 각도로 한 점에 작용할 때 그 합력은 약 몇 N인가? [공무원 임용시험]

① 5 ② 6 ③ 7 ④ 8

23 다음 두 힘의 합력의 크기는 얼마인가? [공무원 임용시험]

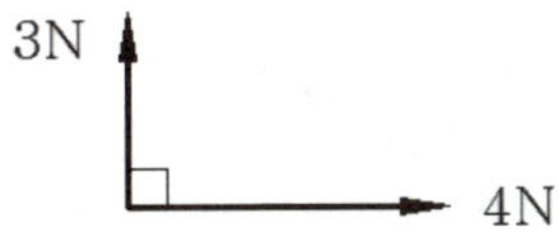

[문제 3.23]

① 3N ② 4N ③ 0N ④ 5N

24 두 벡터 $\vec{P}$와 $\vec{Q}$가 사이의 각 θ를 이루고 있다. 다음 등식 중 옳지 않은 것은? [공무원 임용시험]

① $\vec{P} \cdot \vec{Q} = PQ\cos\theta$ ② $\vec{P} \cdot \vec{Q} = \vec{Q} \cdot \vec{P}$
③ $\vec{P} \times \vec{Q} = PQ\sin\theta$ ④ $\vec{P} \times \vec{Q} = -\vec{Q} \times \vec{P}$

25 두 벡터 $\vec{a}$와 $\vec{b}$의 크기가 a로 같을 때, 다음 중 항상 성립하는 것은? [공무원 임용시험]

① $\vec{a} + \vec{b} = 2\vec{a}$ ② $\vec{a} - \vec{b} = 0$
③ $\vec{a} \cdot \vec{b} = a^2$ ④ $\vec{a} + \vec{b}$와 $\vec{a} - \vec{b}$는 수직이다.

26 벡터 $\vec{A}$와 $\vec{B}$가 아래 그림과 같을 때, $\vec{C} = \vec{A} - \vec{B}$로 정의되는 벡터의 크기는?

[공무원 임용시험]

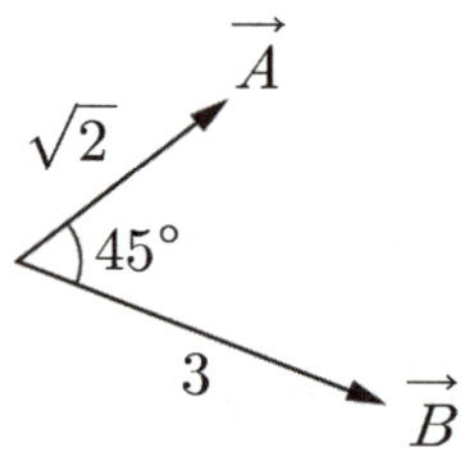

[문제 3.26]

① $\sqrt{3}$ ② $\sqrt{5}$ ③ $\sqrt{7}$ ④ 4

27 그림과 같은 xy 평면상의 두 힘 P_1, P_2의 합력의 크기[kN]는? [공무원 임용시험]

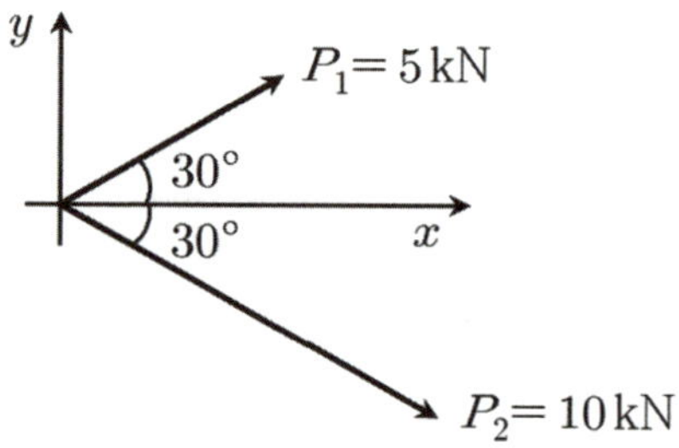

[문제 3.27]

① 5 ② $5\sqrt{7}$ ③ 10 ④ $10\sqrt{7}$

28 그림과 같이 2개의 힘이 동일점 O에 작용할 때, 두 힘 U, V의 합력의 크기 [kN]는?

[공무원 임용시험]

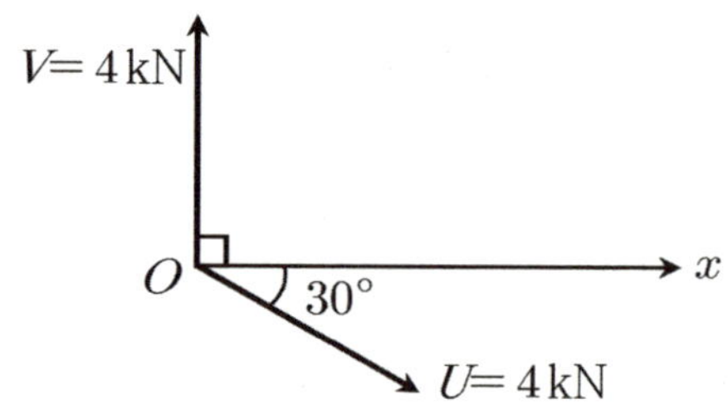

[문제 3.28]

① 1 ② 2 ③ 3 ④ 4

29 다음 그림과 같이 원점 O에 세 힘이 작용할 때, 합력이 작용하는 상한의 위치는?

[공무원 임용시험]

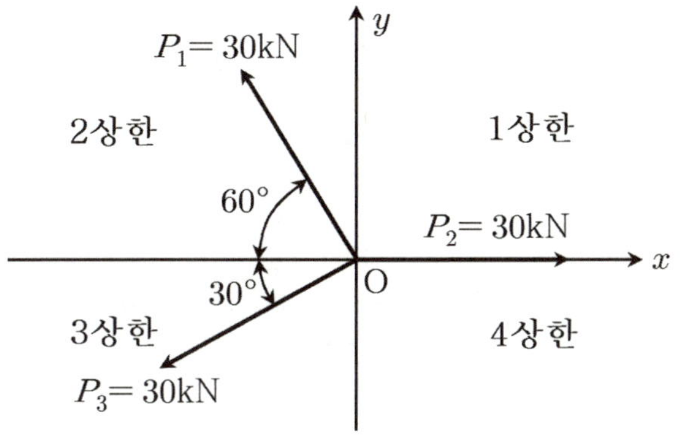

[문제 3.29]

① 1상한 ② 2상한 ③ 3상한 ④ 4상한

30 그림과 같은 구조물에서 BC 부재가 100 kN의 인장력을 받을 때 하중 P의 값 [kN]은?

[공무원 임용시험]

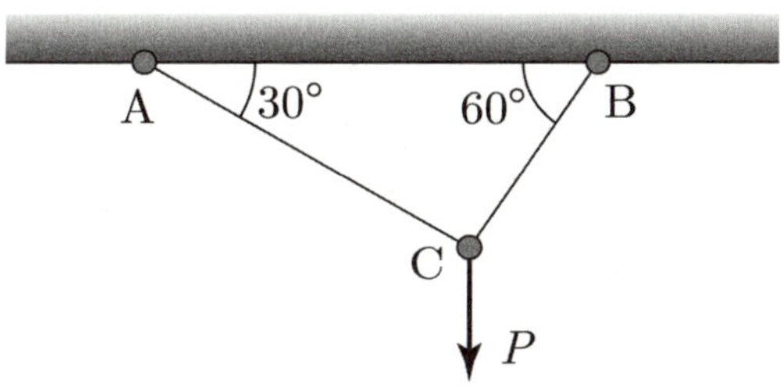

[문제 3.30]

① 100.0 ② 115.5 ③ 141.4 ④ 173.2

31 그림과 같이 질량 3kg인 물체를 천장에 실로 매달고 수평방향으로 힘 F를 가해, 실이 연직방향과 $30°$의 각이 유지되도록 하였다. 이 때 줄에 걸리는 장력의 크기[N]는? (단, 중력가속도는 10m/s^2이다) [공무원 임용시험]

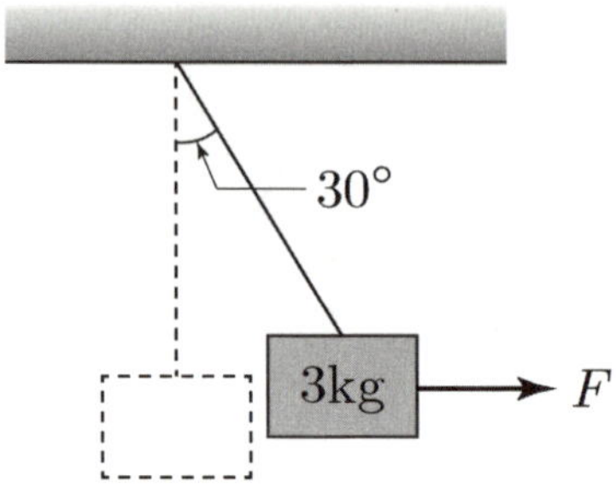

[문제 3.31]

① $15\sqrt{2}$ ② $15\sqrt{3}$ ③ $20\sqrt{2}$ ④ $20\sqrt{3}$

32 그림과 같이 지면에 케이블로 고정한 기구가 부양력 120kN과 수평풍하중(W)에 의해 케이블 각도가 $60°$에서 정지 상태를 유지할 때, 케이블의 장력 T의 크기[kN]는? (단, 케이블의 형상은 선형이다) [공무원 임용시험]

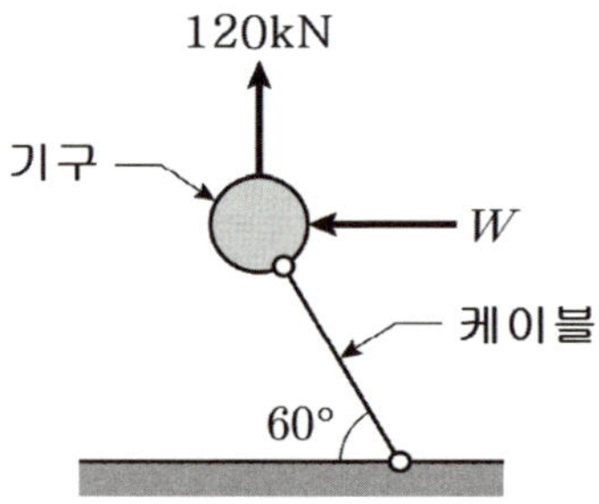

[문제 3.32]

① $120\sqrt{3}$ ② $\dfrac{240}{\sqrt{3}}$ ③ $\dfrac{120}{\sqrt{3}}$ ④ $240\sqrt{3}$

33 그림과 같이 원점에 작용하는 세 힘이 정적 평형 상태에 있기 위해서 필요한 힘 F의 크기[kN]와 x축과 이루는 각 θ[°]는? [공무원 임용시험]

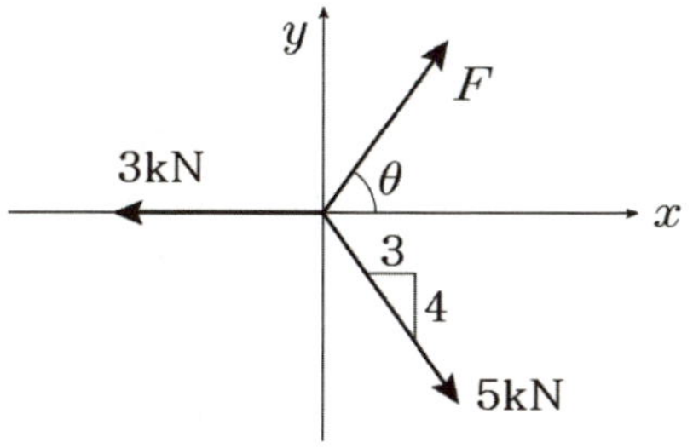

[문제 3.33]

① $F=3,\ \theta=30$　　② $F=3,\ \theta=60$
③ $F=4,\ \theta=60$　　④ $F=4,\ \theta=90$

34 그림과 같이 O점에 작용하는 힘의 합력의 크기[kN]는? [공무원 임용시험]

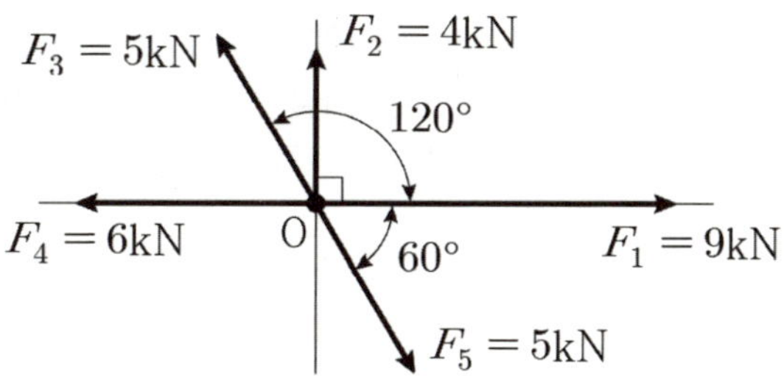

[문제 3.34]

① 2　　② 3　　③ 4　　④ 5

35 질량이 m인 물체가 그림과 같이 수평한 천장에 줄 A, B, C로 고정되어 매달려 있다. 각각의 줄에 걸리는 장력을 T_A, T_B, T_C라 할 때 각 줄에 걸리는 장력의 비 $T_A : T_B : T_C$는? (단, 줄의 질량은 무시한다) [공무원 임용시험]

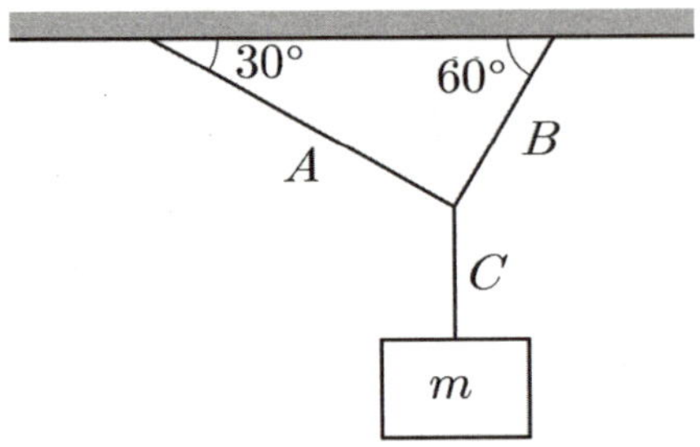

[문제 3.35]

① $\frac{1}{2} : \frac{\sqrt{3}}{2} : 1$ ② $\frac{\sqrt{3}}{2} : \frac{1}{2} : 1$

③ $\frac{1}{2} : 1 : \frac{\sqrt{3}}{2}$ ④ $1 : \frac{\sqrt{3}}{2} : 2$

36 세 개의 케이블이 고리 C에 연결되어 있다. 30kg 실린더의 무게에 의해 케이블 AC와 BC에 걸리는 장력을 구하라. D는 마찰 없는 도르래이다. (Hint: 케이블 CD에는 30kg 실린더의 무게와 같은 크기의 인장력이 작용한다.)

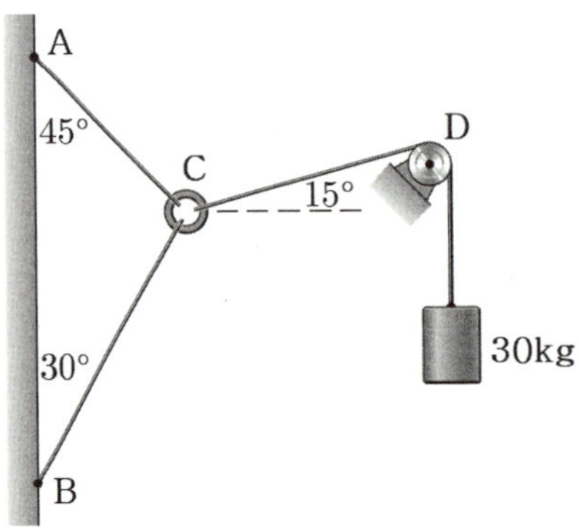

[문제 3.36]

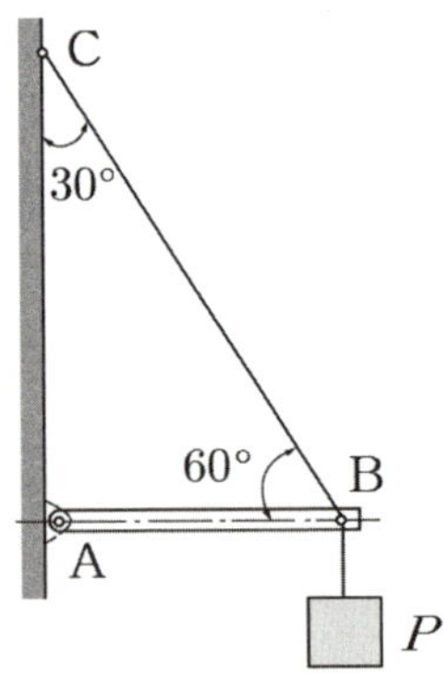

[문제 3.37]

37 그림과 같이 봉 AB의 끝에 하중 P를 매달고 수직 벽에 줄로 C 점에 고정시켰을 때, (가) 봉 AB에 작용하는 힘(F_{AB}), (나) 줄 BC에 작용하는 힘(F_{BC})의 크기를 구하라. 단, 봉은 강체이고 봉과 줄의 무게는 무시한다. (Hint: AB에는 B점을 누르는 압축력, BC에는 B점을 당기는 인장력이 작용한다.) [중등교사 임용시험]

38 그림의 (a), (b) 각 경우에 대하여 무게 W의 물체를 끌어올릴 때 필요한 최소 힘 F를 구하라. 단, 도르래의 무게와 마찰은 모두 무시한다. (Hint: 마찰 없는 도르래를 줄이 감고 있을 때 하나의 줄에 걸리는 인장력은 어느 위치에서나 동일하다.)

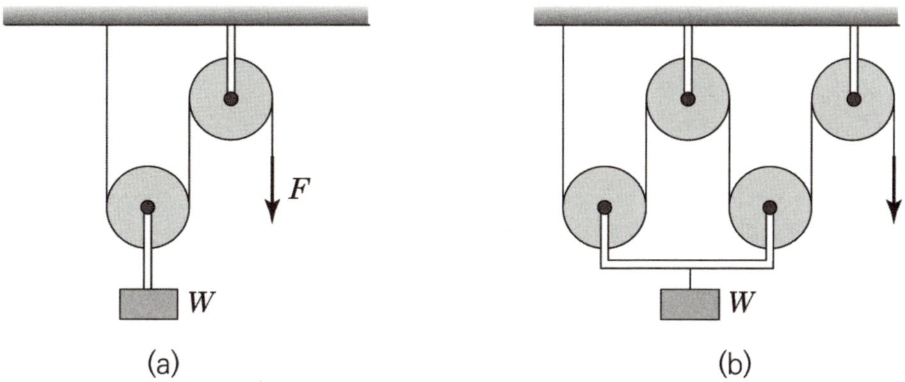

[문제 3.38]

39 50kg의 균일한 구가 수평으로부터 30° 경사진 벽과 수직 벽 사이에 놓여 있다. 접촉점 A와 B에 작용하는 접촉력의 크기를 구하라. 벽과 구의 표면은 매끄럽고 마찰력이 없다. (Hint: 마찰력이 없으므로 접촉점에서 접촉력은 벽면에 수직으로 작용하며, 힘의 작용선은 구의 중심을 지난다. 즉, 구의 중심에서 세 힘(구의 무게, 반력 R_A, R_B)이 평형을 이룬다.)

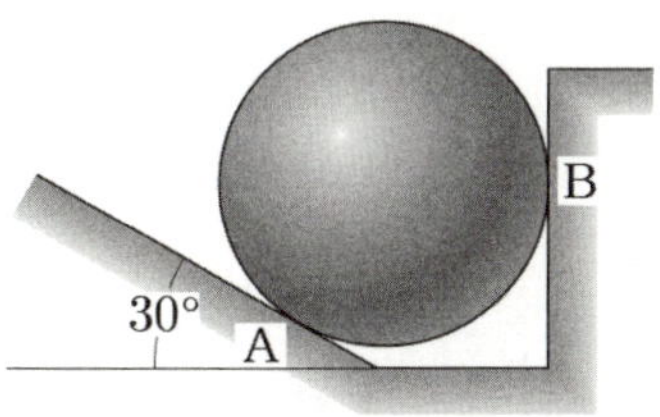

[문제 3.39]

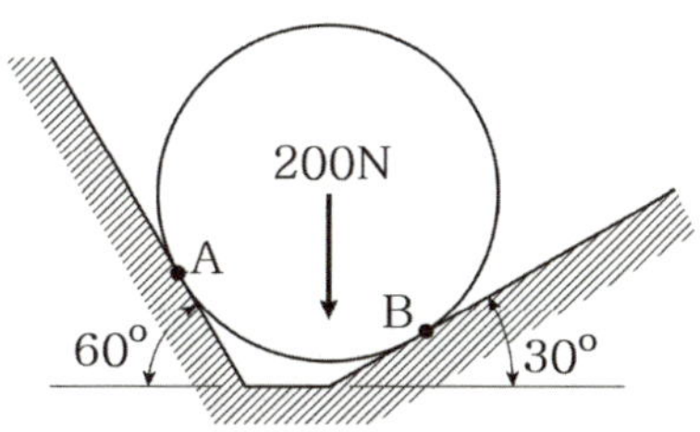

[문제 3.40]

40 그림과 같이 자중이 200N인 구가 두 경사면 위에 놓여 있을 때, 접촉점 B에서의 반력[N]은? (단, 구와 경사는 강체 점접촉이며, 마찰은 무시한다) [공무원 임용시험]

① 80 ② 100 ③ $100\sqrt{3}$ ④ $120\sqrt{3}$

제4장

2차원 운동

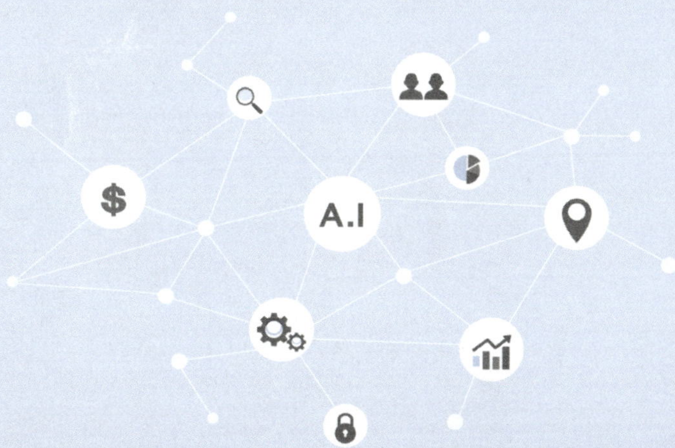

4.1 위치와 변위

1 위치벡터

어떤 물체(입자, 질점)의 위치를 나타내는 일반적인 방법은 위치벡터 $\vec{r}$을 사용하는 것이다. 위치벡터는 어떤 점을 기준으로 하여 입자의 위치를 나타내는 벡터를 말한다. [그림 4.1]과 같은 직각좌표계에서 위치벡터 $\vec{r}$을 3장의 단위벡터로 표기하면

$$\vec{r} = x\vec{i} + y\vec{j} + z\vec{k} \quad \cdots\cdots (4.1)$$

로 나타낼 수 있다. 여기에서 $x\vec{i}$, $y\vec{j}$, $z\vec{k}$는 $\vec{r}$의 벡터성분이며, x, y, z는 스칼라성분이다. 스칼라성분 x, y, z는 직각좌표계의 좌표 값 (x, y, z)와 같다. 일반적으로 운동하는 입자의 x, y, z좌표는 시간(t)의 함수이고 위치벡터 $\vec{r}$은 시간에 따라 변하므로

$$\vec{r}(t) = x(t)\vec{i} + y(t)\vec{j} + z(t)\vec{k} \quad \cdots\cdots (4.2)$$

로 표현할 수 있다.

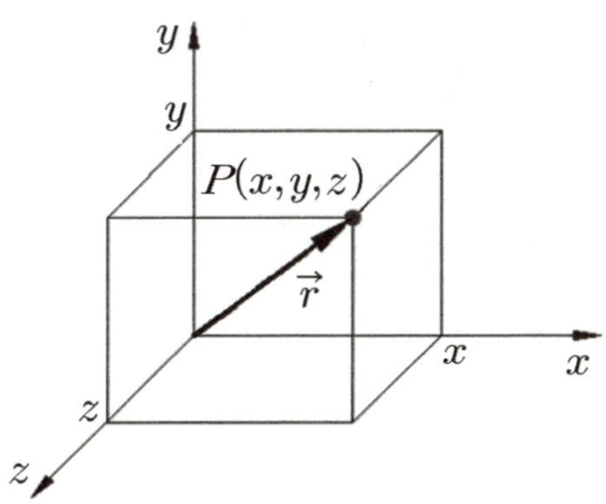

[그림 4.1] 위치벡터

어떤 입자의 위치벡터가

$$\vec{r} = 2\vec{i} - 3\vec{j} + 4\vec{k}\ [\mathrm{m}]$$

이면 입자는 원점에서 x축에서는 $+\vec{i}$ 방향으로 2m, y축을 따라서는 $-\vec{j}$ 방향으로 3m, z축으로는 $+\vec{k}$ 방향으로 4m 거리에 있다는 것을 나타낸다. 위치벡터 $\vec{r}$은 성분 벡터들의 합으로 표현된다.

2 변위벡터

운동하는 입자의 위치벡터는 시간에 따라 변한다. 운동에 따른 입자의 위치 변화를 변위라 하고 변위를 나타내는 벡터를 변위벡터라 한다.

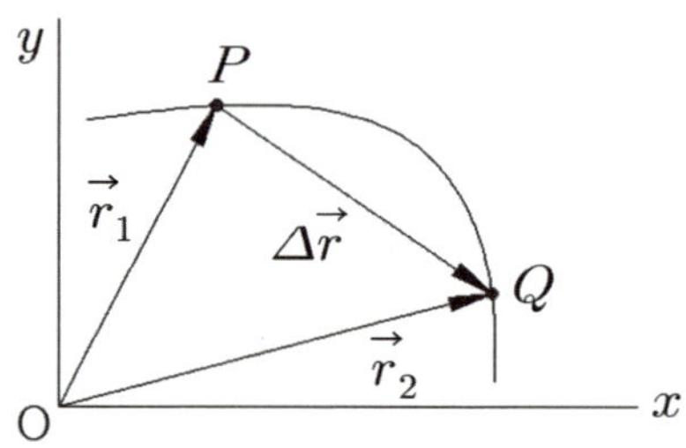

[그림 4.2]

[그림 4.2]에서 원점(O)을 기준으로 할 때 두 점 P, Q의 위치벡터는 각각 $\vec{r_1}$, $\vec{r_2}$이고, 점 P가 Q로 이동할 때의 변위벡터는 $\overrightarrow{\Delta r}$이며, 이것은 운동에 따른 두 점의 위치벡터의 차

$$\overrightarrow{\Delta r} = \vec{r_2} - \vec{r_1} \quad \cdots\cdots (4.3)$$

을 나타낸다.

식 (4.3)을 단위벡터로 표현하면 다음과 같다.

$$\Delta\vec{r} = \left(x_2\vec{i} + y_2\vec{j} + z_2\vec{k}\right) - \left(x_1\vec{i} + y_1\vec{j} + z_1\vec{k}\right)$$
$$= (x_2 - x_1)\vec{i} + (y_2 - y_1)\vec{j} + (z_2 - z_1)\vec{k}$$

$$\Delta\vec{r} = (x_2 - x_1)\vec{i} + (y_2 - y_1)\vec{j} + (z_2 - z_1)\vec{k} \quad \cdots\cdots (4.4)$$

여기에서 좌표 (x_1, y_1, z_1)과 (x_2, y_2, z_2)는 각각 위치벡터 $\overrightarrow{r_1}$과 $\overrightarrow{r_2}$에 대응된다. 그리고 $(x_2 - x_1)$, $(y_2 - y_1)$, $(z_2 - z_1)$을 각각 Δx, Δy, Δz로 나타내면 변위를 다음과 같이 쓸 수 있다.

$$\Delta\vec{r} = \Delta x\vec{i} + \Delta y\vec{j} + \Delta z\vec{k} \quad \cdots\cdots (4.5)$$

3 경로, 직선운동, 곡선운동

[그림 4.3]과 같이 물체가 점 P에서 Q로 이동했을 때 물체가 지나간 자취 a, b, c, … 를 경로라 하고, 경로가 직선인 운동을 직선운동, 곡선인 운동을 곡선운동이라 한다.

변위는 위치가 변한 것을 뜻하며, 경로와는 무관하고 처음 위치와 최종 위치에 따라 결정된다. [그림 4.3]에서 세 가지 경로 a, b, c에 대한 변위는 모두 $\overrightarrow{PQ}$ 로 일정하다.

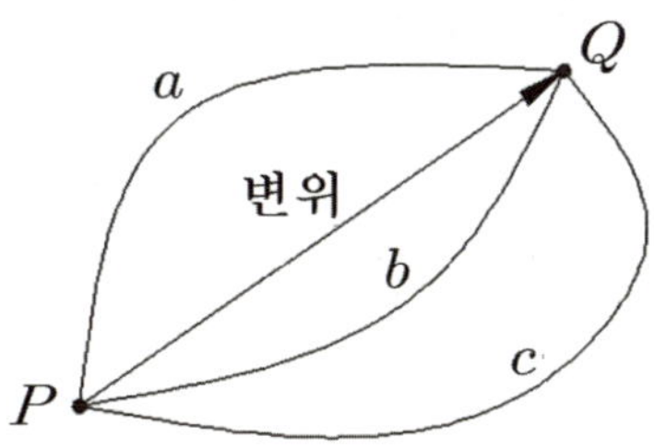

[그림 4.3]

[예제 4.1] 2차원 xy평면에서 운동하는 어떤 물체의 위치가 시간 t의 함수로 다음과 같이 주어진다. t의 단위는 초이고, x와 y의 단위는 m이다.

$$x = 2t^2 - 3t + 5, \quad y = -3t^2 + t + 4$$

$t = 2$초에서 물체의 위치벡터 $\vec{r}$을 단위벡터로 표현하라.

풀이 주어진 물체의 x, y좌표는 위치벡터 $\vec{r}$의 스칼라성분이므로 위치벡터를 다음과 같이 쓸 수 있다.

$$\vec{r}(t) = x(t)\vec{i} + y(t)\vec{j}$$

$t = 2$초에서 스칼라성분은 주어진 식에 $t = 2$를 대입하면

$$x = 2(2)^2 - 3(2) + 5 = 7\,[\mathrm{m}]$$
$$y = -3(2)^2 + 2 + 4 = -6\,[\mathrm{m}]$$

이다. 따라서 $t = 2$초에서 물체의 위치벡터를 다음과 같이 단위벡터($\vec{i}$, $\vec{j}$)로 표현할 수 있다.

$$\vec{r} = x\vec{i} + y\vec{j} = 7\vec{i} - 6\vec{j} \;\; [\mathrm{m}]$$

4.2 평균속도와 순간속도

속도는 물체의 운동 방향과 빠르기를 나타내는 물리량으로 단위 시간 동안의 변위를 나타낸다.

$$(\text{속도}) = \frac{(\text{변위})}{(\text{시간})} \;\; [\text{SI 단위 : m/s}] \qquad \cdots\cdots (4.6)$$

1 평균속도

시간 t_1, t_2에서의 위치벡터가 각각 $\vec{r_1}$, $\vec{r_2}$이고[그림 4.4], 점 P에서 Q로 이동하는 데 걸린 시간이 $\Delta t = t_2 - t_1$이면 평균속도는 다음과 같다.

$$\overrightarrow{v_{avg}} = \frac{\vec{r_2} - \vec{r_1}}{t_2 - t_1} = \frac{\Delta \vec{r}}{\Delta t} \quad \cdots\cdots (4.7)$$

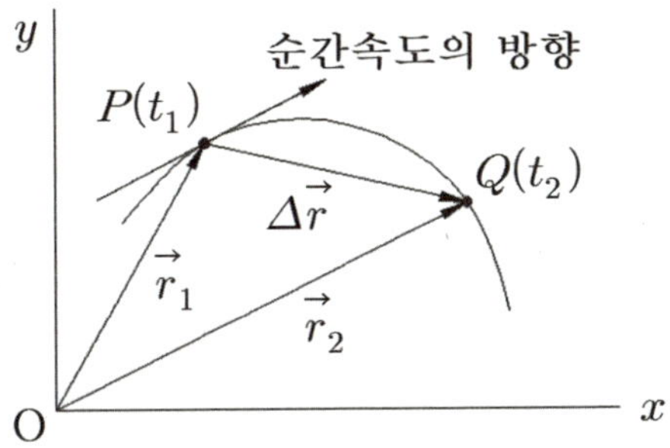

[그림 4.4]

예를 들어 2 s(초) 동안의 물체의 변위가 $\Delta\vec{r} = 10\vec{i} + 6\vec{j}$ [m]이면 2 s(초) 동안의 물체의 평균속도는 다음과 같다.

$$\overrightarrow{v_{avg}} = \frac{\Delta\vec{r}}{\Delta t} = \frac{(10\vec{i} + 6\vec{j})\mathrm{m}}{2\,\mathrm{s}} = 5\vec{i} + 3\vec{j}\ [\mathrm{m/s}]$$

$\overrightarrow{v_{avg}}$의 방향은 변위 $\Delta\vec{r}$의 방향과 같다. 식 (4.5)를 사용하여 식 (4.7)을 다음과 같이 벡터 성분으로 쓸 수 있다.

$$\overrightarrow{v_{avg}} = \frac{\Delta x\vec{i} + \Delta y\vec{j} + \Delta z\vec{k}}{\Delta t} = \frac{\Delta x}{\Delta t}\vec{i} + \frac{\Delta y}{\Delta t}\vec{j} + \frac{\Delta z}{\Delta t}\vec{k}$$

$$\overrightarrow{v_{avg}} = \frac{\Delta x}{\Delta t}\vec{i} + \frac{\Delta y}{\Delta t}\vec{j} + \frac{\Delta z}{\Delta t}\vec{k} \quad \cdots\cdots (4.8)$$

2 순간속도

일반적으로 속도는 어떤 순간에서의 순간속도 $\vec{v}$를 의미한다. 순간속도 $\vec{v}$는 시간 간격 Δt가 무한히 작을 때의 평균속도로 질점의 경로상의 어느 점에서 질점의 위치벡터를 시간으로 미분한 것이다.

$$\vec{v} = \lim_{\Delta t \to 0} \frac{\Delta \vec{r}}{\Delta t} = \frac{d\vec{r}}{dt}$$

$$\vec{v} = \frac{d\vec{r}}{dt} \quad \cdots\cdots (4.9)$$

속도의 크기는 $|\vec{v}|$이다.

시간 간격 Δt를 아주 작게 하면 두 점 P, Q는 거의 일치하게 되며 변위 $\Delta\vec{r}$의 방향은 점 P에서 그은 접선의 방향과 같게 된다. 따라서 속도의 방향은 질점의 운동 경로상의 접선방향과 같다.

식 (4.9)를 단위벡터로 표현하기 위해 $\vec{r}$에 식 (4.1)을 대입하면

$$\vec{v} = \frac{d}{dt}(x\vec{i} + y\vec{j} + z\vec{k}) = \frac{dx}{dt}\vec{i} + \frac{dy}{dt}\vec{j} + \frac{dz}{dt}\vec{k}$$

이 되어 다음과 같이 속도 $\vec{v}$를 표현할 수 있다.

$$\vec{v} = v_x\vec{i} + v_y\vec{j} + v_z\vec{k} \quad \cdots\cdots (4.10)$$

여기에서 $\vec{v}$의 스칼라성분은

$$v_x = \frac{dx}{dt}, \quad v_y = \frac{dy}{dt}, \quad v_z = \frac{dz}{dt} \quad \cdots\cdots (4.11)$$

이고, $\frac{dx}{dt}$, $\frac{dy}{dt}$, $\frac{dz}{dt}$는 각각 위치벡터 $\vec{r}$의 x, y, z축 스칼라성분을 시간에 대해 미분한 것이다. 즉, $\vec{r}$의 스칼라성분을 시간에 대해 미분하여 $\vec{v}$의 스칼라성분을 얻을 수 있다.

3 2차원운동에서 속도 성분과 크기

2차원에서 임의의 점 $P(x,y)$에서의 속도를 $\vec{v}=v_x\vec{i}+v_y\vec{j}$라 하면 속도 성분은

$$v_x=\frac{dx}{dt},\ v_y=\frac{dy}{dt} \quad \cdots\cdots (4.12)$$

이고, 속도의 크기는 다음과 같다.

$$v=|\vec{v}|=\sqrt{v_x^2+v_y^2} \quad \cdots\cdots (4.13)$$

[예제 4.2] 2차원 xy평면에서 운동하는 어떤 물체의 시간 t_1과 t_2에서의 위치벡터가 각각 다음과 같다.

$$\vec{r_1}=-2\vec{i}+3\vec{j},\quad \vec{r_2}=6\vec{i}+9\vec{j}$$

$t_2=t_1+2$일 때 t_1과 t_2 사이에서의 평균속도와 평균속도의 크기를 구하라. t의 단위는 초(s)이고, $\vec{r}$의 단위는 m이다.

풀이 평균속도의 정의로부터 평균속도는

$$\begin{aligned}\overrightarrow{v_{avg}}=\frac{\vec{r_2}-\vec{r_1}}{t_2-t_1}&=\frac{(6\vec{i}+9\vec{j})-(-2\vec{i}+3\vec{j})}{(t_1+2)-t_1}\\&=\frac{8\vec{i}+6\vec{j}}{2}\ \ [\mathrm{m/s}]\\&=4\vec{i}+3\vec{j}\ \ [\mathrm{m/s}]\end{aligned}$$

이고, 평균속도의 크기는 다음과 같다.

$$|\overrightarrow{v_{avg}}|=\sqrt{v_x^2+v_y^2}=\sqrt{4^2+3^2}=5\ [\mathrm{m/s}]$$

[예제 4.3] 2차원 xy평면에서 운동하는 질점 P의 시간 t에서의 위치벡터가

$$\vec{r} = (t^2+3)\vec{i} + (-2t^3+t)\vec{j} \ [\mathrm{m}]$$

일 때, 다음을 구하라. t의 단위는 초이다.

(1) $t=1$일 때 질점의 위치

(2) $t=1$에서 속도 $\vec{v}$와 속도의 크기

풀이 (1) 위치벡터에 $t=1$을 대입하면 질점의 위치는 다음과 같다.

$$\vec{r} = (1+3)\vec{i} + (-2+1)\vec{j} = 4\vec{i} - \vec{j} \ [\mathrm{m}]$$

(2) 속도 $\vec{v}$는 $\vec{r}$을 시간에 대해 미분한 것이므로 시간 t에서 속도는

$$\vec{v} = \frac{d\vec{r}}{dt} = \frac{d}{dt}(t^2+3)\vec{i} + \frac{d}{dt}(-2t^3+t)\vec{j}$$
$$= 2t\vec{i} + (-6t^2+1)\vec{j} \ [\mathrm{m/s}]$$

이다. 여기에서 $t=1$을 대입하면 속도는

$$\vec{v} = 2\vec{i} + (-6+1)\vec{j} = 2\vec{i} - 5\vec{j} \ [\mathrm{m/s}]$$

이고, 속도의 크기는 다음과 같다.

$$|\vec{v}| = \sqrt{v_x^2 + v_y^2} = \sqrt{2^2 + (-5)^2} = \sqrt{29} \ [\mathrm{m/s}]$$

4.3 평균가속도와 순간가속도

가속도는 단위 시간 동안의 속도 변화를 나타낸다.

$$(\text{가속도}) = \frac{(\text{속도 변화})}{(\text{시간})} \quad [\text{SI 단위} : \mathrm{m/s^2}] \qquad \cdots\cdots (4.14)$$

1 평균가속도

평균가속도는 속도 변화를 걸린 시간으로 나눈 값으로, 시간 t_1, t_2에서의 속도를 각각 $\overrightarrow{v_1}$, $\overrightarrow{v_2}$라 하면 t_1, t_2 사이의 평균가속도는 다음과 같다.

$$\overrightarrow{a_{avg}} = \frac{\overrightarrow{v_2} - \overrightarrow{v_1}}{t_2 - t_1} = \frac{\Delta \vec{v}}{\Delta t} \quad \cdots\cdots (4.15)$$

곡선 경로를 따라 운동하는 질점의 속도가 시간 t_1일 때 $\overrightarrow{v_1}$이고, t_2에서 $\overrightarrow{v_2}$이면 $\Delta t = t_2 - t_1$에서의 속도 변화는 $\Delta \vec{v} = \overrightarrow{v_2} - \overrightarrow{v_1}$이다[그림 4.5]. 평균가속도는 속도의 변화를 걸린 시간으로 나눈 것으로 $\overrightarrow{a_{avg}} = \frac{\Delta \vec{v}}{\Delta t}$이다.

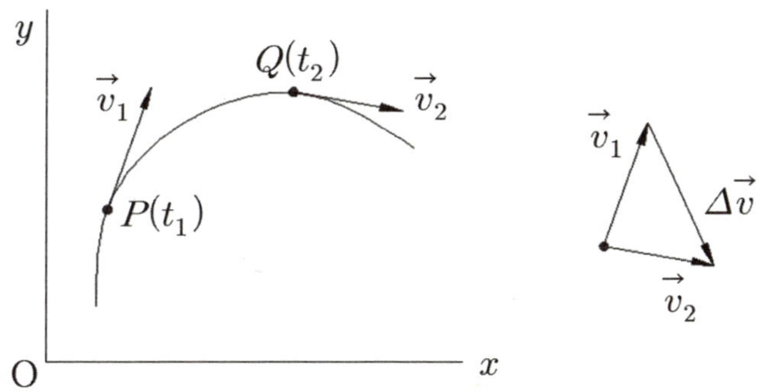

[그림 4.5]

2 순간가속도

순간가속도는 시간간격 Δt가 무한히 작을 때의 평균가속도이다.

$$\vec{a} = \lim_{\Delta t \to 0} \frac{\Delta \vec{v}}{\Delta t} = \frac{d\vec{v}}{dt} \quad \cdots\cdots (4.16)$$

식 (4.16)의 $\vec{v}$를 식 (4.10)으로 바꾸어서 $\vec{a}$를 단위벡터로 표현하면

$$\vec{a}=\frac{d}{dt}(v_x\vec{i}+v_y\vec{j}+v_z\vec{k})=\frac{dv_x}{dt}\vec{i}+\frac{dv_y}{dt}\vec{j}+\frac{dv_z}{dt}\vec{k}$$

가 되고 가속도 $\vec{a}$를 다음과 같이 쓸 수 있다.

$$\vec{a}=a_x\vec{i}+a_y\vec{j}+a_z\vec{k} \quad \cdots\cdots (4.17)$$

여기에서 $\vec{a}$의 스칼라성분은 다음과 같다.

$$a_x=\frac{dv_x}{dt},\quad a_y=\frac{dv_y}{dt},\quad a_z=\frac{dv_z}{dt} \quad \cdots\cdots (4.18)$$

즉, $\vec{v}$의 스칼라성분을 시간에 대해 미분하여 $\vec{a}$의 스칼라성분을 얻을 수 있다. 한편, 임의 시간 t에서의 위치벡터를 $\vec{r}$이라 하면 $\vec{v}=\frac{d\vec{r}}{dt}$이므로 시간 t에서의 가속도를 $\vec{r}$로 표현하면 다음과 같다.

$$\vec{a}=\frac{d\vec{v}}{dt}=\frac{d^2\vec{r}}{dt^2} \quad \cdots\cdots (4.19)$$

3 2차원 운동에서 가속도 성분과 크기

2차원에서 임의의 점 $P(x,y)$에서의 가속도를 $\vec{a}=a_x\vec{i}+a_y\vec{j}$라 하면 가속도 성분은

$$a_x=\frac{d^2x}{dt^2},\quad a_y=\frac{d^2y}{dt^2} \quad \cdots\cdots (4.20)$$

이고, 가속도의 크기는 다음과 같다.

$$a=|\vec{a}|=\sqrt{a_x^2+a_y^2} \quad \cdots\cdots (4.21)$$

[예제 4.4] 2차원 xy평면에서 운동하는 질점 P의 시간 t에서의 위치벡터가 다음과 같을 때, $t=1$에서의 가속도 $\vec{a}$와 가속도의 크기를 구하라. t의 단위는 초(s)이다.

$$\vec{r}=(t^3+t)\vec{i}+(-2t^2+4)\vec{j}\ [\mathrm{m}]$$

풀이 속도 $\vec{v}$는 $\vec{r}$을 시간에 대해 미분한 것이므로 시간 t에서 속도는

$$\vec{v}=\frac{d\vec{r}}{dt}=\frac{d}{dt}(t^3+t)\vec{i}+\frac{d}{dt}(-2t^2+4)\vec{j}$$
$$=(3t^2+1)\vec{i}+(-4t)\vec{j}\ [\mathrm{m/s}]$$

이다. 그리고 가속도는 다시 속도를 시간에 대해 미분한 것이므로

$$\vec{a}=\frac{d\vec{v}}{dt}=\frac{d}{dt}(3t^2+1)\vec{i}+\frac{d}{dt}(-4t)\vec{j}$$
$$=6t\vec{i}-4\vec{j}\ ]\mathrm{m/s^2}]$$

이다. 여기에서 $t=1$을 대입하면 가속도는

$$\vec{a}=6\vec{i}-4\vec{j}\ [\mathrm{m/s^2}]$$

이고, 가속도의 크기는 다음과 같다.

$$|\vec{a}|=\sqrt{a_x^2+a_y^2}=\sqrt{6^2+(-4)^2}=2\sqrt{13}\ [\mathrm{m/s^2}]$$

[예제 4.5] 2차원 xy평면 위에서 움직이는 점 $P(x,y)$의 시간 t에서의 좌표가 다음과 같을 때, $t=\frac{\pi}{3}$에서 점 P의 속도 $\vec{v}$와 가속도 $\vec{a}$를 구하라. t의 단위는 초이고, x와 y의 단위는 m이다.

$$x=\sin t,\ y=2\cos t$$

풀이 (1) 속도를 $\vec{v}=v_x\vec{i}+v_y\vec{j}$ [m/s]로 하면 속도 성분은

$$v_x = \frac{dx}{dt} = \frac{d}{dt}(\sin t) = \cos t \ \ [\mathrm{m/s}]$$

$$v_y = \frac{dy}{dt} = \frac{d}{dt}(2\cos t) = -2\sin t \ \ [\mathrm{m/s}]$$

이고, $t = \frac{\pi}{3}$일 때 속도 성분은

$$v_x = \cos\left(\frac{\pi}{3}\right) = \frac{1}{2} \ \ [\mathrm{m/s}]$$

$$v_y = -2\sin\left(\frac{\pi}{3}\right) = -\sqrt{3} \ \ [\mathrm{m/s}]$$

이다. 따라서 $t = \frac{\pi}{3}$에서 속도는 다음과 같다.

$$\vec{v} = v_x \vec{i} + v_y \vec{j} = \frac{1}{2}\vec{i} - \sqrt{3}\,\vec{j} \ \ [\mathrm{m/s}]$$

(2) 가속도 $\vec{a} = a_x \vec{i} + a_y \vec{j}$ $[\mathrm{m/s^2}]$으로 하면 가속도 성분은

$$a_x = \frac{dv_x}{dt} = \frac{d}{dt}(\cos t) = -\sin t \ \ [\mathrm{m/s^2}]$$

$$a_y = \frac{dv_y}{dt} = \frac{d}{dt}(-2\sin t) = -2\cos t \ \ [\mathrm{m/s^2}]$$

이고, $t = \frac{\pi}{3}$일 때 가속도 성분은

$$a_x = -\sin\left(\frac{\pi}{3}\right) = -\frac{\sqrt{3}}{2} \ \ [\mathrm{m/s^2}]$$

$$a_y = -2\cos\left(\frac{\pi}{3}\right) = -1 \ \ [\mathrm{m/s^2}]$$

이다. 따라서 $t = \frac{\pi}{3}$에서 가속도는 다음과 같다.

$$\vec{a} = a_x \vec{i} + a_y \vec{j} = -\frac{\sqrt{3}}{2}\vec{i} - \vec{j} \ \ [\mathrm{m/s^2}]$$

4.4 포물선 운동

1 포물선 운동

물체를 임의 각도로 경사지게 던졌을 때, 물체의 운동을 수평방향과 수직방향으로 나누어 생각할 수 있다. 공기 저항을 무시하면 물체는 연직 아래 방향(+ ↓)으로 일정한 크기의 중력을 받아서 가속도 $a=g$의 등가속도 운동을 하고 수평 방향의 속도는 변하지 않는다. 이로 인하여 물체의 운동 경로는 포물선을 그리게 되는데 이와 같은 운동을 포물선 운동이라 한다.

2 수평방향으로 던진 물체의 운동

지면으로부터 높이 H인 곳에서 수평방향으로 v_0의 속력으로 던진 물체의 운동을 고려한다[그림 4.6]. 물체의 운동을 수평성분(x)과 수직성분(y)으로 분해하면 수평방향으로는 등속운동이고, 연직방향으로는 중력가속도 $a=g$의 등가속도 운동이다[표 4.1].

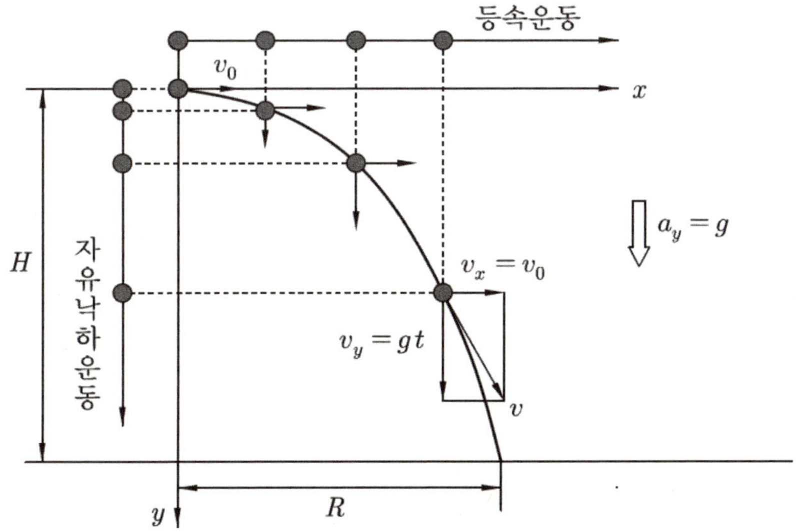

[그림 4.6]

[표 4.1]

	수평방향	연직방향
초기속도(v_0)	$v_{0x} = v_0$	$v_{0y} = 0$
가속도(a)	$a_x = 0$	$a_y = g$
t초 후의 속도(v)	$v_x = v_{0x} + a_x t = v_0$	$v_y = v_{0y} + a_y t = gt$
t초 후의 위치(x, y)	$x = v_0 t$	$y = v_{0y}t + \frac{1}{2}a_y t^2 = \frac{1}{2}gt^2$

(1) 낙하시간: 지면에 떨어질 때까지 걸린 시간은 자유낙하한 시간과 같다.

$$H = \frac{1}{2}g t_1^2$$

$$t_1 = \sqrt{\frac{2H}{g}} \quad \text{(낙하시간)} \qquad \cdots\cdots (4.22)$$

(2) 수평 도달 거리: 낙하시간 t_1 동안에 수평방향으로 일정속도 v_0의 등속운동을 하므로 수평 도달 거리는 다음과 같다.

$$R = v_0 t_1 = v_0 \sqrt{\frac{2H}{g}} \qquad \cdots\cdots (4.23)$$

(3) 지면에 떨어졌을 때의 물체의 속도 크기: 지면에 도달했을 때 속도의 x성분은

$$v_x = v_0 \qquad \cdots\cdots (4.24)$$

이고, y 성분은

$$v_y = g t_1 = \sqrt{2gH} \qquad \cdots\cdots (4.25)$$

이므로 속도의 크기는 다음과 같다.

$$v = \sqrt{v_x^2 + v_y^2} = \sqrt{v_0^2 + 2gH} \quad \cdots\cdots (4.26)$$

(4) 물체의 운동경로: 수평방향 변위 $x = v_0 t$와 연직방향 변위 $y = \frac{1}{2}gt^2$에서 t를 소거하여 정리하면 운동경로는 다음과 같이 표현된다.

$$y = \frac{g}{2v_0^2}x^2 \quad \cdots\cdots (4.27)$$

3 비스듬히 위로 던진 물체의 운동

[그림 4.7]과 같이 수평면과 α의 각도로 위로 던져진 물체의 운동은 수평방향으로는 등속운동이고, 연직방향으로는 중력가속도 $a = -g$의 등가속도 운동이다[표 4.2].

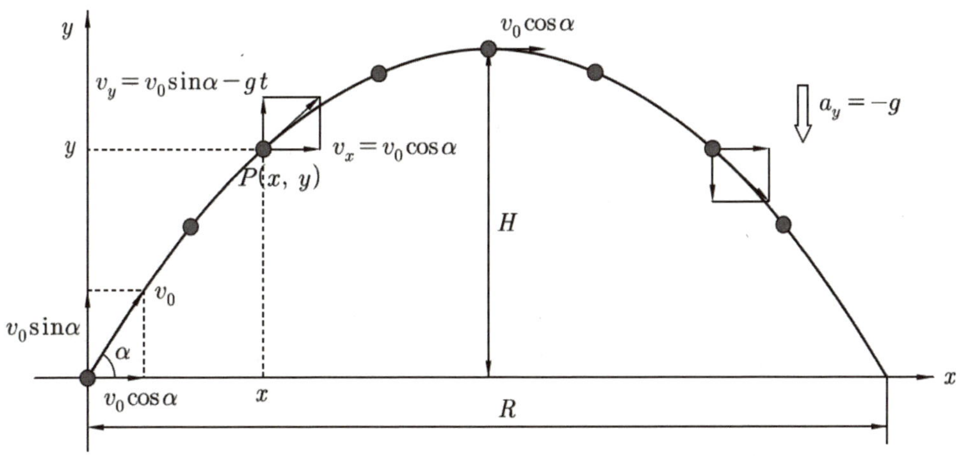

[그림 4.7]

[표 4.2]

	수평방향	연직방향
초기속도(v_0)	$v_{0x}=v_0\cos\alpha$	$v_{0y}=v_0\sin\alpha$
가속도(a)	$a_x=0$	$a_y=-g$
t초 후의 속도(v)	$v_x=v_{0x}+a_xt=v_0\cos\alpha$	$v_y=v_{0y}+a_yt=v_0\sin\alpha-gt$
t초 후의 위치(x,y)	$x=(v_0\cos\alpha)t$	$y=v_{0y}t+\frac{1}{2}a_yt^2$ $=(v_0\sin\alpha)t-\frac{1}{2}gt^2$

(1) 최고점(H): 최고점에서 연직방향 속도 $v_y=0$이고 수평방향 속도만 존재한다. $v_y=0$로부터 최고점에 도달하는 시간 t_1은

$$v_y=v_0\sin\alpha-gt_1=0$$

$$t_1=\frac{v_0\sin\alpha}{g}\ \text{(최고점 도달 시간)} \quad \cdots\cdots (4.28)$$

이고, 최고점의 높이는 다음과 같다.

$$H=(v_0\sin\alpha)t_1-\frac{1}{2}gt_1^2=\frac{v_0^2\sin^2\alpha}{2g}$$

$$H=\frac{v_0^2\sin^2\alpha}{2g}\ \text{(최고점 높이)} \quad \cdots\cdots (4.29)$$

(2) 수평 도달 거리(R): 포물선 운동이므로 지면에 떨어지는 데 걸리는 시간은 최고점 도달 시간의 2배($2t_1$)이다.

$$t_2=\frac{2v_0\sin\alpha}{g}\ \text{(지면에 떨어지는 시간)} \quad \cdots\cdots (4.30)$$

이 시간 동안 수평 방향으로 일정속도 $v_0\cos\alpha$의 등속운동을 하므로 수평 도달 거리는 다음과 같다.

$$R = (v_0 \cos\alpha) \times t_2 = v_0 \cos\alpha \times \frac{2v_0 \sin\alpha}{g} = \frac{v_0^2 \sin 2\alpha}{g}$$

$$R = \frac{v_0^2 \sin 2\alpha}{g} \text{ (수평 도달 거리)} \qquad \cdots\cdots (4.31)$$

따라서 $2\alpha = 90°$, 즉 발사각 $\alpha = 45°$일 때 수평 도달 거리가 최대가 된다. 여기에서 $\sin 2\alpha = 2\sin\alpha\cos\alpha$이다.

(3) 물체의 운동경로: 수평방향 위치 $x = (v_0 \cos\alpha)t$에서

$$t = \frac{x}{v_0 \cos\alpha}$$

를 구하여 연직방향 위치

$$y = (v_0 \sin\alpha)t - \frac{1}{2}gt^2$$

에 대입하여 정리하면 운동경로는 다음과 같이 표현된다.

$$y = x\tan\alpha - \frac{g}{2v_0^2 \cos^2\alpha}x^2 \text{ (운동 경로)} \qquad \cdots\cdots (4.32)$$

여기에서 $\frac{\sin\alpha}{\cos\alpha} = \tan\alpha$이다.

[예제 4.6] 지면 위 높이 h에서 수평방향으로 공을 던졌더니 지면에 떨어질 때까지 수평방향으로 운동한 거리가 h였다. 초기속도 v_0를 구하라.

풀이 땅에 떨어질 때까지 걸린 시간을 t라 하면 낙하거리가

$$h = \frac{1}{2}gt^2$$

이므로 낙하시간은

$$t = \sqrt{\frac{2h}{g}}$$

이다. 이때 수평방향으로는 초기속도 v_0의 등속운동이므로 수평방향으로 날아간 거리는

$$h = v_0 t$$

이다. 따라서 초기속도는 다음과 같다.

$$v_0 = \frac{h}{t} = \frac{h}{\sqrt{2h/g}} = \sqrt{\frac{gh}{2}}$$

[예제 4.7] [그림 4.8]과 같이 높이 H에서 수평방향으로 $v_0 = 40\text{m/s}$의 속력으로 공을 던졌을 때 10초 후에 공이 지면에 떨어졌다. 높이(H)와 수평방향으로 날아간 거리(R)를 구하라.

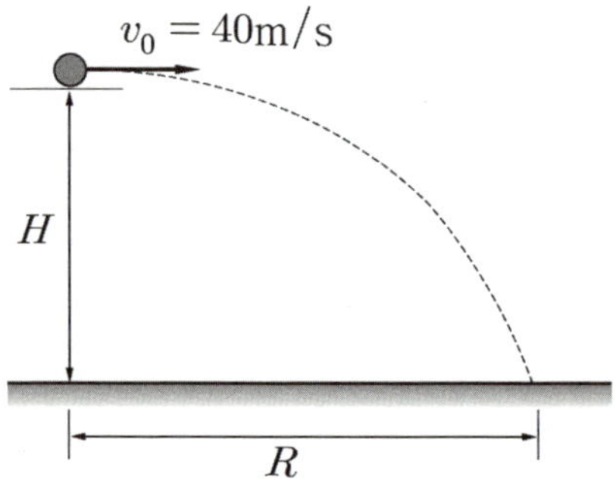

[그림 4.8]

풀이 • 연직 방향으로는 자유낙하운동이므로 높이(H)는 다음과 같다.

$$H = \frac{1}{2}gt^2 = \frac{1}{2} \times 9.8 \times 10^2 = 490\ [\text{m}]$$

• 수평 방향으로는 초기속도 v_0의 등속운동이므로 $t = 10\text{s}$ 동안 수평 방향

으로 날아간 거리(R)는 다음과 같다.

$$R = v_0 t = 40 \times 10 = 400 \text{ [m]}$$

[예제 4.8] 그림과 같이 야구공을 비스듬히 던져 올렸더니 4초 후에 수평면 위에 떨어졌다. 야구공이 올라간 최고점의 높이를 구하라. 단, 공을 던진 지점 A와 공이 낙하한 지점 B는 동일 수평면 위에 있다.

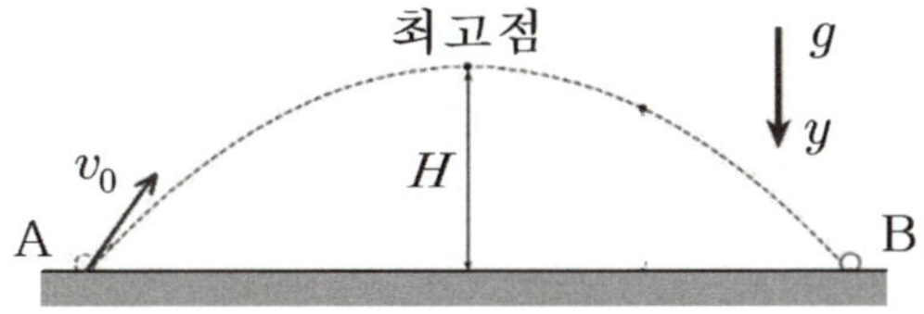

[그림 4.9]

풀이 포물선 운동이므로 최고점에서 야구공이 낙하하는 시간은 $t = \frac{4}{2} = 2\text{[s]}$이다. 그리고 최고점에서 연직 방향의 운동은 자유낙하운동이므로 최고점의 높이는 다음과 같다.

$$H = \frac{1}{2}gt^2 = \frac{1}{2} \times 9.8 \times 2^2 = 19.6 \text{ [m]}$$

[예제 4.9] 초기속도 500m/s, 수평선과 30° 각도로 위로 발사된 포탄이 올라갈 수 있는 최고점의 높이[m]와 발사점으로부터 낙하점까지의 수평 거리[km]를 구하라. 단, 발사점과 낙하점은 같은 고도에 있고, 공기 저항은 없다.

풀이 [4.4]절의 결과 식으로부터 최고점의 높이(H)는

$$H = \frac{v_0^2 \sin^2\alpha}{2g} = \frac{(500)^2 \times \sin^2 30°}{2 \times 9.8} = 3189 \text{ [m]}$$

이고, 발사점으로부터 낙하점까지의 수평 거리(R)는 다음과 같다.

$$R = \frac{v_0^2 \sin 2\alpha}{g} = \frac{(500)^2 \times \sin(2 \times 30°)}{9.8} \text{ [m]}$$
$$= 22{,}090 \text{ [m]} = 22.09 \text{ [km]}$$

[예제 4.10] 600m/s로 발사하는 대포를 사용하여 중간에 있는 높이 2km 산 너머 수평 거리 25km에 있는 목표물을 타격하려 한다[그림 4.10]. 포탄의 최소 발사각 α를 구하라. 포와 목표물의 고도는 같고 공기 저항은 무시한다.

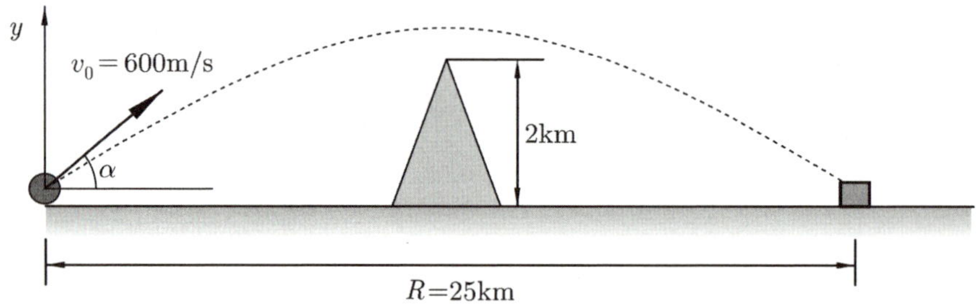

[그림 4.10]

풀이 발사각이 α일 때 포탄의 낙하점까지의 수평 거리는 다음과 같다.

$$R = \frac{v_0^2 \sin 2\alpha}{g}$$

여기에 $R = 25$km, $v_0 = 600$m/s를 대입하고 α에 대하여 풀면 발사각은

$$\sin 2\alpha = \frac{gR}{v_0^2}$$

$$2\alpha = \sin^{-1}\left(\frac{gR}{v_0^2}\right) = \sin^{-1}\left[\frac{9.8 \times (25 \times 1000)}{600^2}\right] = 42.9°$$

$$\therefore \ \alpha = 21.5°$$

이다. 발사각 $\alpha = 21.5°$일 때 포탄의 최고점 높이는

$$H = \frac{v_0^2 \sin^2 \alpha}{2g} = \frac{(600)^2 \times \sin^2 21.5°}{2 \times 9.8} = 2470 \text{ [m]} = 2.47 \text{ [km]}$$

이므로 포탄은 중간에 있는 높이 2km 산을 넘어서 목표물을 타격한다.

[Note] $\sin 2\alpha = \sin(180° - 2\alpha)$이므로 $\sin(180° - 2\alpha) = \frac{gR}{v_0^2}$로부터 다음과 같은 각도로 쏘아도 된다.

$$180° - 2\alpha = \sin^{-1}\left(\frac{gR}{v_0^2}\right) = 42.9° \;\rightarrow\; \alpha = 68.6°$$

4.5 등속 원운동

물체가 반지름이 일정한 원둘레 상에서 일정한 속력으로 움직이는 운동을 등속 원운동이라 한다. 등속 원운동을 하는 물체는 속력이 일정하지만 운동 방향은 원의 접선 방향으로 계속 변한다. 따라서 등속 원운동은 시간에 따라 속도가 변하는 가속도 운동이다.

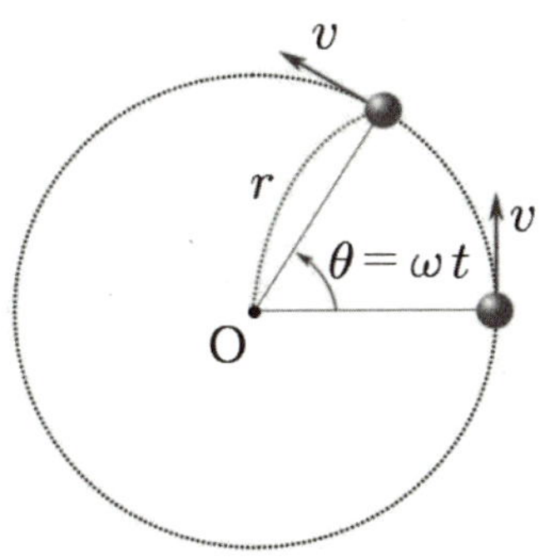

[그림 4.11] 등속 원운동

1 각속도와 선속도

[1] 각속도

단위 시간(1s) 동안에 회전한 각도를 각속도(ω)라 한다.

$$\omega = \frac{\theta}{t} \ [\text{rad/s}] \quad \cdots\cdots (4.33)$$

각속도의 SI 단위는 [rad/s]이다. 공작기계나 펌프 등 공학에서 많이 사용하는 회전속도의 단위는 rpm인데 이것은 분당 회전수(rev/min)를 나타낸다. 즉, 물체가 1분 동안에 N회전 하면 그 물체의 회전속도는 N[rpm]이 된다. 한 바퀴는 2π[rad]이고 $1\,\text{min} = 60[\text{s}]$이므로 N[rpm]을 각속도로 나타내면 다음과 같다.[1)]

$$\omega = \frac{2\pi N}{60} [\text{rad/s}] \quad \cdots\cdots (4.34)$$

회전수 1rpm을 각속도로 나타내면 $\frac{2\pi}{60}[\text{rad/s}]$이다.

[Note] 각속도의 일반적 정의는 $\vec{\omega} = \frac{d\theta}{dt}$이다. 각속도는 회전 방향[(↶)(↷)]이 있으므로 벡터양이고, 2차원 xy평면에서 회전하면 $\vec{w} = \omega\vec{k}$로 나타낼 수 있다. 각속도의 크기를 각속력이라 한다. 따라서 엄밀하게 얘기하면 각속도와 각속력이라는 용어를 구분해서 사용해야 하지만 대개 그냥 각속도라고 한다. 우리나라 고등학교 교육과정에서도 각속도라는 용어를 사용하고 있다. 속도, 속력, 각속도, 각속력, 이와 같은 용어에 지나치게 신경 쓰지 않도록 한다. 일반적으로 고속도로 제한 속도 시속 100km라고 한다. 제한 속력이라는 말은 잘 쓰지 않는다.

[2] 선속도

등속 원운동의 접선방향 속도이다. 선속도의 크기는 단위 시간 동안 원둘레를 이동한 거리이다. 각속도 ω로 회전할 때 반지름 r의 원둘레 상에서 선속도(접선속도, 원주속도)는 다음과 같다.

1) 이 식은 공학에서 많이 사용된다.

$$v = \frac{(\text{원호의 길이})}{t} = \frac{r\theta}{t} = r \times \frac{\theta}{t} = r\omega$$

$$v = r\omega \ \ [\text{m/s}] \quad \cdots\cdots (4.35)$$

이 식에서 각속도 ω는 반드시 rad 단위로 나타내야 한다. 이때 반지름 r의 단위가 [m]이면 선속도의 단위는 [m/s]가 된다. 각도의 단위 라디안[rad]은 무차원양이다. θ[rad] = (원호의 길이)/(반지름)으로 정의된다. 이와 같이 라디안은 두 길이의 비율로 정의되므로 차원이 없다. 반지름이 r인 원둘레는 $2\pi r$이므로 완전한 원의 각도는 2π[rad]이다.

2 주기

물체가 원둘레 위를 한 바퀴 도는 데 걸리는 시간을 주기(회전주기)라 한다. 반지름 r인 원둘레는 $2\pi r$이다. 따라서 물체가 반지름이 r인 원둘레 위를 속력 v로 등속 원운동을 할 때 주기 T는 다음과 같다.

$$(\text{이동 거리}) = (\text{속력}) \times (\text{소요 시간})$$

$$2\pi r = vT$$

$$T = \frac{2\pi r}{v} \quad \cdots\cdots (4.36)$$

즉, 물체가 한 바퀴 회전하면서 움직인 거리 $2\pi r$을 속력 v로 나누면 물체가 1회전하는데 걸린 시간이 구해진다. 식 (4.36)에 식 (4.35)를 대입하면 주기와 각속도의 관계식이 얻어진다.

$$T = \frac{2\pi}{\omega} \quad \cdots (4.37a)$$

$$\omega = \frac{2\pi}{T} \quad \cdots (4.37b)$$

따라서 한 바퀴 회전하는데 걸린 시간은 1회전에 해당하는 각도 2π를 각속도로 나눈 값과 같다.

원운동의 주기가 주어지면 다음 식으로 물체의 속력을 구한다.

$$v = \frac{2\pi r}{T} \quad \cdots\cdots (4.38)$$

3 구심 가속도

구심 가속도는 등속 원운동을 하는 물체에 나타나는 가속도이다. [그림 4.12]는 반시계방향으로 등속 원운동을 하는 물체의 속도($\vec{v}$)와 가속도($\vec{a}$) 벡터를 보여주고 있다. 운동이 진행되는 동안에 두 벡터의 크기는 일정하지만 방향은 계속 변화한다. 속도($\vec{v}$)는 항상 경로에 접선 방향이고, 가속도($\vec{a}$) 벡터는 항상 원의 중심을 향한다. 이에 따라 등속 원운동의 가속도를 구심 가속도라 한다. 구심 가속도($\vec{a}$)의 크기는 다음과 같다.

$$a = \frac{v^2}{r} = r\omega^2 \quad \cdots\cdots (4.39)$$

여기에서 r은 원의 반지름이고, v는 물체의 속력이다.

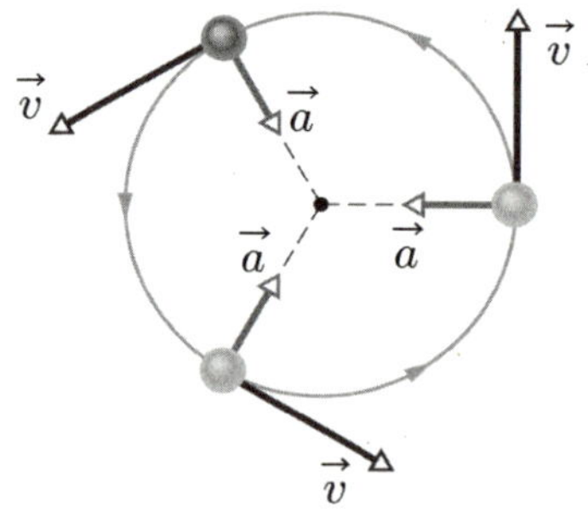

[그림 4.12] 등속 원운동의 가속도

[참고 4.1] 등속 원운동의 가속도 식 유도2)

[그림 4.13]의 (a)와 같이 물체가 A에서 B로 움직였다고 한다. 이때 속도 변화는 $\Delta\vec{v} = \vec{v}_2 - \vec{v}_1$이고, 등속 원운동이므로 $\vec{v}_1$과 $\vec{v}_2$의 크기가 같다($|\vec{v}_1| = |\vec{v}_2| = v$). 따라서 $\Delta\vec{v}$의 크기는 (b)의 그림에서 $\Delta v = v\Delta\theta$이고 (c)에서 $\Delta s = r\Delta\theta$가 된다. 이 두 식에서 $\Delta\theta$를 소거하고 이동 거리 $\Delta s = v\Delta t$를 대입하면

$$\Delta v = v\Delta\theta = v\frac{\Delta s}{r} = v\frac{v\Delta t}{r} = v^2\frac{\Delta t}{r}$$

이 된다. 따라서 가속도의 크기는 다음과 같이 표현된다.

$$a = \frac{\Delta v}{\Delta t} = \frac{v^2}{r}$$

(b)의 그림에서 $\Delta\theta$를 매우 작게 하면 $\Delta\vec{v}$는 $\vec{v}_1$과 직각을 이루게 되어 $\Delta\vec{v}$의 방향은 원의 중심을 향하게 된다. 가속도 $\vec{a}$의 방향은 $\Delta\vec{v}$의 방향과 같다. 따라서 등속 원운동에서 가속도는 항상 원의 중심을 향한다.

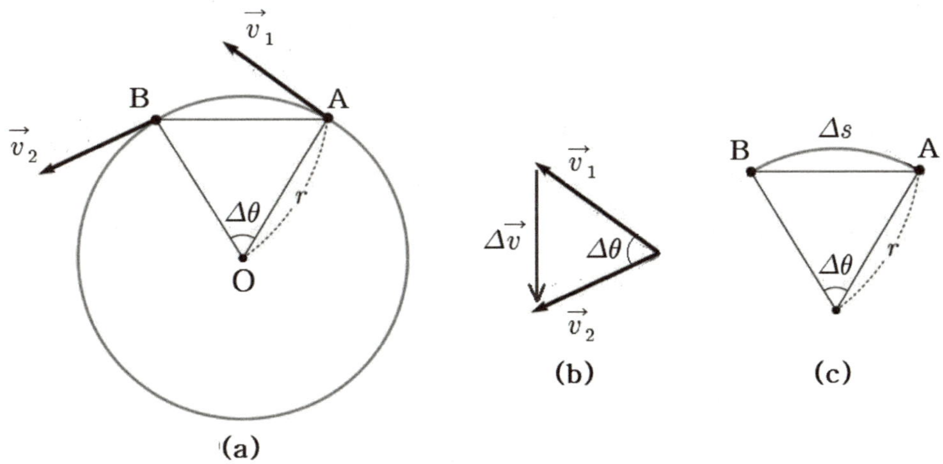

[그림 4.13] (a) 위치 변화 (b) 속도 변화 (c) 이동 거리

2) 식의 유도과정은 참고로 하고 결과 식을 알아두면 된다.

[예제 4.11] **[그림 4.14]와 같이 길이 $r = 1\mathrm{m}$인 실에 질량이 m인 물체를 매달고 수평면 상에서 일정한 속력(v)으로 매분 300번씩 회전시킬 때 다음을 구하라.**

(1) 원운동의 주기[s]　　(2) 물체의 속력[m/s]

(3) 각속도[rad/s]　　(4) 구심가속도 크기[m/s^2]

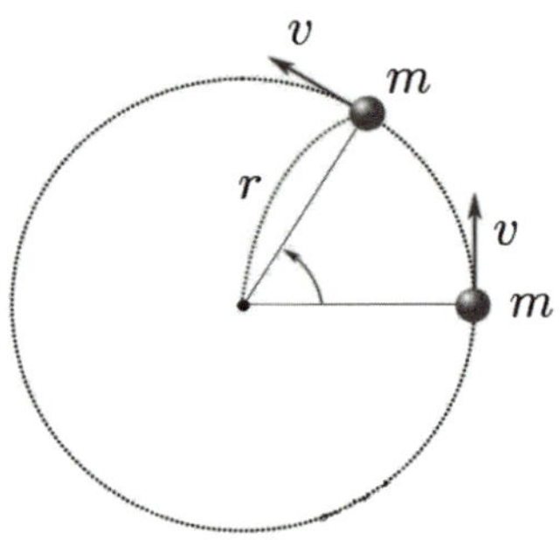

[그림 4.14]

풀이 (1) 원운동의 주기(T): 한 바퀴 도는 데 걸리는 시간이다.

$$T = \frac{1\mathrm{min}}{300} = \frac{60\mathrm{s}}{300} = 0.2[\mathrm{s}]$$

(2) 물체의 속력(v)

$$v = \frac{2\pi r}{T} = \frac{2\pi(1\mathrm{m})}{0.2\mathrm{s}} = 10\pi[\mathrm{m/s}]$$

(3) 각속도(ω)

$$\omega = \frac{2\pi}{T} = \frac{2\pi}{0.2\mathrm{s}} = 10\pi[\mathrm{rad/s}]$$

(4) 구심가속도 크기(a)

$$a = \frac{v^2}{r} = \frac{(10\pi\mathrm{m/s})^2}{1\mathrm{m}} = 100\pi^2[\mathrm{m/s^2}]$$

[예제 4.12] 지름 300mm의 바퀴가 4rad/s의 각속도로 회전하고 있을 때 바퀴의 바깥 둘레의 선속도를 구하라.

풀이 회전축으로부터 거리 $r = \frac{D}{2}$, 각속도 $\omega = 4\,\text{rad/s}$이므로 바퀴의 바깥 둘레 선속도(v)는 다음과 같다.

$$v = r\omega = \frac{D}{2} \times \omega = \frac{(0.3\,\text{m})}{2} \times (4\,\text{rad/s}) = 0.6\,[\text{m/s}]$$

[예제 4.13] 반지름 20cm의 자동차 바퀴가 120rpm으로 회전하고 있다. 바퀴 바깥 둘레의 선속도를 구하라.

풀이 반지름 $r = 0.2\text{m}$, 회전수 $N = 120\text{rpm}$, 각속도 $\omega = \frac{2\pi N}{60}\,[\text{rad/s}]$이므로 선속도($v$)는 다음과 같다.

$$v = r\omega = r \times \frac{2\pi N}{60} = (0.2\,\text{m}) \times \left(\frac{2\pi \times 120}{60}\right)(\text{rad/s}) = 2.51\,[\text{m/s}]$$

[예제 4.14] 회전하고 있는 지름 80cm 바퀴의 원주 상에서 선속도가 200cm/s이다. 바퀴의 각속도 ω[rad/s]와 분당 회전수 N[rpm]을 구하라.

풀이

- 각속도: $\omega = \frac{v}{r} = \frac{v}{D/2} = \frac{200\text{cm/s}}{(80/2)\text{cm}} = 5\,[\text{rad/s}]$
- 분당 회전수: $N = \frac{60\omega}{2\pi} = \frac{60 \times 5}{2\pi} = 47.7\,[\text{rpm}]$

[예제 4.15] 지름이 $D\,[\mathrm{mm}]$인 원둘레 위에서 회전속도 $N\,[\mathrm{rpm}]$으로 회전하는 물체의 선속도 $v\,[\mathrm{m/s}]$를 구하라.

풀이 반지름 r일 때 선속도 $v = r\omega$이다. $1\mathrm{mm} = \dfrac{1}{1000}\mathrm{m}$, $r = \dfrac{D}{2}$이므로 단위를 환산하면 선속도 $v\,[\mathrm{m/s}]$는 다음과 같다.

$$v = r\omega = \left(\frac{D}{2} \times \frac{1}{1000}\right) \times \frac{2\pi N}{60} = \frac{\pi DN}{60 \times 1000} \ [\mathrm{m/s}]$$

또는, 원둘레가 πD이므로 N 바퀴 길이는 πDN이 되고, 분과 mm를 초(s)와 m로 환산하면 $v = \dfrac{\pi DN}{60 \times 1000}$[m/s]가 된다.

연습문제 4

01 질점 P가 처음 위치 $\vec{r}=4\vec{i}+3\vec{j}$ [m]에서 2초 후에 $\vec{r}=2\vec{i}-7\vec{j}$ [m]로 이동하였다. 2초 동안의 평균속도를 구하라.

02 어떤 물체의 시간 t에서의 위치벡터가 $\vec{r}=(4t-t^2)\vec{i}+(-3t+t^2)\vec{j}$ [m]일 때 다음을 구하라. t의 단위는 초이다.

(1) $t=1$일 때 물체의 위치
(2) $t=1$에서의 속도 $\vec{v}$와 속도의 방향각(방향과 x축 사이의 각)
(3) $t=1$에서의 가속도 $\vec{a}$와 가속도의 크기

03 질점의 위치가 시간(t)의 함수로 다음과 같이 주어질 때 시간 t에서의 속도와 가속도의 크기를 각각 구하라. t의 단위는 초이고, $\vec{r}$의 단위는 m이다.

$$\vec{r}=r(\cos\omega t\,\vec{i}+\sin\omega t\,\vec{j})\ \ (r>0,\ \omega>0)$$

04 평면 위에서 운동하는 점 $\mathrm{P}(x,y)$의 시간 t초에서의 좌표가 $x=\cos t$ [m], $y=4-\sin t$ [m]일 때 다음을 구하라.

(1) $t=0$에서의 속도 $\vec{v}$와 속도의 크기
(2) $t=0$에서의 가속도 $\vec{a}$와 가속도의 크기

05 어떤 물체의 속도가 처음 속도 $\vec{v}=-4\vec{i}+2\vec{j}$ [m/s]에서 4초 후에 $\vec{v}=16\vec{i}-10\vec{j}$ [m/s]로 변하였다. 4초 동안의 평균 가속도를 구하라.

06 어떤 물체가 일정 가속도 $\vec{a}=2\vec{i}+3\vec{j}$ [m/s^2]로 4초 동안 가속되어 속도가 $\vec{v}=5\vec{i}-6\vec{j}$ [m/s]로 변하였다. 가속되기 직전의 속도를 구하라.

07 1400m 상공에서 수평 방향으로 500km/h의 속력으로 쏜 물체가 지면에 도달할 때까지 걸린 시간과 수평 방향의 이동 거리를 구하라.

08 1000m 상공에서 수평 방향으로 30m/s로 공을 던졌을 때 4초 후의 공의 속도의 크기와 공의 운동 방향이 수평선과 이루는 각을 구하라.

09 그림과 같이 80m 높이에서 물체를 수평 방향으로 $v_0 = 30\mathrm{m/s}$의 속력으로 던졌을 때 물체가 바닥에 떨어질 때까지 걸린 시간과 수평 방향으로 날아간 거리(R)를 구하라.

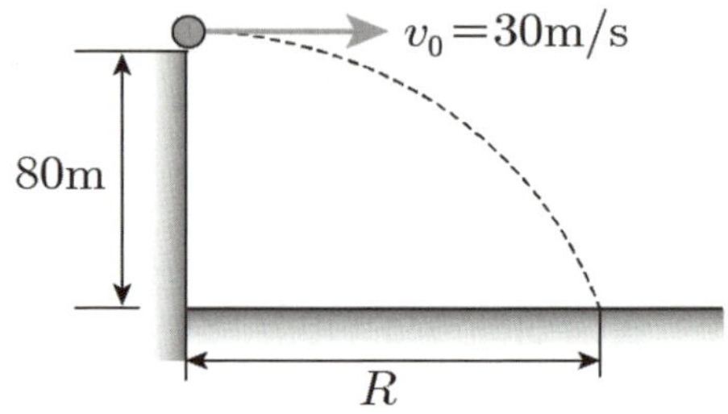

[문제 4.9]

10 처음 속도 48m/s, 수평선과 60°의 각도로 경사지게 위로 발사한 물체가 있다. 다음을 구하라.

(1) 2초 후의 물체의 높이와 수평 방향과 수직방향의 속도성분
(2) 6초 후의 물체의 높이와 수평 방향과 수직방향의 속도성분

11 처음 속도 80m/s, 수평선과 30°의 각도로 경사지게 위로 발사한 물체가 올라갈 수 있는 최고점의 높이와 지면에 떨어질 때까지 날아간 수평 거리를 구하라. 단, 지면의 고도는 일정하다.

12 야구 선수가 수평면에서 위로 20°의 각도로 공을 쳐서 공의 비거리가 140m 이상이 되게 하려면 공의 처음 속도가 얼마 이상이 되게 해야 하는가? 비거리는 공이 날아가서 지면에 떨어진 곳까지의 변위를 말하며, 운동장은 수평으로 만들어져 있다.

13 처음 속도 $v_0 = 40\mathrm{m/s}$로 비스듬히 쏘아 올린 물체가 5초 후에 지면에 떨어졌을 때 발사각 α(속도의 방향과 지면 사이의 각도)를 구하라.

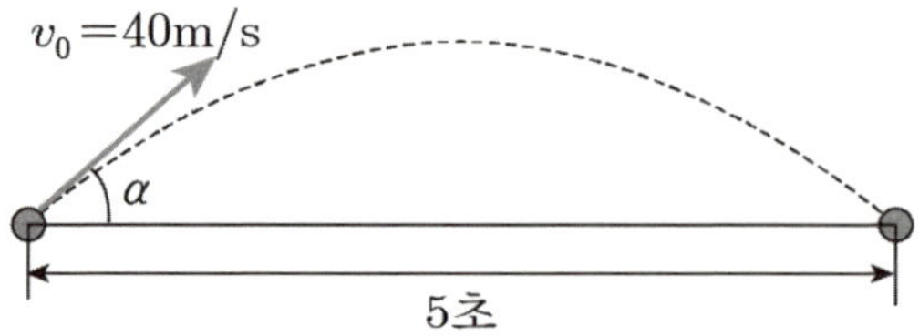

[문제 4.13]

14 바다 위의 군함에서 300m/s로 발사할 수 있는 포를 사용하여 포로부터 수평 거리 4km에 있는 적함을 타격하려 한다. 포신의 각도를 어떻게 조절해야 하는가? 단, 배는 모두 정지해 있고, 배의 높이와 공기 저항은 무시한다.

15 높이 H인 건물의 옥상에서 수평 방향으로 $v_0 = 10\text{m/s}$의 속력으로 물체를 던졌더니 수평 거리 $R = 40\text{m}$ 지점에서 지면에 떨어졌다. 물체가 지면에 떨어질 때까지 걸린 시간과 건물의 높이(H)를 구하라.

16 그림과 같이 물체 A가 수평면에 대하여 45° 방향으로 속력 v로 던져지는 순간에 물체 B가 건물 옥상에서 수평 방향으로 10m/s의 속력으로 던져진다. 물체 A와 B가 점 P에서 충돌할 때 속력 v를 구하라. 단, A와 B는 동일 연직면 상에서 운동하며, 공기 저항과 물체의 크기는 무시한다.

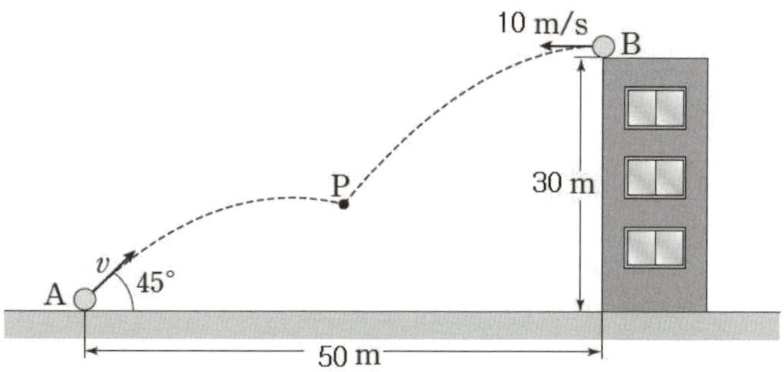

[문제 4.16]

17 그림과 같이 수평면상의 점 A에서 속력 v_0로 던져진 공이 점 B와 C를 지나 점 D까지 포물선 운동을 하였다. 여기에서 점 B는 공이 올라갈 수 있는 최고점이고 점 D는 A와 같은 수평면상에 있다. 다음을 구하라. 단, 중력가속도는 10m/s^2이고, 공기 저항과 공의 크기는 무시한다. (Hint: B점으로부터 v_{0y}를 구하고 C점으로부터 v_{0x}를 구한다.)

(1) 공의 속력 v_0

(2) 점 A에서 D까지 거리(R)

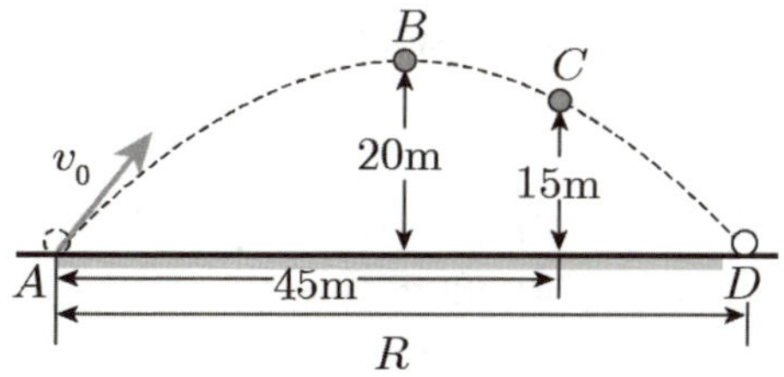

[문제 4.17]

18 어떤 물체를 던져 건물 A의 지붕에서 옆 건물 B의 지붕으로 보내려 한다. 그림과 같이 두 건물은 4m 떨어져 있고, 건물 A가 B보다 5m 더 높다. 수평으로 던져진 물체가 건물 B의 지붕에 도달하기 위한 최소속력[m/s]은? 단, 중력가속도는 $10\,\mathrm{m/s^2}$이고 공기저항은 무시한다. [공무원 임용시험]

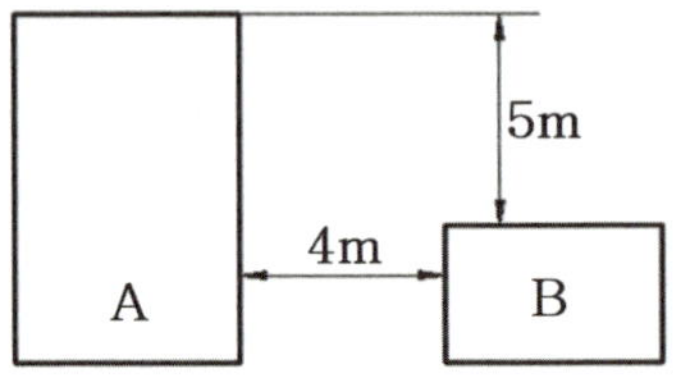

[문제 4.18]

① 3　　② 4　　③ 5　　④ 6

19 그림과 같이 공을 수평면으로부터 45° 위로 던졌더니 2초 후에 떨어졌다. 이 공이 수평으로 날아간 거리 L은 얼마인가? 단, 중력가속도는 $10\,\mathrm{m/s^2}$이고, 공기 저항과 공의 크기는 무시한다. [공무원 임용시험]

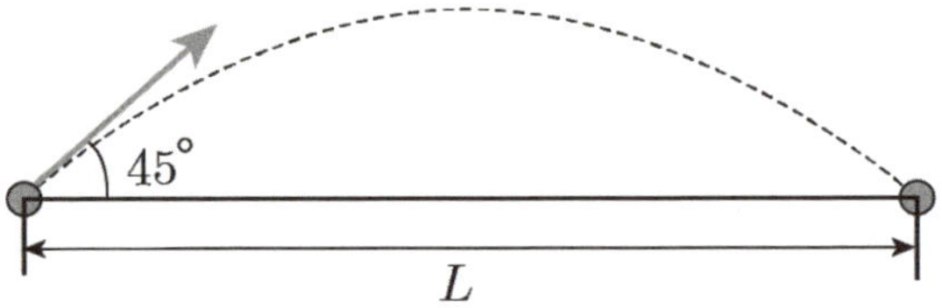

[문제 4.19]

① $5\sqrt{2}$ m　　② 10m　　③ $10\sqrt{2}$ m　　④ 20m

20 자동차 바퀴가 3000 rpm으로 회전하고 있다. 바퀴의 각속도[rad/s]와 회전축으로부터 20cm 떨어진 지점의 선속도[m/s]를 구하라.

21 일정한 각속도 10rad/s로 회전하고 있는 강체에서 회전축으로부터 80cm 떨어진 지점의 반경방향 가속도의 크기[$\mathrm{m/s^2}$]를 구하라.

22 일정한 속도로 회전하고 있는 강체에서 회전축으로부터 40cm 떨어진 지점의 반경방향 가속도의 크기가 $3.6\,\mathrm{m/s^2}$일 때 강체의 각속도를 구하라.

23 반지름 500mm의 원주를 4rad/s의 일정 각속도로 운동하고 있는 물체의 구심 가속도의 크기[m/s^2]를 구하라.

24 반지름 4m인 원형 레일 위를 120rpm으로 회전하는 바퀴의 구심 가속도의 크기[m/s^2]를 구하라.

25 모형 비행기가 반지름 5m의 원주 상에서 등속으로 회전하고 있다. 5초 동안에 10회전 하면 원운동의 속력은 몇 [m/s]인가?

26 인공위성이 지구 표면으로부터 640km 상공에서 98min의 주기로 원궤도를 돌고 있다. 인공위성의 속력[m/s]과 구심가속도[m/s^2]의 크기를 구하라. 지구 반지름은 $6.37\times10^6\text{m}$이다.

27 선풍기 날개가 1분 동안에 1200번 회전한다. 회전축으로부터 0.15m 떨어진 선풍기 날개의 한 점 A를 고려한다. 다음을 구하라. (1) 한 번 회전할 때마다 A 점이 지나가는 거리, (2) A 점의 속력, (3) A 점의 가속도 크기

28 자동차가 반지름이 25m인 커브 길을 시속 36km의 속력으로 돌고 있다. 자동차의 가속도의 크기는 얼마[m/s^2]인가?

29 (1) 평균속력 240km/h로 달리는 고속열차가 커브 길을 지나갈 때 승객이 받는 가속도의 크기가 $0.05g$(g는 중력가속도) 이하가 되게 한다. 커브 길에 설치된 열차 선로의 최소 곡률반경을 구하라. (2) 곡률반경이 1km인 인 커브 길을 지나갈 때 주어진 가속도 한계($0.05g$ 이하)에서 열차가 낼 수 있는 최대속력을 구하라.

30 물체가 반지름 r인 원을 따라 일정한 속력 v로 원운동한다. 이 물체의 운동에 대한 설명으로 옳은 것만을 모두 고르면? [공무원 임용시험]

ㄱ. 속도의 방향은 계속 변한다. ㄴ. 가속도의 크기는 v^2에 반비례한다. ㄷ. 가속도의 방향은 원의 중심을 향한다.

① ㄱ ② ㄴ ③ ㄱ, ㄷ ④ ㄴ, ㄷ

31 무중력 상태의 우주 공간에 반지름이 $1{,}000\mathrm{m}$인 자전거 바퀴 모양의 우주정거장이 있다. 이 우주정거장은 일정한 각속도로 회전하고 있으며, 그 회전축은 중심점 O에 있다. 회전 운동에 의해 거주 구역에서 느끼는 인공 중력의 가속도가 $10\mathrm{m/s^2}$일 때, 우주정거장이 회전하는 각속도[rad/s]는? (단, 거주 구역의 폭은 무시한다)

[공무원 임용시험]

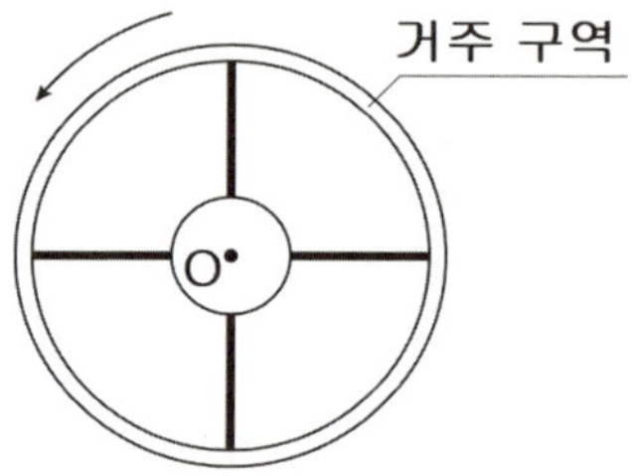

[문제 4.31]

① 10 ② 1 ③ 0.1 ④ 0.01

32 깡통을 $1\mathrm{m}$ 길이의 줄에 매달아 수평면상에서 2초에 한 바퀴씩 돌린다. 깡통이 등속 원운동을 한다고 할 때 깡통의 구심가속도의 크기는? (π는 원주율이다)

[공무원 임용시험]

① $1\mathrm{m/s^2}$ ② $2\pi\mathrm{m/s^2}$ ③ $\pi^2\mathrm{m/s^2}$ ④ $4\pi^2\mathrm{m/s^2}$

33 지표면에서 비스듬히 던진 물체가 포물선 운동을 할 때, 이 물체에 대한 설명으로 옳지 않은 것은? [공무원 임용시험]

① 물체가 받는 힘은 일정하다.
② 속도의 수평성분은 일정하다.
③ 가속도의 방향은 궤적의 접선 방향과 같다.
④ 속도의 연직성분은 시간에 따라 변한다.

34 그림과 같이 평평한 바닥에서 두 개의 공 A, B를 동시에 같은 속력으로, 공중에 발사한다. A는 바닥면과 $30°$ 방향으로, B는 바닥면과 $60°$ 방향으로 발사한다. 두 공의 운동에 대한 설명으로 가장 옳은 것은? (단, 공기 저항은 무시한다.)

[공무원 임용시험]

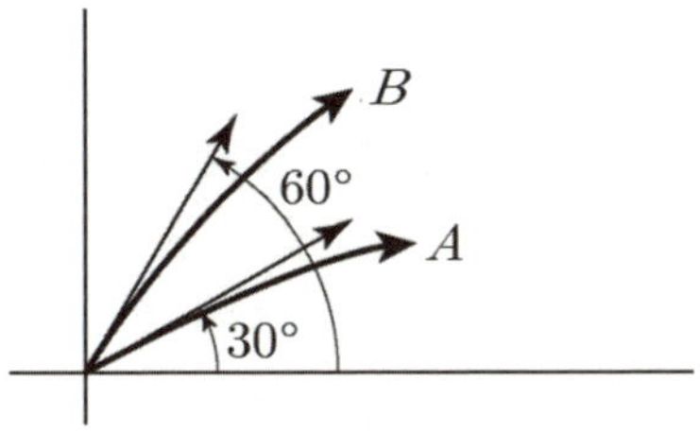

[문제 4.34]

① A가 더 높이 올라간다.
② B가 먼저 바닥에 떨어진다.
③ 바닥에 떨어지는 순간의 속력은 B가 더 크다.
④ 바닥에 떨어질 때까지 두 공의 수평 이동 거리는 같다.

35 그림과 같이 공을 수평면과 $30°$를 이루는 방향으로 초기속도 $2v_0$로 던졌다. 중력가속도를 g라 할 때 이 공의 운동에 대한 설명으로 옳은 것을 〈보기〉에서 모두 고르면? (단, 공기저항은 무시한다.)

[공무원 임용시험]

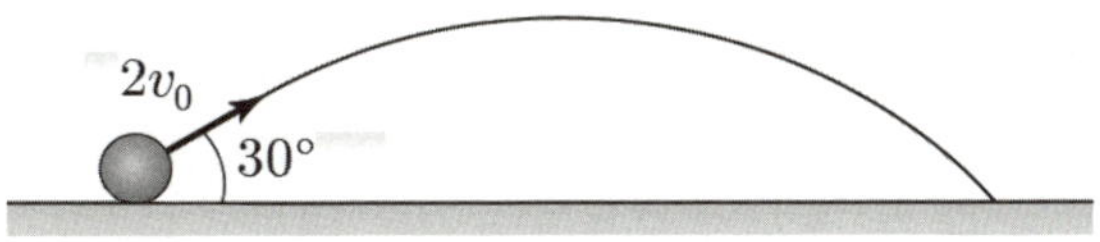

[문제 4.35]

ㄱ. 지면에 도달할 때까지 걸린 시간은 $\dfrac{2v_0}{g}$이다.
ㄴ. 최고점까지의 높이는 $\dfrac{v_0^2}{g}$이다.
ㄷ. 수평 방향의 도달 거리는 $2\sqrt{3}\dfrac{v_0^2}{g}$이다

① ㄱ　② ㄴ　③ ㄱ, ㄷ　④ ㄴ, ㄷ

36 우주정거장이 지구 중심으로부터 반지름이 7000km인 원 궤도를 7.0km/s의 등속력 v로 돌고 있다. 우주정거장의 질량은 200톤이다. 우주정거장의 가속도는?

[공무원 임용시험]

① $0.007\mathrm{m/s^2}$ ② $\frac{1}{7}\mathrm{m/s^2}$ ③ $1.0\mathrm{m/s^2}$ ④ $7.0\mathrm{m/s^2}$

37 두 개의 물체 A, B가 수평면에서 줄에 매달려 각각 등속 원운동을 하고 있다. 물체 A에 의한 원 궤적 반지름은 물체 B에 의한 원 궤적 반지름의 절반이고, 물체 A가 원을 한 바퀴 도는 데 걸리는 시간은 물체 B가 원을 한 바퀴 도는 데 걸리는 시간의 2배이다. 물체 A의 속력을 v_A, 물체 B의 속력을 v_B라 할 때, $\frac{v_B}{v_A}$의 값은?

[공무원 임용시험]

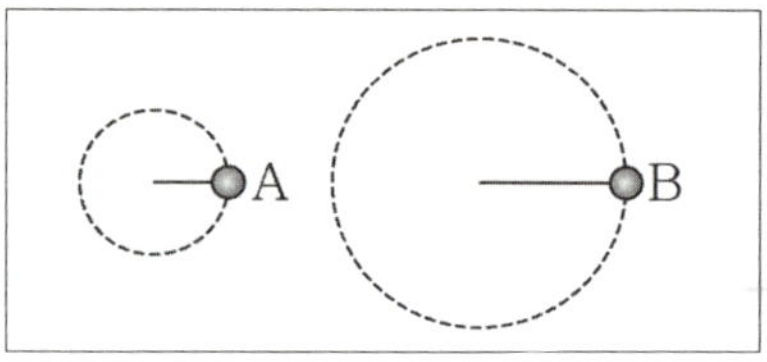

[문제 4.37]

① $\frac{1}{2}$ ② 2 ③ 4 ④ 8

38 그림에서 물체 A는 수평면과 $60°$의 각을 이루며 $10\sqrt{2}$ m/s의 속력으로, B는 수평면과 $45°$의 각을 이루며 $10\sqrt{3}$ m/s의 속력으로 A와 동시에 던져진다. A가 최고점에 도달했을 때 두 물체가 충돌하는 경우 던져진 순간부터 충돌할 때까지 B의 변위의 수평방향 성분을 구하라. 단, 중력가속도는 $10\mathrm{m/s^2}$이고, 공기 저항과 물체의 크기는 무시한다.

[공무원 임용시험]

[문제 4.38]

39 물체 A를 수평방향으로 v_0의 속력으로 발사하는 것과 동시에 같은 고도에 있는 물체 B를 자유낙하 시킨다. B의 연직 아래에 있는 어떤 점 P에서 두 물체가 충돌할 수 있는가를 검토하라. 두 물체는 동일 평면에서 운동하고, 공기 저항은 무시한다. (Hint: 중력장에서 수평방향 운동과 연직방향 운동에 대한 이해)

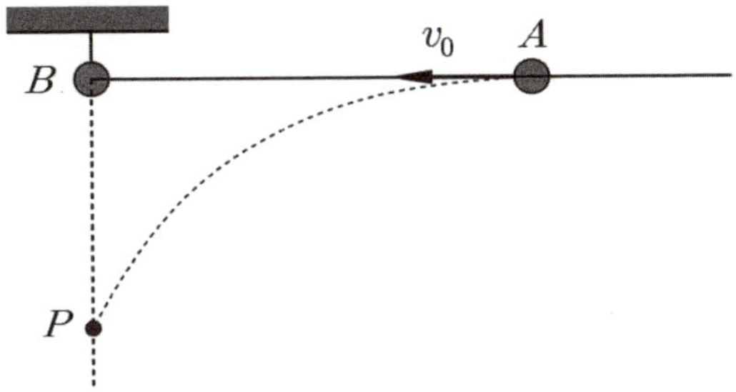

[문제 4.39]

40 그림과 같이 지면으로부터 높이가 60m인 곳에서 수평선과 $\theta = 30°$의 각도를 이루는 방향으로 $v_0 = 40\text{m/s}$의 속력으로 공을 비스듬히 쏘아 올렸다. 공기 저항을 무시하고 중력가속도는 10m/s^2일 때 다음을 구하라. (Hint: 그림의 좌표계를 사용하고 속도와 거리를 x, y 성분으로 분해하여 해석한다.)

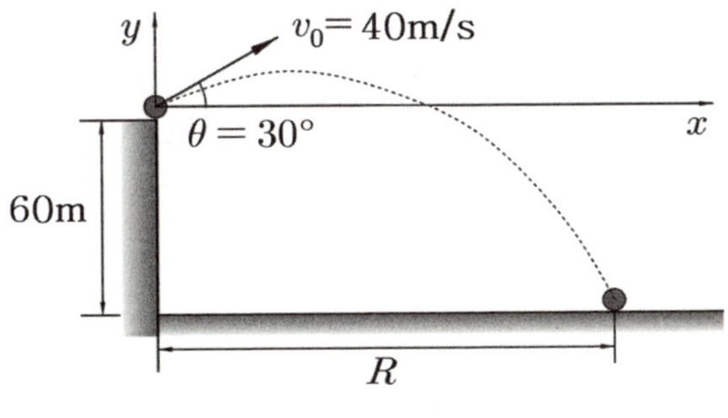

[문제 4.40]

(1) 공이 최고점에 도달할 때까지 걸리는 시간과 발사점으로부터 최고점까지 높이

(2) 공이 지면에 떨어질 때까지 걸리는 시간과 발사 지점으로부터 낙하지점까지 수평 거리(R)

제5장

힘과 운동(I)

5.1 힘의 개념

물체의 모양이나 운동 상태를 변하게 하는 원인이 되는 물리량을 힘이라 한다. 즉, 힘은 물체를 변형시키거나 물체의 가속도를 발생시킨다.

1 알짜힘

한 물체에 여러 힘이 동시에 작용할 때 여러 힘을 합한 것과 같은 효과를 내는 하나의 힘을 알짜힘(순 힘, net force)이라 한다.

($\text{알짜힘} = \overrightarrow{F}_{net} = 0$)인 경우 운동 상태가 변하지 않는다. 즉, 정지 상태인 물체는 정지 상태를 유지하고, 운동 중인 물체는 운동 상태를 유지한다.

($\text{알짜힘} = \overrightarrow{F}_{net} \neq 0$)이면 물체의 운동 상태가 변하거나 형태가 변한다. 알짜힘이 운동방향으로 작용하면 속력이 증가하고, 운동방향과 반대 방향으로 작용하면 속력이 감소한다.

두 개 이상의 힘이 하나의 물체에 작용할 때, 물체에 작용하는 알짜힘은 각각의 힘을 벡터적으로 더하여 얻을 수 있다($\overrightarrow{F}_{net} = \sum \overrightarrow{F}$).

2 힘의 3요소

힘의 효과는 물체에 작용하는 힘의 크기, 방향, 작용점에 의해 결정되는데 이들을 힘의 3요소라 한다.

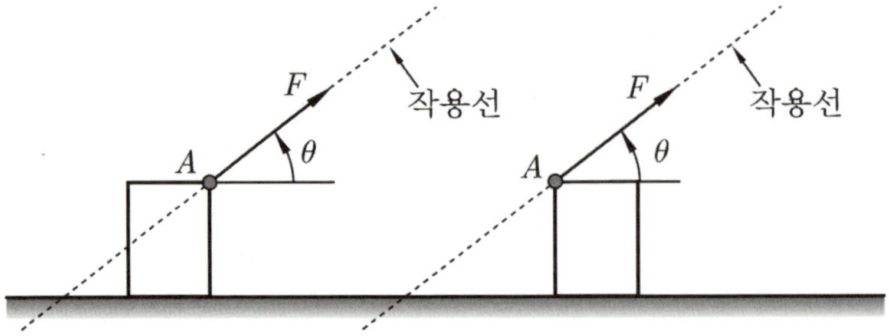

[그림 5.1] 힘의 3요소

힘은 [그림 5.1]과 같이 화살표를 이용하여 나타내면 편리하다. 여기에서 물체에 작용하는 힘의 효과는 힘의 크기(F)와 방향(θ)뿐만 아니라 힘이 작용하는 점(A)의 위치에 따라서도 달라진다. 그리고 힘의 방향을 나타내는 화살표의 연장선을 작용선이라 한다.

3 자유물체도

물체에 작용하는 힘과 이에 따른 물체의 운동을 해석하기 위해서는 그 물체에 작용하는 알짜힘을 알아야 한다. 이때 알짜힘을 찾아내는 좋은 도구는 자유물체도(free body diagram, FBD)이다. '자유물체도는 그 물체에 작용하는 모든 힘(외력)이 표시된 그림을 말하며 역학에서 가장 기본적인 그림이다'라고 할 수 있다. 자유물체도를 그리는 방법은 다음과 같다.

(1) 먼저 물체의 개략적인 모양을 그린다. 이때 물체의 모양을 아주 잘 그릴 필요는 없다. 간단한 선이나 원, 점 등으로써 표현하면 된다.

(2) 물체에 작용하는 모든 힘(강제로 물체에 가한 힘, 접촉력, 중력, 전기력, 자기력 등)을 나타낸다. 역학에서는 주로 물체에 강제로 가한 힘과 중력(물체의 무게 mg) 및 그 물체와 다른 물체와의 접촉력(반력)이 주된 힘이 된다.

(3) 벡터 화살표로서 물체에 작용하는 모든 힘들의 방향을 표시한다.

(4) 힘의 크기나 힘이 작용하는 점의 위치를 나타내는 치수 등 주어진 수치적인 정보를 나타낸다.

[자유물체도 예] 수평면 위에 놓여 있는 물체와 줄에 매달려 있는 물체

수평면 위에 정지해 있는 질량 m의 블록에 [그림 5.2]의 (a)와 같이 일정한 힘 P를 가했을 때 블록의 운동을 조사하기 위한 자유물체도는 (b)와 같다. 여기에서 $mg(\downarrow)$는 블록의 무게이고, 블록이 수평면으로부터 받는 수직반력은 $N(\uparrow)$이며, f는 블록과 수평면 사이의 마찰력이다.

만일 물체가 마찰이 없는 매끄러운 수평면 위에 놓여 있다면 마찰력 $f=0$이고, 물체 무게와 수직반력을 고려하지 않아도 된다. 여기(5장)에서는 마찰력이 없는 경우를 다루므로 물체 무게와 수직반력을 도시하지 않았다.

그리고 (c)는 질량 m의 블록이 유연한 케이블(줄)에 매달려 있을 때 블록에 대한 자유물체도이다. T는 케이블에 작용하는 장력이다. 중력에 의한 물체의 무게(mg)는 항상 연직 아래 방향($\downarrow$)으로 작용한다.

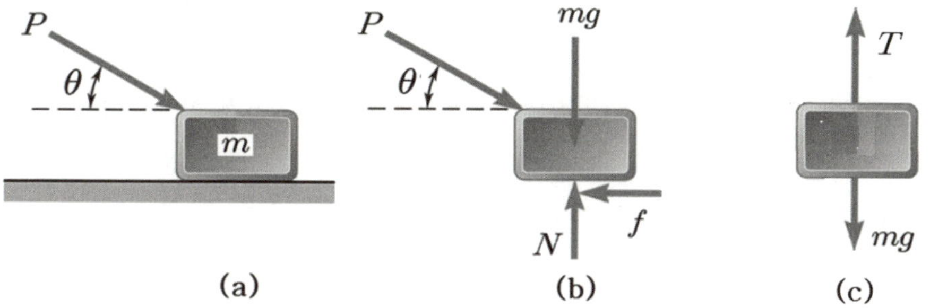

[그림 5.2] (a), (b) 수평면 위에 놓여있는 블록 (c) 줄에 매달린 블록

5.2 뉴턴의 제1법칙

물체는 운동 상태를 변화시키려는 외부로부터 힘이 작용하지 않으면, 등속도 운동을 하는 물체는 등속도 운동을 계속하고 정지해 있는 물체는 계속 정지해 있다. 이와 같은 것을 기술하는 다음 법칙을 뉴턴의 제1법칙(운동 제1법칙)이라 한다.

- 물체에 힘이 작용하지 않으면 물체의 속도는 변하지 않는다. 즉, 물체는 가속되지 않는다.
- 물체에 작용하는 알짜힘이 0($\sum \vec{F} = 0$)이면 물체의 속도는 변하지 않는다.

물체가 현재의 운동 상태를 유지하려는 성질을 관성이라 하며, 뉴턴의 제1법칙을 **'관성의 법칙(관성 법칙)'**이라고도 한다.

5.3 뉴턴의 제2법칙

뉴턴의 제1법칙은 물체가 힘을 받지 않을 때 물체에 어떤 일이 일어나는가를 설명한다. 이때 물체는 정지 상태를 유지하거나 일정한 속도로 직선운동을 한다. 이에 반해 뉴턴의 제2법칙(운동 제2법칙)은 물체에 하나 혹은 여러 힘이 작용할 때 어떤 일이 일어나는가를 설명한다. 물체에 $\sum \vec{F}$의 힘이 작용할 때 뉴턴의 제2법칙은 다음과 같이 기술된다.

- 물체에 작용하는 힘은 물체의 질량과 가속도의 곱과 같다.
- 물체의 가속도는 그 물체에 작용하는 알짜힘($\sum \vec{F}$)에 비례하고 물체의 질량에 반비례한다.

이를 수식으로 나타내면 다음과 같다.

$$\sum \vec{F} = m\vec{a} \qquad \cdots\cdots (5.1)$$

수식으로 표현된 뉴턴의 제2법칙에서 물체의 가속도는 물체에 작용하는 알짜힘(순 힘, net force) $\vec{F}_{net} = \sum \vec{F}$에 기인하고 있음을 알 수 있다. 알짜힘은 물체에 작용하는 모든 힘의 벡터 합이다. 물체는 여러 가지 힘을 받을 수 있지만 물체의 가속도($\vec{a}$)는 단 하나이다. 물체의 운동을 다루므로 뉴턴의 제2법칙을 '뉴턴 운동법칙'이라고도 한다.

알짜힘 $\vec{F}_{net}$의 방향과 가속도 $\vec{a}$의 방향은 같다[그림 5.3].

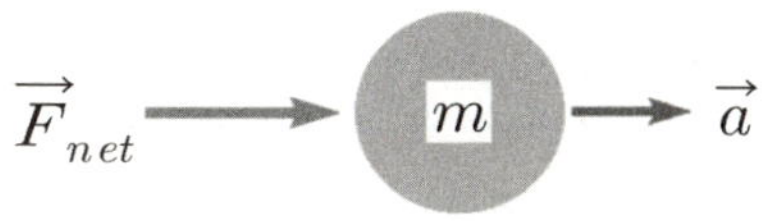

[그림 5.3] 힘과 가속도의 방향

직각좌표계에서 식 (5.1)의 벡터 식을 세 개의 성분에 대한 식으로 나타내면 다음과 같다.

$$\sum F_x = ma_x, \quad \sum F_y = ma_y, \quad \sum F_z = ma_z \quad \cdots\cdots (5.2)$$

여기에서 a_x, a_y, a_z는 각각 x, y, z 방향의 가속도 성분을 나타낸다. 특히 일차원인 경우 스칼라 형태로 나타낼 때 물체에 작용하는 외력의 합을 F라 하면 뉴턴의 제2법칙은

$$F = ma \quad \cdots\cdots (5.3)$$

가 된다. 여기에서 $a \propto F$, $a \propto \frac{1}{m}$임을 알 수 있으며 이 식을 '가속도의 법칙(가속도 법칙)'이라고도 한다. 식 (5.3)으로부터 다음을 알 수 있다.

운동할 수 있는 물체에 힘을 가하면 물체의 운동 상태가 변하게 된다. 이때 가하는 힘의 크기가 크면 속도가 빨리 변하고, 작으면 천천히 변한다. 반면 일정한 힘을 가할 때 물체의 질량이 크면 속도가 서서히 변하고 작으면 빨리 변한다.

SI 단위계에서 힘의 단위는 뉴턴[N]이며 이것은 다음과 같이 정의된다.

$$1\text{N} = 1\text{kg} \cdot \text{m/s}^2$$

즉, 1kg 의 물체에 $1\mathrm{m/s^2}$의 가속도를 내게 하는 힘을 1N이라 한다.

CGS 단위계에서는 1g 의 물체에 $1\mathrm{cm/s^2}$의 가속도를 일으키는 힘을 1 dyne이라 한다.

$$1\mathrm{dyne} = 1\mathrm{g} \cdot \mathrm{cm/s^2}$$

[예제 5.1] 40,000 dyne의 힘은 몇 N인가?

풀이 $1\mathrm{kg} = 10^3\mathrm{g}$, $1\mathrm{m} = 10^2\mathrm{cm}$ 이므로 N과 dyne의 정의에 의해

$$1\mathrm{N} = 1\mathrm{kg} \cdot \mathrm{m/s^2} = 10^3\mathrm{g} \cdot 10^2\mathrm{cm/s^2}$$
$$= 10^5\mathrm{g} \cdot \mathrm{cm/s^2} = 10^5\mathrm{dyne}$$
$$\therefore\ 1\mathrm{dyne} = 10^{-5}\mathrm{N}$$

이다. 따라서

$$40{,}000\,\mathrm{dyne} = 40{,}000 \times 10^{-5}\mathrm{N} = 0.4\mathrm{N}$$

이다.

[예제 5.2] 그림과 같이 매끄러운(마찰 없는) 수평면에서 질량 4kg의 물체에 수평 방향으로 12N의 일정한 힘을 가하면 물체의 가속도 크기는 몇 $\mathrm{m/s^2}$가 되는가?

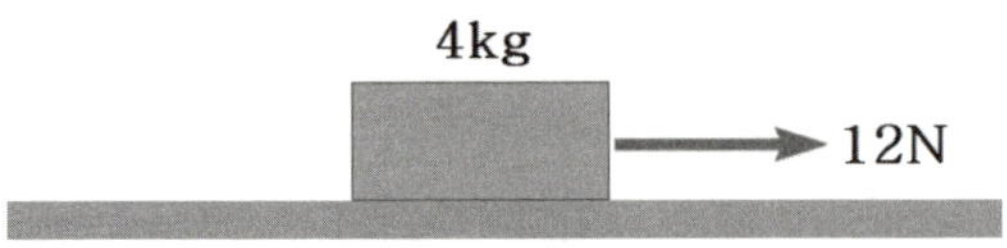

[그림 5.4]

풀이 운동 제2법칙 $F = ma$로부터 가속도 크기(a)는 다음과 같다.

$$a = \frac{F}{m} = \frac{12\text{N}}{4\,\text{kg}} = 3\frac{\text{N}}{\text{kg}}$$

$$= 3\left(\text{kg} \cdot \frac{\text{m}}{\text{s}^2}\right) \times \frac{1}{\text{kg}} = 3\,[\text{m/s}^2]$$

[예제 5.3] 정지해 있는 질량 100kg의 물체에 일정한 힘이 작용하여 4초 후에 물체의 속력이 8m/s가 되었다. 물체가 받은 힘(F)을 구하라.

풀이 처음속도 $v_1 = 0$이고, 4초 후의 속도 $v_2 = 8\text{m/s}$이다.

$$F = ma = m\frac{v_2 - v_1}{\Delta t} = 100\text{kg} \times \frac{(8-0)\text{m/s}}{4\,\text{s}}$$

$$= 200\left[\text{kg} \cdot \frac{\text{m}}{\text{s}^2}\right] = 200\,[\text{N}]$$

[예제 5.4] 질량 $m = 40\text{kg}$의 물체가 $v_0 = 30\text{m/s}$의 속도로 직선 운동을 하고 있다. 운동방향과 반대 방향으로 120N의 일정한 힘을 물체에 가하면 몇 초 후에 물체가 정지하는가?

풀이 처음 속도 $v_0 = 30\text{m/s}$의 방향을 양(+)으로 잡으면 물체에 작용하는 힘 120N의 방향은 음(−)이다. 따라서 $F = ma$에서 가속도는

$$a = \frac{F}{m} = \frac{(-120\text{N})}{40\text{kg}} = -3\,[\text{m/s}^2]$$

이므로 정지($v = 0$)하는데 걸리는 시간 t는 다음과 같다.

$$v = v_0 + at$$

$$0 = v_0 + at$$

$$\therefore\ t = -\frac{v_0}{a} = -\frac{30\text{m/s}}{(-3\text{m/s}^2)} = 10\,[\text{s}]$$

[예제 5.5] 매끄러운 수평면 위에 놓인 질량 m의 물체가 그림과 같이 두 힘 F_1과 F_2를 받고 있다. $m = 10$kg, $F_1 = 200\text{N}$, $F_2 = 70\text{N}$, $\theta = 60°$일 때 물체의 수평 방향 가속도(a)의 크기[m/s^2]를 구하라.

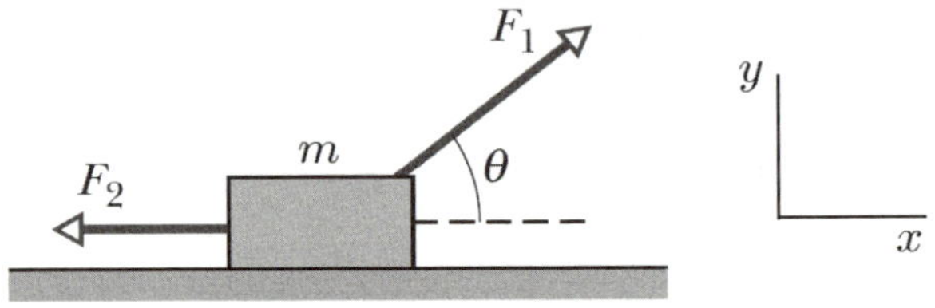

[그림 5.5]

풀이 오른쪽($+x$)을 가속도의 양(+)의 방향으로 가정하고 x방향에 대하여 운동 제2법칙을 적용하여 물체의 수평 방향 가속도(a)의 크기[m/s^2]를 구한다.

$$(+\rightarrow) \sum F_x = ma_x = ma; \; F_1 \cos\theta - F_2 = ma$$

$$200\cos 60° - 70 = 10a$$

$$a = \frac{1}{10}(200\cos 60° - 70) = 3[\text{m/s}^2]$$

여기에서 $a > 0$이므로 가정한 것과 같이 물체는 오른쪽으로 3m/s^2으로 가속된다. 만약 $F_1 \cos\theta - F_2 < 0$이면 $a < 0$이고 가정한 것과 반대방향, 즉, 왼쪽으로 가속된다.

5.4 뉴턴의 제3법칙

두 물체 사이의 상호 작용이란 서로 힘을 작용하여 밀거나 끄는 것을 말한다. 예를 들어 두 물체 A와 B가 서로 접촉하고 있으면 두 물체는 상호 작용을 하고 있다. 이와 같은 경우에 두 물체 사이에 발생하는 힘을 설명하는 뉴턴의 제3법칙(운동 제3법칙)은 다음과 같이 기술된다.

- 물체 A가 B에게 힘을 가하면 B는 작용선과 크기가 같고 방향이 반대인 힘을 A에게 가한다.
- 두 물체가 상호작용하는 경우에 각각의 물체가 서로 작용하는 힘은 항상 크기가 같고 방향이 반대이다.

뉴턴의 제3법칙은 물체들 사이의 힘들에 관한 것이다. 배를 타고 벽을 밀면 배는 벽으로부터 반대 방향의 힘을 받아서 뒤로 밀리게 된다. 실험에 의하면 물체 A가 물체 B에 힘을 가하면 B도 A에 힘을 가한다. 이 두 힘은 크기가 같고 방향이 반대이다. 이때 한쪽 힘을 작용, 다른 쪽을 반작용이라고 하며 제 3법칙을 **'작용 반작용 법칙(작용과 반작용의 법칙)'**이라고도 한다. 작용과 반작용은 두 물체 사이에 작용하는 상호 작용력이다. 따라서 제3법칙에 나타나는 한 쌍의 힘들은 다른 물체에 작용한다는 것을 유념해야 한다. 이와 같은 개념은 특히 큰 물체를 여러 물체로 분리하여 분리된 물체에 대한 자유물체도를 그릴 때 중요하다. 예를 들어 한 물체를 두 물체 A와 B로 분리할 때 A가 B에게 가하는 힘이 $\vec{F}$이면 크기가 같고 방향이 반대인 힘 $-\vec{F}$를 같은 작용선상에서 B가 A에게 가하게 된다.

[예제 5.6] [작용 반작용 법칙] 그림의 (a)와 같이 마찰이 없는 수평면 위에 질량이 m, M인 두 물체 A, B를 접촉시켜놓고 수평 방향으로 P의 힘으로 밀어주었다. 두 물체의 가속도와 A와 B 사이에 작용하는 힘을 구하라.

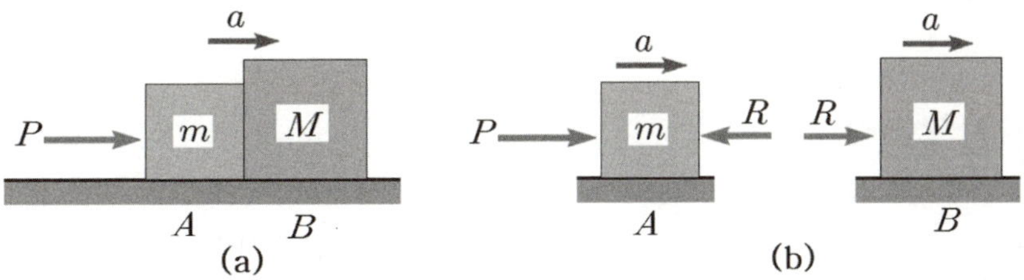

[그림 5.6]

풀이 두 물체 A와 B 사이에 작용하는 힘을 R로 하고 각 물체에 작용하는 수평

방향 힘을 도시하면 그림의 (b)와 같다. 여기에서 물체 A는 B를 R의 힘으로 오른쪽으로(→) 밀어주며 A와 B 사이에 작용하는 힘은 작용 반작용의 법칙에 따라 크기가 같고 방향이 반대이다.
그림 (b)에서 질량 m인 A의 물체에 운동 제2법칙을 적용하면

$$(+\rightarrow)\sum F = ma:\ P - R = ma \quad \cdots\cdots ①$$

이고, 질량 M인 B의 물체에 운동 제2법칙을 적용하면

$$(+\rightarrow)\sum F = Ma:\ R = Ma \quad \cdots\cdots ②$$

이다. 여기에서 ①+②를 하면 다음과 같이 가속도(a)가 구해진다.

$$P = ma + Ma$$
$$P = (m + M)a$$
$$\therefore\ a = \frac{P}{m+M} \quad \cdots\cdots ③$$

그리고 식 ③을 ②에 대입하면 A와 B 사이에 작용하는 힘(R)은 다음과 같다.

$$R = Ma = \frac{MP}{m+M} \quad \cdots\cdots ④$$

5.5 여러 가지 힘

1 만유인력

질량이 있는 두 물체 사이에 서로 끌어당기는 힘을 만유인력이라 한다. 만유인력(F)은 두 물체의 질량(m_1, m_2)의 곱에 비례하고, 두 물체 사이의 거리(r)의 제곱에 반비례한다.

$$F = G\frac{m_1 m_2}{r^2} \quad \cdots\cdots (5.4)$$

만유인력 상수 $G = 6.673 \times 10^{-11}\,[\mathrm{m^3/s^2 \cdot kg}]$이다.

2 중력과 무게

지구와 지구 위의 물체 사이에 작용하는 만유인력을 중력이라 한다. 그런데 물체에 비해 지구의 질량이 아주 크므로 지구가 물체를 끌어당기게 된다. 즉, 지구가 물체에 작용하는 이 인력이 중력($\overrightarrow{F_g}$)이다. 따라서 중력은 지구 중심을 향하고 이 힘의 크기를 무게라 한다.

자유낙하 하는 물체는 지구 중심 방향으로 중력가속도 $\vec{g}$로 가속된다. 따라서 자유낙하 하는 질량 m인 물체에 뉴턴의 제2법칙 $\sum\vec{F} = m\vec{a}$를 적용하면 $\vec{a} = \vec{g}$이고 $\sum\vec{F} = \overrightarrow{F_g}$이므로

$$\overrightarrow{F_g} = m\vec{g}$$

를 얻는다. 따라서 중력 $\overrightarrow{F_g}$의 크기로 정의된 물체의 무게(W)는 mg와 같다.

$$F_g = mg \quad \text{(중력의 크기)} \quad \cdots\cdots (5.5)$$

$$W = mg \quad \text{(물체 무게)} \quad \cdots\cdots (5.6)$$

여기에서 중력은 질량과 중력가속도의 곱(mg)으로 표현된다. 무게는 중력가속도(g)에 의존하므로 지리적인 위치에 따라 달라진다. g의 값은 지구 중심으로부터 멀어질수록 작아지기 때문에 고도가 높아질수록 물체의 무게는 작아진다.

중력단위계에서 질량 1kg의 무게를 1kgf라 한다. 물체의 무게 $W = mg$이므로

$$1\mathrm{kgf} = 1\mathrm{kg} \times (9.8\mathrm{m/s^2}) = 9.8\,\mathrm{kg \cdot m/s^2} = 9.8\,\mathrm{N}$$

이다.

[예제 5.7] 49kN의 힘은 몇 kgf인가? 또, 4000kgf의 힘은 몇 kN인가?

풀이
- $49\text{kN} = 49 \times 1000\,\text{N} = 49 \times 1000 \times \dfrac{1}{9.8}\,\text{kgf} = 5000\,\text{kgf}$
- $4000\text{kgf} = 4000 \times 9.8\,\text{N} = 39,200\text{N} = 39.2\,\text{kN}$

3 반력(수직 힘)

두 물체 A와 B가 접촉하여 A가 B를 누르면 작용과 반작용의 법칙에 따라 B는 A를 같은 힘으로 밀어내게 된다. 이와 같은 힘을 접촉점에서의 반력이라 한다. [그림 5.7(a)]와 같이 지면에 물체가 놓여있는 경우 지면 B에는 물체의 무게

$$W = mg \quad \cdots\cdots (5.7)$$

에 의한 힘이 아래 방향(↓)으로 작용한다[그림 5.7(b)]. 이때 [그림 5.7(c)]와 같이 물체 A의 바닥에는 작용과 반작용의 법칙에 따라 지면 B에 의해

$$N = mg \quad \cdots\cdots (5.8)$$

의 힘이 위 방향(↑)으로 작용하게 된다. 여기에서 A가 지면으로부터 받는 힘 N을 반력이라 한다.

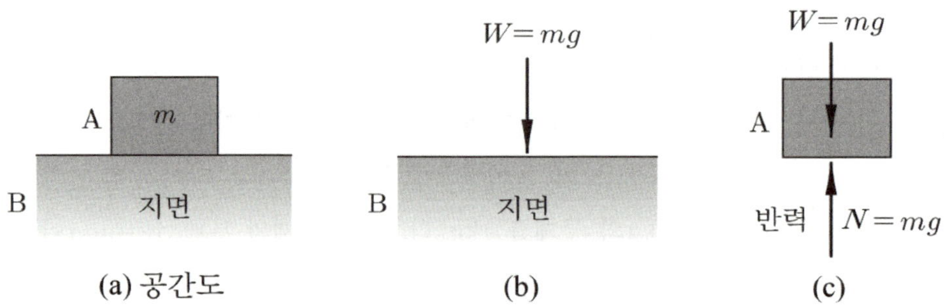

[그림 5.7]

중력에 의한 반력은 항상 접촉면에 수직으로 작용하므로 [그림 5.7(c)]와 같은 반력을 수직 힘이라고도 한다. 수직 힘($\overrightarrow{N}$)은 다음과 같이 기술된다.

• 물체가 다른 표면을 누르면 표면은 변형되면서(비록 단단한 물질이라도) 표면에 직각인 수직 힘 $\overrightarrow{N}$으로 물체를 밀어 낸다.

사람이 지면 위에 서 있을 때 지구가 사람을 지구 중심으로 잡아당기더라도 사람은 움직이지 않는다. 왜냐하면 지면이 사람을 떠받치기 때문이다. 이때 지면이 사람을 밀어 올리는 힘을 수직 힘이라 한다. 수직 힘은 지면과 직각을 이룬다.

4 마찰력

지면에서 물체를 밀어보면 물체와 지면 사이의 접촉 때문에 저항력을 받는다는 것을 알 수 있다. 이러한 저항력을 마찰력이라 하며 일반적으로 $\vec{f}$로 표시한다. 마찰력은 표면 위에서 언제나 물체의 운동 방향과 반대 방향으로 작용한다. 즉, 마찰은 두 물체의 접촉면 사이에서 물체의 운동을 방해하는 현상이며 이때 발생하는 힘을 마찰력이라 한다.

때로는 문제를 단순화하기 위해 혹은 마찰력이 다른 힘에 비해 상대적으로 작은 경우, 마찰력을 무시하거나 마찰이 없다고 가정하기도 한다. 여기(5장)에서는 마찰력이 없는 경우를 다루고, 마찰력이 있는 경우는 6장에서 다루도록 한다.

5 탄성력

(1) 탄성력: 힘을 가하여 물체를 변형시켰을 때 물체가 본래 상태로 되돌아가려는 힘을 탄성력이라 한다.

(2) 용수철: 용수철(스프링)은 변형된 길이와 힘의 크기가 비례하는 선형 용수철과 그렇지 않은 비선형 용수철이 있다. 용수철의 길이가 늘어나면 줄어들려는 방향으로 힘이 생기고, 용수철이 압축되면 늘어나려는 방향으로 힘이 발생한다.

(3) 훅의 법칙(Hook's law): x 축을 용수철의 길이 방향과 평행하게 잡고, 평형 상태의 위치를 원점($x=0$)으로 잡으면 용수철에 작용하는 힘은

$$F = -kx \qquad \cdots\cdots (5.9)$$

이다. 이 식에서 음의 부호는 변위 x와 복원력 F의 방향이 반대라는 것을 나타내고, k를 용수철상수(스프링상수) 또는 탄성계수(강성계수)라 한다. k의 SI 단위는 N/m 이다.

6 줄의 장력

물체에 연결된 줄을 잡아당기면 줄은 물체에서 멀어지는 방향으로 물체를 잡아당긴다. 이때 줄이 팽팽한 긴장 상태에 있기 때문에 이와 같은 힘을 장력이라 한다. 줄의 장력은 물체에 작용하는 힘의 크기와 같고, 언제나 물체에서 멀어지는 방향으로 작용한다.

[그림 5.8]의 (a)에서 물체에 연결된 줄의 질량을 무시하면 줄은 물체와 손을 장력 T로 당긴다. 이때 '**물체와 손에 작용하는 장력은 크기가 같고 방향이 반대이다.**' 마찰력이 없는 도르래를 감고 있는 줄의 경우도 마찬가지이다.

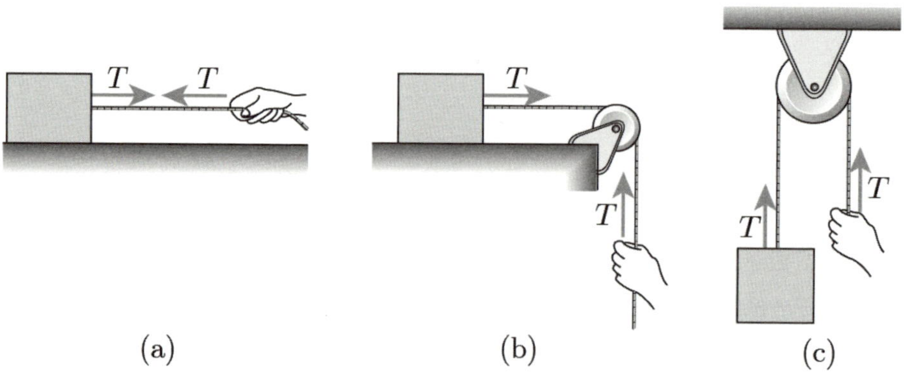

[그림 5.8] 줄의 장력

[예제 5.8] [장력] 유연한 케이블에 매달려 있는 질량 $m = 800\text{kg}$의 승강기가 케이블에 끌려 연직 위쪽으로 $a = 1.2\,\text{m/s}^2(\uparrow)$의 일정한 가속도로 올라가고 있다. 케이블의 무게를 무시할 때 케이블에 걸리는 장력을 구하라.

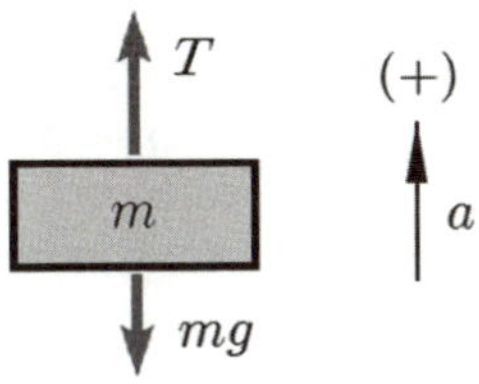

[그림 5.9]

풀이 승강기에 작용하는 외력은 케이블의 장력(T)과 승강기의 무게($W = mg$)이다. 승강기는 직선 운동을 하므로 가속도의 방향과 같은 방향(위쪽)을 양(+)으로 잡고 운동 제2법칙을 적용하면 장력(T)이 구해진다.

$$(+\uparrow)\sum F = ma: \quad T - mg = ma$$
$$T = m(a+g) = 800(1.2+9.8) = 8800\ [\text{N}]$$

[Note] 승강기가 아래쪽으로 $a = 1.2\,\text{m/s}^2(\downarrow)$의 일정한 가속도로 내려가면 줄에 작용하는 장력(T)은 다음과 같다.

$$mg - T = ma$$
$$T = m(g-a) = 800(9.8-1.2) = 6880\ [\text{N}]$$

[예제 5.9] [장력과 작용 반작용 법칙] [그림 5.10]의 (a)와 같이 마찰이 없는 수평면 위에서 질량 $m = 2\text{kg}$과 $M = 3\text{kg}$의 두 물체를 줄로 연결하여 수평 방향으로 $P = 40\,\text{N}$의 힘으로 끌었다. 두 물체를 연결하는 줄에 걸리는 장력과 물체의 가속도를 구하라. 줄의 무게는 무시한다.

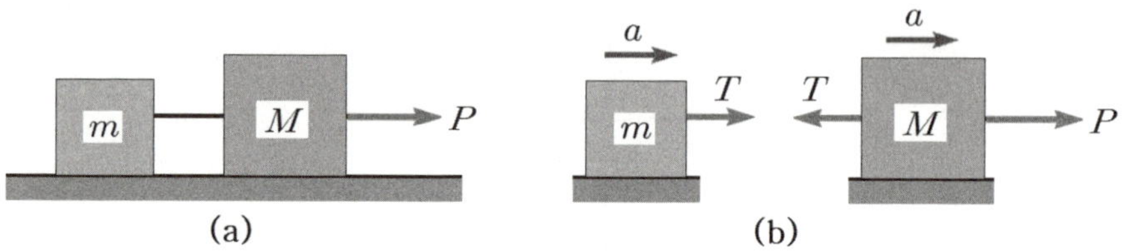

[그림 5.10]

풀이 줄에 걸리는 장력을 T, 가속도를 a로 놓고 그림 (b)와 같이 각각의 물체에 작용하는 수평방향 힘을 도시하여 문제를 해석한다. 줄에는 인장력이 작용하며 작용과 반작용의 법칙에 따라 크기가 같고 방향이 반대인 인장력이 두 물체에 각각 작용한다.

그림 (b)에서 질량 m의 물체에 뉴턴의 제2법칙을 적용하면

$$(+\rightarrow)\sum F = ma \;:\; T = ma \quad \cdots\cdots ①$$

이고, 질량 M의 물체에 뉴턴의 제2법칙을 적용하면

$$(+\rightarrow)\sum F = Ma \;:\; P - T = Ma \quad \cdots\cdots ②$$

이다. ①+②를 하면

$$P = ma + Ma$$

$$\therefore\; a = \frac{P}{M+m} \quad \cdots\cdots ③$$

이고, 식 ③을 ①에 대입하면 줄에 걸리는 장력은

$$T = \frac{mP}{M+m} \quad \cdots\cdots ④$$

이다. 식 ③, ④로부터 $m = 2\text{kg}$, $M = 3\text{kg}$, $P = 40\,\text{N}$일 때 가속도(a)와 장

력(T)의 값은 다음과 같다.

$$a = \frac{P}{M+m} = \frac{40\text{N}}{(3+2)\text{kg}} = 8\,[\text{m/s}^2]$$

$$T = \frac{mP}{M+m} = \frac{2\text{kg} \times 40\text{N}}{(3+2)\text{kg}} = 16\,[\text{N}]$$

[예제 5.10] [장력과 작용 반작용 법칙] 질량 $m = 2\text{kg}$과 $M = 8\text{kg}$의 물체가 도르래를 지나는 줄로 연결되어 일정한 가속도로 운동하고 있다. 줄의 무게와 도르래의 마찰력을 무시할 때 물체의 가속도와 줄에 걸리는 장력을 구하라.

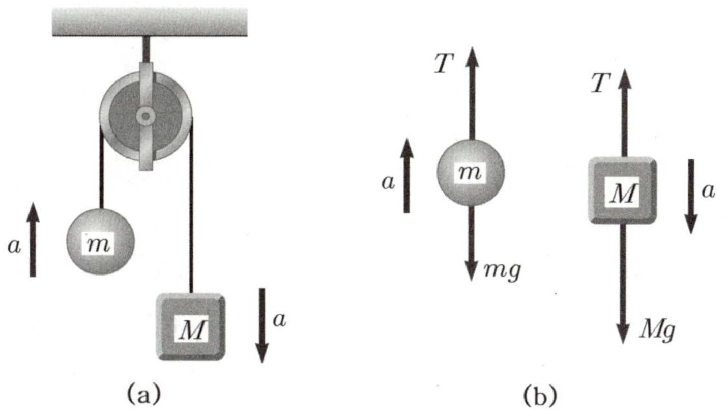

[그림 5.11] **(a) 물체와 도르래 (b) 두 물체의 자유물체도**

풀이 줄에 걸리는 장력을 T, 가속도를 a라 하고 각각의 물체에 대한 자유물체도를 그려 문제를 해석한다. 줄로 연결된 두 물체는 더 무거운 물체가 낙하하는 방향으로 운동한다. 질량 m의 물체는 위로 운동하므로 위 방향(↑)을 양(+)으로 잡고 그림의 (b)에서 운동 제2법칙을 적용하면

$$(+\uparrow)\sum F = ma:\ T - mg = ma \quad \cdots\cdots\cdots ①$$

이고, 질량 M의 물체는 아래로 운동하므로 아래 방향(↓)을 양(+)으로 잡고 운동 제2법칙을 적용하면

$$(+\downarrow)\sum F = Ma:\ Mg - T = Ma \cdots\cdots ②$$

이다. ①+②에서 가속도는

$$Mg - mg = ma + Ma$$

$$\therefore\ a = \frac{M-m}{M+m}g \cdots\cdots ③$$

이고, ③을 ①에 대입하면 줄에 걸리는 장력은

$$T = \frac{2mM}{M+m}g \cdots\cdots ④$$

이다. ③, ④로부터 $m = 2\text{kg}$, $M = 8\text{kg}$일 때 가속도와 장력은 다음과 같다.

$$a = \frac{M-m}{M+m}g = \frac{(8-2)\text{kg}}{(8+2)\text{kg}} \times 9.8\,\text{m/s}^2 = 5.88\,[\text{m/s}^2]$$

$$T = \frac{2mM}{M+m}g = \frac{2\times(2\text{kg})\times(8\text{kg})}{8\text{kg}+2\text{kg}} \times 9.8\,\text{m/s}^2 = 31.4\,[\text{N}]$$

[Note] [예제 5.10]의 풀이와 같이 각 물체를 분리하여 자유물체도를 그리고, 각 물체에 대해 운동방정식을 적용하는 것이 물체의 가속도와 줄에 걸리는 장력을 모두 구할 수 있는 표준적인 방법이라 할 수 있다. 그런데 물체의 가속도를 구할 때는 두 블록을 합한 전체 시스템($M+m$)에 대해 운동법칙을 적용하면 그 값을 곧바로 구할 수 있다.

[예제 5.10] 블록이 오른쪽 아래로 내려가므로 Mg는 a와 같은 방향이고 mg는 a와 반대방향이다.

$$Mg - mg = (M+m)a$$

연습문제 5

01 (a)와 (b)의 각 경우에 대하여 물체에 작용하는 알짜힘을 각각 구하라.

[문제 5.1]

02 50 kgf의 힘은 몇 N인가?

03 4kN의 힘은 몇 kgf인가?

04 27,300 dyne의 힘은 몇 N인가?

05 질량 4kg의 물체에 200 N의 힘을 일정하게 가하면 물체의 가속도는 몇 m/s^2이 되는가?

06 어떤 물체에 8N의 힘을 가하였을 때 물체의 가속도가 $20\,cm/s^2$이면 질량은 몇 kg인가?

07 질량 $m = 2$kg의 물체가 마찰 없는 매끄러운 수평면 위에서 그림과 같이 수평 방향 힘과 수직 방향 힘을 받고 운동하고 있을 때 다음을 구하라.

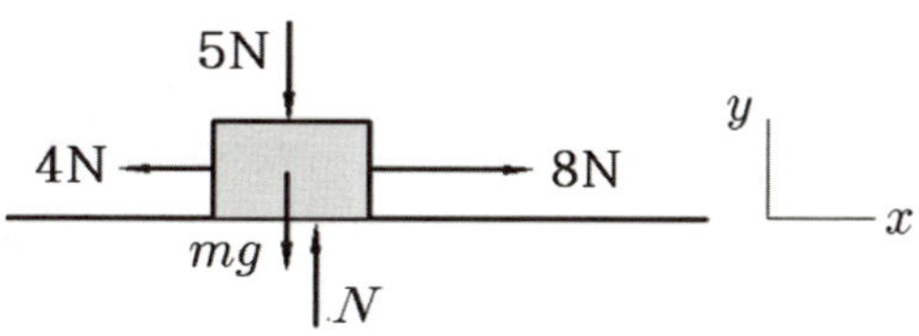

[문제 5.7]

(1) 바닥으로부터 받는 수직 반력 (N)

(2) 물체의 수평 방향 가속도

(3) 정지 상태에서 출발하였을 때 5초 동안 이동한 거리

08 질량이 각각 $m_A = 4\text{kg}$, $m_B = 6\text{kg}$인 두 개의 블록 A, B가 마찰이 없는 수평면 위에서 가벼운 줄로 연결되어 있다. 블록 B를 오른 쪽으로 $F = 70\text{N}$의 힘으로 당길 때 블록의 가속도와 연결 줄에 걸리는 장력을 구하라.

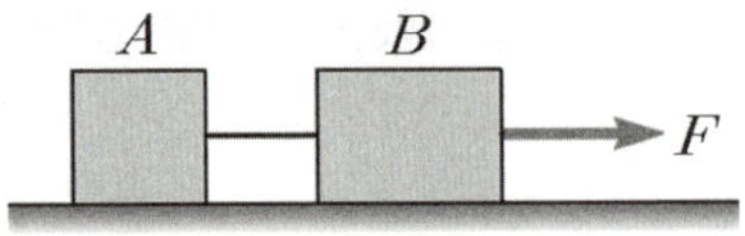

[문제 5.8]

09 정지해 있는 400kg의 승용차가 일정한 힘을 받고 등가속도 직선 운동을 하여 5초 후에 108km/h의 속도가 되었다. 차의 가속도와 차가 받은 추진력을 구하라.

10 40m/s의 속도로 등속 직선 운동을 하고 있는 3kg의 물체에 일정한 힘을 작용하여 6초 후에 정지시키려면 가해야 할 힘의 크기는 몇 N인가?

11 무게를 무시할 수 있는 줄에 매달려 있는 4kg의 물체가 연직 아래쪽으로 6.8m/s^2의 일정 가속도로 하강하고 있을 때 줄에 걸리는 장력을 구하라. 단, 중력 가속도 $g = 9.8\text{m/s}^2$이다.

12 마찰 없는 수평면 위에 놓여 있는 2kg의 물체에 8N의 힘을 수평선과 $30°$ 각도로 일정하게 가할 때 물체의 수평 방향 가속도를 구하라.

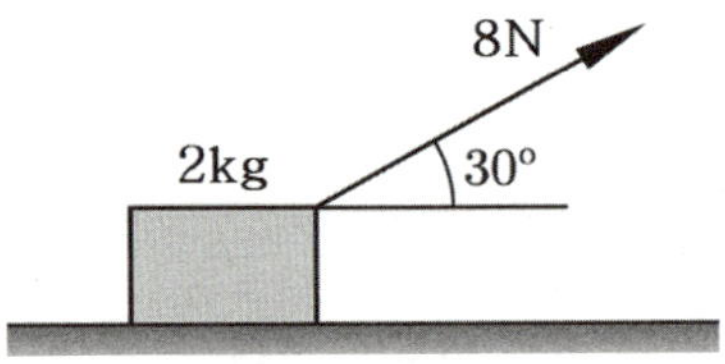

[문제 5.12]

13 경사각 $\theta = 30°$인 마찰이 없는 빗면 위에서 질량 m의 물체가 중력에 의해 일정 가속도 a로 미끄러져 내려오고 있을 때 물체의 가속도를 구하라.

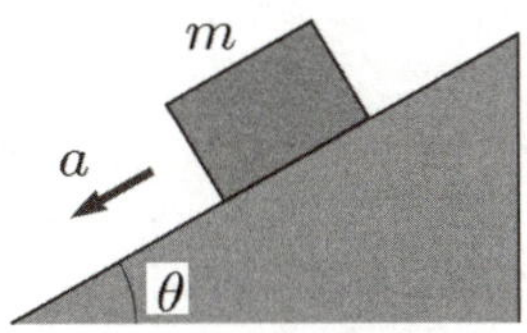

[문제 5.13]

14 질량 $m = 2\text{kg}$과 $M = 8\text{kg}$의 물체가 도르래를 지나는 줄로 연결되어 있다. 질량 m의 물체를 연직 아래 방향으로 $P = 20\text{N}$ 의 힘으로 당길 때 물체의 가속도와 줄에 걸리는 장력을 구하라. 단, 줄의 무게와 도르래의 마찰력은 무시한다.

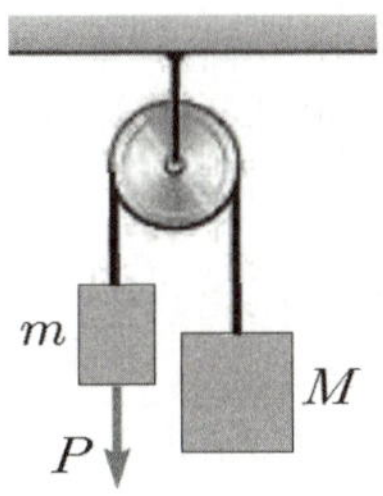

[문제 5.14]

15 질량 m과 M의 물체가 도르래에 걸린 줄로 연결되어 중력에 의하여 일정한 가속도로 운동하고 있다. $m = 3\text{kg}$, $M = 7\text{kg}$일 때 물체의 가속도와 줄에 걸리는 장력을 구하라. 단, 줄의 무게와 모든 마찰력을 무시한다.

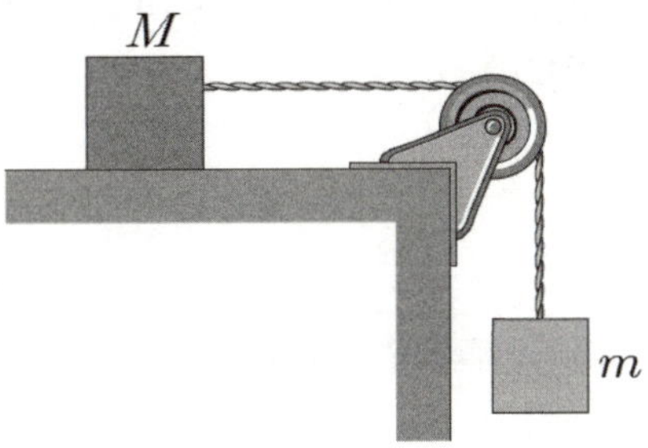

[문제 5.15]

16 그림과 같이 마찰이 없는 수평면 위에 질량 2kg, 3kg인 두 물체 A, B를 접촉시켜 놓고 수평 방향으로 20N의 힘으로 밀어주었다. 두 물체의 가속도의 크기와 물체 A가 B에 작용하는 힘의 크기를 구하라.

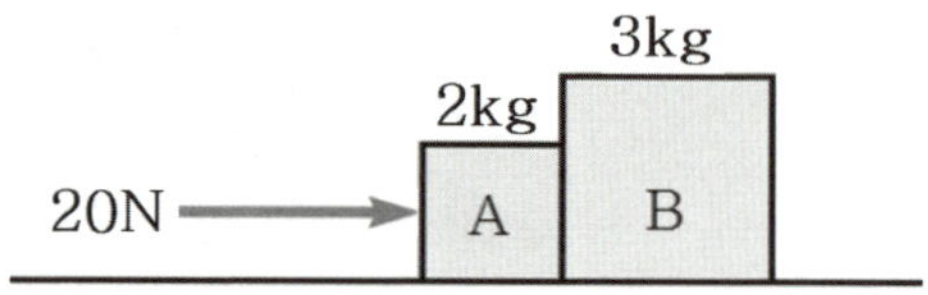

[문제 5.16]

17 질량이 9000kg인 헬리콥터가 연직 위 방향으로 100kN의 추진력을 받는다. 이륙한 지 4초 후 헬리콥터의 속도와 상승 높이를 구하라.

18 마찰이 없는 수평면 위에 놓여 있는 질량 $m = 7\text{kg}$의 물체에 그림과 같은 방향으로 800N과 1000N의 힘을 가하였다. 물체의 가속도 크기를 구하라.

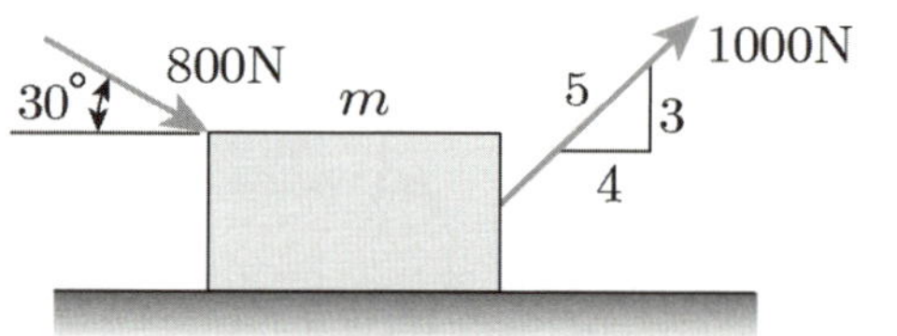

[문제 5.18]

19 그림과 같이 질량 $m = 5\text{kg}$의 물체에 세 힘이 작용하고 있다. 두 힘 $F_1 = 30\text{N}$과 $F_2 = 10\text{N}$은 수평방향이고, $F_3 = 40\text{N}$이 이루는 각 $\theta = 60°$이다. 물체의 가속도를 구하라. (물리적 구조: 홈이 있는 수평면에 블록이 놓여있고 이 홈을 통해 블록에 연결된 줄에 장력 F_3을 가한다.)

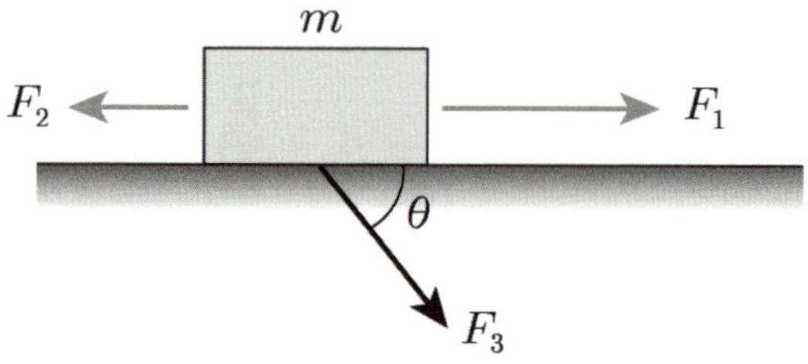

[문제 5.19]

20 다음 중 뉴턴의 운동법칙에 해당하지 않는 것은? [공무원 임용시험]

① 물체에 작용하는 힘이 평형을 이룬다면 정지해 있는 물체는 계속 정지해 있고 움직이던 물체는 등속도 직선 운동을 한다.
② 마찰력은 두 물체의 접촉면에서 발생하며 그 힘의 방향은 물체의 운동 방향과 반대이다.
③ 움직이는 물체의 가속도 크기는 작용하는 힘의 크기에 비례하고 물체의 질량에 반비례하며 방향은 힘의 방향과 같다.
④ 임의의 물체에 작용하는 작용힘과 반작용힘은 그 크기가 같고 방향이 서로 반대이며 동일선 상에 있다.

21 어떤 사람이 정지한 엘리베이터 바닥에 놓인 체중계 위에 올라서서 눈금을 보니 $50\,\mathrm{kg}$이었다. 이 엘리베이터가 위 방향으로 $1.0\,\mathrm{m/s^2}$으로 가속된다면 체중계가 가리키는 눈금은? 단, 중력 가속도의 크기는 $10\,\mathrm{m/s^2}$으로 한다. [공무원 임용시험]

① 60 kg ② 55 kg ③ 51 kg ④ 45 kg

22 그림과 같이 질량이 각각 4kg과 2kg인 두 블록이 마찰이 없는 수평면 위에서 서로 맞닿아 있다고 하자. 질량이 4kg인 물체의 왼쪽에서 오른쪽으로 12N의 일정한 힘을 가하였을 때, 질량 2kg인 물체에 가해지는 알짜힘은? [공무원 임용시험]

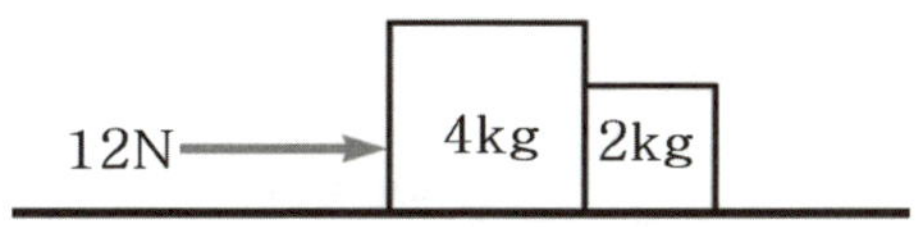

[문제 5.22]

① 12 N ② 8 N ③ 4 N ④ 0 N

23 세 물체 A, B, C가 접촉한 상태로 마찰이 없는 수평면 위에 있다. A의 질량은 5kg, B의 질량은 3kg, C의 질량은 2kg이다. 그림과 같이 A 물체에 200N의 힘을 수평 방향으로 가하였을 때 세 물체는 접촉한 상태로 운동한다. 이때 C가 B에 가하는 힘의 크기는 얼마인가? [공무원 임용시험]

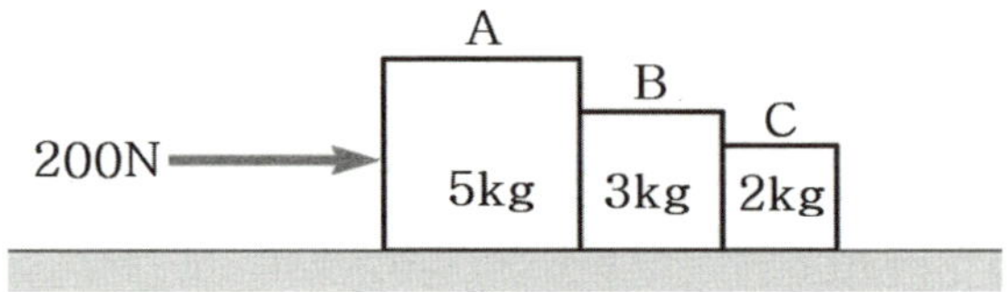

[문제 5.23]

① 0N ② 20N ③ 40N ④ 100N

24 다음은 직선상에서 운동하는 질량이 10kg인 어떤 물체의 속도(v)와 시간(t)의 관계를 나타낸 그래프이다. 다음을 구하라. 단, 모든 마찰 저항은 무시한다. [공무원 임용시험]

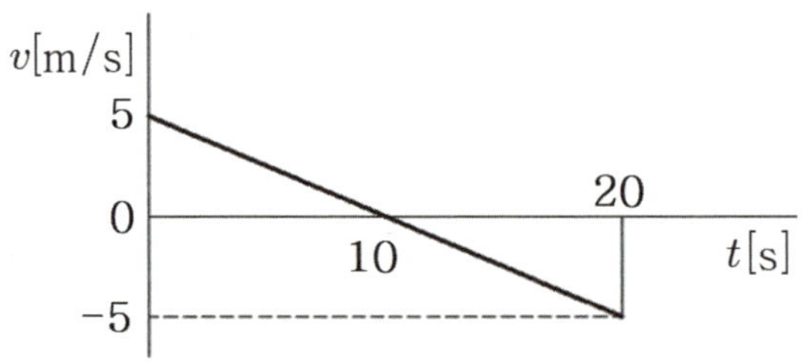

[문제 5.24]

(1) 변위
(2) 이동거리
(3) 평균속력
(4) 가속도 크기
(5) 물체에 작용하는 힘의 크기

25 중력가속도가 4m/s^2인 어느 별에서 질량은 3kg의 무게는? [공무원 임용시험]

① 12kgf ② 12tf ③ 12N ④ 12lbf

26 그림과 같이 마찰이 없는 수평면에 질량 $4\,\mathrm{kg}$의 물체 A와 질량 $6\,\mathrm{kg}$의 물체 B가 나란히 서 있다. 수평 방향으로 $F = 20\mathrm{N}$의 힘을 물체 A에 가하였다. 물체 A는 다시 물체 B를 밀고 있다. 물체 A가 물체 B에 가하는 수평 힘의 크기[N]는? 단, 공기 저항은 무시한다. [공무원 임용시험]

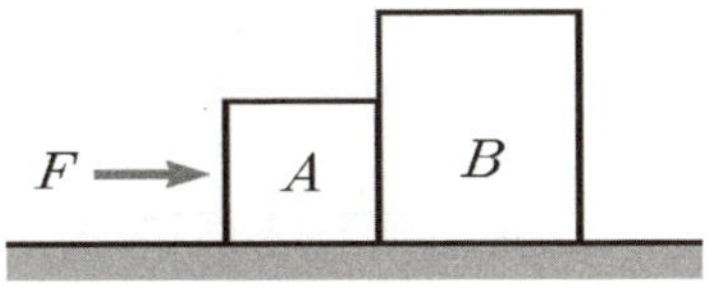

[문제 5.26]

① 8 ② 10 ③ 12 ④ 20

27 정지한 엘리베이터의 수평한 바닥면에 10kg의 상자가 놓여 있을 때, 다음 설명 중 옳은 것은? (단, 중력 가속도는 $10\mathrm{m/s^2}$이다) [공무원 임용시험]

① 엘리베이터가 아래로 움직이기 시작할 때 상자에 작용하는 수직 항력은 100N보다 크다.
② 엘리베이터가 위로 움직이기 시작할 때 상자에 작용하는 수직 항력은 100N보다 크다.
③ 엘리베이터가 일정한 속도로 올라갈 때 상자에 작용하는 수직 항력은 100N보다 크다.
④ 엘리베이터가 일정한 속도로 내려갈 때 상자에 작용하는 수직 항력은 100N보다 크다.

28 그림은 질량이 M인 물체 A와 질량이 m인 물체 B를 도르래와 실을 사용하여 연결하고, A를 가만히 놓았을 때 A가 연직 아래 방향으로 등가속도 운동하는 것을 나타낸 것이다. A의 가속도의 크기는 $\frac{1}{2}g$이다. A, B에 작용하는 알짜힘을 각각 F_A, F_B라 할 때, $F_A : F_B$는? (단, g는 중력 가속도이고, 모든 마찰과 공기 저항, 실의 질량은 무시한다) [공무원 임용시험]

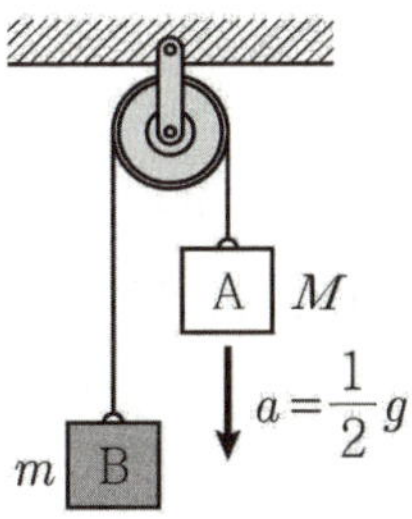

[문제 5.28]

① 1:2 ② 1:3
③ 2:1 ④ 3:1

29 그림은 수평면에 놓인 물체 B 위에 물체 A를 올려놓은 것을 나타낸 것이다. A, B의 질량은 각각 m, $2m$이고, A와 B는 정지한 상태이다. 이에 대한 설명으로 옳은 것을 보기에서 모두 고른 것은? (단, 중력 가속도는 g이다) [공무원 임용시험]

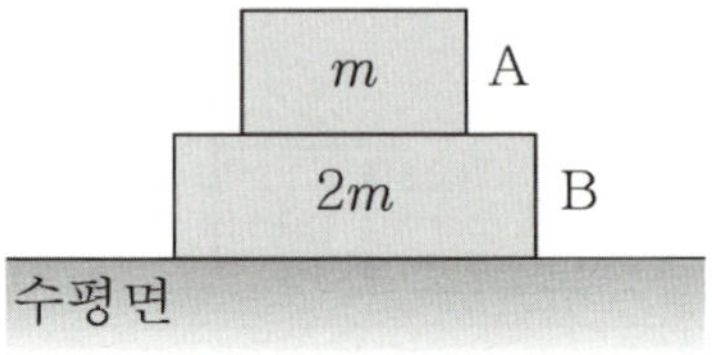

[문제 5.29]

ㄱ. A에 작용하는 알짜힘(합력)은 0이다. ㄴ. A가 B를 누르는 힘과 B가 A를 떠받치는 힘은 작용과 반작용의 관계이다. ㄷ. 수평면이 B를 떠받치는 힘의 크기는 $2mg$이다.

① ㄱ ② ㄷ ③ ㄱ, ㄴ ④ ㄴ, ㄷ

30 그림은 질량이 각각 m, $2m$인 물체 A와 B를 붙여 수평면에 놓고 일정한 힘 F가 A에 작용하는 것을 나타낸 것이다. A와 B에 작용하는 알짜힘을 각각 F_A, F_B라 할 때, $F_A : F_B$는? (단, 모든 마찰과 공기 저항은 무시한다) [공무원 임용시험]

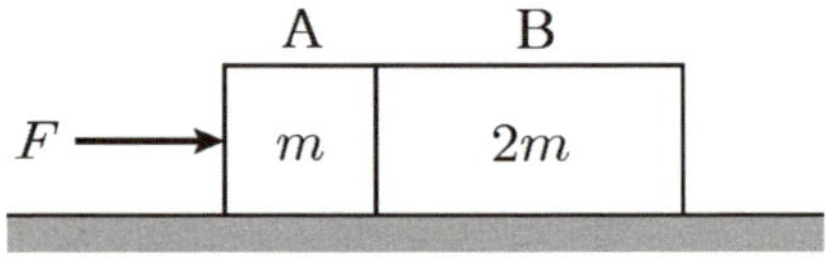

[문제 5.30]

① 1 : 2 ② 1 : 3 ③ 2 : 1 ④ 3 : 1

31 그림 (가)와 (나)는 수평면에 놓인 물체 A, B, C가 서로 접촉한 상태에서 크기가 F인 힘이 수평 방향으로 작용하여 등가속도 직선 운동을 하는 모습을 나타낸 것이다. A, B, C의 질량은 각각 $5m$, $2m$, m_C이다. (가)와 (나)에서 A가 B에 작용하는 힘의 크기가 같을 때, m_C는? (단, 모든 마찰과 공기 저항은 무시한다) [공무원 임용시험]

[문제 5.31]

① m　　② $2m$　　③ $3m$　　④ $4m$

32 그림은 수평면 위에 있는 물체 A와 B에 각각 6N의 힘이 수평 방향으로 작용하여 $2\mathrm{m/s^2}$과 $3\mathrm{m/s^2}$의 등가속도 운동을 하는 것을 나타낸 것이다. 만약 A와 B가 붙은 상태에서 10N의 힘이 수평 방향으로 작용하였다면 B가 A에 작용한 힘의 크기[N]는? (단, 모든 마찰은 무시한다) [공무원 임용시험]

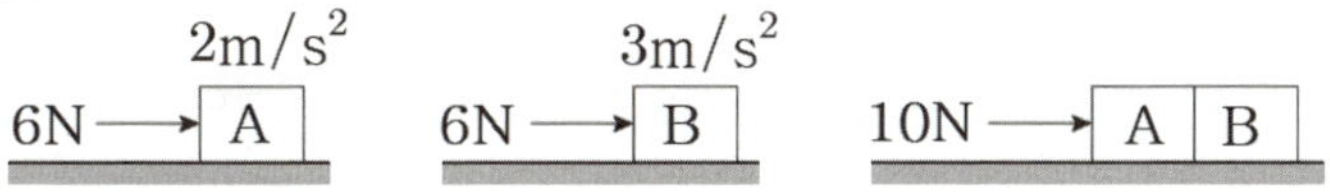

[문제 5.32]

① 1　　② 2　　③ 4　　④ 6

33 그림은 질량이 m, M인 두 물체가 실로 연결되어 중력에 의하여 등가속도 운동하는 모습을 나타낸 것이다. 물체들의 가속도의 크기가 $\frac{3}{5}g$일 때, M의 값은 m의 몇 배인가? (단, $M > m$이고 중력 가속도의 크기는 g이며, 실과 도르래의 질량과 모든 마찰은 무시한다) [공무원 임용시험]

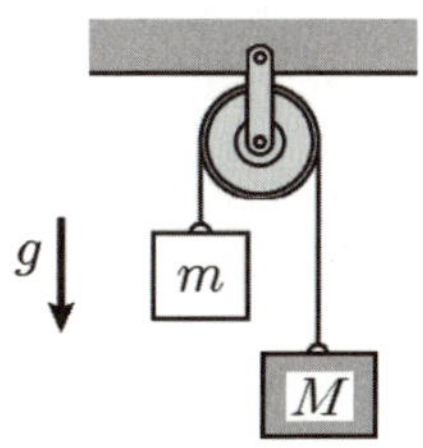

[문제 5.33]

① 2　　② 3
③ 4　　④ 5

34 그림과 같이 도르래에 늘어날 수 없는 줄이 걸쳐있고, 줄의 양쪽에는 각각 질량이 5kg, 20kg인 추가 매달려있다. 20kg의 추가 낙하하는 동안 줄의 장력[N]은? (단, 도르래와 줄의 질량과 모든 마찰은 무시하며, 중력가속도는 $10\mathrm{m/s^2}$이다)

[공무원 임용시험]

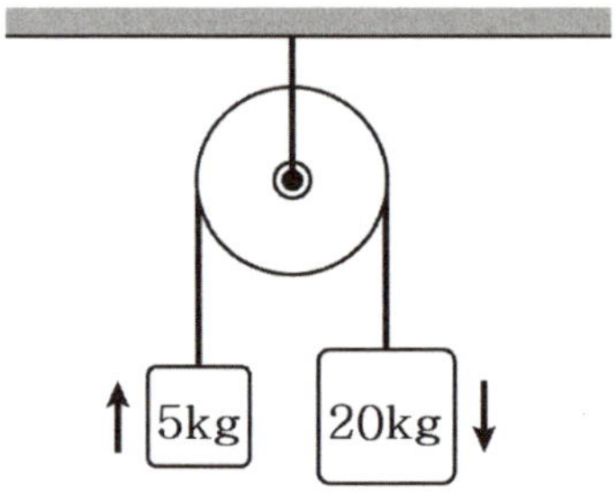

[문제 5.34]

① 80 ② 150 ③ 160 ④ 200

35 그림과 같이 수평면에 대해 $60°$와 $30°$로 기울어진 두 경사면 위에 가벼운 바퀴와 줄로 연결된 두 물체, A와 B가 정지해 있다. A와 B의 질량이 각각 m_A와 m_B이면, 물체의 질량비$\left(\frac{m_B}{m_A}\right)$는? (단, 줄은 경사면과 평행하고 마찰은 무시한다)

[공무원 임용시험]

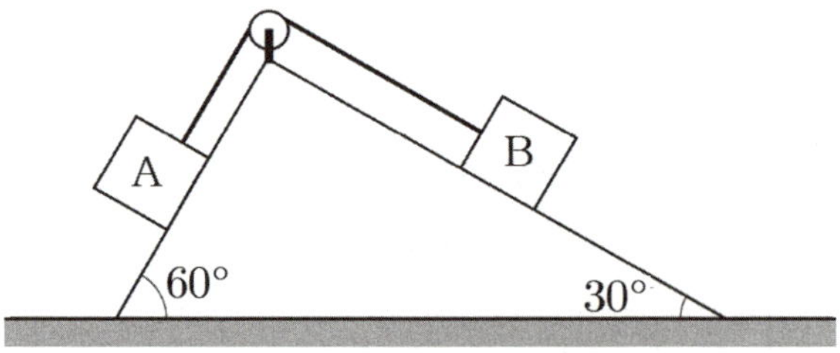

[문제 5.35]

① $\frac{1}{2}$ ② $\frac{\sqrt{3}}{3}$ ③ $\sqrt{3}$ ④ 2

36 마찰 없는 매끄러운 경사면에 정지해 있는 질량 5kg의 물체가 수평 방향으로 일정한 힘 $P = 10\text{N}(\rightarrow)$을 받을 때 물체의 가속도[$\text{m/s}^2$]를 구하라.

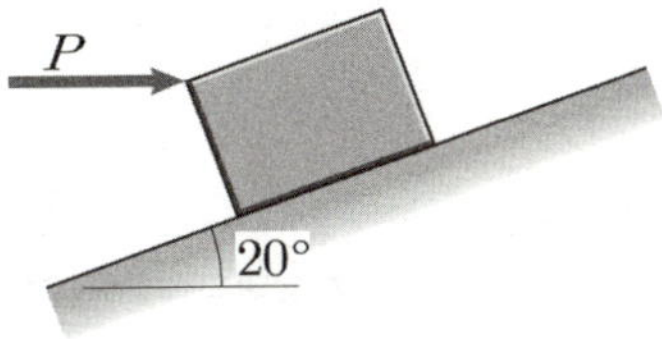

[문제 5.36]

37 무게 30kN의 승강기가 올라가고 있다. 승강기가 일정한 가속도 2m/s^2으로 올라갈 때 승강기 줄의 장력은? (단, 중력가속도 $g = 10\text{m/s}^2$이다.) [공무원 임용시험]

① 24kN ② 28kN ③ 32kN ④ 36kN

38 그림은 마찰이 없는 수평면에서 1m/s의 속력으로 운동하던 질량 4kg인 물체에 수평면과 나란한 방향으로 일정한 힘 2.4N을 계속 가하였더니 물체의 속력이 5m/s가 된 것을 나타낸 것이다. 이때 힘이 가해지는 동안 물체의 이동거리[m]는? (단, 물체의 크기는 무시한다) [공무원 임용시험]

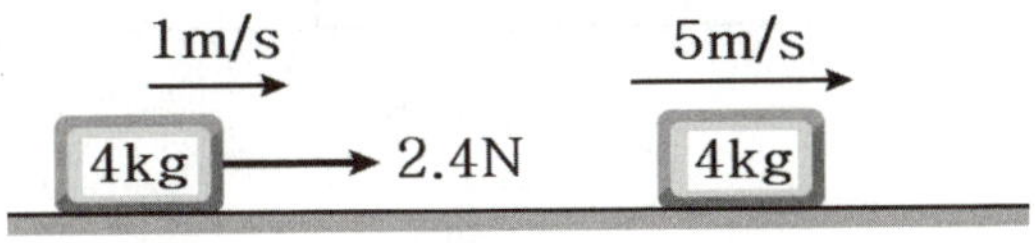

[문제 5.38]

① 20 ② 15 ③ 10 ④ 5

39 그림과 같이 줄로 연결된 세 개의 상자가 마찰이 없는 수평면 위에서 일정한 간격을 유지하면서 끌려가고 있다. 상자의 질량은 왼쪽부터 각각 3kg, 2kg, 1kg이고 $T_3 = 18\text{N}$일 때 장력 T_1의 크기는? [공무원 임용시험]

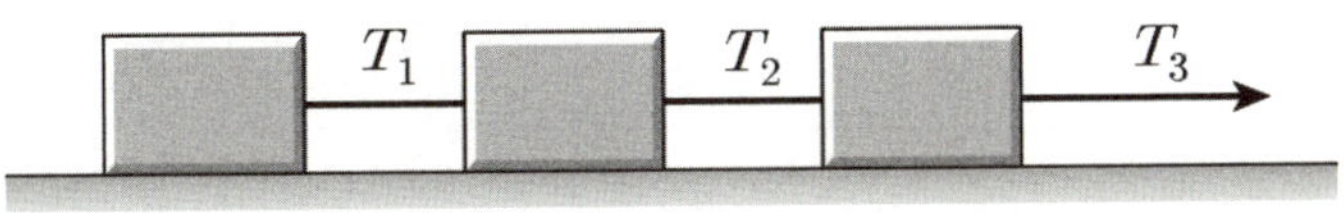

[문제 5.39]

① 1N ② 3N ③ 6N ④ 9N

40 마찰이 없는 수평면에서 물체에 수평 방향으로 힘을 가한다. 물체 A에 힘 F를 작용하니 가속도가 a_1이고, 물체 B에 힘 $2F$를 작용하니 가속도가 a_2이다. 두 물체를 함께 묶어 힘 $3F$를 작용하면 가속도가 a로 나타난다. 가속도 a를 a_1과 a_2로 표현하라. [공무원 임용시험]

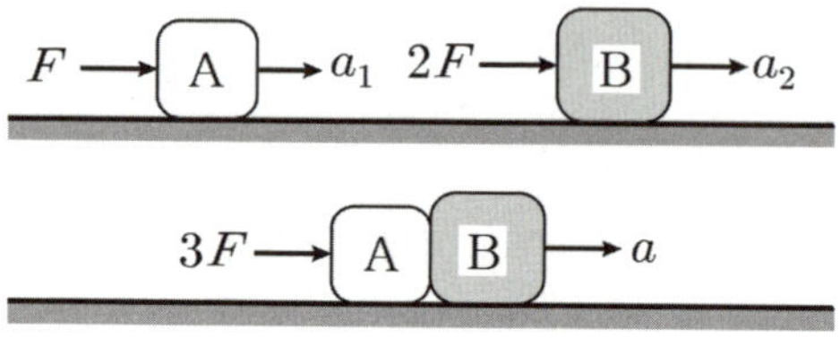

[문제 5.40]

41 그림과 같이 질량이 각각 m_1, m_2, m_3인 3개의 물체가 줄에 연결되어 화살표 방향으로 등가속도로 움직이고 있다. m_1, m_2와 수평면 사이의 운동 마찰계수는 μ로 같다. m_1, m_2 사이의 줄의 장력 T의 크기를 구하라. (단, 중력가속도는 g이고, 줄의 질량, 도르래의 질량과 마찰은 무시한다) [공무원 임용시험]

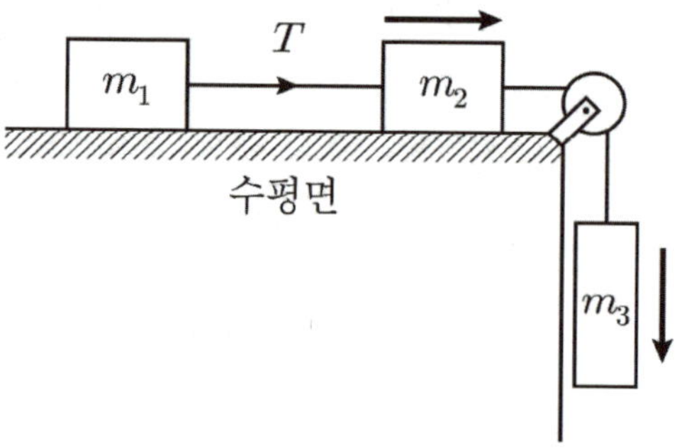

[문제 5.41]

제 6 장

힘과 운동(II)

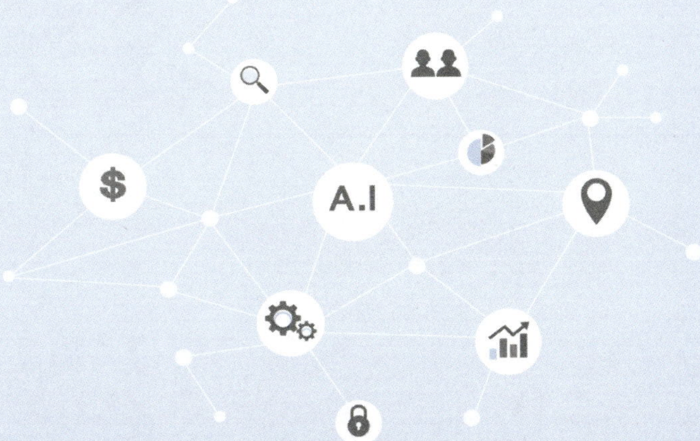

6.1 마찰력

1 마찰력의 성질

지면에서 물체를 밀어보면 물체와 지면 사이의 접촉 때문에 저항력을 받는다는 것을 알 수 있다. 이러한 저항력을 마찰력이라 한다. [그림 6.1]과 같이 마찰력은 표면 위에서 언제나 물체의 운동 방향과 반대 방향으로 작용한다. 즉, 마찰은 두 물체의 접촉면 사이에서 물체의 운동을 방해하는 현상이다.

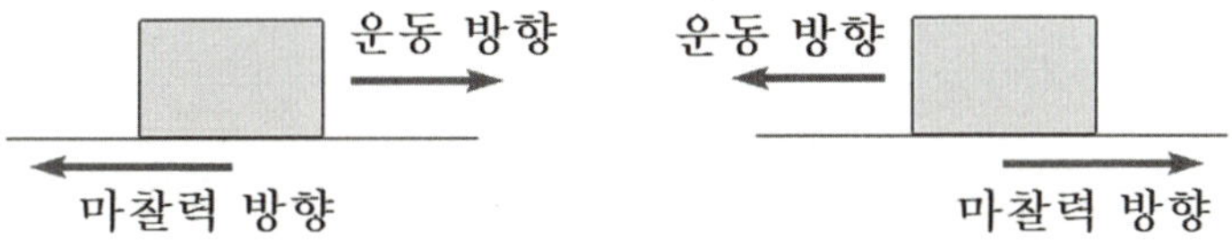

[그림 6.1] 운동 방향과 마찰력 방향

마찰력의 작용선은 접촉면에 평행하다. 그러나 작용 방향은 고정되어 있지 않다. 즉, 마찰력은 물체의 운동을 방해하는 방향으로 작용한다. 예를 들어, 물체가 오른쪽 방향(→)으로 움직이려고 하면 마찰력은 왼쪽 방향(←)으로 작용하고, 왼쪽 방향(←)으로 움직이려고 하면 마찰력은 오른쪽 방향(→)으로 작용한다.

2 미끄럼마찰

(1) 정지 마찰력: 물체에 힘을 가해도 물체가 움직이지 않을 때의 마찰력(f_s)을 말하며, 물체에 가해진 외력(P)의 크기와 같다.

$$f_s = P \quad \cdots\cdots (6.1)$$

(2) 최대 정지 마찰력: 정지 상태의 물체에 힘을 가했을 때 물체가 움직이기 시작하는 순간의 마찰력을 최대 정지 마찰력($f_{s,\max}$)이라 한다. 정지마찰계수를 μ_s, 수직 반력을 N이라 하면 최대 정지 마찰력은 다음과 같다.

$$f_{s,\max} = \mu_s N \quad \cdots\cdots (6.2)$$

(3) 운동 마찰력: 운동하고 있는 물체가 받는 마찰력(f_k)으로 외력에 관계없이 일정한 값을 갖는다. 운동마찰계수를 μ_k, 수직 반력을 N이라 하면 운동 마찰력은 다음과 같다.

$$f_k = \mu_k N \quad \cdots\cdots (6.3)$$

(4) 마찰각과 정지마찰계수: 수평면 위에 물체를 올려놓고 경사각 ϕ를 점점 크게 해 주면 어느 순간에 물체가 빗면을 따라 미끄러져 내려간다. 이때의 경사각을 마찰각이라 하고, 정지마찰계수는 다음과 같이 구해진다.

$$\mu_s = \tan\phi \quad \cdots\cdots (6.4)$$

설명 수평면에 정지해 있는 물체를 수평 방향으로 서서히 잡아당기는 경우를 살펴보자[그림 6.2(a)]. 작은 힘으로 물체를 당기면 물체는 움직이지 않으며, 이것은 접촉면에서의 마찰력(f_s)이 물체에 가한 힘(P)과 평형을 이루고 있기 때문이다. 이때의 마찰력을 정지 마찰력이라 하고, 정지마찰력은 작용하는 힘과 크기가 같고($f_s = P$) 방향이 반대이다. 그러나 당기는 힘을 서서히 증가시키면 어느 순간 물체가 미끄러지기 시작한다. 이때 마찰력은 크기가 최대가 되는데 이것을 최대정지마찰력($f_{s,\max}$)이라 한다. 최대정지마찰력의 크기는 정지마찰계수(μ_s)와 수직반력(N)의 곱($f_{s,\max} = \mu_s N$)으로 정의된다. 그런데 일단 물체가 움직이기 시작하면 마찰력은 감소하게 되며 이때의 마찰력을 운동 마찰력이라 한다. 운동마찰력(f_k)의 크기는 운동마찰계수(μ_k)와 수직반력의 곱($f_k = \mu_k N$)으로 정의된다. 마찰력의 방향은 접촉면의 접선방향이고 물체의 운동을 방해하는 방향이며, 최대정지마찰력의 크기는 접촉면의 넓이와는 관계가 없다[쿨롱의 마찰법칙]. 이상에서 설명한 마찰력과 물체에 가한 힘의 관계를 요약하면 [그림 6.2(b)]와 같다. 운동 마찰력의 크기는 거의 일정하다.

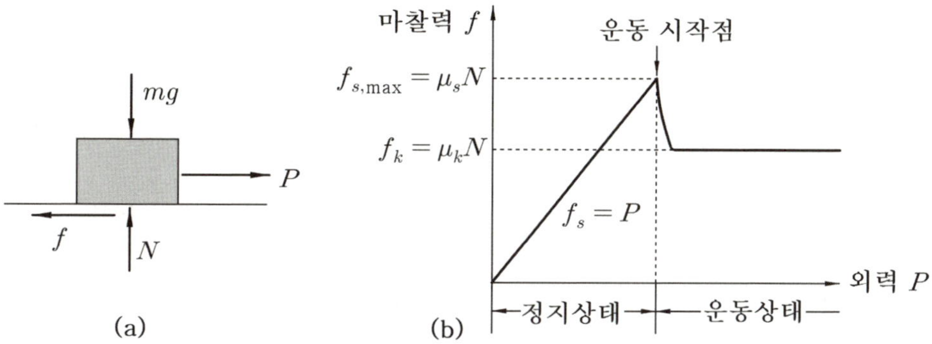

[그림 6.2]

3 마찰력이 있을 때 자유물체도

수평면 위에 정지해 있는 질량 m의 블록에 [그림 6.3]의 (a)와 같이 일정한 힘 P를 가했을 때 블록의 운동을 조사하기 위한 자유물체도는 (b)와 같다. 여기에서 mg는 물체의 무게이고, 물체가 지면으로부터 받는 수직반력은 $N(\uparrow)$이며, 수평면과 블록 사이 운동마찰계수는 μ_k이고 마찰력 $f = \mu_k N$이다.

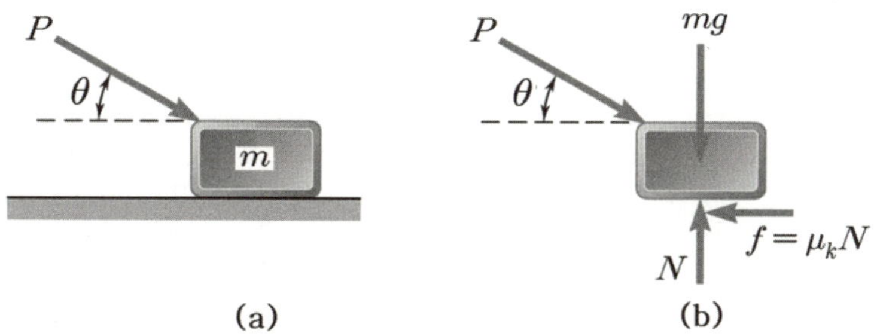

[그림 6.3] (a) 힘을 받는 블록 (b) 자유물체도

4 마찰각과 정지마찰계수

각도 ϕ의 경사면 위에 물체가 있을 때 연직 아래 방향으로 작용하는 물체의 무게($W = mg\downarrow$)를 빗면 방향과 빗면에 수직한 방향으로 분해하여 자유물체도를 그리면 [그림 6.4]의 (a)와 같다. 여기에서 빗면에 수직한 방향의 힘의 평형에 의해 수직반력(N)은

$$N = W\cos\phi$$

이므로 최대 정지마찰력(f_s)은

$$f_s = \mu_s N = \mu_s W\cos\phi \cdots\cdots ①$$

이다. 그리고 경사면을 따라 물체를 미끄러져 내려가게 하는 힘은 중력의 빗면 성분으로

$$W\sin\phi \cdots\cdots ②$$

이다[그림 6.4(b)]. 이때 물체가 경사면을 미끄러져 내려가는 순간에는 ①과 ②의 두 힘이 같으므로 다음과 같이 마찰계수가 구해진다.

$$\mu_s W\cos\phi = W\sin\phi$$

$$\therefore\ \mu_s = \frac{\sin\phi}{\cos\phi} = \tan\phi \cdots\cdots ③$$

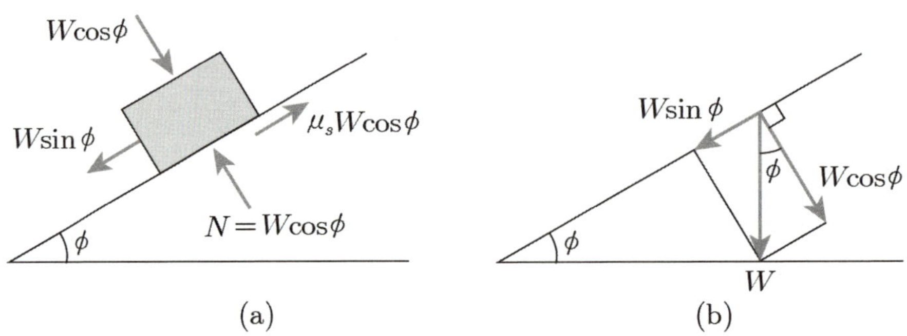

[그림 6.4] (a)물체에 작용하는 힘 (b) 물체 무게의 성분 분해

5 구름마찰

두 물체 중에서 어느 한 물체가 굴러갈 때의 마찰을 구름마찰(rolling friction)이라 한다. 일반적으로 롤러나 바퀴 등이 굴러갈 때에도 운동을 방해하는 약간의 저항력이 있는데 이것은 물체의 무게에 의한 접촉면의 변형에 의해 발생하는 것이다.

[예제 6.1] **[마찰력] [그림 6.5]의 (a)와 같이 질량 $m = 10\text{kg}$의 물체에 수평면과 $\theta = 30°$의 각도로 일정한 힘 $P = 50\text{N}$이 가해졌다. 물체와 수평면 사이의 운동마찰계수 $\mu_k = 0.2$일 때 물체의 수평 방향 가속도(a)의 크기 $[\text{m/s}^2]$를 구하라.**

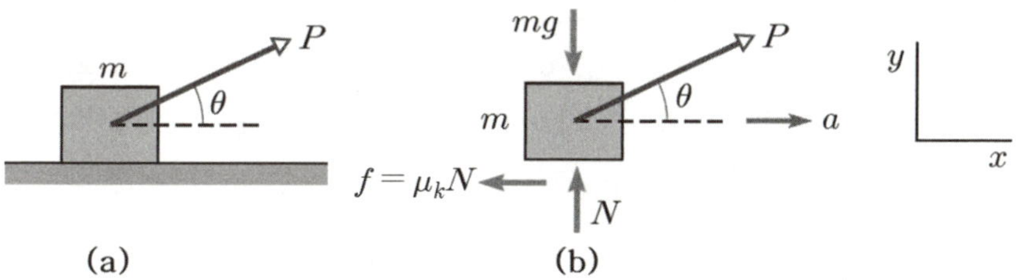

[그림 6.5]

풀이 물체를 지면에서 분리하여 물체에 작용하는 힘을 나타내면 그림의 (b)와 같다. 물체가 지면을 누르는 힘을 N이라 하면 물체는 지면으로부터 크기가 같고 방향이 반대인 힘(반력) N을 받는다. 따라서 물체에는 힘 P, 물체의 무게 mg, 지면으로부터의 반력 N, 마찰력 $f = \mu_k N$이 작용한다.

여기에서 지면을 x축, 지면과 수직 방향을 y축으로 하여 좌표계를 잡으면 x방향 가속도 $a_x = a$이고 y방향 가속도는 $a_y = 0$이다. 이때 (b)에서 물체에 대하여 운동 제2법칙을 적용하면 다음과 같은 관계식이 얻어진다.

- x 방향: $\sum F_x = ma_x = ma$; $P\cos\theta - \mu_k N = ma$

$$50\cos 30° - 0.2N = 10a \quad \cdots\cdots ①$$

• y 방향: $\sum F_y = ma_y = 0$; $N - mg + P\sin\theta = 0$

$$N - 10(9.8) + 50\sin 30° = 0 \quad \cdots\cdots ②$$

식 ②에서 반력은

$$N = 10(9.8) - 50\sin 30° = 73[\text{N}]$$

이고, 이 값을 식 ①에 대입하면 물체의 가속도 크기가 구해진다.

$$a = \frac{1}{10}(50\cos 30° - 0.2N) = \frac{1}{10}(50\cos 30° - 0.2 \times 73)$$
$$= 2.87[\text{m/s}^2]$$

[예제 6.2] [마찰력] 경사각 $\theta = 30°$인 빗면 위에서 질량 m의 물체가 중력에 의해 일정한 가속도 a로 미끄러져 내려오고 있을 때 물체의 가속도를 구하라. 운동마찰계수 $\mu_k = 0.2$이다.

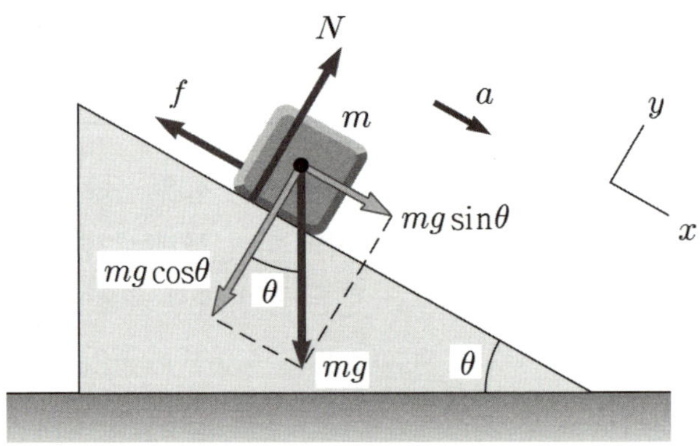

[그림 6.6] 물체에 작용하는 힘

풀이 연직 아래 방향(↓)으로 작용하는 중력에 의한 힘(mg)을 빗면 방향과 빗면에 수직인 방향으로 분해하면 각각 $mg\sin\theta$(↘)와 $mg\cos\theta$(↙)이다. 먼저 빗면에 수직인 방향으로 운동 제2법칙을 적용하면 수직반력은

$$(+\nearrow)\sum F_y = 0 : \ N - mg\cos\theta = 0$$

$$\therefore \quad N = mg\cos\theta$$

이므로 미끄러질 때의 마찰력(f)은

$$f = \mu_k N = \mu_k mg\cos\theta$$

이다. 다음에 경사면 방향(↘)으로 운동 제2법칙을 적용하면 다음과 같이 물체의 가속도가 구해진다.

$$(+\searrow)\sum F_x = ma:\ mg\sin\theta - \mu_k mg\cos\theta = ma$$

$$\therefore \quad a = g(\sin\theta - \mu_k\cos\theta)$$

$$= 9.8(\sin 30° - 0.2\cos 30°) = 3.2\,[\mathrm{m/s^2}]$$

[예제 6.3] [마찰력과 장력] 질량 $m = 4\mathrm{kg}$과 $M = 10\mathrm{kg}$의 물체가 도르래에 걸린 줄로 연결되어 m의 무게에 의해 일정한 가속도로 운동하고 있다. M의 물체와 수평으로 놓인 바닥 사이의 운동마찰계수 $\mu_k = 0.2$일 때 물체의 가속도와 줄에 걸리는 장력을 구하라. 줄의 무게와 도르래의 마찰력은 무시한다.

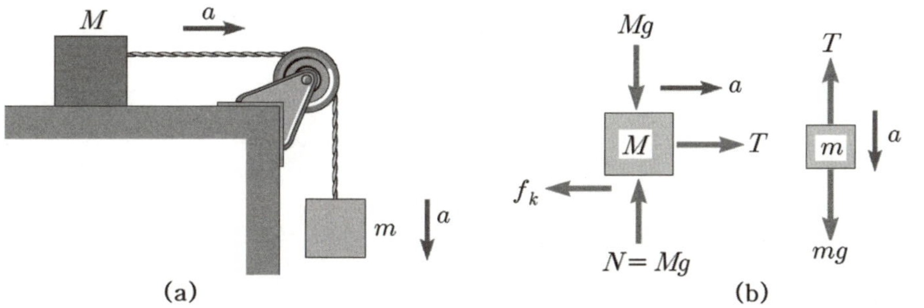

[그림 6.7] (a) 물체와 도르래 (b) 두 물체의 자유물체도

풀이 질량 M의 물체와 바닥 사이의 마찰력을 f_k, 줄에 걸리는 장력을 T, 가속도를 a라 한다. m의 물체는 아래로 운동하므로 아래 방향(↓)을 양(+)으로 잡고 그림의 (b)에서 운동 제2법칙을 적용하면

$$(+\downarrow)\sum F = ma:\ mg - T = ma \quad \cdots\cdots ①$$

이고, M의 물체는 오른쪽으로 운동하므로 오른쪽 방향(→)을 양(+)으로 잡고 운동 제2법칙을 적용하면

$$(+\rightarrow)\sum F = Ma:\ T - f_k = Ma \quad \cdots\cdots ②$$

이다. ①+②에서

$$mg - f_k = ma + Ma$$

$$\therefore\ a = \frac{mg - f_k}{M+m} \quad \cdots\cdots ③$$

이다. 물체 M에서 지면에 수직한 방향의 가속도 $a_y = 0$이므로

$$(+\uparrow)\sum F = ma_y = 0:\ N - Mg = 0$$

$$\therefore\ N = Mg$$

이고, 마찰력은

$$f_k = \mu_k N = \mu_k Mg \quad \cdots\cdots ④$$

이다. 식 ④를 ③에 대입하면 가속도는

$$a = \frac{mg - \mu_k Mg}{M+m} = \frac{(m - \mu_k M)g}{M+m} \quad \cdots\cdots ⑤$$

이고, 식 ⑤와 ①로부터 장력은

$$T = m(g-a) = m\left[g - \frac{(m-\mu_k M)g}{M+m}\right]$$

$$= mg\left[1 - \frac{(m-\mu_k M)}{M+m}\right] = \frac{Mmg(1+\mu_k)}{M+m} \quad \cdots\cdots ⑥$$

이다. 식 ⑤, ⑥으로부터 $m = 4\text{kg}$, $M = 10\text{kg}$일 때 가속도와 장력은 다음과 같다.

$$a = \frac{(m-\mu_k M)g}{M+m} = \frac{(4\text{kg}-0.2\times 10\text{kg})\times 9.8\text{m/s}^2}{10\text{kg}+4\text{kg}} = 1.4\,[\text{m/s}^2]$$

$$T = \frac{Mmg(1+\mu_k)}{M+m} = \frac{(10\text{kg})(4\text{kg})(9.8\text{m/s}^2)(1+0.2)}{10\text{kg}+4\text{kg}} = 33.6\,[\text{N}]$$

[Note] [예제 6.3]에서 물체의 가속도를 구할 때는 두 블록을 합한 전체 시스템 $(M+m)$에 대해 운동법칙을 적용하면 그 값을 곧바로 구할 수 있다.

즉, mg에 의해 $(M+m)$이 가속되며, 마찰력 $f_k = \mu_k Mg$는 운동을 방해하는 힘이므로 다음과 같이 뉴턴의 제2법칙을 적용할 수 있다.

$$mg - \mu_k Mg = (m+M)a$$

6.2 등속 원운동

물체가 반지름이 일정한 원둘레 상에서 일정한 속력으로 움직이는 운동을 등속 원운동이라 한다[그림 6.8]. 등속 원운동을 하는 물체는 속력이 일정하지만 운동 방향은 원의 접선 방향으로 계속 변한다. 따라서 등속 원운동은 시간에 따라 속도가 변하는 가속도 운동이다.

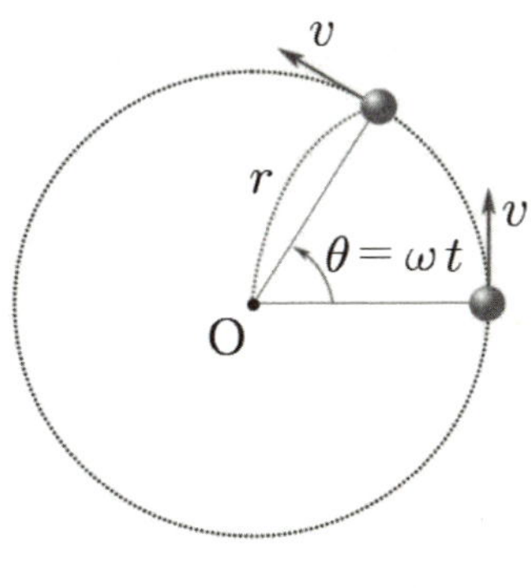

[그림 6.8] 등속 원운동

1 구심력

등속 원운동을 하는 물체는 속력이 일정하지만 원운동의 중심을 향하는 가속도가 필요하다. 따라서 이 가속도를 발생하게 하는 중심 방향의 힘이 물체에 작용해야 한다. 이 힘은 가속도와 같이 항상 원의 중심을 향하므로 구심력이라 한다[그림 6.9].

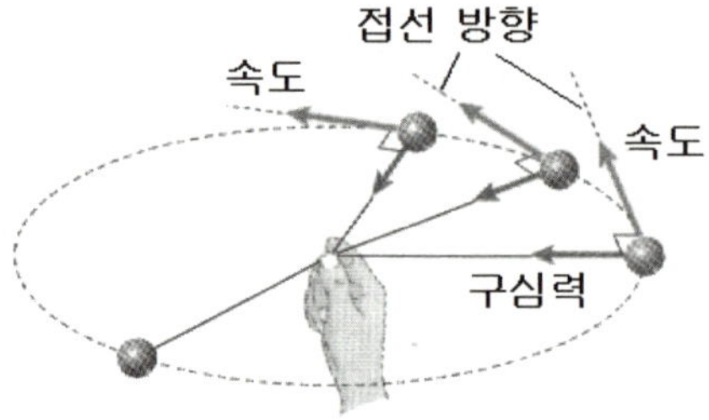

[그림 6.9] 구심력

반지름 r인 원 궤도를 v의 속력으로 도는 질량 m인 물체에 작용하는 구심력의 크기 F는 뉴턴의 운동 제2법칙에 의해 다음과 같다. 구심력의 방향은 원의 중심 방향이다.

$$F = ma = m\frac{v^2}{r} = mr\omega^2 \quad \cdots\cdots (6.5)$$

일정한 크기의 힘이 항상 운동 방향에 수직한 방향으로 작용하면 이 힘이 구심력이 되어 물체는 등속 원운동을 하게 된다. 구심력 역할을 하는 힘에는 다음과 같은 것이 있다.

① 실의 장력: 실에 매달린 물체가 원운동을 할 때는 실의 장력이 구심력이 된다.

② 마찰력: 회전하는 원판 위의 물체에서는 물체와 원판 사이의 마찰력이 구심력 역할을 하고, 수평면에서 자동차가 원운동을 할 때는 지면과 타이어 사이의 마찰력이 구심력 역할을 한다.

③ 만유인력: 지구나 그 밖의 행성이 태양 주위를 공전할 때, 또는 인공위성이 지구 주위를 돌 때는 만유인력이 구심력 역할을 한다.

2 원심력

원심력(F_r)은 원운동을 하는 물체에 나타나는 관성력으로 구심력과 크기가 같고 방향이 반대이다. 자동차가 커브 길을 돌 때 차 안에 탄 사람은 바깥쪽으로 향하는 힘을 느끼게 되는데 이것은 길의 곡률 반경에 의해 생기는 원심력이다. 원심력의 크기 $F_r = m\dfrac{v^2}{r}$은 굽은 정도를 나타내는 반지름(r)에 반비례한다. 따라서 반지름이 작은 급커브 길을 돌 때는 원심력이 커지므로 차의 속도(v)를 줄여야 한다.

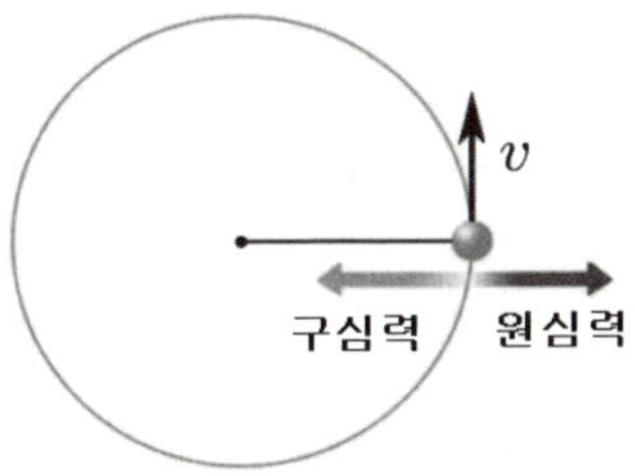

[그림 6.10] 원심력과 구심력

> **[예제 6.4]** 질량이 3kg인 어떤 물체가 반지름이 2m인 원둘레를 일정한 속력 6m/s로 돌고 있다. 다음을 구하라.
>
> (1) 물체의 구심 가속도 크기[m/s^2]
>
> (2) 물체에 작용하는 구심력의 크기[N]

풀이 질량 $m = 3\text{kg}$, 반지름 $r = 2\text{m}$, 속력 $v = 6\text{m/s}$이다.

(1) 구심 가속도 크기(a)

$$a = \frac{v^2}{r} = \frac{(6\text{m/s})^2}{2\text{m}} = 18[\text{m/s}^2]$$

(2) 구심력의 크기(F)

$$F = ma = 3\text{kg} \times 18\text{m/s}^2 = 54[\text{kg} \cdot \text{m/s}^2] = 58[\text{N}]$$

[예제 6.5] [그림 6.11]과 같이 길이 $r=0.5\text{m}$인 실에 질량 $m=0.2\text{kg}$인 물체를 매달고 수평면 상에서 일정한 속력(v)으로 매분 120번씩 회전시킬 때 다음을 구하라.

(1) 원운동의 주기[s]

(2) 물체의 속력[m/s]

(3) 물체에 작용하는 구심력의 크기[N]

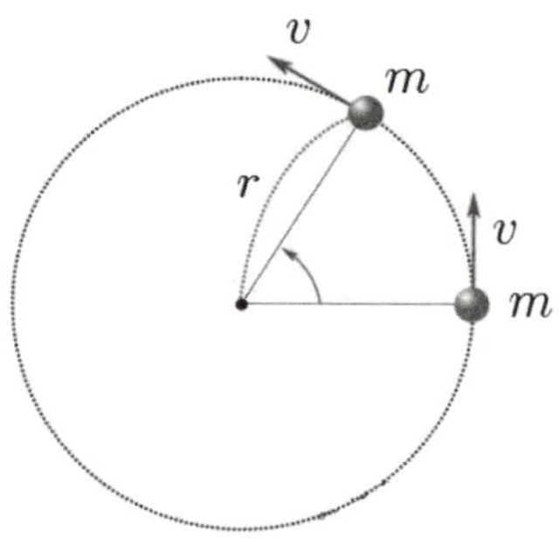

[그림 6.11]

풀이 (1) 원운동의 주기(T): 한 바퀴 도는 데 걸리는 시간이다.

$$T=\frac{1\text{min}}{120}=\frac{60\text{s}}{120}=0.5[\text{s}]$$

(2) 물체의 속력(v)

$$v=\frac{2\pi r}{T}=\frac{2\pi(0.5\text{m})}{0.5\text{s}}=2\pi[\text{m/s}]$$

(3) 물체에 작용하는 구심력의 크기(F)

$$F=m\frac{v^2}{r}=0.2\text{kg}\times\frac{(2\pi\,\text{m/s})^2}{0.5\text{m}}=1.6\pi^2[\text{kg}\cdot\text{m/s}^2]=1.6\pi^2[\text{N}]$$

[예제 6.6] [그림 6.12]와 같이 줄을 관에 통과시키고 줄의 한쪽 끝에는 질량 m의 고무마개를 매달고 다른 쪽 끝에는 질량 M의 추를 달아 수평면 상에서 등속 원운동을 시켰다. 고무마개의 속력은 v이다.

(1) 중력가속도를 g라 할 때 원운동의 반지름 R을 구하라.

(2) 원운동의 반지름을 일정하게 유지하면서 추의 무게를 4배로 증가시키면 고무마개의 속력은 처음의 몇 배가 되는가?

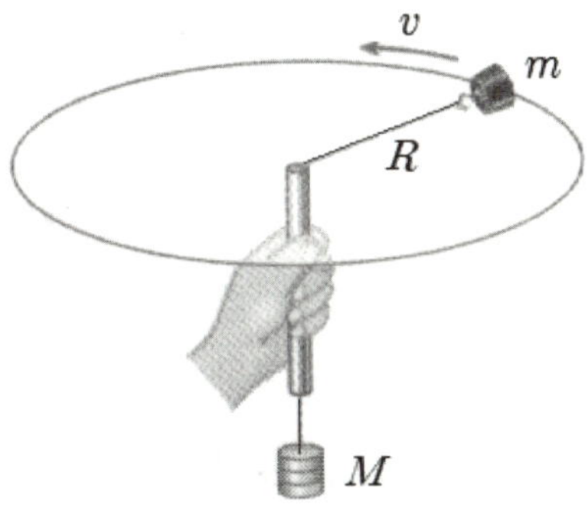

[그림 6.12]

풀이 추에 작용하는 중력과 고무마개에 작용하는 원심력이 평형을 이루어 반지름이 일정한 등속 원운동을 한다.

$$Mg = m\frac{v^2}{R} \quad \cdots\cdots ①$$

(1) 식 ①로부터 원운동의 반지름 R은 다음과 같다.

$$R = \frac{mv^2}{Mg} \quad \cdots\cdots ②$$

(2) 식 ①로부터 고무마개의 속력 v는 다음과 같이 표현된다.

$$v = \sqrt{\frac{MgR}{m}} \quad \cdots\cdots ③$$

식 ③에서 R이 일정하면 $v \propto \sqrt{M}$이다. 따라서 추의 무게가 4배가 되면 고무마개의 속력은 $\sqrt{4} = 2$배가 된다.

[예제 6.7] [예제 6.7] [그림 6.13]과 같이 수평면에서 반지름 R의 원형 도로를 따라 자동차가 v의 속력으로 등속 원운동을 하고 있다. 도로와 자동차 바퀴 사이의 마찰계수는 μ_k이다. 차가 미끄러져 도로를 이탈하지 않고 등속 원운동을 할 수 있는 최대 속력을 구하라. 중력 가속도는 g이다.

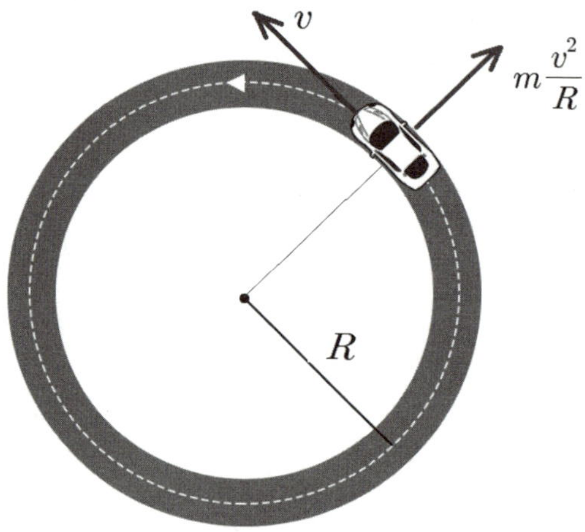

[그림 6.13]

풀이 차의 속력에 의한 원심력이 차바퀴에 작용하는 마찰력을 넘어서면 차는 도로를 이탈하여 밖으로 미끄러진다. 즉, 차가 미끄러져 도로를 이탈하지 않고 등속 원운동을 할 수 있는 최대 속력은 차에 작용하는 원심력과 마찰력의 값이 같을 때이다.

- 원심력 $F_R = m\frac{v^2}{R}$; 마찰력 $f = \mu_k mg$

$$m\frac{v_{\max}^2}{R} = \mu_k mg$$

$$v_{\max} = \sqrt{\mu_k g R}$$

[Note] 뉴턴 운동 제2법칙 적용: 차가 원운동을 하고 있을 때 원의 중심을 향해 차에 작용하는 힘은 마찰력이다. 따라서 뉴턴 운동 제2법칙에 따라

$$\sum F_r = ma_r$$

$$\mu_k mg = ma_r = m\frac{v^2}{R}$$

의 관계식이 성립한다.

6.3 원뿔진자

[그림 6.14]와 같이 길이 L 인 실의 한쪽 끝(O)을 고정하고, 다른 쪽 끝에 질량 m의 추를 단 후, 추를 수평면상에서 반지름 R의 원운동을 시키면 실의 궤적은 수직축을 중심으로 하는 원뿔 표면을 형성한다. 이와 같은 것을 원뿔진자(원추진자)라 한다.

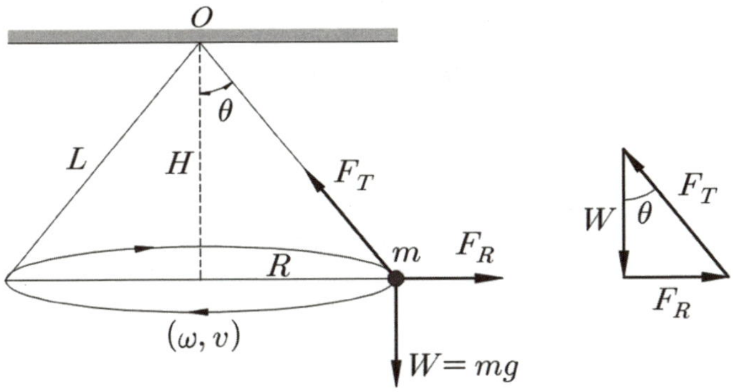

[그림 6.14] 원뿔진자

회전하는 추에는 실의 장력 F_T와 추 무게 $W=mg$ 및 원심력 F_R의 세 힘이 작용한다. 질점에 대한 힘의 평형으로부터 세 힘은 [그림 6.14]와 같은 힘의 삼각형을 이룬다. 이 삼각형으로부터 세 힘의 관계는 다음과 같다.

$$F_T = \sqrt{F_R^2 + W^2} \quad \cdots\cdots (6.6)$$

[그림 6.14]에서 실의 각도 θ는 다음과 같이 표현된다.

$$\tan\theta = \frac{R}{H} = \frac{F_R}{W} \quad \cdots\cdots (6.7)$$

여기에서 원심력을 원운동의 각속도(ω)와 선속도(v)로 나타내면

$$F_R = mR\omega^2 = m\frac{v^2}{R} \quad \cdots\cdots (6.8)$$

이다. 식 (6.8)을 식 (6.7)에 대입하면

$$\tan\theta = \frac{F_R}{W} = \frac{mR\omega^2}{mg} = \frac{mv^2/R}{mg}$$

$$\tan\theta = \frac{R\omega^2}{g} = \frac{v^2}{Rg} \quad \cdots\cdots (6.9)$$

이 구해진다. 여기에서 각속도를 H로 표현하면

$$\tan\theta = \frac{R}{H} = \frac{R\omega^2}{g}$$

$$\omega = \sqrt{\frac{g}{H}} \quad \cdots\cdots (6.10)$$

이고, 원뿔진자의 높이(H)는 다음과 같이 각속도로 표현된다.

$$H = \frac{g}{\omega^2} \quad \cdots\cdots (6.11)$$

식 (6.11)로부터 원뿔진자의 높이(H)는 추의 무게(mg)나 실의 길이(L)와는 무관하고 각속도(ω)만에 의해 결정된다는 것을 알 수 있다. 그리고 추가 수직축의 둘레를 1회전하는 데 걸리는 시간, 즉 주기(T)는 다음과 같다.

$$T = \frac{2\pi}{\omega} = 2\pi\sqrt{\frac{H}{g}} \quad \cdots\cdots (6.12)$$

[예제 6.8] [그림 6.14]에서 추가 40rpm의 회전속도로 회전하고 있을 때 원뿔진자의 높이 H[cm]를 구하라.

풀이 회전속도 N[rpm]일 때 각속도 $\omega = \dfrac{2\pi N}{60}$이다. 식 (6.11)로부터

$$H = \frac{g}{\omega^2} = \frac{g}{(2\pi N/60)^2} = \frac{(30)^2 g}{\pi^2 N^2}$$

$$= \frac{(30)^2 \times 9.8}{\pi^2 \times (40)^2}[\mathrm{m}] = 0.559[\mathrm{m}] = 55.9[\mathrm{cm}]$$

여기에서 중력가속도 $g = 9.8\mathrm{m/s^2}$이고, SI 단위 [m, s]로 계산하면 결과로 나오는 H(길이)의 단위는 m가 된다.

[예제 6.9] 추의 질량이 0.2kg인 원뿔진자가 있다. 원뿔의 높이가 1m이고 회전반경이 0.5m일 때 실에 걸리는 장력 F_T[N]을 구하라.

풀이 진자의 무게 $W = mg$이고 [그림 6.14]에서 알 수 있는 기하학적 구조와 힘의 평형 관계식

$$\tan\theta = \frac{R}{H} = \frac{F_R}{W}$$

로부터 원심력 $F_R = \dfrac{R}{H}W$이다. 이 식을 이용하면 다음과 같이 실에 걸리는 장력이 구해진다.

$$F_T = \sqrt{F_R^2 + W^2} = \sqrt{\left(\frac{R}{H}W\right)^2 + W^2} = W\sqrt{\left(\frac{R}{H}\right)^2 + 1}$$

$$= mg\sqrt{\left(\frac{R}{H}\right)^2 + 1} = 0.2 \times 9.8\sqrt{\left(\frac{0.5}{1}\right)^2 + 1}\,[\mathrm{N}]$$

$$= 2.19[\mathrm{N}]$$

SI 단위 [kg, m, s]로 계산하면 결과로 나오는 F_T(힘)의 단위는 N이 된다.

† 원뿔진자에 대한 문제는 [그림 6.14]의 힘의 삼각형을 알면 굳이 여러 개의 공식을 기억하지 않아도 요구하는 값을 구할 수 있다.

연습문제 6

01 미끄럼마찰에서 정지마찰계수가 0.25이면 마찰각은 얼마인가?

02 어떤 물체가 경사각 $10°$의 빗면을 따라 일정한 속도로 미끄러져 내려오고 있을 때 운동마찰계수를 구하라.

03 경사각 $\theta = 30°$인 빗면 위에서 질량 m의 물체가 일정한 가속도 a로 미끄러져 내려오고 있을 때 물체의 가속도(a)를 구하라. 운동마찰계수 $\mu_k = 0.3$이다.

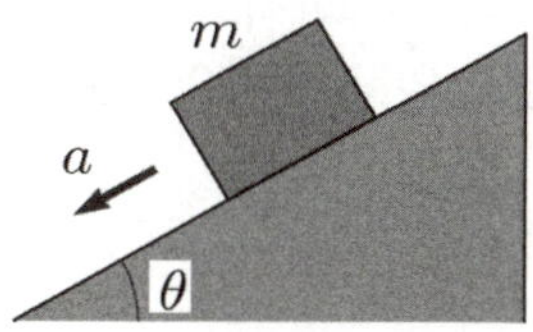

[문제 6.3]

04 질량 $m = 4\text{kg}$의 물체가 수평면 위에서 그림과 같은 힘을 받고 운동하고 있다. 운동마찰계수 $\mu_k = 0.2$일 때 다음을 구하라.

(1) 바닥으로부터 받는 수직반력
(2) 물체의 가속도
(3) 정지 상태에서 출발하여 2초 후의 변위

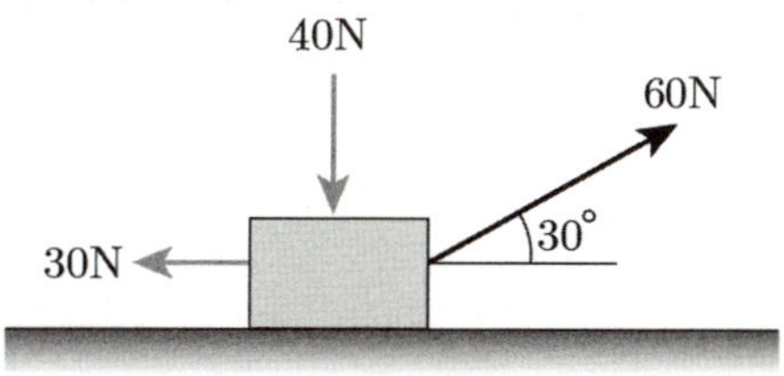

[문제 6.4]

05 물체 A와 B의 질량은 각각 $m_A = 8\text{kg}$, $m_B = 2\text{kg}$이고 마찰 없는 도르래 위로 연결되어 일정한 가속도로 운동하고 있다. A와 경사면 사이의 운동마찰계수는 $\mu_k = 0.2$이고 경사각 $\theta = 40°$일 때 A의 가속도와 줄에 걸리는 장력을 구하라.

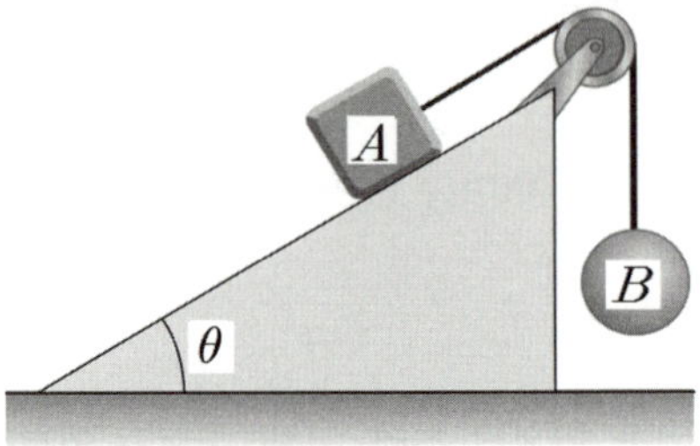

[문제 6.5]

06 그림과 같이 수평면과 $\alpha = 40°$의 각도로 일정한 힘 T를 가하여 질량 $m = 40\text{kg}$의 물체를 일정한 속도로 끌고 있다. 물체와 지면과 사이의 운동마찰계수 $\mu_k = 0.1$일 때 끄는 힘 T를 구하라.

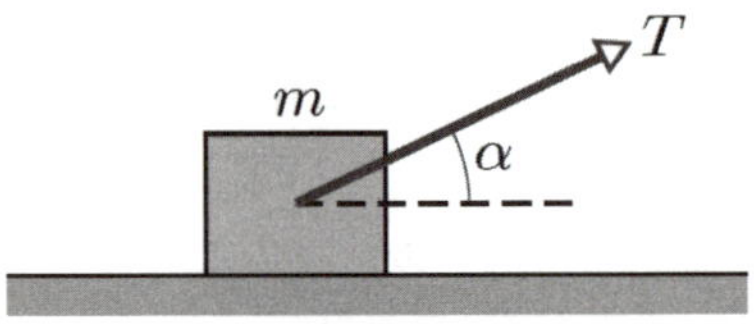

[문제 6.6]

07 두 개의 블록 A와 B의 질량은 각각 $m_A = 4\text{kg}$, $m_B = 2\text{kg}$이고 마찰 없는 도르래 위로 연결되어 일정한 가속도로 운동하고 있다. B와 수평면 사이의 운동마찰계수 $\mu_k = 0.3$이고 경사면은 마찰 없는 면이다. 경사각 $\theta = 30°$일 때 블록의 가속도를 구하라.

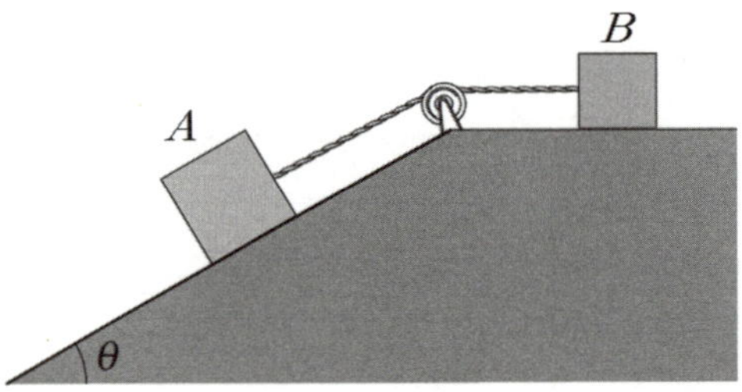

[문제 6.7]

08 수평면에 정지해 있는 질량 5kg의 물체가 일정한 힘 P를 받는다. 힘을 받은 후 2초 후 물체의 속도가 오른쪽으로 20m/s가 되었다. 다음 각 경우에 대해 힘 P를 구하라.

(1) 표면이 매끄러울 때
(2) 운동마찰계수 $\mu_k = 0.1$일 때

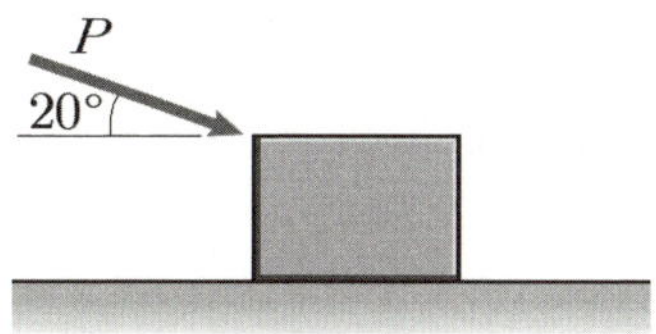

[문제 6.8]

09 질량 m과 M의 물체가 도르래에 걸린 줄로 연결되어 일정한 속도 또는 일정한 가속도로 운동하고 있다. 다음을 구하라.

(1) $m = 2\text{kg}$, $M = 3\text{kg}$이고 마찰이 없을 때 물체의 가속도와 줄에 걸리는 장력
(2) $m = 3\text{kg}$, $M = 8\text{kg}$이고, 두 물체가 일정한 속도로 운동하고 있을 때 M의 물체와 수평 바닥 사이의 운동마찰계수
(3) $m = 4\text{kg}$, $M = 6\text{kg}$이고, M의 물체와 바닥 사이의 운동마찰계수 $\mu_k = 0.2$일 때 물체의 가속도
(4) $m = 2\text{kg}$, $M = 4\text{kg}$이고, 두 물체가 일정한 가속도 $1.3\,\text{m/s}^2$로 운동하고 있을 때 M의 물체와 바닥 사이의 운동마찰계수

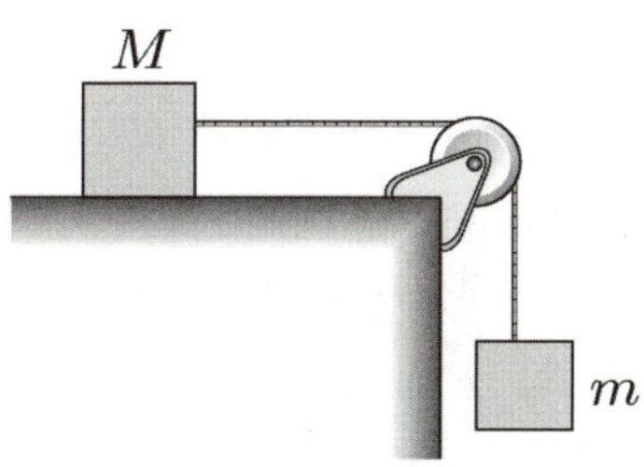

[문제 6.9]

10 그림은 수평면에 정지해 있던 질량 2[kg]의 물체가 외력에 의해 직선 운동할 때 작용한 마찰력-시간 그래프이다. 다음 설명 중 가장 옳지 않은 것은? (단, 중력가속도 $g = 10[\mathrm{m/s^2}]$이다.) [공무원 임용시험]

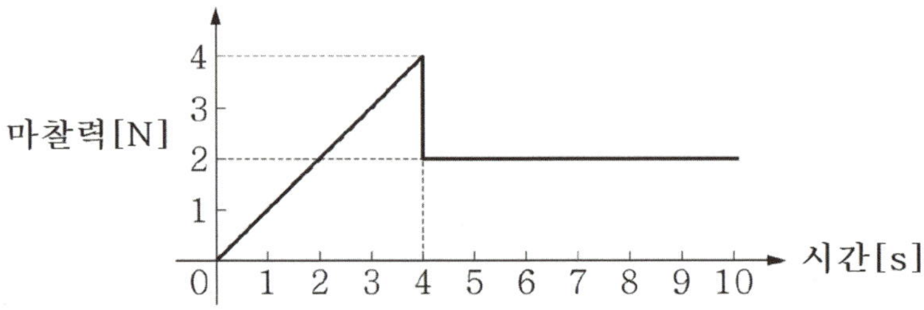

[문제 6.10]

① 4초 이후에 외력의 크기는 일정하다.
② 외력의 크기는 변화하였다.
③ 물체는 4초 이후에 운동하였다.
④ 물체와 수평면 사이의 운동 마찰력은 2[N]이다.

11 마찰이 있는 수평면 위에 놓인 질량 20kg의 상자에 수평 방향으로 힘을 가한다. 처음 60N의 힘을 가하니 움직이지 않고, 120N의 힘을 가하니 상자가 운동한다. 이후 80N의 일정한 힘을 가하니 상자가 등속 운동한다. 이로부터 알 수 있는 사실은? (단, 중력가속도는 $10\mathrm{m/s^2}$이다) [공무원 임용시험]

① 운동 마찰계수는 0.4이다. ② 정지 마찰계수는 0.3이다.
③ 정지 마찰계수는 0.6이다. ④ 정지 마찰력은 120N이다.

12 그림과 같이 질량 $M = 34$kg인 나무상자가 정지마찰계수 $\mu_s = 0.7$인 표면 위에 정지해 있고 수평과 상방 $\theta = 45°$의 각도로 나무상자에 힘을 가한다. 나무상자를 움직이기 위해 필요한 최소 힘 $\vec{F}$의 크기[N]는? (단, 중력가속도는 $10\mathrm{m/s^2}$이며, $\sin 45° = \cos 45° = 0.7$로 계산한다.) [공무원 임용시험]

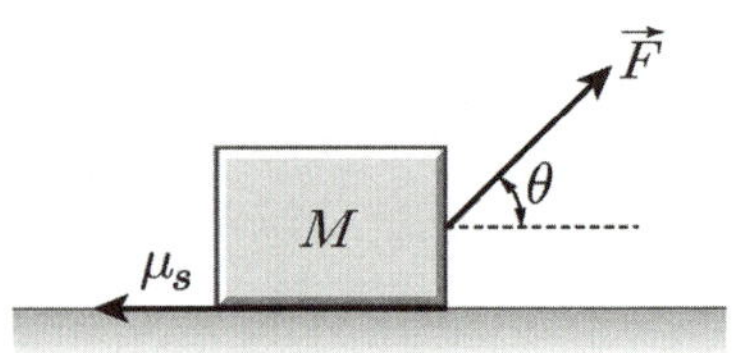

[문제 6.12]

① 70 ② 100
③ 170 ④ 200

13 그림과 같이 마찰이 없는 도르래를 통해 두 물체가 가벼운 줄로 연결되어 있다. 입방체 M_1과 수평면 사이의 운동마찰계수는 0.3이고 M_1의 질량은 4kg, M_2의 질량은 7kg이다. 줄의 장력을 두 물체의 가속도로 나눈 값[kg]에 가장 가까운 값은? 단, 줄의 질량과 공기 저항은 무시하며 중력가속도는 10m/s^2이다. [공무원 임용시험]

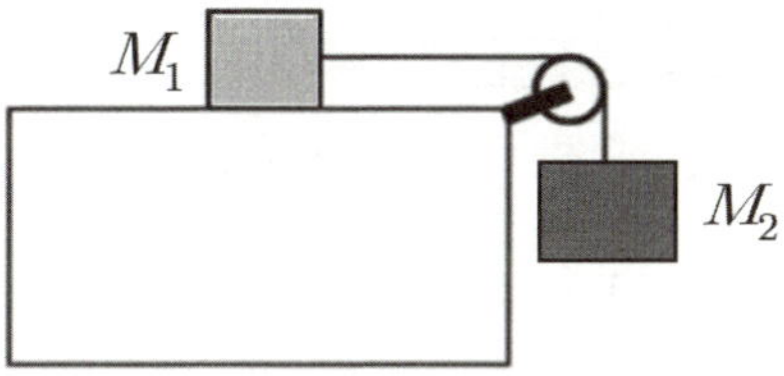

[문제 6.13]

① 1.50 ② 5.50 ③ 6.28 ④ 13.30

14 한 아이가 스키를 타고 수평면에서 $30°$ 기울어진 경사면을 일정한 가속도로 내려오고 있다. 스키와 경사면 사이의 운동 마찰계수가 0.4일 때 아이의 가속도는 중력가속도(g)의 몇 배인가? 단, $\sqrt{3} = 1.7$로 한다. [공무원 임용시험]

① 0.16 ② 0.34 ③ 0.45 ④ 0.65

15 그림과 같이 질량이 2kg인 물체에 수평면과 $\theta = 30°$로 20N의 힘이 가해졌다. 물체와 수평면 사이의 운동마찰계수가 $\mu_k = 0.2$일 때, 물체의 수평 방향 가속도의 크기 [m/s^2]는? 단, 중력가속도는 10m/s^2이다. [공무원 임용시험]

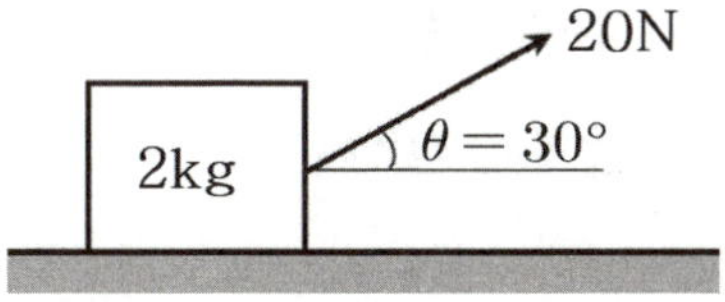

[문제 6.15]

① 4 ② 6 ③ $5\sqrt{3} - 2$ ④ $5\sqrt{3} - 1$

16 마찰계수가 0.5인 경사가 없는 바닥에서 질량이 m인 물체를 정지 상태에서 수평 방향으로 끌기 위해 필요한 최소한의 힘이 15N이었다면 물체의 질량은? (단, 중력가속도 $g=10\mathrm{m/s^2}$이다) [공무원 임용시험]

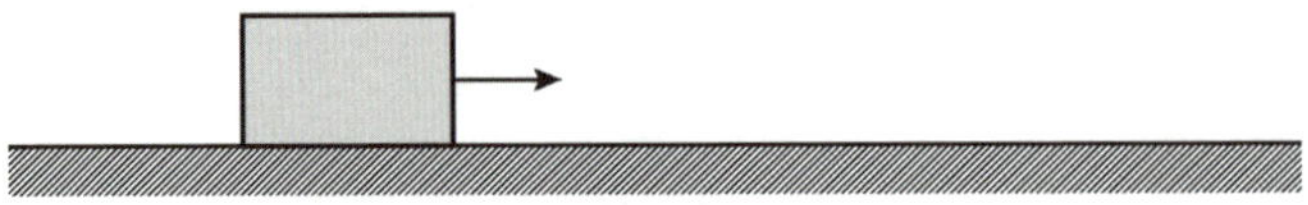

[문제 6.16]

① 1kg ② 2kg ③ 3kg ④ 4kg

17 질량 m이 1kg인 물체가 지면과의 각도 $45°$를 이루는 $\sqrt{2}$N 크기의 힘 F에 의해 수평 방향으로 움직이고 있다. 물체와 바닥 사이의 운동 마찰계수는 0.1이다. 물체의 가속도$[\mathrm{m/s^2}]$는? (단, 중력가속도 g는 $10\mathrm{m/s^2}$이고, 공기 저항은 무시한다) [공무원 임용시험]

① 0 ② 0.1
③ 0.5 ④ 1

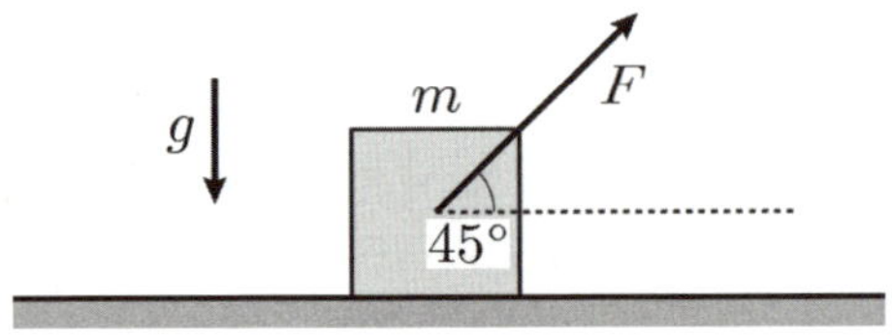

[문제 6.17]

18 그림과 같이 두 물체가 도르래에 연결되어 등속도 운동을 하고 있다. 물체 A와 B의 질량은 각각 m_1, m_2이고, 경사면과 물체 사이의 운동마찰계수는 μ이다. 수평 경사각이 $30°$일 때 물체 A가 경사면 아래로 등속도 운동을 하기 위한 질량비 $\dfrac{m_2}{m_1}$는? (단, 줄의 질량과 도르래의 마찰은 무시한다) [공무원 임용시험]

① $\dfrac{\mu-\sqrt{3}}{2}$ ② $\dfrac{\mu+\sqrt{3}}{2}$
③ $\dfrac{1-\mu\sqrt{3}}{2}$ ④ $\dfrac{1+\mu\sqrt{3}}{2}$

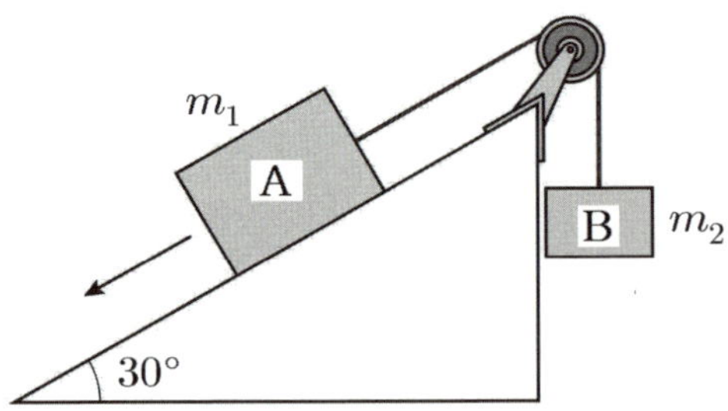

[문제 6.18]

19 그림은 수평면 위에 놓여 있는 어떤 물체를 18N의 힘으로 수평 방향으로 당기고 있다. 물체의 바닥면과 수평면 사이의 운동마찰계수는 0.4이다. 물체의 가속도가 5m/s^2이라고 할 때, 이 물체의 질량 값[kg]은? (단, 중력가속도의 크기는 10m/s^2이다.) [공무원 임용시험]

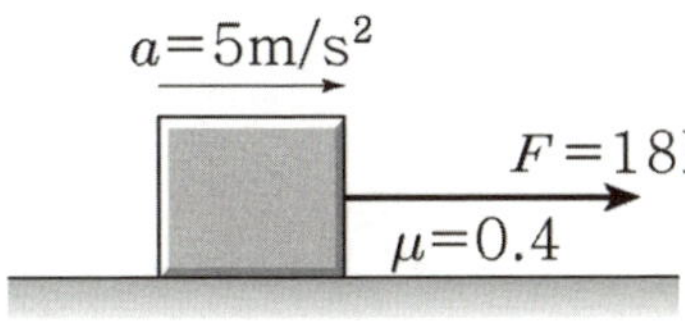

[문제 6.19]

① 2 ② 3 ③ 4 ④ 5

20 그림과 같이 수평면 위에 놓인 물체를 사람이 힘 F로 일정속력으로 잡아당긴다. 그 외에도 상자에 작용하는 힘은 수직항력 N, 중력 W, 마찰력 f가 있다. 이 힘들의 크기를 올바르게 표현한 것은? [공무원 임용시험]

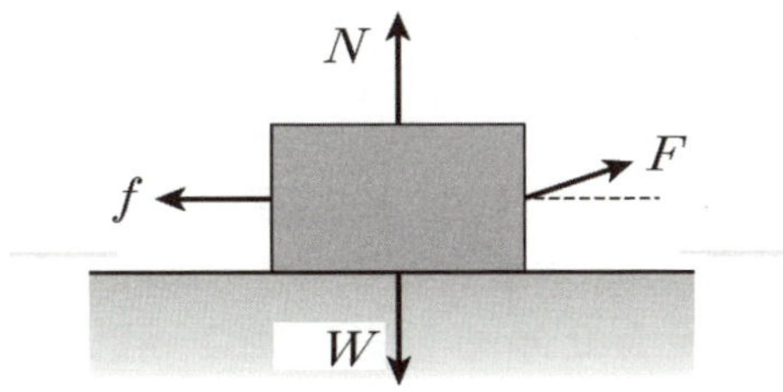

[문제 6.20]

① $F=f$, $N=W$ ② $F>f$, $N<W$
③ $F=f$, $N>W$ ④ $F>f$, $N=W$

21 마찰력에 대한 일반적인 설명으로 옳지 않은 것은? [공무원 임용시험]

① 마찰력은 접촉면의 크기에 상관없다.
② 최대정지마찰력은 운동마찰력보다 작다.
③ 마찰력은 항상 움직이는 방향의 반대 방향으로 작용한다.
④ 마찰력이 최대정지마찰력에 도달했을 때 마찰각도 최댓값을 갖는다.

22 무게가 똑같이 10N인 두 물체가 그림과 같이 도르래 양쪽에 걸쳐 있다. 두 물체가 움직이지 않고 정지해 있다면, 경사면 위에 놓인 물체에 작용하는 마찰력은 얼마인가? (단, 줄과 도르래의 질량은 무시할 수 있고 중력가속도는 $10\,\mathrm{m/s^2}$으로 한다.)

[공무원 임용시험]

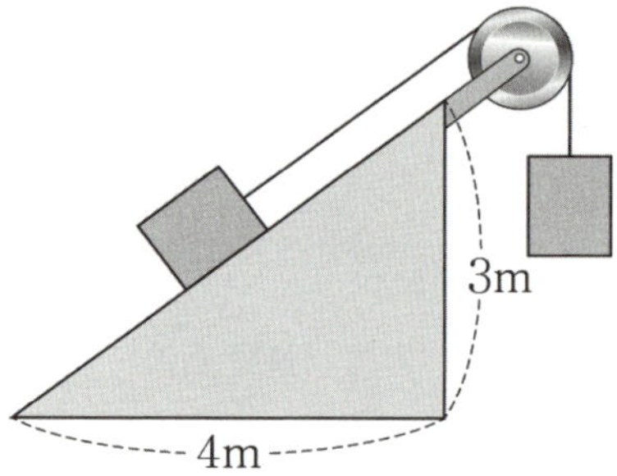

[문제 6.22]

① 2.5N ② 4N ③ 6N ④ 10N

23 질량 $2\,\mathrm{kg}$의 물체가 반지름 $30\,\mathrm{cm}$인 원주를 따라 $200\,\mathrm{rpm}$으로 회전하고 있을 때 물체에 작용하는 구심력의 크기를 구하라.

24 그림과 같이 줄을 관에 통과시키고 줄의 한쪽 끝에는 질량 m의 고무마개를 매달고 다른 쪽 끝에는 질량 M의 추를 달아 수평면 상에서 선속도 v의 등속 원운동을 시켰다. 고무마개는 그대로 두고 추의 질량을 2배로 하면서 같은 속도 v로 등속 원운동시키면 원운동의 반지름은 처음의 몇 배가 되는가?

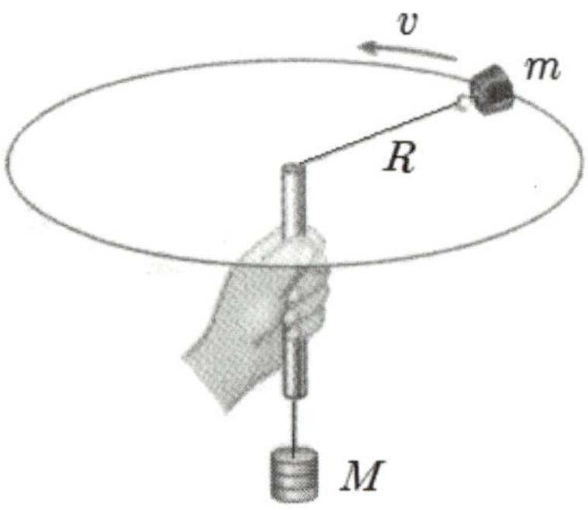

[문제 6.24]

25 수평 회전원판에서 반지름 5m인 위치에 정지 상태로 놓여있는 물체가 있다. 회전원판을 일정한 각속도로 7초마다 한 바퀴 돌게 했을 때 물체가 미끄러지지 않을 최소 정지마찰계수를 구하라.

26 자동차가 반지름 40m의 수평 곡선도로를 주행하고 있다. 있는 도로와 타이어 사이의 정지마찰계수가 0.6일 때 자동차가 미끄러지지 않고 달릴 수 있는 최대 속력[km/h]을 구하라.

27 자전거의 속력이 30km/h이고 타이어와 도로 사이의 정지마찰계수가 0.5일 때, 자전거가 수평 트랙을 미끄러지지 않고 달릴 수 있는 트랙의 최소 반지름[m]을 구하라.

28 장난감 자동차가 시속 108km의 일정한 속력으로 반지름 10m의 원형 궤도를 돌 때 자동차의 반경방향 가속도 크기를 중력가속도 $g(=9.8\text{m/s}^2)$로 나타내라.

29 줄의 한쪽 끝에 매달린 질량 $m=3\text{kg}$인 물체는 마찰이 없는 수평 탁자 위에서 반지름 $r=20\text{cm}$의 원운동을 하고, 다른 쪽 끝에는 중심의 구멍을 통해 질량 $M=5\text{kg}$의 물체가 매달려 있다. 질량 M의 물체가 정지해 있을 때 원운동 하는 물체의 속력을 구하라.

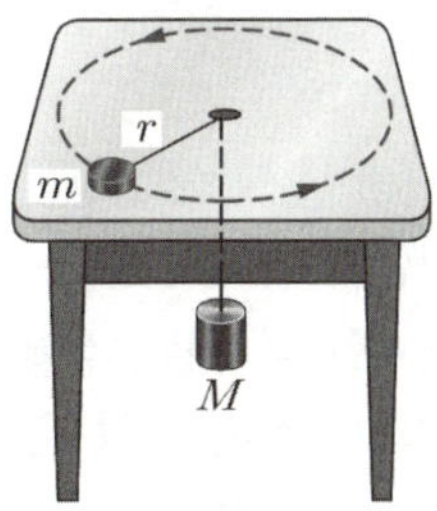

[문제 6.29]

30 그림과 같이 자동차가 언덕을 지나가고 있다. 언덕 꼭대기의 곡률반경 $R=200\text{m}$일 때 자동차가 언덕 꼭대기에서 땅을 뜨지 않고 달릴 수 있는 최대 속력[km/h]을 구하라.

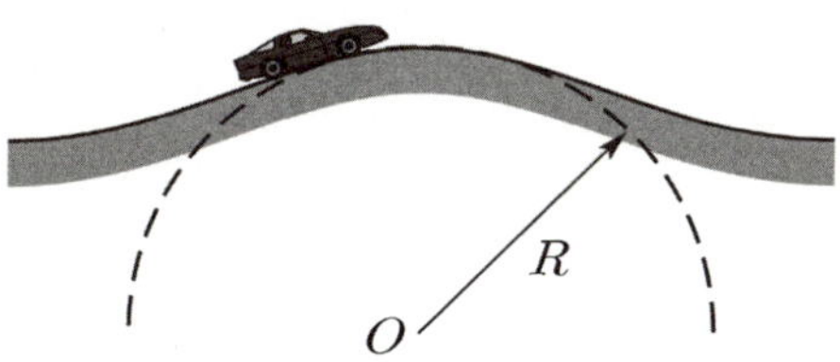

[문제 6.30]

31 그림과 같이 질량 0.1kg인 물체가 길이 2m인 실에 매달려 연직 평면에서 원운동을 한다. 공이 가장 높은 지점에 도달하였을 때 속력이 $10\mathrm{m/s}$라면, 이 지점에서 줄에 걸리는 장력은 몇 [N]인가? 단, 중력가속도 $g=10\mathrm{m/s^2}$이고, 실의 질량은 무시한다.

[공무원 임용시험]

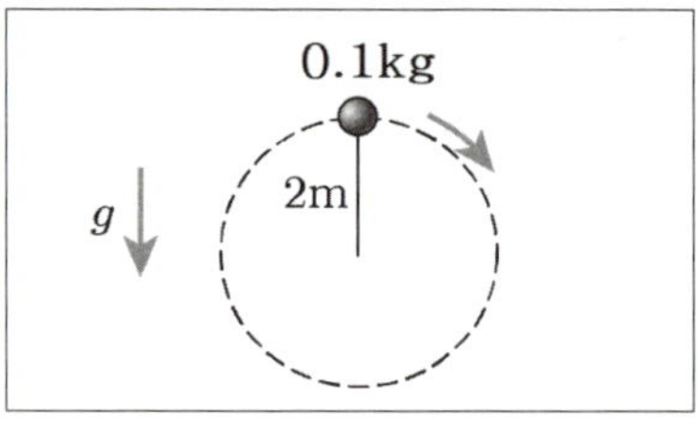

[문제 6.31]

32 질량이 1.2ton인 트럭이 반지름 20m의 원형도로를 따라 진행한다. 트럭의 짐칸 가운데에는 상자가 놓여 있는데, 줄로 고정되지 않은 상태이다. 트럭의 속력이 8m/s가 되었을 때 상자가 미끄러지기 시작했다면, 상자에 작용하는 마찰력의 정지 마찰 계수는? (단, 트럭과 상자의 크기는 무시하며 중력 가속도는 $10\mathrm{m/s^2}$이다.) [공무원 임용시험]

① 0.16　② 0.24　③ 0.32　④ 0.40

33 그림과 같이 질량 $m_1=1$kg, $m_2=2$kg인 두 개의 원판이 끈으로 연결되어 마찰을 무시할 수 있는 수평면 위에서 일정한 각속력 10rad/s로 함께 원운동을 하고 있다. 원의 중심에서 각 원판까지의 거리가 $r_1=0.5$m, $r_2=1$m이다. 원의 중심과 m_1을 연결한 안쪽 끈에 걸리는 장력[N]은? (단, 끈의 질량과 원판의 크기는 무시한다)

[공무원 임용시험]

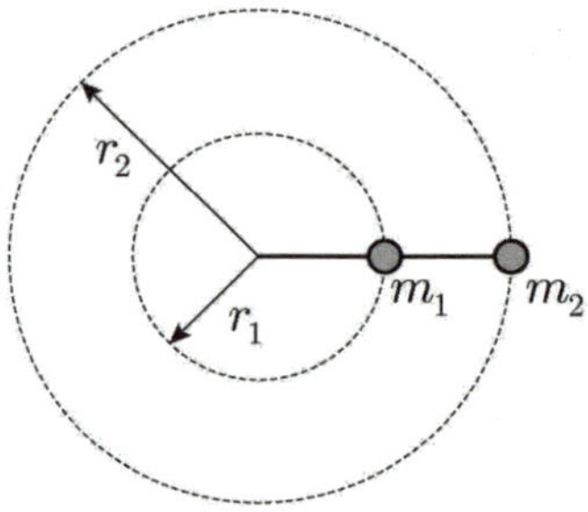

[문제 6.33]

① 100　② 150　③ 200　④ 250

34 그림과 같이 자동차가 반지름이 100m인 원형 궤적을 달린다. 자동차 타이어와 도로면 사이의 마찰력이 구심력으로 작용한다. 도로면은 경사가 없이 수평이고, 도로와 바퀴의 정지마찰계수가 0.9일 때, 미끄러지지 않고 달릴 수 있는 최대 속력의 값[m/s]은? (단, 중력가속도는 10m/s^2이다) [공무원 임용시험]

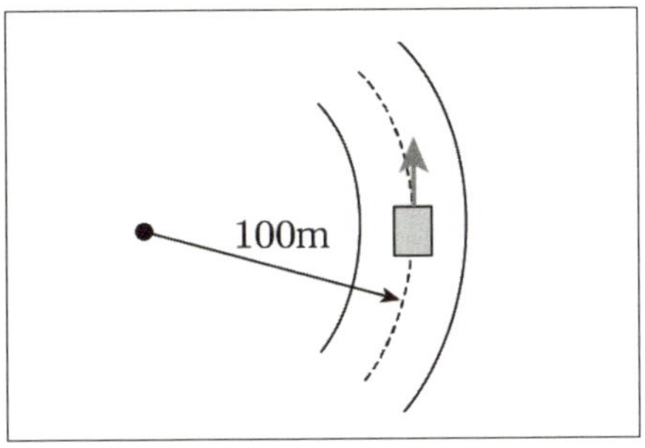

[문제 6.34]

① 15 ② 20 ③ 25 ④ 30

35 두 개의 물체가 그림과 같이 책상의 구멍을 통해 가는 실로 연결되어 있다. 책상 위의 물체는 반경이 R인 등속원운동을 하고 있다. 책상 아래의 물체가 아래로 떨어지지 않고 정지해 있기 위해 필요한 등속원운동의 주기는? (단, 모든 마찰은 무시하고 실의 질량은 없다고 가정하며, 중력가속도는 g이다.) [공무원 임용시험]

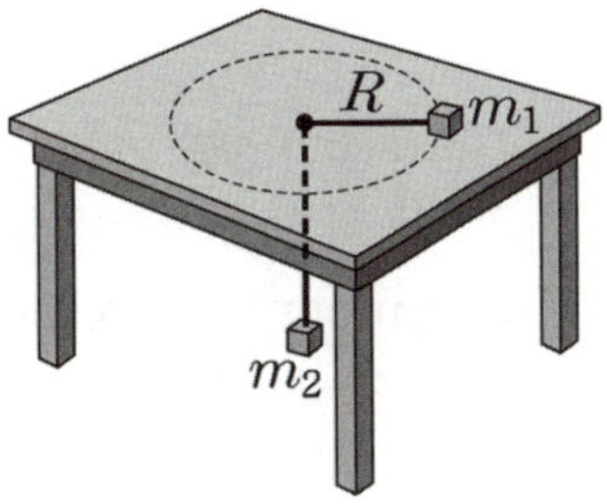

[문제 6.35]

① $2\pi\sqrt{\frac{m_1R}{m_2g}}$ ② $2\pi\sqrt{\frac{R}{g}}$

③ $2\pi\sqrt{\frac{m_2R}{m_1g}}$ ④ $2\pi\sqrt{\frac{m_1}{m_2}}$

36 등속 원운동을 하는 물체의 속력을 2배로 증가시키면 구심력의 크기는? [공무원 임용시험]

① 2배로 증가한다. ② 4배로 증가한다.

③ 8배로 증가한다. ④ 16배로 증가한다.

37 그림과 같이 질량 $m = 0.2$kg인 추가 실에 매달려 수평면상에서 등속원운동을 하고 있다. 실과 연직선이 이루는 각 $\theta = 45°$, 회전반지름 $R = 0.1\text{m}$이다. 다음을 구하라. 단, 실의 무게는 무시하고 중력가속도 $g = 10\text{m/s}^2$이다.

(1) 추에 작용하는 구심력의 크기[N]

(2) 추의 속력[m/s]

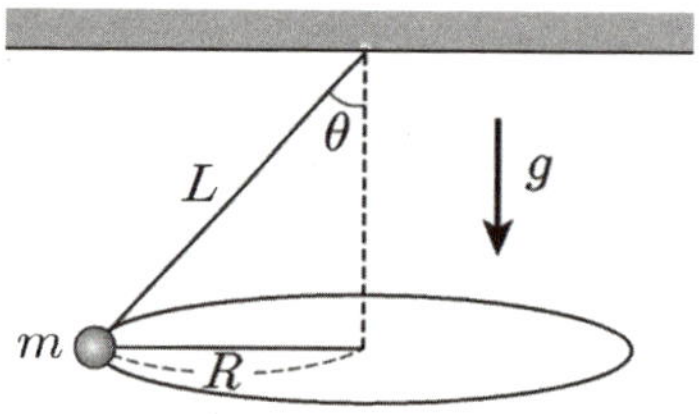

[문제 6.37]

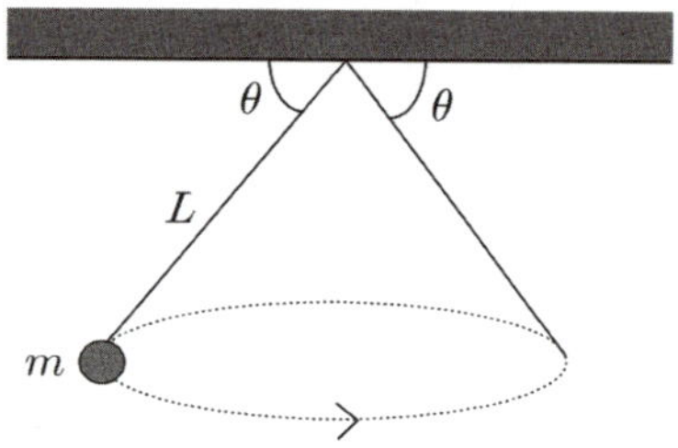

[문제 6.38]

38 길이 $L = 0.6$m인 가벼운 실에 질량 $m = 1$kg인 물체가 매달려 그림과 같이 수평면상에서 등속원운동을 하고 있다. 실과 수평면 사이의 경사각 $\theta = 30°$일 때 이 물체의 속력[m/s]을 구하라. 실의 무게는 무시하고 중력가속도 $g = 10\text{m/s}^2$이다.

[공무원 임용시험]

39 그림과 같이 질량 2kg인 물체가 실에 매달려 반지름 1.2m인 원 궤도를 따라 수평면과 나란하게 등속원운동을 한다. 물체를 당기는 실의 장력이 25N이라면 물체 속력의 크기[m/s]는? (단, 중력가속도 $g = 10\text{m/s}^2$이고, 실의 질량은 무시한다)

[공무원 임용시험]

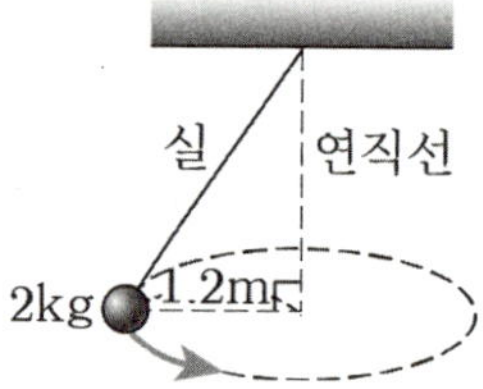

[문제 6.39]

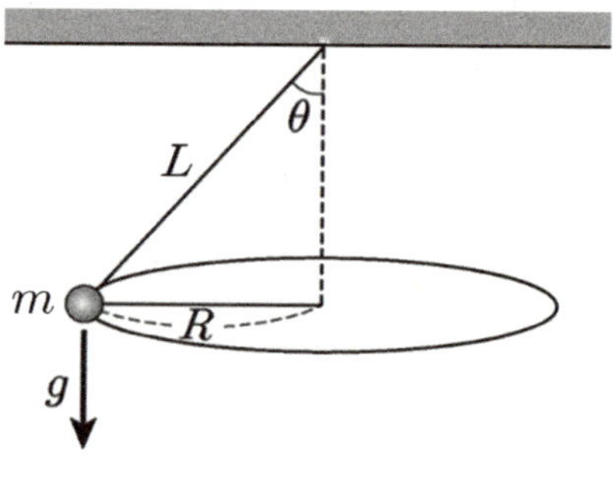

[문제 6.40]

40 질량 m인 물체가 실에 매달려 그림처럼 평면에서 원운동을 할 때, 물체의 회전 주기를 구하여 g, R, θ로 나타내라. g는 중력가속도이다. [공무원 임용시험]

41 질량 $m = 20$kg인 블록이 경사면을 따라 초기속도 $v_0 = 5$m/s로 $x = 0$으로부터 내려가고 있다. 바닥면과 블록 사이의 운동마찰계수 $\mu_k = 0.4$일 때, 다음 각 경우에 대하여 블록이 정지할 때까지 걸리는 시간과 이 시간 동안 블록이 이동하는 거리를 구하라. (Hint: θ가 크면 계속 미끄러져 내려 갈 수 있다.)

(1) $\theta = 15°$　　(2) $\theta = 30°$

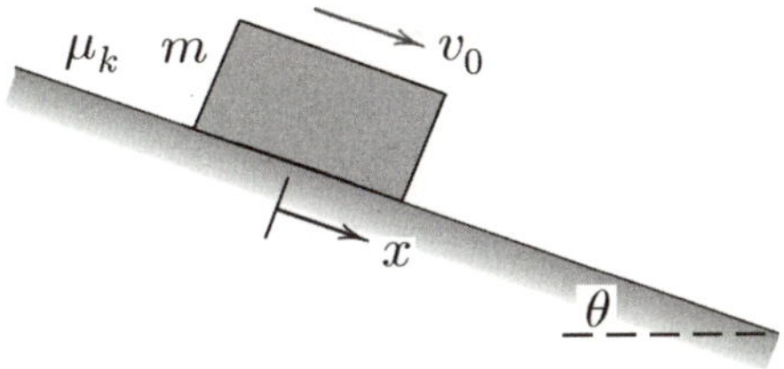

[문제 6.41]

제7장

운동에너지와 일

7.1 운동에너지

1 에너지

오래 전에 과학자들은 운동을 해석하는 또 다른 방법으로 에너지(energy)란 개념을 도입하였다. 이와 같은 방법은 화학 반응, 지질학적 진행 과정, 생물학적 기능 등과 같이 운동을 수반하지 않는 다른 현상에까지 확장할 수 있다. 이 방법은 여러 가지 형태로 나타나는 에너지를 다루는 것이다. 그러나 에너지란 용어의 폭이 매우 넓어서 에너지에 대한 정의를 간단명료하게 내리는 것은 어렵다. 다만 에너지가 물체의 상태와 관련된 스칼라양임은 분명하다.

에너지의 엄밀한 정의는 어렵지만 대체로 '일을 할 수 있는 능력'을 에너지라 하며, 그 저장 형태에 따라 역학적 에너지, 전기 에너지, 원자력 에너지 등이 있다. 그 외에 화학 에너지(석탄, 석유 등의 화석연료나 전지 또는 음식물 등의 물질에 저장되어 있는 에너지), 파동 에너지(파동에 의해 전달되는 에너지), 빛 에너지(태양이나 전구 등이 가지고 있는 에너지) 등의 여러 종류가 있다. 태양 에너지는 대부분의 에너지의 근원이다. 태양 에너지가 근원이 아닌 에너지에는 지열 에너지, 핵에너지 등이 있다.

2 운동에너지

운동에너지는 물체의 운동 상태와 관련된 에너지이다. 물체가 빨리 움직일수록 운동에너지는 커지고 물체가 정지하면 운동에너지는 0이다. 즉, 운동하는 물체가 가지고 있는 일을 할 수 있는 능력을 운동 에너지(kinetic energy)라 하며, 속도 v로 운동하고 있는 질량 m인 물체의 운동 에너지 K는 다음과 같다.

$$K = \frac{1}{2}mv^2 \qquad \cdots\cdots (7.1)$$

운동에너지의 SI 단위는 1800년대 영국의 한 과학자 이름을 따 줄(J)이라고 한다. 식 (7.1)에서 질량과 속도의 단위로 표현하면

$$1\,\text{joule} = 1\text{J} = 1\,\text{kg} \cdot \text{m}^2/\text{s}^2$$

이다. 예를 들어 4m/s로 날아가는 질량 3kg의 물체가 가지는 운동에너지는

$$\begin{aligned} K = \frac{1}{2}mv^2 &= \frac{1}{2} \times (3\text{kg}) \times (4\text{m/s})^2 \\ &= 24\,\text{kg} \cdot \text{m}^2/\text{s}^2 = 24(\text{kg} \cdot \text{m/s}^2) \cdot \text{m} \\ &= 24\,[\text{N} \cdot \text{m}] = 24\,[\text{J}] \end{aligned}$$

이다. 에너지의 단위는 일의 단위[J]와 같다. 에너지의 종류에 따라 cal(칼로리, 열에너지), Wh(와트시, 전기에너지), eV(전자볼트, 원자핵에너지) 등과 같은 단위를 사용한다. J와 cal, Wh, eV의 관계는 다음과 같다.[1)]

$$1\,\text{cal} = 4.186\,\text{J}$$
$$1\,\text{Wh} = 3600\,\text{J}$$
$$1\,\text{eV} = 1.602176634 \times 10^{-19}\,\text{J}$$

편의상 간단하게 $1\,\text{cal} = 4.2\,\text{J}$, $1\,\text{eV} = 1.6 \times 10^{-19}\,\text{J}$을 많이 사용한다.

[예제 7.1] **시속 108km로 달리는 질량 500kg인 자동차의 운동에너지는 몇 kJ인가?**

풀이 자동차의 속력은 $v = \dfrac{108\,\text{km}}{1\,\text{h}} = \dfrac{108 \times 10^3\,\text{m}}{3600\,\text{s}} = 30\,\text{m/s}$이고, 자동차의 운동에너지는 다음과 같다.

1) eV는 핵물리학, 원자 물리학, 분자 물리학 등에서 사용하는 에너지의 단위이다.

$$K = \frac{1}{2}mv^2 = \frac{1}{2} \times 500\text{kg} \times (30\text{m/s})^2$$
$$= 225 \times 1000(\text{kg} \cdot \text{m/s}^2)(\text{m}) = 225 \times 1000(\text{N})(\text{m})$$
$$= 225 \times 1000[\text{J}] = 225\,[\text{kJ}]$$

여기에서는 단위를 모두 넣어 계산하였다. 그러나 단위연산을 하지 않고 모두 SI 단위 [kg, m, s]로 통일하면 결과로 나오는 K(운동에너지)의 단위는 J이 된다. 즉, 다음과 같이 계산하면 된다.

$$K = \frac{1}{2}mv^2 = \frac{1}{2} \times 500 \times (30)^2 = 225 \times 1000[\text{J}]$$

7.2 일

1 일의 정의

물체에 힘을 가하여 물체를 더 빠른 속력으로 가속시키면 물체의 속력(v)이 증가하고 이에 따라 물체의 운동에너지($K = \frac{1}{2}mv^2$)가 증가한다, 이와 반대로 힘을 작용하여 물체를 감속시키면 물체의 운동에너지가 감소한다. 이와 같이 힘을 통해 에너지가 외부로부터 물체로 전달되거나 물체로부터 외부로 전달되는 것으로 운동에너지 변화를 설명할 수 있다.

여기에서 힘을 통해 에너지가 물체로 전달되는 것을 힘이 물체에 일(W)을 한다고 한다. 이와 같은 일을 정의하면 다음과 같다.

> 일은 물체에 가해진 힘을 통해 외부로부터 물체로, 또는 물체로부터 외부로 전달된 에너지이다. 물체로 전달된 에너지는 양(+)의 일이고, 외부로 전달된 에너지는 음(−)의 일이다.

따라서 일은 전달된 에너지이고, 에너지와 같은 단위를 갖는 스칼라양이다.

2 일정한 힘이 한 일

[그림 7.1]과 같이 일정한 힘 F[N]이 물체에 작용하여 그 힘의 방향으로 s[m] 만큼 이동하였을 때 힘 F가 물체에 대해 한 일 W[J]은 다음과 같다.

$$W = Fs \qquad \cdots\cdots (7.2)$$

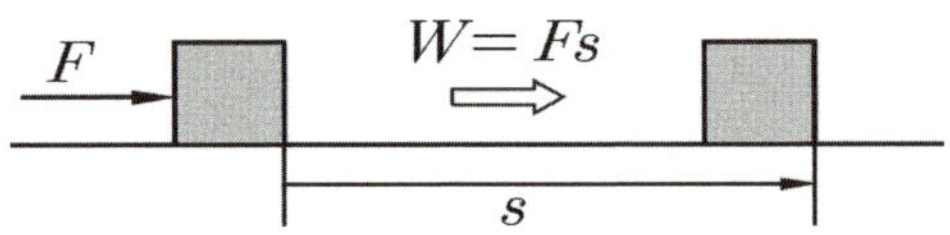

[그림 7.1]

1 N의 힘을 작용하여 힘의 방향으로 1 m 이동하였을 때 한 일의 양을 1 J (Joule) 이라 한다.

$$1\,\mathrm{J} = 1\,\mathrm{N} \cdot \mathrm{m} = 1\,\mathrm{kg} \cdot \mathrm{m}^2/\mathrm{s}^2$$

SI 단위계에서 일의 단위는 J이다. CGS 단위계에서는 1dyne의 힘을 작용하여 1cm 이동했을 때 한 일을 1 erg라 한다.

$$1\,\mathrm{erg} = 1\,\mathrm{dyne} \cdot \mathrm{cm} = 1\,\mathrm{g} \cdot \mathrm{cm}^2/\mathrm{s}^2$$

일의 일반적인 정의는

$$W = \int \vec{F} \cdot \vec{ds} \qquad \cdots\cdots (7.3)$$

이다. $\vec{F}$는 힘이고, $\vec{ds}$는 미소 변위벡터이다. 여기에서 힘 $\vec{F}$가 일정할 때 일은 다음과 같다. $\vec{s}$는 물체의 총 변위이다.

$$W = \vec{F} \cdot \vec{s} \qquad \cdots\cdots (7.4)$$

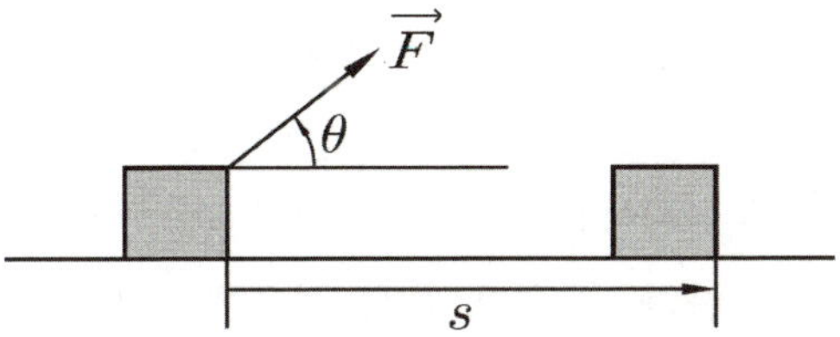

[그림 7.2]

[그림 7.2]와 같이 일정한 힘 $\vec{F}$의 방향과 변위 $\vec{s}$의 방향이 θ의 각을 이루면 벡터 스칼라 곱의 정의에 의해 힘이 한 일은

$$W = \vec{F} \cdot \vec{s} = Fs\cos\theta \quad \cdots\cdots (7.5)$$

이다. 여기에서 F와 s는 각각 벡터 $\vec{F}$와 $\vec{s}$의 크기를 나타낸다. 식 (7.5)는 다음과 같이 기술할 수 있다.

어떤 물체에 일정한 크기의 힘을 가하는 주체가 물체에 한 일은 힘의 크기 F, 힘의 작용점의 변위 크기 s 및 $\cos\theta$의 곱이다. 여기에서 θ는 힘과 변위벡터가 이루는 각이다.

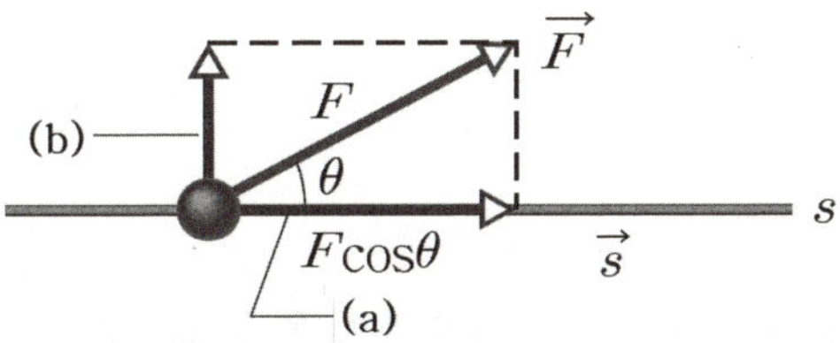

[그림 7.3] (a) 일을 하는 힘의 성분 (b) 일을 하지 않는 힘의 성분

이상의 사실은 [그림 7.3]과 같이 변위 벡터에 수직인 힘의 성분은 일을 하지 않고, 일은 변위벡터에 평행한 성분의 힘($F\cos\theta$)에 변위의 크기(s)를 곱한 것과 같다는 것을 말하고 있다.

식 (7.4)에서 물체가 처음 위치 $\vec{s_1}$에서 $\vec{s_2}$로 이동했을 때 변위를 $\Delta\vec{s} = \vec{s_2} - \vec{s_1}$로 나타나면 힘 $\vec{F}$가 한 일은

$$W = \vec{F} \cdot \Delta\vec{s} \qquad \cdots\cdots (7.6)$$

이다. 물리학이나 공학에서 정의하는 일은 일상생활에서 사용하는 일이란 단어와는 개념이 다르다는 것에 주의한다. 다음과 같은 경우에는 사람이 한 일이 모두 0이 된다.

- 어떤 사람이 무거운 물체를 들고 수평 방향으로 걸어갈 때
- 물체를 들고 제자리에 서 있을 때, 벽을 힘껏 밀 때

첫 번째 경우 물체에 작용하는 중력은 연직 아래 방향(↓)으로 작용하므로 이동 거리(변위)(→)와 힘의 방향(↑)이 이루는 각도가 90°가 된다. 따라서 식 (7.5)에서 $\cos 90° = 0$이 되어 물체에 한 일 $W = 0$이다. 두 번째 경우 물체와 벽의 이동 거리 $s = 0$이므로 $W = 0$이다.

[예제 7.2] 1J은 몇 erg인가?

풀이 $1\text{J} = 1\text{N} \cdot \text{m} = 10^5\text{dyne} \cdot 10^2\text{cm} = 10^7[\text{dyne} \cdot \text{cm}] = 10^7[\text{erg}]$

[예제 7.3] 수평면과 60° 방향으로 10N의 힘을 물체에 가하여 물체가 수평 방향으로 4m 거리를 이동하였을 때 힘이 물체에 한 일을 구하라.

풀이 힘의 크기 $F = 10\text{N}$, 이동 거리 $s = 4\text{m}$이고 힘과 이동 거리가 이루는 각도는 $\theta = 60°$이므로 힘이 물체에 한 일은 다음과 같다.

$$\begin{aligned} W = Fs\cos\theta &= 10\text{N} \times 4\text{m} \cos 60° \\ &= 20[\text{N} \cdot \text{m}] = 20[\text{J}] \end{aligned}$$

3 일의 벡터 성분 표현

일정한 힘 $\vec{F}=F_x\vec{i}+F_y\vec{j}+F_z\vec{k}$를 물체에 가하여 $\vec{s}=s_x\vec{i}+s_y\vec{j}+s_z\vec{k}$의 변위만큼 물체가 이동하였을 때 힘이 물체에 한 일(물체가 받은 일)은 다음과 같다.

$$W=\vec{F}\cdot\vec{s}=(F_x\vec{i}+F_y\vec{j}+F_z\vec{k})\cdot(s_x\vec{i}+s_y\vec{j}+s_z\vec{k})$$
$$=F_xs_x+F_ys_y+F_zs_z$$

$$W=F_xs_x+F_ys_y+F_zs_z \quad \cdots\cdots (7.7)$$

식 (7.7)은 벡터 스칼라 곱의 정의로부터 쉽게 유도된다.

[예제 7.4] 2차원 xy 평면 위에서 어떤 물체가 $\vec{F}=4\vec{i}+2\vec{j}$ [N]의 일정한 힘을 받고 $\vec{s}=3\vec{i}-5\vec{j}$ [m]의 변위만큼 이동하였다. 힘이 물체에 한 일을 구하라.

풀이 벡터 스칼라 곱의 정의에 의해 힘이 물체에 한 일은 다음과 같다.

$$W=\vec{F}\cdot\vec{s}=F_xs_x+F_ys_y$$
$$=4\times3+2\times(-5)\ [\mathrm{N}\cdot\mathrm{m}]$$
$$=2\ [\mathrm{J}]$$

7.3 일-운동에너지 정리

일은 힘을 작용하는 물체와 힘을 받는 물체 사이의 에너지 이동 과정이며, 다른 형태로의 에너지 전환을 의미한다. 물체(입자)가 운동하고 있을 때 물체가 받은 알짜힘이 한 일(W)은 물체의 운동에너지 변화와 같다.[2)]

2) 식의 유도과정은 [예제 7.5]를 참고하고, 이 식을 이해하고 사용할 줄 알면 된다.

$$W = Fs = \frac{1}{2}mv_2^2 - \frac{1}{2}mv_1^2 = \Delta K \quad \cdots\cdots (7.8)$$

여기에서 F는 물체에 작용하는 알짜힘(합력), s는 물체의 이동 거리, v_1은 물체의 처음속력, v_2는 나중속력이다. 식 (7.8)에서 물체에 작용하는 힘(F)의 방향이 운동 방향과 같을 때는 물체에 양(+)의 일을 해주게 되며 $\Delta K > 0$, 즉 물체의 운동에너지가 증가한다. 이에 반해 힘(F)의 방향이 운동 방향과 반대 방향일 때는 물체에 음(−)의 일을 해주게 되므로 물체의 운동에너지가 감소한다($\Delta K < 0$).

식 (7.8)은 물체의 운동에너지 변화, 즉, 처음 운동에너지 $K_1 = \frac{1}{2}mv_1^2$에서 나중 운동에너지 $K_2 = \frac{1}{2}mv_2^2$으로의 변화와 물체가 한 일($W = Fs$)을 관련시킨 것이다. ΔK가 물체의 운동에너지 변화량이고, 물체에 한 일이 W이면 식 (7.8)은 다음과 같이 표현된다.

$$\Delta K = K_2 - K_1 = W \quad \cdots\cdots (7.9)$$

식 (7.9)는

(물체의 운동에너지 변화) = (물체에 한 알짜일)

을 나타낸다. 그리고 식 (7.9)를 다음과 같이 쓸 수 있다.

$$K_2 = K_1 + W \quad \cdots\cdots (7.10)$$

식 (7.10)은 다음과 같은 뜻을 나타낸다.

(나중 운동에너지) = (처음 운동에너지) + (물체에 한 알짜일)

알짜힘이 한 일을 '알짜일'(W_{net}) 또는 '물체에 한 일'이라고도 한다. 식 (7.9)와 (7.10)은 물체(입자)에 대한 '일-운동에너지 정리'로 알려져 있다. 일-운동에너지 정리는 양(+)과 음(−)의 일 모두에 적용된다. 물체에 한 알짜일이 양의 값이면 물체의 운동에너지는 한 일의 양만큼 증가한다. 이와 반대로 물체에 한 알짜일이 음의 값이면 물체의 운동에너지는 한 일의 양만큼 감소한다. [그림 7.4]에 일-운동에너지 정리를 시각적으로 나타내었다.

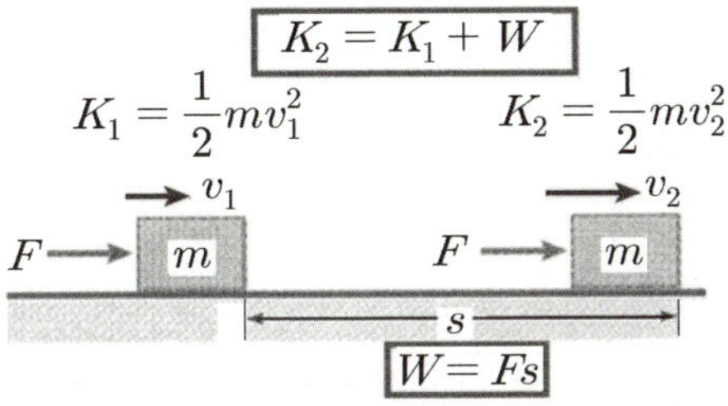

[그림 7.4] 일-운동에너지 정리

기호 정리
단원 7.3~7.5에서는 첨자로 표시된 몇 개의 기호가 나타나서 조금 복잡해 보이는 면이 있는데 각 기호들의 의미를 정리하면 다음과 같다. • K_1: 처음상태(초기상태)에서 물체의 운동에너지 • K_2: 나중상태(최종상태)에서 물체의 운동에너지 • W_g: 중력이 한 일(물체 무게가 물체에 한 일) • W_F: 힘이 한 일(물체에 가한 힘이 물체에 한 일) • W_S: 용수철 힘이 용수철에 매달린 물체에 한 일 본문과 예제 및 연습문제 풀이에서 첨자 1과 2는 각각 처음상태와 나중상태를 나타낸다. 처음상태 속력은 v_1, 나중상태 속력은 v_2이다.

[예제 7.5] 처음속력(v_1), 나중속력(v_2), 이동 거리(s), 가속도(a)의 관계식과 뉴턴의 운동법칙으로부터 식 (7.8)이 성립함을 보여라.

풀이 속력과 이동 거리 및 가속도의 관계식은 다음과 같다.

$$v_2^2 - v_1^2 = 2as \quad \cdots\cdots ①$$

식 ①에서 양변에 질량 m을 곱하면

$$mv_2^2 - mv_1^2 = 2mas \quad \cdots\cdots\cdots ②$$

이고, 식 ②에 뉴턴의 운동법칙 $F = ma$를 대입하면

$$mv_2^2 - mv_1^2 = 2Fs$$

$$\frac{1}{2}mv_2^2 - \frac{1}{2}mv_1^2 = Fs \quad \cdots\cdots\cdots ③$$

가 성립한다. 식 ③에서 $Fs = W$이다.

[예제 7.6] 질량 2kg인 물체가 10m/s로 직선운동하고 있다. 물체의 속력을 20m/s로 증가시키려면 물체에 얼마의 일을 해 주어야 하는가?

풀이 질량 $m = 2\text{kg}$, 처음속력 $v_1 = 10\text{m/s}$, 나중속력 $v_2 = 20\text{m/s}$이다. 물체의 증가한 운동에너지만큼 일을 해 주어야 하므로 물체에 해 줄 일은

$$\begin{aligned} W = \Delta K &= \frac{1}{2}m\left(v_2^2 - v_1^2\right) \\ &= \frac{1}{2}(2\text{kg})\left(20^2 - 10^2\right)(\text{m/s})^2 \\ &= 300\,[\text{J}] \end{aligned}$$

이다. 이 경우 물체는 300J의 일을 받아서 속력이 두 배로 증가하였다.

[예제 7.7] 질량이 4kg인 물체가 2m/s로 직선운동하고 있다. 이 물체에 운동 방향과 같은 방향으로 10N의 일정한 힘을 가하면서 1m 이동하였을 때 다음을 구하라.

(1) 물체의 최종 운동에너지 (2) 물체의 최종 속력

풀이 물체의 질량 $m = 4\text{kg}$, 처음속력 $v_1 = 2\text{m/s}$, 물체가 받는 힘 $F = 10\text{N}$, 이동 거리 $s = 1\text{m}$이다.

(1) 운동 방향과 같은 방향으로 힘을 받았으므로 물체에 가한 일만큼 물체의

운동에너지가 증가한다. 물체의 최종 운동에너지(K_2)는 다음과 같다.

$$K_2 = K_1 + W = \frac{1}{2}mv_1^2 + W$$
$$= \frac{1}{2}mv_1^2 + Fs$$
$$= \frac{1}{2}(4\text{kg})(2\text{m/s})^2 + 10\text{N} \cdot 1\text{m} = 18\ [\text{J}]$$

(2) 물체의 최종 속력을 v_2로 하면 최종 운동에너지는 $K_2 = \frac{1}{2}mv_2^2$이다.

$$v_2 = \sqrt{\frac{2K_2}{m}} = \sqrt{\frac{2(18\text{J})}{4\text{kg}}} = 3\ [\text{m/s}]$$

여기에서 $\sqrt{\frac{\text{J}}{\text{kg}}} = \sqrt{\frac{\text{N} \cdot \text{m}}{\text{kg}}} = \sqrt{\frac{(\text{kg} \cdot \text{m/s}^2) \cdot \text{m}}{\text{kg}}} = \text{m/s}$이다.

단위를 SI 단위 [kg, m, s, N, J]로 통일하면 단위 연산을 하지 않아도 결과로 나오는 운동에너지의 단위는 [J]이고, 속력의 단위는 [m/s]가 된다.

[예제 7.8] **[예제 7.7]에서 물체의 가속도를 구하고, 이 값을 이용하여 물체의 최종 속력을 구하라.**

풀이 뉴턴의 운동법칙 $F = ma$로부터 물체의 가속도는

$$a = \frac{F}{m} = \frac{10\text{N}}{4\text{kg}} = 2.5\,[\text{m/s}^2]$$

이고, 물체의 최종 속력은 다음과 같다.

$$v_2^2 - v_1^2 = 2as$$
$$v_2 = \sqrt{v_1^2 + 2as} = \sqrt{2^2 + 2(2.5)(1)}\,[\text{m/s}] = 3\,[\text{m/s}]$$

물체에 가한 힘과 물체의 이동 거리가 주어졌을 때 물체의 최종 속력은 [예제 7.7]과 [예제 7.8]과 같이 두 가지 방법으로 구할 수 있다.

7.4 중력이 한 일

1 중력이 한 일

중력은 언제나 연직 아래 방향(↓)으로 작용한다. [그림 7.5]에서 질량 m인 물체에 작용하는 중력은 $\overrightarrow{F_g} = mg$ (↓)이다. 먼저 물체를 위로 던진 경우를 살펴보자. [그림 7.5(a)]와 같이 물체가 위 방향(↑)으로 d의 거리를 이동하면 중력의 방향(↓)과 이동 거리의 방향(↑)이 이루는 각도가 180°이므로 중력이 물체에 한 일은

$$W_g = \overrightarrow{F_g} \cdot \vec{d} = |\overrightarrow{F_g}||\vec{d}|\cos\theta = mg \times d\cos 180° = -mgd$$

$$\boxed{W_g = -mgd \text{ (올라갈 때)}} \quad \cdots\cdots (7.11)$$

이다. 여기에서 일의 부호가 음(−)이라는 것은 중력이 물체로부터 mgd의 일을 받았다는 것을 말한다. 즉, 물체가 위로 올라가는 동안에 중력에 의해 물체의 운동에너지가 mgd만큼 감소한다는 뜻이다. 이 결과는 물체가 위로 올라감에 따라 물체의 속력이 느려지는 것과 일치한다.

한편 [그림 7.5(b)와 같이 물체가 아래 방향(↓)으로 d의 거리를 이동하면 중력의 방향(↓)과 이동 거리의 방향(↓)이 이루는 각도가 0°이므로 중력이 물체에 한 일은

$$W_g = \overrightarrow{F_g} \cdot \vec{d} = |\overrightarrow{F_g}||\vec{d}|\cos\theta = mg \times d\cos 0° = +mgd$$

$$\boxed{W_g = +mgd \text{ (내려갈 때)}} \quad \cdots\cdots (7.12)$$

가 된다. 식 (7.12)에서 양(+)의 부호는 중력이 물체에 일을 하였으므로 물체가 중력으로부터 mgd의 에너지를 받았다는 것을 의미한다. 이것은 물체가 낙하함에 따라 물체의 속력이 증가하는 것과 일치한다.

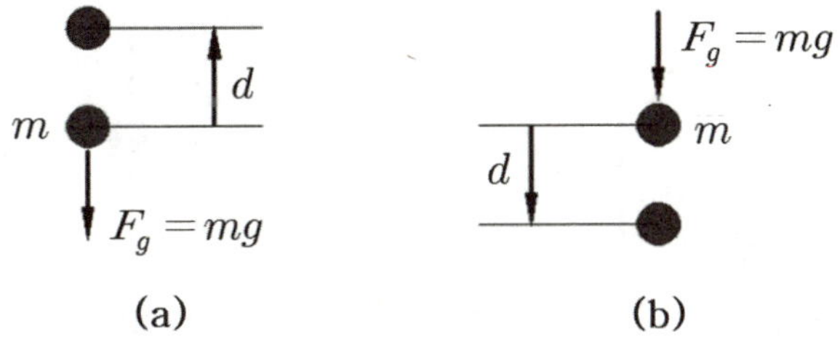

[그림 7.5] 중력이 물체에 한 일

[Note] 중력이 물체에 하는 일의 크기는 물체의 이동경로와는 무관하고 물체의 무게(mg)와 수직변위(높이 h)의 곱과 같다($W_g = mgh$). 이것은 [그림 7.6]에서 쉽게 알 수 있다. 마찬가지로 물체를 들어 올리거나 내릴 때 힘이 한 일도 이동경로와는 무관하고 물체의 수직변위의 함수이다.

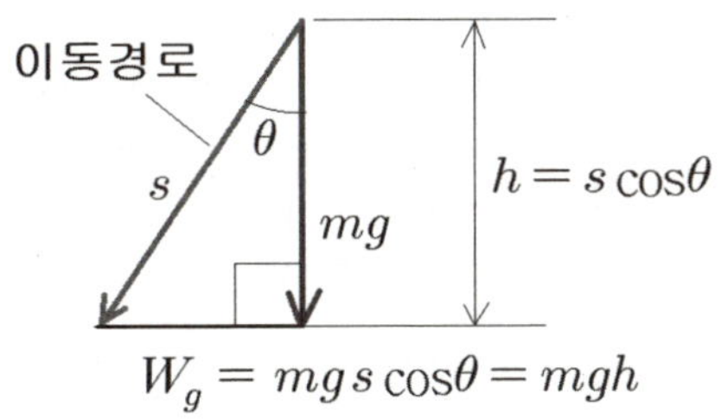

[그림 7.6] 중력이 하는 일의 크기는 이동경로와는 무관하고 수직변위의 함수이다.

2 물체를 들어 올리거나 내릴 때 외력이 한 일

연직 방향으로 힘 $\vec{F}$의 힘을 가해 물체를 들어 올리거나(↑) 내릴 때(↓) 사람이 물체에 가한 힘이 물체에 한 일을 생각해보자[그림 7.7].

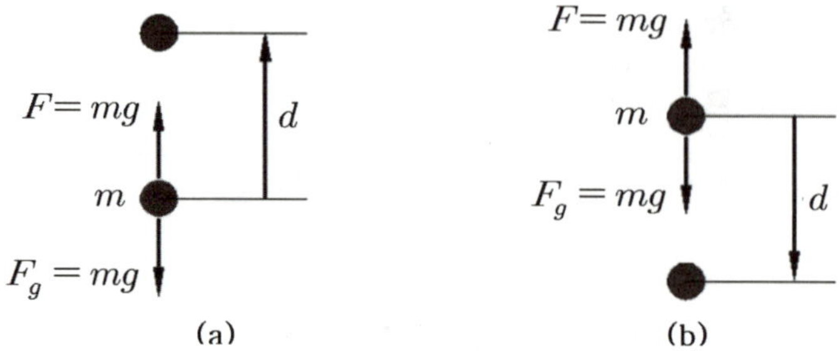

[그림 7.7] **힘이 물체에 한 일**

중력($\overrightarrow{F_g}$)은 언제나 아래 방향(↓)으로 작용하므로 물체를 들어 올리기 위해서는 위 방향(↑)으로 힘($\overrightarrow{F}$)을 가해야 한다. 따라서 [그림 7.7(a)]와 같이 변위($\vec{d}$)가 위 방향이면 물체에 작용하는 힘($\overrightarrow{F}$)의 방향과 변위($\vec{d}$)가 이루는 각도가 0°이므로 힘이 물체에 한 일은

$$W_F = \overrightarrow{F} \cdot \vec{d} = |\overrightarrow{F}||\vec{d}|\cos\theta = mg \times d\cos 0° = mgd$$

$$W_F = +mgd \quad \text{(올릴 때)} \qquad \cdots\cdots (7.13)$$

이다. 반대로 [그림 7.7(b)]와 같이 변위($\vec{d}$)가 아래 방향이면 $\theta = 180°$이므로 힘이 물체에 한 일은

$$W_F = \overrightarrow{F} \cdot \vec{d} = |\overrightarrow{F}||\vec{d}|\cos\theta = mg \times d\cos 180° = -mgd$$

$$W_F = -mgd \quad \text{(내릴 때)} \qquad \cdots\cdots (7.14)$$

이다.

물체를 들어 올리거나 내릴 때 물체에는 두 개의 에너지[중력이 한 일(W_g)과 외부에서 작용한 힘이 한 일(W_F)]의 전달이 이루어진다. 이에 따라 식 (7.9)에서 물체의 운동에너지 변화량은 다음과 같이 표현된다.

$$\Delta K = K_2 - K_1 = W_F + W_g \qquad \cdots\cdots (7.15)$$

여기에서 K_2는 변위 끝점에서의 운동에너지이고, K_1은 변위 시작점에서의 운동에너지이다.

일반적으로 물체를 들어 올리거나 내리기 직전과 직후에 물체는 정지해 있다. 이때 $K_1 = 0$, $K_2 = 0$이므로 식 (7.15)에서 $W_F + W_g = 0$이다. 따라서

$$W_F = -W_g \quad \cdots\cdots (7.16)$$

가 된다.

식 (7.11)~(7.14)의 결과는 식 (7.16)을 보여주고 있다. K_1과 K_2가 0이 아니면서 같은 값을 가져도 결과는 같다. 다시 말하면 물체를 들어 올리거나 내릴 때 외력이 한 일은 중력이 한 일과 크기는 같고 부호는 반대이다.

한편 식 (7.13)은 지면($h=0$)에 있는 질량 m의 물체를 높이 h 위로 올리려면 물체에 대해 mgh의 일을 해 주어야 한다는 것을 말하고 있다. 즉, 물체는 외부로부터 mgh의 일을 받아서 물체의 에너지가 mgh만큼 증가하게 된다.

[예제 7.9] 어떤 역기 선수가 질량 200kg의 역기를 50cm 머리 위로 들어올렸다.

(1) 중력 $\vec{F_g}$가 한 일을 구하라.

(2) 역기 선수가 역기에 한 일을 구하라.

(3) 역기를 머리 위로 들어 올린 상태에서 심판의 판정을 기다리는 동안 역기 선수가 한 일을 구하라.

풀이 (1) 중력($\vec{F_g}$)의 방향(↓)과 변위의 방향(↑)이 반대이므로 중력 $\vec{F_g}$가 한 일은 다음과 같다.

$$\begin{aligned} W_g = |\vec{F_g}||\vec{d}|\cos\theta &= mg \times d\cos 180° \\ &= (200\,\text{kg})(9.8\,\text{m/s}^2) \times (0.5\,\text{m})(-1) \\ &= -980\,[\text{J}] \end{aligned}$$

(2) 역기 선수가 역기에 가한 힘($\vec{F}$)의 방향(↑)과 변위의 방향(↑)이 같으므로 역기 선수가 역기에 한 일은 다음과 같다.

$$\begin{aligned} W_F &= |\vec{F}||\vec{d}|\cos\theta = mg \times d\cos 0° \\ &= (200\,\mathrm{kg})(9.8\,\mathrm{m/s^2}) \times (0.5\,\mathrm{m})(1) \\ &= 980\,[\mathrm{J}] \end{aligned}$$

(3) 역기가 정지해 있으므로 변위 $d=0$이다. 따라서 역기를 머리 위로 들고 있는 것이 힘들지만 사람이 한 일은 0이다.

[예제 7.10] 그림과 같이 각도가 θ인 마찰이 없는 경사면을 따라 물체를 위쪽 방향으로 v_1의 속력으로 발사하였다. 발사된 물체가 경사면을 따라 올라갈 수 있는 최대 거리(L)를 구하라.

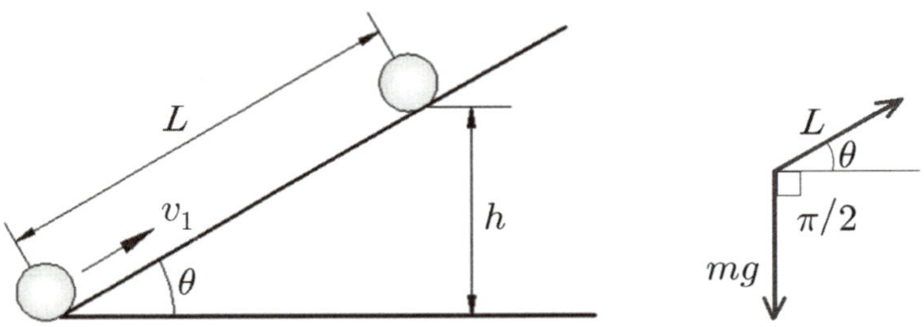

[그림 7.8]

풀이 물체는 속력이 0이 될 때까지 경사면을 따라 올라간다. 즉, 최고점에서 물체의 속력은 0이다. 초기 상태와 최종 상태를 각각 첨자 1, 2로 나타낸다. 초기에 물체의 운동에너지는 $K_1 = \frac{1}{2}mv_1^2$이고, 최대로 올라갔을 때 물체의 속력 $v_2 = 0$이므로 물체의 운동에너지는 $K_2 = 0$이다. 물체에 작용하는 외력이 없으므로 $W_F = 0$이고 중력이 한 일은

$$W_g = \vec{F}_g \cdot \vec{L} = mg \times L\cos\left(\theta + \frac{\pi}{2}\right) = -mgL\sin\theta$$

이다. 일-운동에너지 정리 식을 사용한다.

$$K_2 - K_1 = W_F + W_g$$

$$0 - \frac{1}{2}mv_1^2 = 0 - mgL\sin\theta$$

이 식을 풀면 다음과 같이 최대 거리 L이 구해진다.

$$L = \frac{v_1^2}{2g\sin\theta}$$

† 중력이 한 일은 높이의 함수이므로 $W_g = -mgh = -mg(L\sin\theta)$로 구해도 동일한 결과가 얻어진다.

7.5 용수철 힘이 한 일

1 용수철 힘이 한 일

[그림 7.9(a)]와 같이 고정된 점(B)에 용수철로 부착된 물체(A)가 움직이는 경우를 고려한다. 물체가 A_0 위치에 있을 때 용수철은 변형되지 않은 상태이다. 선형탄성용수철에서 용수철에 의해 물체(A)에 작용하는 힘의 크기는 변형되지 않은 위치(A_0)로부터 측정된 용수철의 변형(x)에 비례한다.

$$F = kx \quad \cdots\cdots (7.17)$$

여기에서 k는 용수철상수(스프링상수)이며 SI 단위계에서 N/m의 단위를 갖는다.

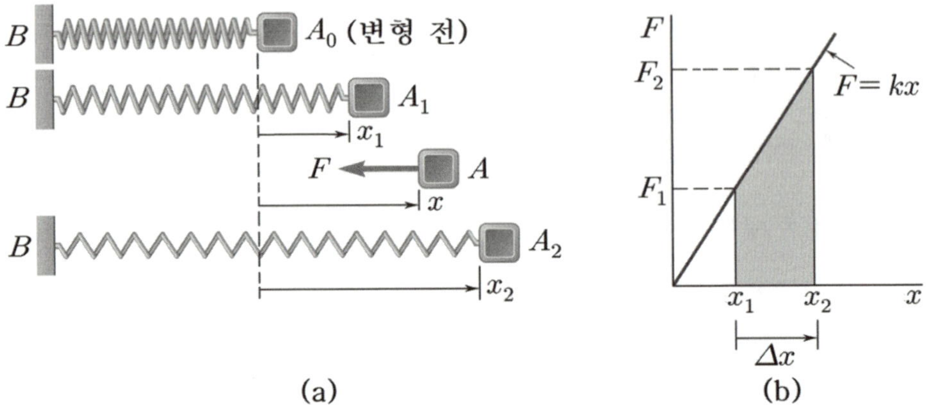

[그림 7.9] (a) 용수철의 변형 (b) 용수철 힘이 한 일

물체가 $A_1(x=x_1)$에서 $A_2(x=x_2)$까지 움직이는 동안 용수철에 의해 물체에 가해지는 힘 F가 하는 일(용수철이 물체에 하는 일)은 다음과 같다.

$$dW_S = -Fdx = -kxdx$$

$$W_S = -\int_{x_1}^{x_2} kxdx = -\left(\frac{1}{2}kx_2^2 - \frac{1}{2}kx_1^2\right)$$

$$W_S = \frac{1}{2}kx_1^2 - \frac{1}{2}kx_2^2 \quad \text{(용수철 힘이 한 일)} \qquad \cdots\cdots (7.18)$$

용수철 힘이 한 일은 양(+) 또는 음(−)의 값을 가질 수 있다. 물체의 최종 위치(x_2)가 초기 위치(x_1)에 비해 평형 위치 $x=0$에 더 가까이 있으면($|x_2|<|x_1|$) 용수철이 한 일은 양의 값이 된다. 이와 반대로 최종 위치(x_2)가 초기 위치(x_1)에 비해 평형 위치 $x=0$에서 더 멀리 떨어져 ($|x_2|>|x_1|$) 용수철이 한 일은 음의 값이 된다. 그리고 최종 위치와 초기 위치가 평형 위치 $x=0$로부터 같은 거리에 있으면 용수철이 한 일은 0이다.

그리고 식 (7.17)은 (x, F) 좌표계에서 원점을 지나는 직선이므로 [그림 7.9(b)]와 같이 사다리꼴 면적을 계산하여 일을 구할 수 있다.

특별히 초기 위치 $x_1=0$이고, 최종 위치가 x이면 식 (7.18)을 다음과 같이 쓸 수 있다.

$$W_S = -\frac{1}{2}kx^2 \quad (\text{용수철 힘이 한 일}) \qquad \cdots\cdots (7.19)$$

식 (7.19)와 같이 용수철의 초기 상태가 평형 상태일 때($x_1 = 0$) 용수철 힘이 물체에 하는 일은 음(−)의 값을 가진다는 것을 염두에 두도록 한다. 용수철이 관련된 역학적 문제는 대부분 용수철이 초기에 평형 상태에 있다.

2 외력이 한 일

물체에 외력을 계속 작용시키면서 x축을 따라 물체를 이동시키는 경우를 살펴보자. 물체가 이동하는 동안 외력은 물체에 W_F의 일을 하고 용수철 힘은 W_S의 일을 한다. 식 (7.9)에 의해 두 에너지의 전달에 따른 물체의 운동에너지 변화량은 다음과 같다.

$$\Delta K = K_2 - K_1 = W_F + W_S \qquad \cdots\cdots (7.20)$$

여기에서 K_2는 변위 끝점에서의 운동에너지이고, K_1은 변위 시작점에서의 운동에너지이다. 식 (7.20)은 용수철이 한 일이 물체의 운동에너지를 변화시킬 수 있다는 것을 보여주고 있다.

물체가 이동하기 전과 후에 정지 상태에 있다면 $K_1 = 0$, $K_2 = 0$이므로 식 (7.20)은 $W_F + W_S = 0$이고, 다음 관계식이 성립한다.

$$W_F = -W_S \qquad \cdots\cdots (7.21)$$

즉, 용수철에 매달린 물체가 이동하기 전과 후에 정지 상태에 있다면 물체를 이동시키기 위해 물체에 작용한 외력이 한 일은 용수철 힘이 한 일과 크기는 같고 방향이 반대이다.

[예제 7.11] [그림 7.9]와 같이 배열된 스프링과 블록이 마찰 없는 수평면 위에 놓여 있다. 여기에서 블록을 $x=+4$cm로 당겨서 그 자리에 있게 하려면 360N의 힘을 작용해야 한다. 블록을 $x=10$cm만큼 당긴 후 가만히 놓았다. 블록이 $x_1=+5$cm로부터 (1) $x=+3$cm (2) $x=-9$ cm까지 이동하는 동안 스프링이 블록에 한 일[J]을 각각 구하라.

풀이 변위 $x=4$cm일 때 스프링 힘 $F=360$N이므로 스프링상수는 다음과 같다.

$$k=\frac{F}{x}=\frac{360\text{N}}{4\text{cm}}=90[\text{N/cm}]=90[\text{N}/10^{-2}\text{m}]=9000[\text{N/m}]$$

$$(1)\quad W_S=\frac{k}{2}\left(x_1^2-x_2^2\right)=\frac{9000}{2}(0.05^2-0.03^2)[\text{N}\cdot\text{m}]=7.2[\text{J}]$$

$$(2)\quad W_S=\frac{k}{2}\left(x_1^2-x_2^2\right)=\frac{9000}{2}\left[0.05^2-(-0.09)^2\right][\text{N}\cdot\text{m}]=-25.2[\text{J}]$$

스프링 힘이 한 일은 음(−)의 값을 가질 수 있다.

† 물리학 교재에서는 용수철이란 용어를 많이 사용하고 있다. 그런데 공학을 하는 저자에게는 스프링이라는 용어가 익숙하여 무의식중에 종종 스프링과 스프링 상수라는 용어를 사용했다.

[예제 7.12] [그림 7.10]에서 질량 $m=2$kg인 물체가 $v_1=1.2$m/s로 미끄러지다가 스프링 상수 $k=800$N/m인 스프링에 부딪혀 스프링을 압축한다. 물체가 처음으로 멈춰 설 때까지 압축된 이동 거리(d)를 구하라. 수평인 지면은 마찰이 없는 면이고, 초기에 스프링은 평형 상태에 있다.

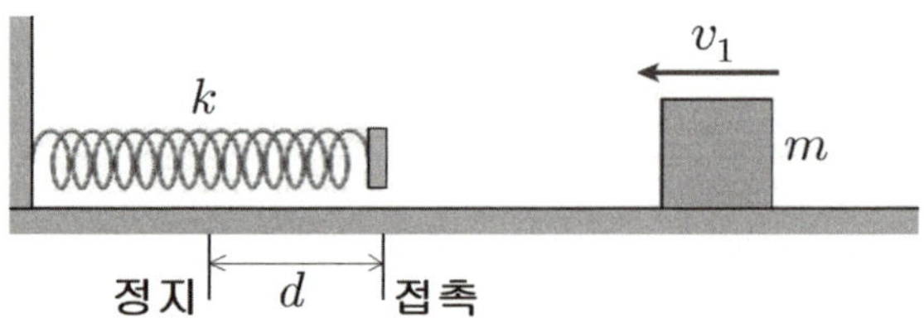

[그림 7.10]

풀이 초기 상태와 최종 상태를 각각 첨자 1, 2로 나타낸다. 초기에 물체의 운동에너지는 $K_1 = \frac{1}{2}mv_1^2$이고, 물체가 멈춰 설 때($v_2 = 0$) 물체의 운동에너지는 $K_2 = 0$이다. 초기에 스프링은 평형 상태에 있으므로 초기 위치 $x_1 = 0$이고, 최종 위치 $x_2 = -d$이다. 따라서 스프링 힘이 물체에 한 일은 $W_S = -\frac{1}{2}kd^2$이다. 여기에서 물체에 작용하는 외력이 없으므로 $W_F = 0$이 된다. 일-운동에너지 정리 식을 사용한다.

$$K_2 - K_1 = W_F + W_S$$

$$0 - \frac{1}{2}mv_1^2 = 0 - \frac{1}{2}kd^2$$

이 식을 풀면 다음과 같이 압축된 이동 거리 d가 구해진다.

$$d = \sqrt{\frac{mv_1^2}{k}} = v_1\sqrt{\frac{m}{k}}$$

$$= (1.2\text{m/s})\sqrt{\frac{2\text{kg}}{800\text{N/m}}} = 0.06[\text{m}] = 6[\text{cm}]$$

7.6 일률

1 일률

힘이 한 일의 시간 변화율을 일률(동력)이라 한다. 시간 간격 t 동안에 한 일의 양이 W이면 일률 P는 다음과 같다.[3)]

$$P = \frac{W}{t} \quad \cdots\cdots (7.22)$$

3) 기계공학에서는 주로 '동력'이라는 용어를 사용한다.

1초 동안에 1J의 일을 하였을 때 일률을 1W(Watt)라 한다.

$$1\text{W} = \text{J/s} = \text{kg} \cdot \text{m}^2/\text{s}^3$$

그리고 많이 사용하는 일률의 단위에는 다음과 같이 정의되는 마력[PS]이 있다.

$$1\text{PS} = 75\,\text{kgf} \cdot \text{m/s} = 735.5\,\text{W}$$

PS는 SI 단위계에서의 마력을 나타낸다. 영국 단위계에서는 1마력을 1hp (1HP)로 표시하며 SI 단위와의 관계는 다음과 같다.

$$1\,\text{kW} = 1.341\,\text{hp}, \quad 1\,\text{hp} = 746\,\text{W}$$

일 $W = Pt$이므로 일을 킬로와트시[kWh]처럼 일률과 시간의 곱으로 표기할 수 있다. 이 단위는 전기에너지의 양을 측정할 때 많이 사용된다.

$$\begin{aligned} 1\text{킬로와트시} &= 1\,\text{kW} \cdot \text{h} = (10^3\text{W})(3600\text{s}) \\ &= 3.6 \times 10^6\,[\text{J}] = 3.6\,[\text{MJ}] \end{aligned}$$

1kWh는 1kW의 전력을 1시간 동안 사용한 전력량이다.

2 일률과 속도의 관계

속도 v로 운동하는 물체에 같은 방향으로 F의 힘이 작용할 때 일률(P)은

$$P = \frac{W}{t} = \frac{Fs}{t} = F \times \frac{s}{t} = Fv$$

$$P = \frac{W}{t} = Fv \qquad \cdots\cdots (7.23)$$

이다. 식 (7.23)은 힘의 방향과 속도의 방향이 같을 때이다. 일반적으로 일률을 벡터로 표현하면 다음과 같다.

$$P = \vec{F} \cdot \vec{v} \qquad \cdots\cdots (7.24)$$

식 (7.24)를 순간일률이라고도 한다.

[예제 7.13] 2kW의 전동기를 4분 동안 작동시켰을 때 전동기가 한 일의 양[kJ]을 구하라.

풀이 전동기의 일률 $P=2\text{kW}$, 가동 시간 $t=4\text{min}$이므로 일률의 정의로부터 전동기가 한 일(W)은 다음과 같다.

$$P=\frac{W}{t}$$

$$\therefore\ W=Pt=2\text{kW}\times(4\text{min})=2\text{kW}\times(4\times60\text{s})=480\,[\text{kJ}]$$

여기에서 $\text{kW}\times\text{s}=\dfrac{\text{kJ}}{\text{s}}\times\text{s}=\text{kJ}$이다.

[예제 7.14] 기중기를 이용하여 질량 50kg인 물체를 40cm/s의 일정 속도로 연직 위 방향으로 끌어 올리고 있다. 기중기의 일률을 구하라.

풀이 일정 속도(v)로 움직이므로 기중기는 물체의 무게와 같은 힘($F=mg$)을 물체에 가하여 물체를 위로 끌어올린다. 따라서 기중기의 일률(P)은 다음과 같다.

$$\begin{aligned}P=Fv=mg\times v&=(50\text{kg})\times(9.8\text{m/s}^2)\times(0.4\text{m/s})\\&=196\,[\text{kg}\cdot\text{m}^2/\text{s}^3]\\&=196\,[\text{W}]\end{aligned}$$

여기에서 $\text{kg}\cdot\text{m}^2/\text{s}^3=\left(\text{kg}\cdot\dfrac{\text{m}}{\text{s}^2}\right)\cdot\dfrac{\text{m}}{\text{s}}=\text{N}\cdot\dfrac{\text{m}}{\text{s}}=\dfrac{\text{J}}{\text{s}}=[\text{W}]$이다. 그러나 이와 같은 단위 연산을 할 필요가 없고 SI 단위[kg, m, s]로 통일하면 결과로 나오는 동력의 단위는 와트[W]가 된다.

연습문제 7

01 $10\,\mathrm{m/s}$로 운동하는 질량이 $2\,\mathrm{kg}$인 물체의 운동에너지[J]를 구하라.

02 $72\,\mathrm{km/h}$로 달리는 질량이 $400\,\mathrm{kg}$인 트럭의 운동에너지[kJ]를 구하라.

03 20kg의 등산 가방을 지고 높이 1800m 산을 올라갔을 때 한 일[kJ]을 구하라.

04 4kg의 가방을 들고 수평 방향으로 2km 걸어갔을 때 한 일은 얼마인가?

05 수평면 위에서 질량 10kg의 물체에 수평면과 $60°$의 방향으로 40N의 힘을 가하여 일정한 속력으로 20m를 이동하였다. 다음을 구하라.

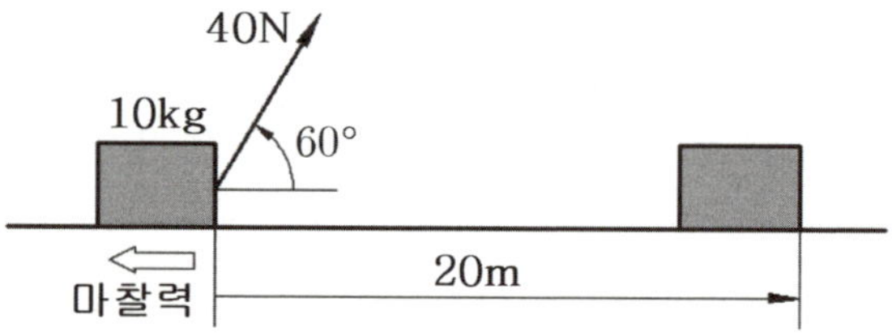

[문제 7.5]

(1) 물체를 끄는 힘이 한 일　　　　(2) 마찰력

† 뉴턴 운동법칙 $\sum F = ma$에서 일정속력일 때 $a = 0$이며 $\sum F = 0$이다.

06 평면 위에서 어떤 물체가 $\vec{F} = 2\vec{i} + 3\vec{j}$ [N]의 힘을 받고 $\vec{s} = 5\vec{i} + 4\vec{j}$ [m]의 변위만큼 이동하였다. 힘이 물체에 한 일을 구하라.

07 입자가 $\vec{F} = 2\vec{i} + 3\vec{j}$ [N]의 힘을 받고 위치 $\vec{s_1} = 4\vec{i} - 5\vec{j}$ [m]에서 $\vec{s_2} = 2\vec{i} + 3\vec{j}$ [m]로 이동하였다. 힘 $\vec{F}$가 한 일을 구하라.

08 질량 4kg의 물체가 3m/s로 직선운동하고 있다. 물체의 속력을 10m/s로 증가시키려면 물체에 얼마의 일을 해 주어야 하는가?

09 정지해 있는 2kg의 물체를 수평 방향으로 일정하게 가속시켰더니 3초 만에 물체의 속력이 4m/s로 증가하였다. 3초 동안에 힘이 물체에 한 일을 구하라.

10 질량 5kg의 물체가 2m/s의 속력으로 운동하고 있다. 이 물체의 운동 방향으로 4N의 일정한 힘을 가하면서 10m 이동했을 때 물체의 운동에너지는 얼마인가?

11 마찰이 없는 면에서 20m/s로 등속운동을 하는 10kg의 물체에 운동 방향으로 100N의 힘을 가하여 10m 이동하였을 때 물체의 속력을 구하라.

12 그림과 같이 물체에 세 힘이 작용하는 동안 물체는 마찰 없는 수평면에서 $d = 20\text{cm}$ 미끄러진다. 두 힘 $F_1 = 30$N과 $F_2 = 10$N은 수평방향이고, $F_3 = 40$N이 이루는 각 $\theta = 60°$이다. 물체의 질량이 4kg이고, 초기속도가 0일 때 d만큼 이동한 순간 물체의 속도를 구하라. (물리적 구조: 홈이 있는 수평면에 블록이 놓여있고 이 홈을 통해 블록에 연결된 줄에 장력 F_3을 가한다.)

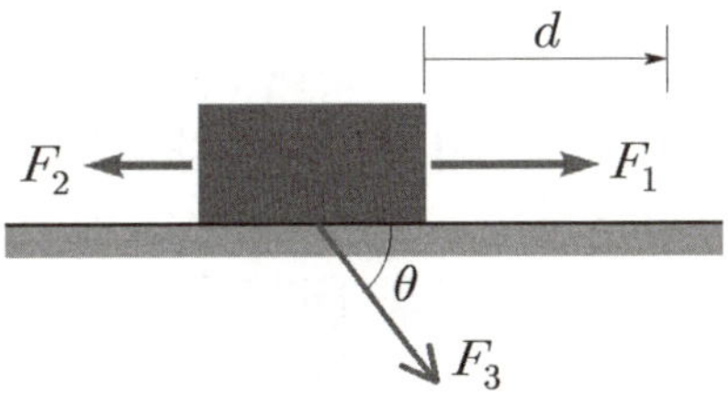

[문제 7.12]

13 $t = 0$에서 힘 $\vec{F} = -3\vec{i} + 2\vec{j} + 3\vec{k}$[N]이 질량 2kg인 물체에 작용하기 시작한다. 물체의 초기위치로부터 변위가 $\vec{d} = 2\vec{i} + 3\vec{j} + 3\vec{k}$[m]가 되는 순간 물체의 속력을 구하라. $t = 0$에서 물체의 속력은 4m/s이다.

14 역도선수가 질량 100kg의 물체를 일정한 속도로 40cm 위로 들어 올렸을 때 역도선수가 한 일은 얼마인가? 또 이 물체를 일정한 속도로 40cm 아래로 내렸을 때 역도선수가 한 일은 얼마인가?

15 줄을 사용하여 정지해 있는 질량 m인 블록을 일정한 가속도 $g/4$로 아래로 내리고 있다. 블록이 d만큼 내려졌을 때 다음을 구하라.

(1) 줄에 작용하는 힘이 블록에 한 일
(2) 블록의 무게가 한 일

16 헬리콥터가 70kg의 물체를 케이블에 연결하여 15m 수직 상방으로 끌어 올린다. 물체의 가속도가 위 방향으로 $g/10$일 때 다음을 구하라. g는 중력가속도이다.
(Hint: 케이블 장력은 중력과 반대 방향으로 작용한다. $\sum F = ma$)

(1) 헬리콥터의 힘이 물체에 한 일
(2) 물체의 무게가 한 일

17 그림과 같은 도르래에 질량 $m = 20\text{kg}$의 물체가 매달려 있고 줄 끝에 힘 F를 가한다. (1) 일정한 속도로 물체를 위로 끌어당기기 위해 필요한 힘 F를 구하라. (2) 물체를 2cm 위로 끌어올리기 위해 줄 끝을 얼마만큼 아래로 내려야 하는가? (3) 물체가 올라가는 동안 F가 물체에 한 일과 중력 힘이 물체에 한 일을 구하라. 도르래와 줄의 무게 및 마찰력은 무시한다.

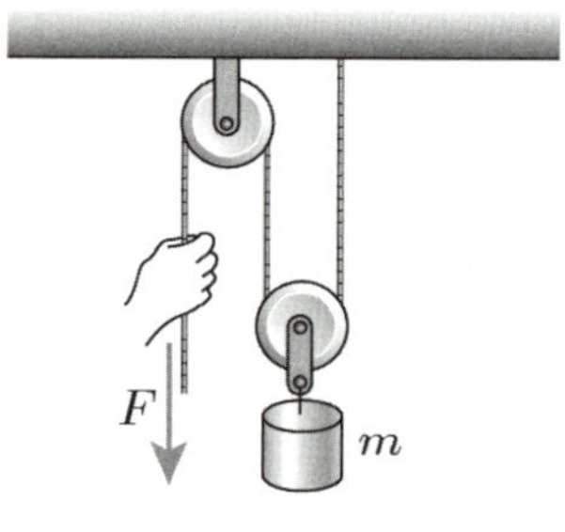

[문제 7.17]

18 그림과 같은 순간에 3kg의 박스가 매끄러운 경사면을 따라 2m/s의 속도로 위로 올라가고 있다. 이때 수평 방향으로 일정한 힘 $P = 15\text{N}(\rightarrow)$을 박스에 가한다면 현재 위치로부터 경사면을 따라 1m 위로 올라갔을 때 박스의 속도는 얼마가 되겠는가? (Hint: 외력이 한 일과 중력이 한 일이 모두 있다. P의 경사면 방향 성분은 $P\cos\theta\,(\nearrow)$이고 박스 무게의 경사면 방향 성분은 $W\sin\theta\,(\swarrow)$이다.)

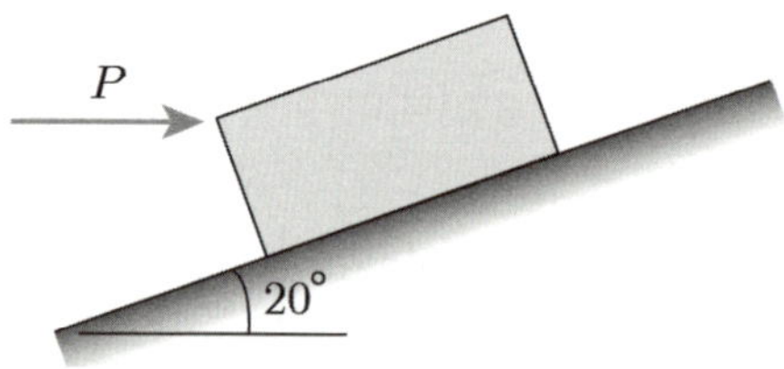

[문제 7.18]

19 그림은 어느 용수철을 당기는 힘 F와 그 힘에 의해 늘어난 용수철 길이 x와의 관계를 나타낸 것이다.

(1) 용수철 상수 k를 구하라.

(2) $x = 0.2\,\mathrm{m}$까지 당기는데 필요한 일을 구하라.

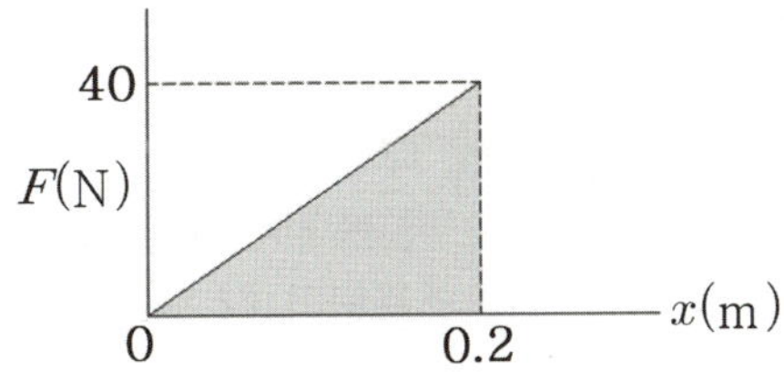

[문제 7.19]

20 그림의 (a)와 같이 질량 m인 물체가 v의 속력으로 벽에 고정된 용수철과 충돌하여 (b)와 같이 용수철을 d만큼 최대한 압축하였다. 용수철 상수는 k이고 용수철 질량과 마찰은 무시한다. 다음 각 경우에 대해 용수철이 최대한 압축된 길이를 구하라.

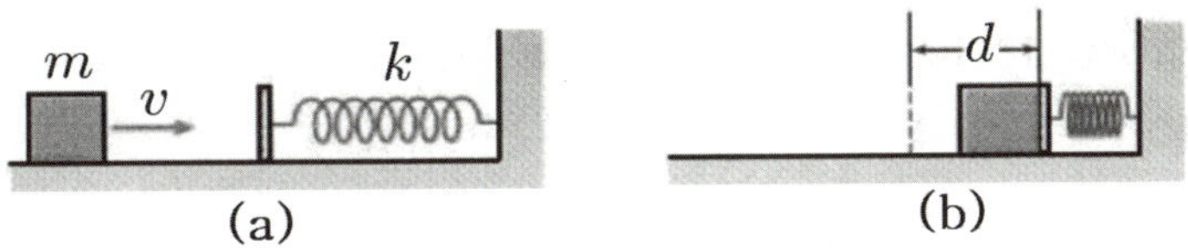

[문제 7.20]

(1) 물체의 속력을 4배로 할 때

(2) 용수철 상수를 $\frac{1}{9}$로 할 때

(3) 물체의 질량과 용수철 상수를 모두 2배로 할 때

21 그림은 스프링 힘 F_x와 변위 x의 관계를 나타낸 것이다. 그림에서 $F_s = 160\,$N이다. 본문의 [그림 7.9]와 같이 배열된 스프링과 블록에서 블록을 $x = 12\,$cm만큼 당긴 후 가만히 놓았다. 블록이 $x_1 = +8\,$cm로부터 (1) $x = +5\,$cm (2) $x = -5\,$cm (3) $x = -8\,$cm (4) $x = -10\,$cm까지 이동할 때 스프링 힘이 블록에 한 일[J]을 각각 구하라. (Hint: 그림으로부터 스프링상수를 구한다.)

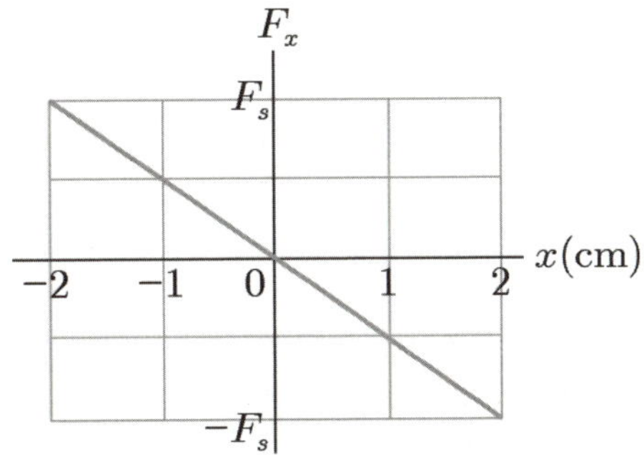

[문제 7.21]

22 본문의 [그림 7.9]에서 블록이 마찰 없는 수평면에 놓여 있고 스프링상수는 50N/m이다. 스프링이 변형되지 않은 $x=0$에서 블록은 정지해 있다. 일정한 힘 $F=3$N으로 블록이 멈출 때까지 블록을 $+x$ 방향으로 당긴다. 블록이 멈추었을 때 (1) 블록의 위치(x) (2) F가 블록에 한 일 (3) 스프링 힘이 블록에 한 일을 각각 구하라. (Hint: 힘이 한 일과 스프링이 한 일의 크기가 같다.)

23 스프링상수 $k=20$N/cm인 스프링의 끝에 상자가 붙어 있다. (1) 스프링이 평형 상태로부터 10mm 늘어났을 때 스프링이 상자에 한 일은 얼마인가? (2) 스프링이 추가로 10mm 늘어났을 때 스프링이 상자에 추가로 한 일은 얼마인가?

24 200g의 블록이 평형상태에서 수직으로 서 있는 스프링에 떨어진 후에 스프링에 붙어서 스프링을 10cm 압축한 후 일시적으로 멈춘다. 스프링이 압축되는 동안에 중력 힘이 블록에 한 일과 스프링 힘이 블록에 한 일을 각각 구하라. 스프링상수는 2.5N/cm이다.

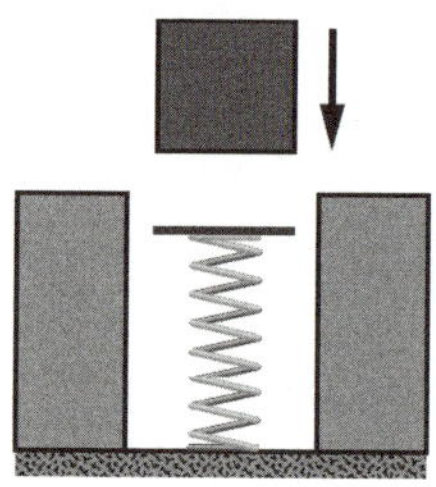

[문제 7.24]

25 어떤 물체에 40N의 힘을 가하여 10초 동안에 힘의 방향과 같은 방향으로 12m를 이동하였다. 일률은 몇 W인가?

26 기중기를 사용하여 질량 5000kg인 물체를 연직 상방으로 0.2m/s로 끌어올리고 있다. 기중기의 일률은 몇 kW인가?

27 2kW의 전동기를 40분 동안 작동하였을 때 전동기가 한 일은 몇 kJ인가?

28 입자가 $\vec{F}=4\vec{i}-3\vec{j}$ [N]의 힘을 받고 속도 $\vec{v}=5\vec{i}+2\vec{j}$ [m/s]로 운동하고 있다. 입자의 일률(순간일률)을 구하라.

29 어떤 사람이 물체를 수평과 60° 각도, 400N의 힘으로 0.3m/s의 속력으로 수평방향으로 끌고 갈 때 사람의 일률을 구하라.

30 경사각이 30°인 비탈면에서 기중기를 사용하여 질량 400kg의 물체를 10cm/s의 일정속도로 끌어올리고 있다. 기중기의 일률[W]을 구하라. 마찰은 무시한다.

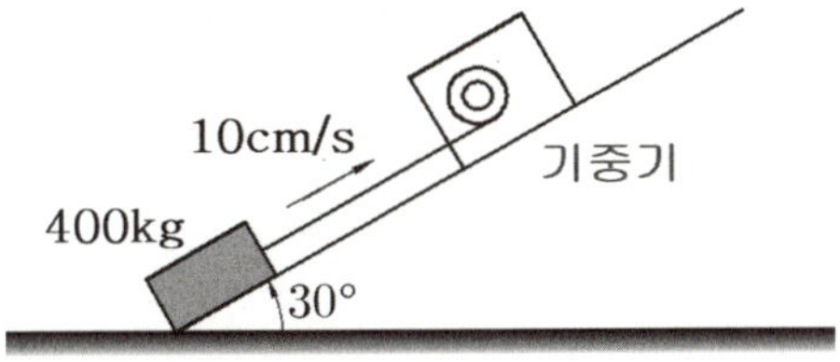

[문제 7.30]

31 물체를 100N의 힘으로 2초 동안 힘과 동일한 방향으로 10m 이동하기 위해 필요한 동력(일률)[W]은? [공무원 임용시험]

① 2,000 ② 500 ③ 50 ④ 20

32 질량 600kg인 자동차가 수평면 위에서 50km/h로 속력으로 직선 운동을 하고 있다. 속력이 100km/h로 빨라지면 자동차의 운동에너지는 처음보다 몇 배로 증가하는가? 단, 공기의 저항은 무시한다. [공무원 임용시험]

① 2배 ② 3배 ③ 4배 ④ 8배

33 수평인 지면과 각도가 30°인 마찰이 없는 경사면을 따라 물체를 위쪽 방향으로 속력 2m/s로 발사하였다. 발사된 물체가 경사면을 따라 올라갔다가 발사된 위치로 내려올 때까지 이동한 거리[m]와 시간[s]을 구하라. 단, 공기 저항은 무시하며 중력가속도는 10m/s^2이다. [공무원 임용시험]

34 질량 2kg의 입자가 일차원 운동을 하며 그 변위 x가 시간 t의 함수로서 $x(t)=3t+2t^2$으로 주어진다고 할 때, $t=2$초에서 입자에 가해지는 힘[N]과 운동에너지[J]를 구하라. 단, x와 t의 단위는 각각 m와 s이다. [공무원 임용시험]

35 용수철 상수가 $110\,\mathrm{N/m}$인 수직 용수철 위에 떨어진 질량 $0.1\,\mathrm{kg}$의 물체에 의해 용수철이 최대 $0.1\,\mathrm{m}$ 압축되었다. 용수철에 닿는 순간 물체의 속력[m/s]은? 단, 물체에 작용하는 마찰력과 용수철의 질량은 무시하며, 용수철의 압축과정에서 후크의 법칙이 만족되고, 중력가속도는 $10\,\mathrm{m/s^2}$이다. [공무원 임용시험]

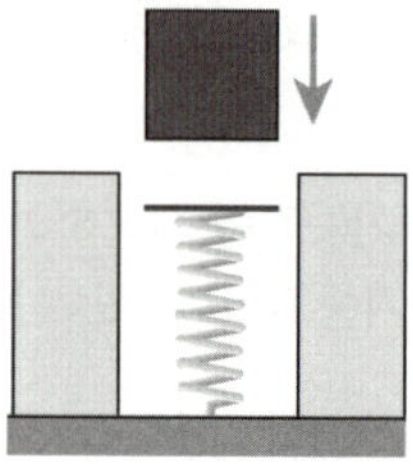

[문제 7.35]

① 2 ② 3 ③ 4 ④ 5

36 질량이 M인 물체가 발사되어 높이 H까지 올라갔다가 발사되기 전과 같은 높이의 지상으로 다시 돌아왔다. 이때 중력이 한 일의 크기[J]는? (단, 공기 마찰 및 지구의 자전에 의한 효과는 무시하고, 중력가속도는 g이다) [공무원 임용시험]

① $-MgH$ ② 0 ③ Mgh ④ $2MgH$

37 그림은 용수철에 작용한 힘과 용수철이 늘어난 길이의 관계를 나타낸 것이다. 용수철을 원래 길이보다 3cm 늘어난 A에서 6cm 늘어난 B까지 늘리려면 해야 하는 일[J]은? [공무원 임용시험]

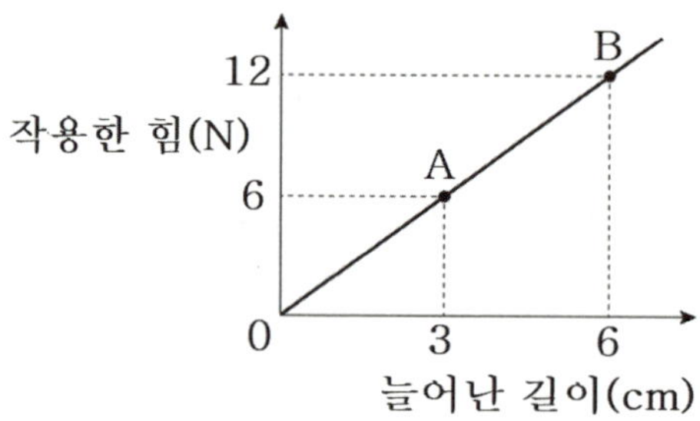

[문제 7.37]

① 0.09 ② 0.18 ③ 0.27 ④ 0.36

38 입자에 x축 방향으로 작용하는 힘은 $F = ax + bx^2$이다. 입자를 $x = 0$에서 $x = L$까지 움직일 때 이 힘이 한 일은? (단, a, b는 상수이다) [공무원 임용시험]

① $a + 2bL$ ② $aL + bL^2$ ③ $aL^2 + bL^3$ ④ $\frac{1}{2}aL^2 + \frac{1}{3}bL^3$

변하는 힘이 한 일

일반적인 3차원 힘은 다음과 같이 표현된다.

$$\vec{F} = F_x\vec{i} + F_y\vec{j} + F_x\vec{k}$$

여기에서 F_x, F_y, F_z는 입자의 위치에 따라 변할 수 있다. 일반적으로 입자가 $A_1(x_1, y_1, z_1)$에서 $A_2(x_2, y_2, z_2)$로 움직일 때, 입자의 위치에 따라 변하는 힘 $\vec{F}$가 한 일 W는 다음과 같이 구한다.

$$W = \int_{x_1}^{x_2} F_x dx + \int_{y_1}^{y_2} F_y dy + \int_{z_1}^{z_2} F_z dz$$

1차원일 때 x축 방향으로 작용하는 힘 $F(x)$가 한 일은 다음과 같다.

$$W = \int_{x_1}^{x_2} F(x) dx$$

이 값은 기하학적으로 $x = x_1$과 $x = x_2$ 사이에서 곡선 $F(x)$와 x축이 만드는 도형의 넓이를 계산하여 구할 수 있다.

39 어떤 입자에 $\vec{F} = (x^2\vec{i} - 2y\vec{j} + 3\vec{k})$N의 힘이 작용하여 입자의 위치가 초기위치 $(1\vec{i} + 2\vec{j} + 1\vec{k})$m에서 최종위치 $(1\vec{i} - 2\vec{j} + 3\vec{k})$m로 이동하였다. 이때 힘 $\vec{F}$가 한 일[J]은? [공무원 임용시험]

① 4 ② 6 ③ 8 ④ 10

40 질량 15kg인 물체가 $+x$ 방향으로 직선 운동하며, 그림처럼 위치에 따라 크기가 변하는 알짜힘을 $+x$ 방향으로 받는다. $x = 15$m에 도달했을 때 물체의 속력이 2m/s였다면, $x = 0$m에서 속력[m/s]은? [공무원 임용시험]

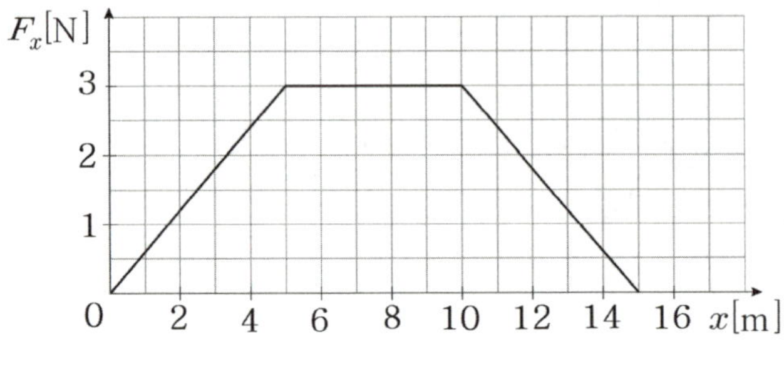

[문제 7.40]

① 0　　② 0.10　　③ 0.15　　④ 0.20

41 그림 (가)는 마찰이 없는 수평면 위에 정지 상태로 놓여있는 질량 4kg인 물체에 힘을 작용하여 6m를 이동시키는 것을 나타낸 것이고, 그림 (나)는 이 물체에 작용하는 힘의 크기를 이동거리에 따라 나타낸 것이다. 물체가 6m를 지나는 순간에서의 속력[m/s]은? [공무원 임용시험]

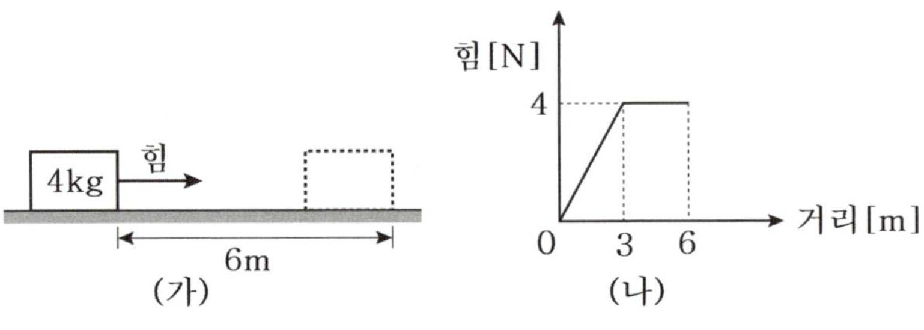

[문제 7.41]

① 3　　② 6　　③ 9　　④ 18

42 질량이 1kg이고 원점에 정지해 있던 물체에 그래프와 같이 힘이 가해졌다. 6m 지점에서 물체의 속력[m/s]은? (단, 마찰력과 공기 저항은 무시하고, 힘의 방향은 일정하며, 물체는 힘의 방향으로 직선상에서 움직인다) [공무원 임용시험]

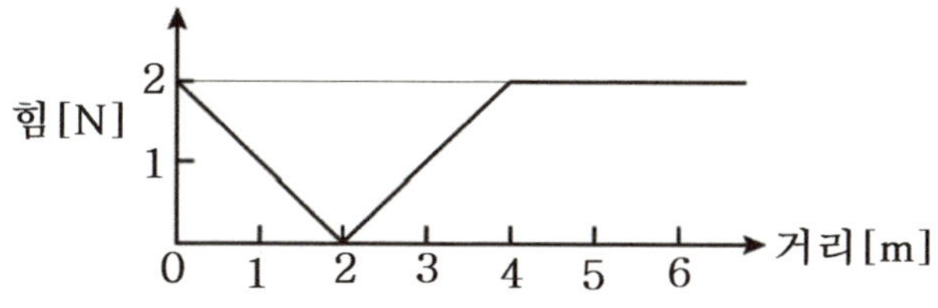

[문제 7.42]

① 2 ② 4 ③ 6 ④ 8

43 같은 크기의 물리량으로 짝지어지지 않은 것은? (단, 중력가속도는 9.8m/s^2이다) [공무원 임용시험]

① 3000rpm, 100πrad/s ② 1PS, 75J/s
③ 1MPa, 1000kN/m^2 ④ 100kgf, 980N

44 그림은 질량이 m인 정지 상태의 구슬이 가는 철사에 꿰어져 높이 h에서 하강하여 반지름이 $r = \dfrac{h}{5}$인 원형 모양의 고리를 따라 운동하는 모습을 나타낸다. 이 원형 모양의 고리에서 가장 우측 지점에 구슬이 도달했을 때, 구슬에 작용하는 구심력의 크기는 구슬 무게의 몇 배인가? (단, 공기저항과 철사와 구슬 사이의 마찰은 무시한다) (Hint: 물체가 아래로 내려가면 중력이 물체에 한 일은 양(+)이 된다.) [공무원 임용시험]

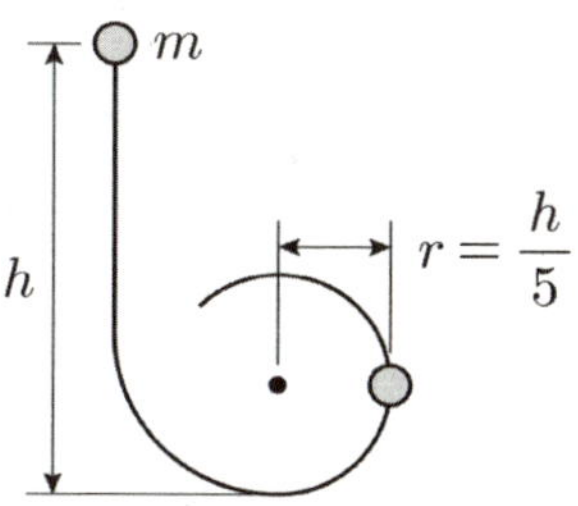

[문제 7.44]

① 4 ② 6 ③ 8 ④ 10

45 그림과 같이 질량 m인 물체를 경사면에 가만히 놓았더니 물체는 중력에 의해 h만큼 내려가서 용수철을 압축하였다. 이때 용수철의 압축된 부분의 최대 길이 d는? (단, 용수철 상수는 k, 중력가속도는 g이고, 모든 마찰과 용수철의 질량 및 물체의 크기는 무시한다) (Hint: 중력이 물체에 한 일은 양($+$)이고 스프링 힘이 물체에 한 일은 음 ($-$)이다.) [공무원 임용시험]

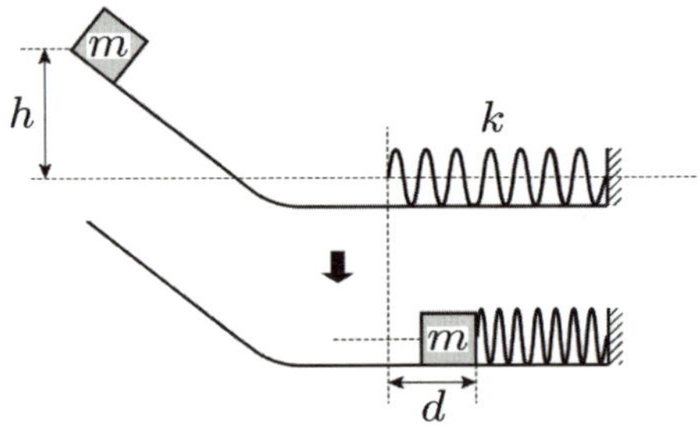

[문제 7.45]

① $\sqrt{\dfrac{mgh}{k}}$　② $\sqrt{\dfrac{2mgh}{k}}$　③ $\dfrac{mgh}{k}$　④ $\dfrac{2mgh}{k}$

제 8 장

유체

8.1 유체의 특성

1 유체의 정의

'유체는 아무리 작은 전단응력(접선응력)을 받아도 연속적으로 변형되는 물질'로 정의한다. 전단응력이 작용하는 한 유체의 운동이 지속되기 때문에 '정지 상태에서 전단응력을 지탱할 수 없는 물질'을 유체라고 정의할 수도 있다.

설명 물질을 이루는 분자 사이의 거리와 인력의 크기에 따라 물질을 크게 고체와 유체로 나눈다. 유체는 액체와 기체를 포함한다. 분자 간 응집력은 고체에서 가장 크고 다음에 액체에서 크며, 기체에서는 아주 작다. 고체 분자들이 단단히 결합되어 있는 반면, 유체에서는 분자간의 응집력이 약하기 때문에 비교적 자유롭게 움직일 수 있다. 따라서 유체는 일정한 형태를 지니지 못하고 자유롭게 변형하는 특성이 있다. 즉 임의 형상의 그릇에 채울 수 있으며 아주 작은 전단응력도 지탱하지 못하고 변형된다.

전단응력은 물체의 표면에 접선 방향의 힘이 작용할 때 발생한다. 강철과 같은 고체에 전단응력이 작용하면 처음에는 아주 작은 변형이 생기지만 전단응력을 제거하면 그 변형이 지속되지 않는다. 그러나 물, 기름, 공기와 같은 물질은 전단응력을 받으면 변형이 유지된다. 따라서 이들을 유체라 한다. 유체가 취할 수 있는 형태는 액체와 기체이다. 그런데 슬러리(slurry), 타르(tar), 치약과 같은 물질은 전단응력이 작으면 고체의 성질을 나타내지만 어떤 임계값 이상의 응력에서는 유동이 일어나므로 유체와 고체의 구분이 쉽지 않다. 이러한 물질에 대한 학문을 유변학이라 한다. 이 책에서는 고전적인 유체역학의 범위에서 가장 기본적인 유체에 대해 공부한다.

유체 입자는 많은 분자들로 구성되어 있고 각 분자들은 서로 떨어져 있다. 그런데 유체의 분자구조는 미시적인 관점에서 유체의 종류를 구분하는데 중요하지만 각 분자의 거동을 모두 기술하는 것은 불가능하다. 그 대신 거시적인 관점에서 많은 수의 분자로 구성된 일정 부피 유체의 평균값으로 유체의 거동을 기술한다. 또한 압력과 속도 등 유체의 주요 성질이 유체 내부에서 연속적으로 변한다고 가정한다. 즉, 유체를 연속체로 취급한다. 연속체로 유체를 다루기 위해서는 고려하는 유체의 영역이 분자의 크기 또는 분자의 평균 자유행로보다 커야 한다. 그런데 분자는 아주 작으므로 일반적으로 우리가 다루는 유체는 모두 연속체라 할 수 있다.

2 유체의 분류

점성이 있는 유체를 '점성유체', 점성이 없는 유체를 '비점성유체'라 하고, 압축이 되는 유체를 '압축성 유체', 압축되지 않는 유체를 '비압축성 유체'라 한다. 그리고 '비점성 · 비압축성 유체'를 이상유체라 한다.

설명 실제유체는 모두 점성을 가지고 있으며 압축이 된다. 그런데 실제로는 점성 · 압축성유체이지만 그 영향이 매우 작게 나타나는 경우에는 일반적으로 비점성 · 비압축성유체로 가정하여 해석한다. 점성과 압축성이 모두 고려되는 실제유체의 이론적 해석은 매우 어렵다. 학부 과정의 기초적인 유체역학에서 취급하는 유체는 대부분 점성이 없고 압축이 되지 않는 이상유체이다.

3 밀도

물질의 단위 부피($V\,[\mathrm{m^3}]$)당 질량($m\,[\mathrm{kg}]$)을 밀도라 하고 일반적으로 기호 ρ로 나타내며 다음과 같이 정의한다.

$$\rho = \frac{m}{V} \quad [\mathrm{kg/m^3}] \qquad \cdots\cdots (8.1)$$

4 비중량

물질의 단위 부피($V\,[\mathrm{m^3}]$)당 무게($W\,[\mathrm{N}]$)를 비중량(단위중량)이라 한다. 밀도

가 $\rho\,[\mathrm{kg/m^3}]$인 물질의 비중량 γ는 다음과 같다. $g\,[\mathrm{m/s^2}]$는 중력가속도이다.

$$\gamma = \frac{W}{V} = \frac{mg}{V} = \frac{m}{V} \times g = \rho g$$

$$\gamma = \frac{W}{V} = \rho g \ \ [\mathrm{N/m^3}] \qquad \cdots\cdots (8.2)$$

비중량 $\gamma = \rho g$이므로 예를 들어 비중량 $70\mathrm{kgf/m^3}$, $90\mathrm{kgf/m^3}$인 유체의 밀도는 각각 $70\mathrm{kg/m^3}$, $90\mathrm{kg/m^3}$이 된다. 특히 물의 비중량은 $1000\mathrm{kgf/m^3}$이고 밀도는 $1000\mathrm{kg/m^3}$이다.

5 비중

순수한 물의 밀도를 기준으로 한 유체의 상대적 밀도를 비중이라 한다. 물의 밀도를 ρ_w라 하면 밀도 ρ인 물질의 비중 S는 다음과 같이 정의된다. 여기에서 γ와 γ_w는 각각 물질과 물의 비중량을 나타낸다.

$$S = \frac{\rho}{\rho_w} = \frac{\rho g}{\rho_w g} = \frac{\gamma}{\gamma_w}$$

$$S = \frac{\rho}{\rho_w} = \frac{\gamma}{\gamma_w} \qquad \cdots\cdots (8.3)$$

설명 열역학에서는 밀도의 역수인 비체적($v = V/m$)을 많이 사용하지만 유체역학에서는 밀도와 비중량을 주로 사용한다. 고체 내부의 압력은 거의 일정하다. 그러나 유체에서는 온도가 상승하면 분자 운동이 활발해지고, 이에 따라 분자 사이의 거리가 멀어짐으로 인해 밀도가 작아지고 압력은 상승한다.

비중은 어떤 물질의 무게가 물보다 얼마나 더 가벼운가 또는 무거운가를 나타내는 척도가 된다. 비중이 큰 물질로는 수은($S \approx 13.6$)이 있으며 공기의 비중은 약 1/800이다. 보통 기름의 비중은 1보다 작으므로 물에 기름을 부으면 기름은 모두 물 위에 뜬다. 비중이 1보다 작다는 것은 물보다 더 가볍다는 것을 뜻한다.

비중량(γ)은 단위 부피당 무게를 나타내며 SI 단위는 $[\gamma] = N/m^3$이다. 그러나 비중은 물의 밀도에 대한 물질의 밀도 비를 나타내므로 차원이 없는 무차원수이다.

4℃ 에서 순수한 물의 밀도는 $1000\,kg/m^3$이고, 비중량은 $9800 N/m^3$이므로 비중이 S인 물질의 밀도 ρ와 비중량 γ는 다음과 같다. 중력가속도 $g = 9.8 m/s^2$이다.

$$\rho = 1000\,S \ \ [kg/m^3]$$
$$\gamma = 9800\,S\,[N/m^3] = 9.8\,S\,[kN/m^3]$$

[Note] 각종 시험에서는 계산상 편의를 위해 중력가속도 값을 $g = 10 m/s^2$으로 주기도 한다. 이때는 $1kgf = 10\,N$이므로 물의 비중량(γ_w)과 비중 S인 물질의 비중량(γ)은 다음과 같다.

$$\gamma_w = 10{,}000 N/m^3 = 10 kN/m^3$$
$$\gamma = 10{,}000\,S\,[N/m^3] = 10\,S\,[kN/m^3]$$

〈표 8.1〉 **표준대기압과 25℃ 에서 유체의 밀도**

유체	밀도$[kg/m^3]$	유체	밀도$[kg/m^3]$
벤젠	879	등유	815
사염화탄소	1584	메탄올	787
에틸알코올	783	엔진오일	885
가솔린	750	물	997
글리세린	1260	수은	13580

[예제 8.1] 부피가 $5\,\mathrm{m}^3$인 유체의 질량이 $4000\,\mathrm{kg}$일 때 유체의 밀도, 비중량, 비중을 구하라. 중력가속도 $g=9.8\mathrm{m/s^2}$, 물의 밀도 $\rho_w=1000\mathrm{kg/m^3}$으로 한다.

풀이

- 밀도 $\rho=\dfrac{m}{V}=\dfrac{4000\mathrm{kg}}{5\mathrm{m}^3}=800\,\mathrm{kg/m^3}$
- 비중량 $\gamma=\rho g=800\dfrac{\mathrm{kg}}{\mathrm{m}^3}\times 9.8\dfrac{\mathrm{m}}{\mathrm{s}^2}=7840\dfrac{\mathrm{kg}\cdot\mathrm{m/s^2}}{\mathrm{m}^3}=7840\,\mathrm{N/m^3}$
- 비중 $S=\dfrac{\rho}{\rho_w}=\dfrac{800\,\mathrm{kg/m^3}}{1000\,\mathrm{kg/m^3}}=0.8$

[예제 8.2] 밑면 지름 $D=50\,\mathrm{cm}$, 높이 $H=100\,\mathrm{cm}$인 실린더 형 용기에 기름이 가득 채워져 있다. 기름의 밀도 $\rho=850\,\mathrm{kg/m^3}$일 때 기름의 질량[kg]과 무게[N]를 구하라. 중력가속도 $g=10\mathrm{m/s^2}$으로 한다.

풀이 밀도 $\rho=\dfrac{m}{V}$이므로 질량(m)과 무게(W)는 다음과 같다. SI 단위 [kg, m]로 계산한다.

$$D=50\,\mathrm{cm}=0.5\mathrm{m}\,,\quad H=100\,\mathrm{cm}=1\mathrm{m}$$

$$m=\rho V=\rho\times\left(\frac{\pi D^2 H}{4}\right)=850\times\left(\frac{\pi\times 0.5^2\times 1}{4}\right)=167\,[\mathrm{kg}]$$

$$W=mg=167\times 10=1670\,[\mathrm{N}]$$

SI 단위 [kg, m, s]로 통일하면 계산 결과 나오는 질량의 단위는 kg이고 무게의 단위는 N이 된다.

> **[예제 8.3]** 비중 $S=5$인 유체의 부피 $V=2\mathrm{m}^3$일 때 유체의 무게(W)를 구하라. 물의 비중량은 $\gamma_w = 9.8\mathrm{kN/m^3}$으로 한다.

풀이 유체의 비중량 $\gamma = S\gamma_w$이다.

$$W=\gamma V = S\gamma_w \times V = 5\times 9.8\frac{\mathrm{kN}}{\mathrm{m}^3}\times 2\mathrm{m}^3 = 98[\mathrm{kN}]$$

8.2 압력

1 압력의 정의

단위 면적에 수직으로 작용하는 힘을 압력이라 한다. 면적 A에 힘 F가 수직으로 작용할 때 압력 P는 다음과 같다.

$$P=\frac{F}{A} \quad \cdots\cdots (8.4)$$

국제단위계(SI 단위계)에서는 1N의 힘이 $1\mathrm{m}^2$에 작용할 때의 압력을 1파스칼(Pascal)이라 하고, 기호 Pa로 나타낸다.

$$1\mathrm{Pa} = 1\mathrm{N/m^2}$$

편의상 많이 사용하는 압력의 단위에는 다음과 같이 정의되는 bar, 표준기압[atm] 등이 있다. 공학에서는 $1\mathrm{kgf/cm^2}$을 1공학기압[at]이라 한다.

$$1\mathrm{bar} = 10^5\mathrm{Pa} = 100\mathrm{kPa}$$

$$1 \text{ 표준기압} = 1\text{atm} = 1.01325\,\text{bar} = 101.325\,\text{kPa}$$

$$1 \text{ 공학기압} = 1\text{at} = 1.0\text{kgf/cm}^2$$

atm은 국제단위계 이전에 압력의 단위로 많이 사용된 단위이다. SI 단위계에서 표준 상태의 대기압은 약 1bar이다.

2 절대압력

완전 진공 상태의 절대 0기압을 기준으로 측정한 압력을 절대압력이라 한다.

설명 대기압은 여러 가지 조건에 따라 변하기 쉬우므로 압력을 나타낼 때는 이론적으로 완전한 진공 상태의 절대 0기압을 기준으로 나타내는 것을 원칙으로 하는데 이와 같은 압력을 절대압력이라 한다. 특히 $PV = mRT$와 같은 열역학 관계식에서 사용하는 압력은 특별한 언급이 없으면 모두 절대압력이다.

3 계기압력

절대압력(P_{abs})이 대기압(P_{atm})보다 높을 때 절대압력과 대기압의 차이를 계기압력(P_{gage})이라 한다.

$$P_{gage} = P_{abs} - P_{atm} \qquad \cdots\cdots (8.5)$$

물리학이나 열역학 등에서 일반적으로 특별한 언급이 없으면 압력은 절대압력을 의미한다. 그러나 공학에서는 계기압력을 단순하게 압력이라고 하는 경우가 많다. 왜냐하면 대기압은 어디에나 존재하기 때문이다. 따라서 압력이란 용어를 사용할 때는 이들을 명확하게 구분하여 사용하는 것이 옳은데 분야에 따라 다르게 사용하고 있으므로 주의할 필요가 있다.

[예제 8.4] $W=400\,\text{kgf}$의 힘이 $A=20\text{cm}^2$의 면적에 수직으로 작용하면 힘에 의해 면이 받는 압력은 몇 MPa인가?

풀이 $1\text{kgf}=9.8\text{N}$이므로 압력(P)은 다음과 같다.

$$P=\frac{W}{A}=\frac{400\,\text{kgf}}{20\,\text{cm}^2}=\frac{400\times9.8\,\text{N}}{20\times(10^{-2}\text{m})^2}$$
$$=1.96\times10^6\frac{\text{N}}{\text{m}^2}=1.96\times10^6\,\text{Pa}$$
$$=1.96\,\text{MPa}$$

[예제 8.5] [그림 8.1]과 같은 피스톤-실린더 장치가 가열되어 내부 압력이 2.5 MPa이 되었다. 피스톤의 지름이 40 cm 일 때 피스톤을 고정하기 위해 필요한 힘 F[kN]을 구하라. 단, 피스톤과 실린더 사이의 마찰과 대기압은 무시한다.

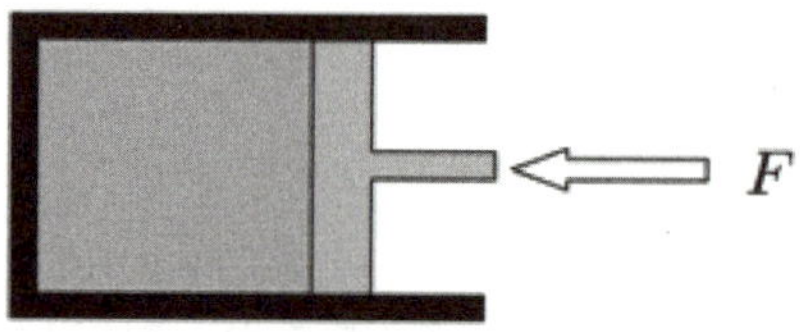

[그림 8.1]

풀이 압력 $P=\dfrac{F}{A}$이므로 피스톤을 고정하기 위해 필요한 힘(F)은 다음과 같다.

$$F=PA=P\times\frac{\pi D^2}{4}=\left(2500\frac{\text{kN}}{\text{m}^2}\right)\times\left(\frac{\pi\times0.4^2}{4}\text{m}^2\right)$$
$$=314\,[\text{kN}]$$

내부 압력 $P = 2.5\,\mathrm{MPa} = 2.5 \times 10^3\mathrm{kPa} = 2500\dfrac{\mathrm{kN}}{\mathrm{m}^2}$

[예제 8.6] 외부 대기 압력이 100kPa일 때 계기압력이 20kPa이면 절대압력은 몇 kPa인가?

풀이 절대압력 $P_{abs} = P_{atm} + P_{gage} = 100 + 20 = 120\,[\mathrm{kPa}]$

8.3 파스칼의 원리

'밀폐된 용기 속에 갇혀 있는 유체에 압력을 가하면 가한 압력은 유체의 모든 부분에 동일한 세기로 전달된다.'라는 것을 파스칼(Pascal)의 원리라 한다.

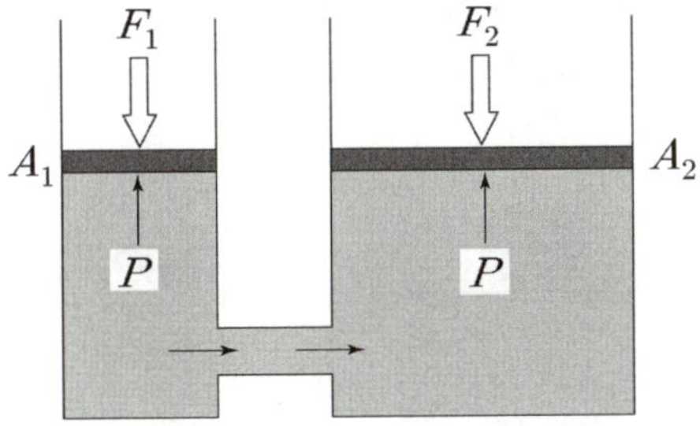

[그림 8.2]

설명 작은 힘으로 큰 힘을 얻는 수압기는 파스칼의 원리를 응용한 것이다. [그림 8.2]에서 면적 A_1의 피스톤에 F_1의 힘을 가하는 경우를 살펴보자. 중력의 영향을 무시하면 모든 점에서 압력이 같으므로 압력의 정의 $P = F/A$에 의해 유체에서 압력은

$$P = \frac{F_1}{A_1} = \frac{F_2}{A_2}$$

이다. 따라서

$$F_2 = \frac{A_2}{A_1} \times F_1$$

이므로 면적 비 A_2/A_1을 크게 하면 작은 힘 F_1을 증폭시켜 큰 힘 F_2를 얻을 수 있다.

자동차의 유압브레이커와 기계적인 유압작동장치 등은 10MPa 이상의 고압을 사용한다. 이와 같이 대기압 100kPa = 0.1MPa보다 아주 높은 고압에서는 중력에 의한 영향을 무시할 수 있으므로 파스칼의 원리를 그대로 적용할 수 있다.

[예제 8.7] [그림 8.3]과 같이 지름 D_1, D_2의 두 피스톤으로 구성된 유압프레스가 있다. $D_1 = 200\text{mm}$, $D_2 = 50\text{mm}$이다. 지름 D_2의 작은 피스톤에 $W = 100\text{N}$의 물체를 올려놓을 때 큰 피스톤에 전달되는 힘 F를 구하라. 실린더 내의 유체는 비압축성 유체이며, 실린더와 피스톤 사이의 마찰과 피스톤의 무게는 무시한다.

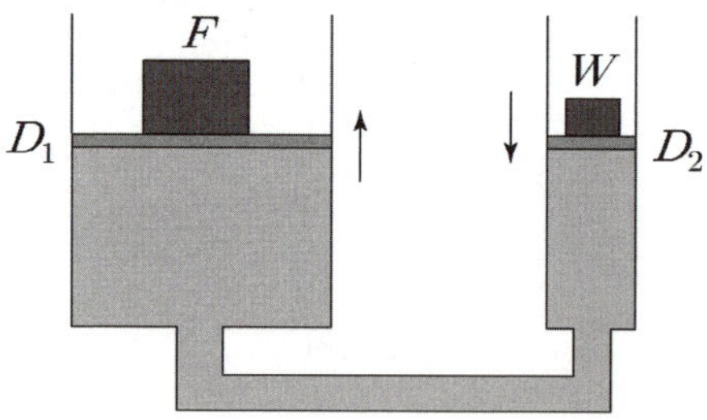

[그림 8.3]

풀이 큰 피스톤과 작은 피스톤의 단면적을 각각 A_1, A_2라 하면

$$A_1 = \frac{\pi D_1^2}{4}, \quad A_2 = \frac{\pi D_2^2}{4}$$

이고, 실린더 내부의 압력을 P라 하면

$$P = \frac{F}{A_1} = \frac{W}{A_2}$$

이다. 따라서 큰 피스톤에 전달되는 힘은

$$F = \frac{A_1}{A_2} W = \frac{\pi D_1^2/4}{\pi D_2^2/4} \times W = \left(\frac{D_1}{D_2}\right)^2 W$$

$$= \left(\frac{200}{50}\right)^2 \times 100 = 1600\,[\mathrm{N}]$$

이다. 즉, 작은 피스톤에 가해준 힘 $100\,\mathrm{N}$이 $1600\,\mathrm{N}$으로 증폭되어 큰 피스톤으로 전달된다.

[예제 8.8] [그림 8.4]에서 왼쪽 실린더에 힘 F를 가하여 추의 무게(W)에 의한 압력과 평형을 이루고 있다. 무게 $W = 900\,\mathrm{N}$, 지름 $D_2 = 3D_1$일 때 힘 F를 구하라. 추와 벽 사이의 마찰과 유체 무게에 의한 압력은 무시한다.

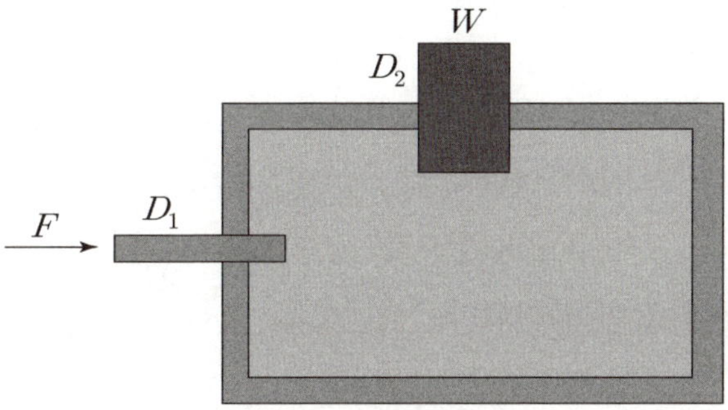

[그림 8.4]

풀이 파스칼의 원리에 의해 실린더와 추에 작용하는 압력이 같다.

$$P = \frac{F}{A_1} = \frac{W}{A_2}$$

$$\therefore\ F = \frac{A_1}{A_2}W = \left(\frac{D_1}{D_2}\right)^2 W = \left(\frac{D_1}{3D_1}\right)^2 W$$

$$= \left(\frac{1}{3}\right)^2 \times 900\,[\mathrm{N}] = 100\,[\mathrm{N}]$$

8.4 연속방정식

유체 유동에서 속도, 압력, 밀도 등의 물리량이 시간이 지나도 일정하게 유지되는 유동을 정상유동이라 하고, 시간에 따라 변화하는 유동을 비정상유동이라 한다. 한편 유체의 모든 성질이 하나의 공간 좌표와 시간으로 표현되는 유동을 1차원 흐름이라 한다.

여기에서는 유체 유동 중 가장 간단한 형태인 1차원 정상유동에 대한 연속 방정식을 알아본다.

1 1차원 정상유동의 연속방정식

'단위 시간에 각 유동단면을 통과하는 유체의 질량은 모든 단면에서 같다'는 것을 1차원 정상유동의 연속방정식이라 한다.

단면 면적 A인 곳에서 유체의 밀도를 ρ, 속도를 V라 하면 1차원 정상유동의 연속방정식은 다음과 같이 표현된다.[1)]

$$\rho A V = C \ \ (C\text{는 상수}) \quad \cdots\cdots (8.6)$$

증명 질량보존법칙을 적용하면 연속방정식이 얻어진다. [그림 8.5]에서 평균 유출 속도가 V_2인 단면에서 Δt 동안에 유출되는 유체의 질량은 '출구면적 A_2와 Δt 동안에 이동한 거리 $V_2\Delta t$로 이루어진 체적'에 포함된 유체의 질

1) 식의 유도 과정은 참고로 하고 연속방정식 (8.6)의 개념을 잘 파악하도록 한다.

량과 같다.

$$m_2 = \rho_2 A_2 V_2 \Delta t$$

마찬가지로 Δt 동안에 단면 1에 유입되는 유체의 질량은

$$m_1 = \rho_1 A_1 V_1 \Delta t$$

이다. 정상유동에서 유입되는 질량(m_1)과 유출되는 질량(m_2)은 같으므로

$$\rho_1 A_1 V_1 \Delta t = \rho_2 A_2 V_2 \Delta t$$

$$\therefore \ \rho_1 A_1 V_1 = \rho_2 A_2 V_2 \quad \cdots\cdots ①$$

가 성립한다. 따라서 면적이 A인 임의의 단면에서의 유체의 밀도를 ρ, 속도를 V라 하면 식 ①을 다음과 같이 쓸 수 있다.

$$\rho A V = C \ (C\text{는 상수}) \quad \cdots\cdots ②$$

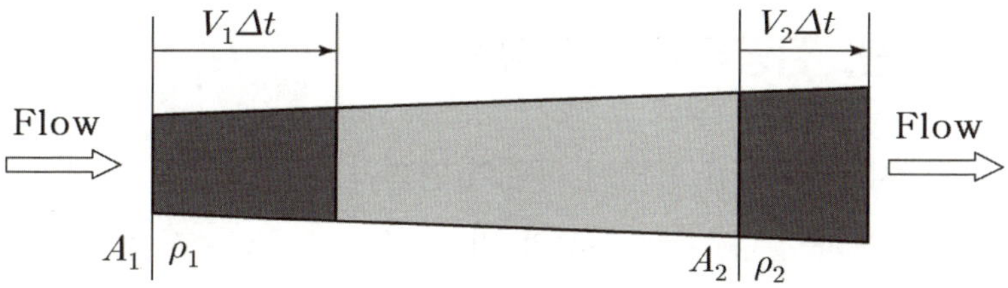

[그림 8.5]

식 ②를 미분하면

$$A V d\rho + \rho V dA + \rho A dV = 0 \quad \cdots\cdots ③$$

이다. 식 ③의 양변을 $\rho A V$로 나누면 다음과 같은 1차원 정상유동에 대한 연속방정식의 미분식이 구해진다.

$$\frac{d\rho}{\rho} + \frac{dA}{A} + \frac{dV}{V} = 0 \quad \cdots\cdots (8.7)$$

1차원 유동에서 주로 사용하는 식은 '$\rho AV = C$'의 관계식이다. 특히 [그림 8.6]과 같은 형태의 관에서 성립하는 다음 관계식이 많이 사용된다.

$$\rho_1 A_1 V_1 = \rho_2 A_2 V_2 \quad \cdots\cdots (8.8)$$

여기에서 A_1, ρ_1, V_1은 단면 1에서의 면적, 밀도, 속도를 각각 나타내고, A_2, ρ_2, V_2는 단면 2에서의 면적, 밀도, 속도를 각각 나타낸다.

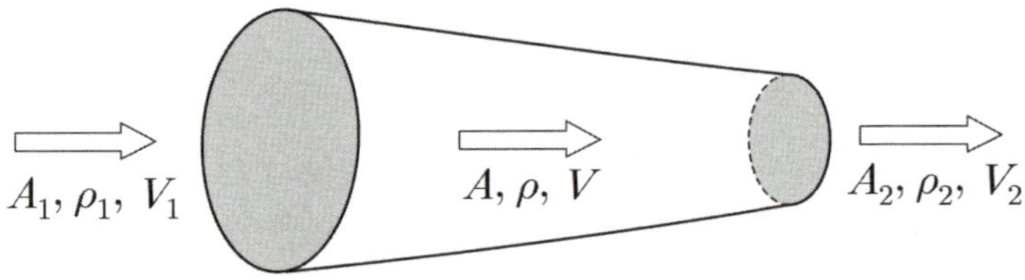

[그림 8.6]

2 체적유량, 질량유량, 중량유량

1차원 유동에서 단위 시간 동안에 하나의 단면을 통해 흐르는 유체의 체적과 질량 및 중량은 다음과 같다. ρ는 유체의 밀도이고 $\gamma = \rho g$는 유체의 비중량이다.

(1) 체적유량: $Q = AV$ $[m^3/s]$
(2) 질량유량: $\dot{m} = \rho AV = \rho Q$ $[kg/s]$
(3) 중량유량: $G = \gamma AV = \gamma Q$ $[N/s]$

기초유체역학에서는 비압축성 유체를 주로 취급하므로 일반적으로 많이 사용하는 것은 체적유량이다. 따라서 대부분의 경우에 있어서 단순히 '유량'이라고 하면 '체적유량'을 의미한다.

[예제 8.9] 안지름 $0.5\,\text{m}$의 송유관을 평균속도 2m/s로 기름이 흐를 때 다음을 구하라. 기름의 밀도는 $900\,\text{kg/m}^3$이다.

(1) 체적유량 (2) 질량유량
(3) 중량유량

풀이 (1) $Q = AV = \dfrac{\pi D^2}{4} \times V = \dfrac{\pi \times 0.5^2}{4} \times 2 = 0.3927\ [\text{m}^3/\text{s}]$

(2) $\dot{m} = \rho AV = \rho Q = 900 \times 0.3927 = 353.4\,[\text{kg/s}]$

(3) $G = \gamma AV = \gamma Q = (\rho g)Q = (900 \times 9.8) \times 0.3927 = 3464\,[\text{N/s}]$

[예제 8.10] 안지름 2m의 송유관에 체적유량 $0.6\text{m}^3/\text{s}$의 유체가 흐를 때 유체의 평균속도를 구하라. 단, $\pi = 3$이다.

풀이 $V = \dfrac{Q}{A} = \dfrac{Q}{\pi D^2/4} = \dfrac{4Q}{\pi D^2} = \dfrac{4 \times 0.6}{3(2)^2} = 0.2\ [\text{m/s}]$

3 1차원 정상상태 비압축성유체의 연속방정식

비압축성 유체에서는 밀도가 일정하므로 연속방정식은 다음과 같이 표현된다.[2)]

$$AV = \text{일정} \quad \cdots\cdots (8.9)$$

$$A_1 V_1 = A_2 V_2 \quad \cdots\cdots (8.10)$$

설명 연속방정식에서 '$\rho = \rho_1 = \rho_2 = \text{일정}$'이므로 '$AV = \text{일정}$'이 된다. 압축성유체를 취급할 때는 질량유량이나 중량유량을 사용하지만 물과 같은 액체의 유동과 저속에서의 공기 유동 등에서는 체적유량을 사용한다. 식 (8.9)로부

2) 이 식은 유체역학에서 많이 사용되는 식이므로 잘 알아두도록 한다.

터 단면적이 작을 때는 유속이 빨라지고, 단면적이 커지면 유속이 느려진다는 것을 알 수 있다.

[참고 8.1] 고속도로 톨게이트와 연속 방정식

고속도로 톨게이트로 진입하기 전에 차선이 여러 갈래로 나누어지는 이유는 연속법칙의 개념과 유사하다. 차와 사람은 압축할 수 없으므로 비압축성 유체에 해당된다. 따라서 도로의 단면적을 A, 차의 속도를 V라 하면 차들이 정지하지 않고 계속 달리는 경우에는 연속법칙에 의해 '$AV=$ 일정'이 성립한다고 할 수 있다. 그런데 톨게이트에서는 고속도로 이용료를 지불하기 위해 차를 천천히 운행($V\searrow$)해야 한다. 즉, 속도가 느리므로 면적을 크게($A\nearrow$, 여러 차선으로) 해야 고속도로 전체의 차량 소통이 원활해진다.

[예제 8.11] [그림 8.7]과 같이 단면적이 변하는 관을 비압축성 유체가 흐르고 있다. 안지름 D_1인 곳에서 평균유속이 $10\,\mathrm{m/s}$이면 안지름 D_2인 곳에서 평균유속은 얼마인가? $D_1 = 2D_2$이다.

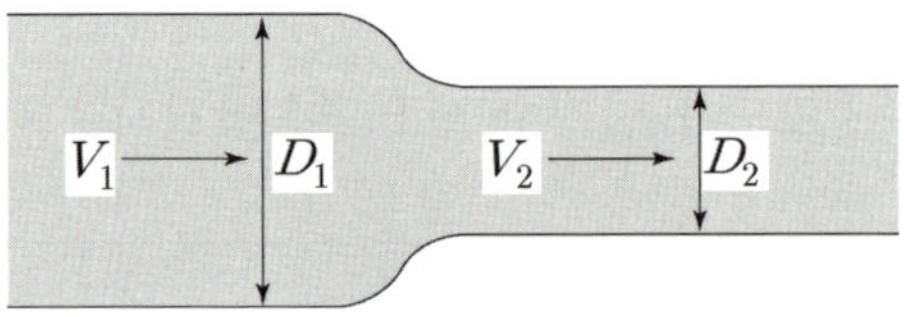

[그림 8.7]

풀이 밀도가 일정하므로 연속법칙 $Q = A_1V_1 = A_2V_2$에서

$$V_2 = \frac{A_1}{A_2} \times V_1 = \frac{\pi D_1^2/4}{\pi D_2^2/4} \times V_1 = \left(\frac{D_1}{D_2}\right)^2 V_1$$

$$= \left(\frac{2D_2}{D_2}\right)^2 V_1 = (2)^2 \times 10[\mathrm{m/s}] = 40\,[\mathrm{m/s}]$$

[예제 8.12] 단면적이 변화하는 관을 일정한 유량 $120\,\mathrm{m^3/min}$으로 비압축성 유체가 흐르고 있다. 단면적이 $0.25\mathrm{m}^2$인 곳에서 유속은 얼마인가?

풀이 SI 단위 [m, s]로 통일하여 계산한다. 체적유량 $Q = AV$로부터 단면적이 $0.25\mathrm{m}^2$인 곳에서 유속은 다음과 같다.

$$Q = 120\,\mathrm{m^3/min} = 120\mathrm{m^3/60s}$$

$$V = \frac{Q}{A} = \frac{120/60}{0.25}[\mathrm{m/s}] = 8\,[\mathrm{m/s}]$$

[예제 8.13] [그림 8.8]과 같이 수도꼭지에서 물이 흘러나오고 있다. 물줄기 윗부분의 면적 $A_0 = 2\mathrm{cm}^2$이고 아래 부분의 면적 $A = 0.5\,\mathrm{cm}^2$이며, 두 단면 사이의 수직 거리 $h = 3\mathrm{cm}$이다. 수도꼭지에서 흘러나오는 물의 체적유량$[\mathrm{cm^3/s}]$을 구하라. 중력가속도 $g = 10\mathrm{m/s^2}$이고, 물은 비압축성유체라고 가정한다.

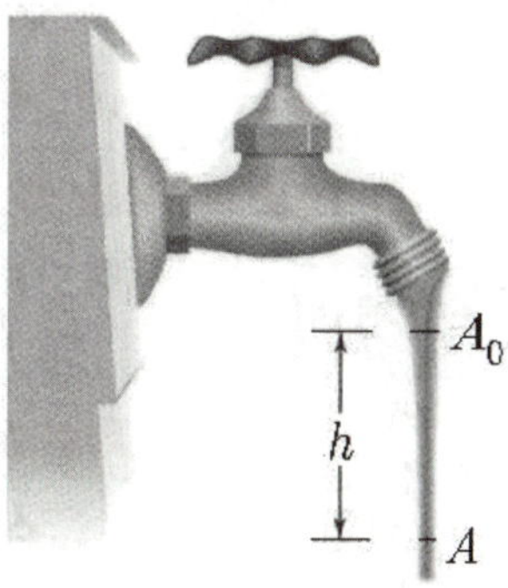

[그림 8.8]

풀이 단면 A_0와 A에서의 유속을 각각 V_0와 V라 하면 연속방정식에 의해 체적유량은

$$Q = A_0 V_0 = A V \quad \cdots\cdots ①$$

이다. 여기에서 물은 중력에 의해 자유낙하하고 있으므로

$$V^2 - V_0^2 = 2gh \quad \cdots\cdots ②$$

가 성립한다. 식 ①에서 $V = \frac{A_0}{A} V_0$이고, 이 식을 식 ②에 대입하여 V_0를 구한다.

$$\left(\frac{A_0}{A} V_0\right)^2 - V_0^2 = 2gh$$

$$\left(\frac{A_0^2}{A^2} - 1\right) V_0^2 = 2gh$$

$$V_0^2 = \frac{2gh}{A_0^2/A^2 - 1}$$

$$\therefore \quad V_0 = \sqrt{\frac{2gh}{(A_0/A)^2 - 1}} = \sqrt{\frac{2 \times (10\text{m/s}^2) \times (0.03\text{m})}{(2/0.5)^2 - 1}}$$

$$= 0.2\,[\text{m/s}] = 20\,[\text{cm/s}]$$

따라서 체적유량(Q)은 다음과 같다.

$$Q = A_0 V_0 = (2\text{cm}^2) \times (20\text{cm/s}) = 40\,[\text{cm}^3/\text{s}]$$

8.5 베르누이 방정식

1 유선

유체의 흐름을 시각적으로 묘사하기 위해 사용하는 하나의 선으로는 유선이 있다. '유선(streamline)은 임의의 순간에 모든 점에서 속도벡터에 접하는 선'으로 정의한다.

설명 어떤 순간에 임의의 가상 곡선 상의 모든 점에서 접선이 그 점에서 속도 벡터의 방향과 일치할 때 그 곡선을 유선이라 한다. 즉, 유선 위의 임의의 점에서의 접선 벡터는 그 순간 그 지점에서의 속도벡터와 평행하다. [그림 8.9]는 유선을 나타낸다.

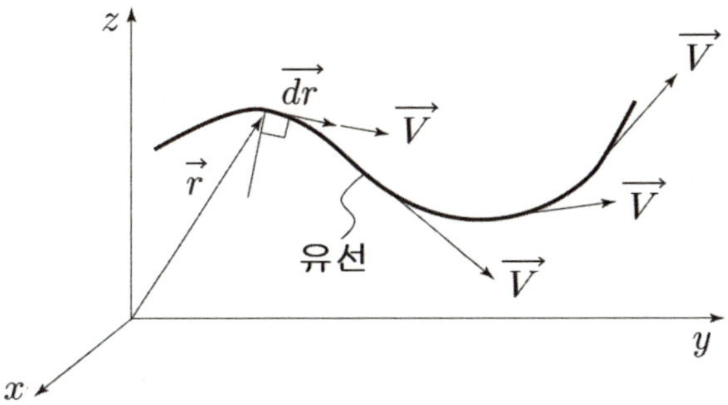

[그림 8.9]

2 베르누이 방정식

[그림 8.10]과 같이 균일 밀도 유체의 비압축성 유동에 대해 동일 유선 상의 임의의 두 점 ①, ② 사이에서 성립하는 다음 관계식을 베르누이(Bernoulli) 방정식이라 한다.[3)]

$$\frac{P_1}{\gamma}+\frac{V_1^2}{2g}+z_1=\frac{P_2}{\gamma}+\frac{V_2^2}{2g}+z_2 \quad \cdots\cdots (8.11)$$

$$\frac{P}{\gamma}+\frac{V^2}{2g}+z=H \ (\text{일정}) \quad \cdots\cdots (8.12)$$

다음과 같이 단위 중량당 에너지는 길이의 차원을 가진다.

$$\frac{\mathrm{J}}{\mathrm{N}}=\frac{\mathrm{N}\cdot\mathrm{m}}{\mathrm{N}}=\mathrm{m}$$

그리고 식 (8.12)에서 세 항의 차원은 모두 길이의 차원을 가진다는 것을 알 수

3) 1차원 Euler 방정식을 적분하면 베르누이 방정식이 유도된다. 식의 유도 과정은 중요하지 않고 식의 의미를 이해하고 이 방정식을 적용할 줄 알면 된다.

있다.

$$\left[\frac{P}{\gamma}\right]=\frac{\mathrm{N/m^2}}{\mathrm{N/m^3}}=\mathrm{m},\quad \left[\frac{V^2}{2g}\right]=\frac{\mathrm{(m/s)^2}}{\mathrm{m/s^2}}=\mathrm{m},\quad [z]=\mathrm{m}$$

즉, 식 (8.11)과 (8.12)에서 각 항은 유체의 '단위 중량당 압력 에너지, 속도 에너지, 위치 에너지'를 나타낸다.[4]

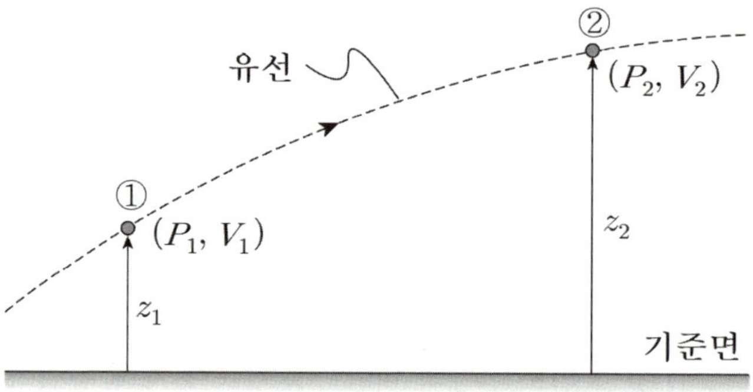

[그림 8.10]

한편 식 (8.11)과 (8.12)를 다음과 같이 압력 단위를 갖는 항으로 표현할 수 있다.

$$P_1+\frac{1}{2}\rho V_1^2+\rho g z_1 = P_2+\frac{1}{2}\rho V_2^2+\rho g z_2 \quad \cdots\cdots (8.13)$$

$$P+\frac{1}{2}\rho V^2+\rho g z = C\ (\text{상수}) \quad \cdots\cdots (8.14)$$

식 (8.13)과 (8.14)는 식 (8.11)과 (8.12)에 $\gamma=\rho g$를 곱한 것이다. 일반적으로 공학에서 펌프나 터빈 등을 해석할 때 식 (8.11)과 (8.12)를 주로 사용한다.

SI 단위에서 압력 $\mathrm{Pa}=\mathrm{N/m^2}$이다. 그리고 일 $\mathrm{J}=\mathrm{N\cdot m}$이므로

$$\mathrm{Pa}=\frac{\mathrm{N}}{\mathrm{m^2}}=\frac{\mathrm{N\cdot m}}{\mathrm{m^3}}=\frac{\mathrm{J}}{\mathrm{m^3}}$$

4) 에너지 보존법칙을 적용하여 베르누이 방정식을 유도할 수도 있다.

이 된다. 즉, 식 (8.13)과 (8.14)에서 각 항은 '단위 부피당 에너지'를 나타낸다.

베르누이 방정식은 유체의 흐름에서 유속과 압력을 구할 때 가장 기초가 되는 식이다. 다음은 베르누이 방정식의 중요한 결과 중 하나이다.

유체가 수평 유선을 따라 흐르면서 속력이 빨라지면 유체의 압력이 감소하고, 속력이 느려지면 압력이 증가한다.

다시 말하면 속력이 상대적으로 빠른 곳에서는 상대적으로 압력이 낮고 그 역도 성립한다. 속력과 압력 간의 관계를 다음과 같이 이해할 수 있다. 유체 요소가 넓은 곳으로부터 좁은 곳에 다다르면 뒤쪽의 압력이 앞쪽의 압력보다 더 높기 때문에 유체 요소를 밀어서 더 빠른 속력으로 좁은 곳을 지나게 가속한다. 반대로 유체 요소가 넓은 곳에 다다르면 앞쪽의 높은 압력이 유체 요소를 감속시켜 넓은 곳을 지날 때는 더 느린 속력으로 지나게 한다.

[참고 8.2] 투수는 어떻게 낙차가 큰 커브를 던질까?

[그림 8.11]에서 회전하지 않는 공[(a)]에는 양력이 작용하지 않는 반면, 회전하는 공[(b)]에는 연직 하방(↓)으로 양력(F)이 작용한다. 이 힘에 의해 공은 아래로 떨어진다.

왼쪽으로(←) v의 속도로 공을 던졌을 때 공을 고정하고 보면 그림과 같이 공기가 오른쪽으로(→) v의 속도로 흐르는 게 된다.

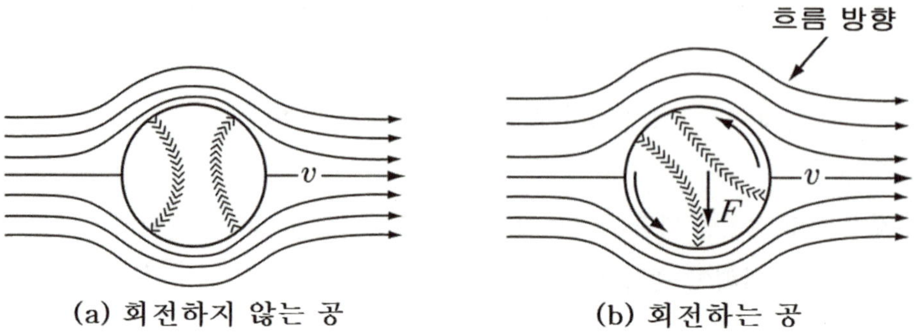

[그림 8.11] 마그너스 효과

고도 차이를 무시하고 공으로부터 멀리 떨어진 지점(0)과 공의 위쪽(U) 및 아래쪽(L) 면 사이에 베르누이 정리를 적용하면 다음과 같다.

$$\frac{P_0}{\gamma}+\frac{V_0^2}{2g}=\frac{P_L}{\gamma}+\frac{V_L^2}{2g}=\frac{P_U}{\gamma}+\frac{V_U^2}{2g}$$

그림의 (a)와 같이, 회전이 없는 공에서는 공기가 양쪽으로 대칭적으로 흐른다. 따라서 $V_L = V_U$이고 $P_L = P_U$이므로 양력이 작용하지 않는다. 그러나 (b)와 같이 공이 회전하면, 회전하는 공의 아래쪽 면은 공의 회전 방향과 공기의 흐름 방향이 같아 공기의 속도가 증가한다. 반면 위쪽은 공의 회전 방향과 공기의 흐름이 반대 방향이므로 공기의 속도가 감소한다. 따라서 $V_L > V_U$이므로 $P_L < P_U$가 된다. 즉, 베르누이 정리에 의해 윗면 압력이 아래쪽보다 크므로 공은 연직 하방(↓)으로 알짜힘(F)을 받는다. 이와 같은 것을 마그너스(Magnus) 효과라 한다.

[Note] 베르누이 방정식에서 고려하는 점의 고도를 나타내는 z_1과 z_2의 절댓값은 기준면을 어디에 설정하느냐에 따라 다르다. 그러나 실제 문제에서는 언제나 두 점의 고도차, 즉, $z_2 - z_1$ 혹은 $z_1 - z_2$로 나타난다. 이 값은 기준면의 위치와 무관하다.

3 토리첼리 정리

[그림 8.12]와 같은 저장탱크의 유체 출구에 오리피스(orifice)를 설치하여 탱크로부터 유출되는 유량을 구해본다. 수면으로부터 출구까지의 깊이는 h이고, 오리피스 단면적은 A이다.

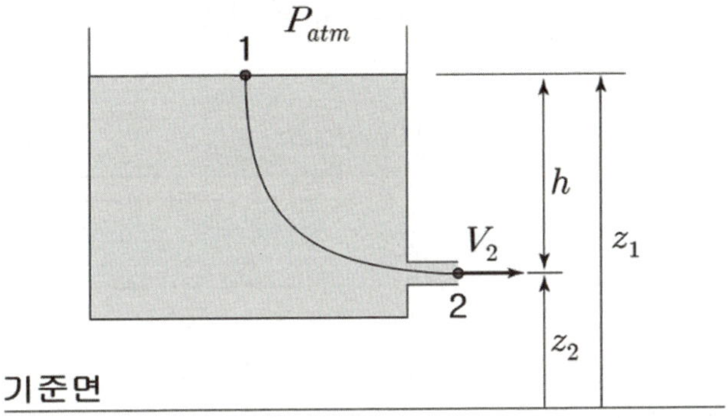

[그림 8.12]

탱크의 수면을 1, 오리피스의 출구를 2로 하여 점 1과 2를 잇는 유선에서 베르누이 정리를 적용한다.

$$\frac{P_1}{\gamma}+\frac{V_1^2}{2g}+z_1=\frac{P_2}{\gamma}+\frac{V_2^2}{2g}+z_2 \quad \cdots\cdots ①$$

탱크의 단면적이 오리피스 단면적보다 아주 클 때 수면의 하강 속도 $V_1 \approx 0$이고, 공기의 무게를 무시하면 수면과 오리피스의 출구는 모두 같은 대기압 상태 $(P_1=P_2=P_{atm})$에 있다. 따라서 식 ①은

$$\frac{P_{atm}}{\gamma}+0+z_1=\frac{P_{atm}}{\gamma}+\frac{V_2^2}{2g}+z_2$$

$$\frac{V_2^2}{2g}=z_1-z_2 \quad \cdots\cdots ②$$

가 된다. 식 ②에서 $z_1 - z_2 = h$이므로 오리피스 출구에서 유체의 분출 속도는

$$V_2 = \sqrt{2gh} \quad \cdots\cdots ③$$

이다. 식 ③은 토리첼리(E. Torricelli)에 의해 발견되었으므로 토리첼리의 정리라고 한다.

이상에서 살펴본 결과에 의하면 수면 아래 h에 설치한 단면적 A인 오리피스에서 유출되는 이론적인 유체의 속도 V와 유량 Q는 다음과 같다.

$$V = \sqrt{2gh} \quad \cdots\cdots (8.15)$$

$$Q = AV = A\sqrt{2gh} \quad \cdots\cdots (8.16)$$

[예제 8.14] 동일한 유선 위에 두 점 ①과 ②가 있다. 점 ①에서 압력이 $150\,\mathrm{kPa}$이고, 점 ②에서 압력이 $100\,\mathrm{kPa}$이며 유속이 $10\,\mathrm{m/s}$일 때 점 ①에서 유속을 구하라. 점 ②는 ①보다 2m 높은 곳에 있고, 유체의 밀도는 $1000\,\mathrm{kg/m^3}$이고 중력가속도는 $9.8\,\mathrm{m/s^2}$이며 손실은 무시한다.

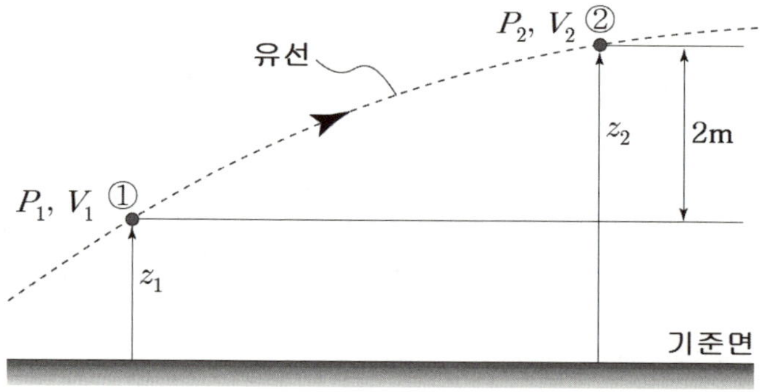

[그림 8.13]

풀이 두 점 ①, ② 사이에 베르누이 정리를 적용하여 유속 V_1을 구한다. 기준면으로부터의 거리를 각각 z_1, z_2라 하면 $z_2 - z_1 = 2\,\mathrm{m}$이다.

$$\frac{P_1}{\gamma}+\frac{V_1^2}{2g}+z_1=\frac{P_2}{\gamma}+\frac{V_2^2}{2g}+z_2$$

$$\frac{V_1^2}{2g}=\frac{V_2^2}{2g}+\frac{P_2-P_1}{\gamma}+(z_2-z_1)$$

$$\therefore\ V_1=\sqrt{V_2^2+\frac{2(P_2-P_1)}{\rho}+2g(z_2-z_1)}$$

$$=\sqrt{10^2+\frac{2(100-150)\times 10^3}{1000}+2(9.8)(2)}\ [\mathrm{m/s}]$$

$$=6.26\,[\mathrm{m/s}]$$

[예제 8.15] [그림 8.14]와 같이 기울어진 관 내부를 유체가 흐르고 있다. 점 ①에서 압력이 $120\,\mathrm{kPa}$이고 유속이 $3\,\mathrm{m/s}$이며, 점 ②에서 유속은 $5\mathrm{m/s}$이다. 두 지점의 높이 차이 $h=2\mathrm{m}$일 때 점 ②에서 압력을 구하라. 유체의 밀도는 $1000\,\mathrm{kg/m^3}$이고 중력가속도는 $9.8\mathrm{m/s^2}$이며 손실은 무시한다.

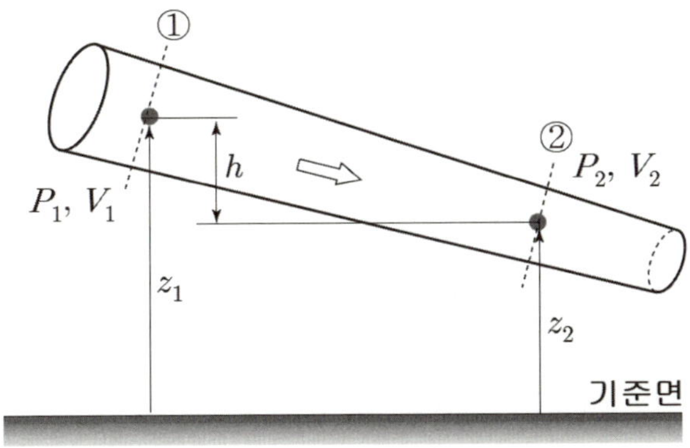

[그림 8.14]

풀이 두 점 ①, ② 사이에 베르누이 정리를 적용하여 압력 P_2를 구한다. 기준면으로부터 거리를 각각 z_1, z_2라 하면 $z_1-z_2=h$이다.

$$\frac{P_1}{\gamma}+\frac{V_1^2}{2g}+z_1=\frac{P_2}{\gamma}+\frac{V_2^2}{2g}+z_2$$

$$
\begin{aligned}
\therefore\ P_2 &= P_1 + \frac{\gamma(V_1^2 - V_2^2)}{2g} + \gamma(z_1 - z_2) \\
&= P_1 + \frac{\rho(V_1^2 - V_2^2)}{2} + \rho g(z_1 - z_2) \\
&= 120 + \frac{1000(3^2 - 5^2)}{2} \times \frac{1}{1000} + (1000 \times 9.8 \times 2) \\
&\quad \times \frac{1}{1000}\ [\mathrm{kPa}] \\
&= 131.6\ [\mathrm{kPa}]
\end{aligned}
$$

[예제 8.16] [기화기의 원리] 가솔린 기관의 기화기는 공기와 연료의 혼합기체를 만들어서 연소실 안으로 보내는 역할을 하는 장치로서, 기본 구조는 [그림 8.15]와 같다. 베르누이 방정식을 이용하여 흡입된 공기와 연료실의 연료가 혼합되어 연소실로 보내지는 원리를 설명하라. 기화기는 수평으로 놓여 있다.

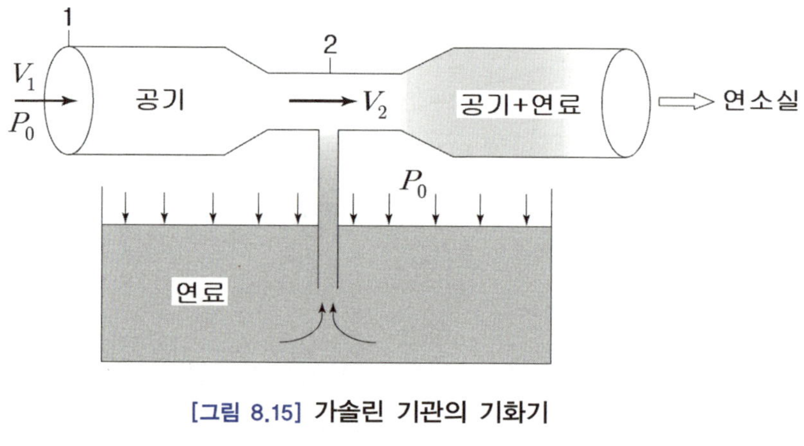

[그림 8.15] 가솔린 기관의 기화기

풀이 공기 흡입구(1)와 기화기의 목 부분(2) 사이에 베르누이 방정식을 적용한다. 기화기는 수평으로 놓여 있으므로 $z_1 = z_2$이다.

$$
\frac{P_1}{\gamma} + \frac{V_1^2}{2g} = \frac{P_2}{\gamma} + \frac{V_2^2}{2g}
$$

여기에서 $A_1 > A_2$이므로 연속방정식 $A_1 V_1 = A_2 V_2$에 의해 $V_1 < V_2$이다. 따라서 위의 베르누이 방정식에 의하여 압력은 $P_1 > P_2$가 된다. $P_1 = P_0$ (대기압)이면 $P_0 > P_2$이므로 목 부분의 압력(P_2)이 대기압 이하로 낮아져서 연료가 빨려 올라가게 된다. 이렇게 하여 흡입된 공기는 연료와 혼합되어 연소실로 보내진다.

[참고 8.3] 베르누이 방정식에 대한 조건

베르누이 방정식은 기초유체역학에서 아주 많이 사용하는 식인데 이 식이 엄밀하게 성립하기 위해서는 다음과 같은 여러 가지 조건이 만족되어야 한다.

(1) 정상유동: 시간에 따른 변화가 없고 일정한 상태를 유지해야 한다.

(2) 비점성유동: 흐름의 과정에서 마찰 손실이 없어야 한다.

(3) 비압축성 유동: 마하수 $M < 0.3$이면 적용가능하다. 음속과 특성 속도를 각각 a, V라 할 때 마하수(Mach number)는 $M = \dfrac{V}{a}$로 정의된다.

(4) 단일 유선을 따라서 적용 된다: 유선마다 $\dfrac{P}{\gamma} + \dfrac{V^2}{2g} + z$의 값이 다를 수 있다.

(5) 단면 1과 2 사이에 축일이 없다: 유선 위에 설치된 펌프나 터빈이 없다.

(6) 단면 1과 2 사이에 열전달이 없다: 흐름 중에 주위로부터 열이 공급되거나 유체로부터 주위로 열이 방출되지 않는다.

점성이 없고 압축이 되지 않는 유체를 이상유체라 한다. 이상유체는 점성이 없으므로 흐름 중에 마찰로 인한 손실이 없다. 베르누이 정리는 근본적으로 이상유체에 대해 성립하는 식이지만 해석을 간단하게 하기 위해 실제 문제에서도 많이 사용되고 있으며, 물리적으로 유용한 정보를 제공한다.

연습문제 8

01 부피가 $0.1\,\mathrm{m}^3$인 기름의 질량이 $90\,\mathrm{kg}$일 때 기름의 밀도(ρ), 비중량(γ), 비중(S)을 구하라.

02 휘발유 50ℓ의 질량[kg]과 무게[N]를 구하라. 휘발유의 밀도는 $750\,\mathrm{kg/m^3}$이다.
(Hint: $1\ell = 1000\,\mathrm{cm}^3$)

03 지름 $50\,\mathrm{cm}$, 높이 $90\mathrm{cm}$의 원통에 가득 채워진 유체의 질량을 구하라. 단, 유체의 밀도는 $700\,\mathrm{kg/m^3}$이다.

04 $10\mathrm{cm} \times 10\mathrm{cm} \times 50\mathrm{cm}$의 직육면체 용기에 가득 차 있는 수은의 무게가 $665\,\mathrm{N}$일 때 수은의 밀도를 구하라.

05 비중량이 $7670\mathrm{N/m^3}$인 에탄올의 비중을 구하라.

06 주유소에서 기름을 넣으려 할 때 아침과 한낮 중 어느 때를 선택하는 것이 좋은가? 또는 시간과 무관한가? 이유를 설명하여라.
(Hint: 기름의 가격은 부피(예: 1600원/liter)를 기준으로 계산한다.)

07 비중이 4인 유체의 부피가 $5\mathrm{m}^3$일 때 유체의 무게[kN]를 구하라.

08 부피가 $2\,V$이고 비중이 2인 비압축성 유체와 부피가 $3\,V$이고 비중이 3인 비압축성 유체를 균일하게 혼합하였다. 혼합물의 비중을 구하라.

09 외부 대기 압력이 $100\,\mathrm{kPa}$일 때 계기압력이 $30\mathrm{kPa}$이면 절대압력은 몇 kPa인가?

10 절대압력 150kPa을 계기압력으로 환산하라. 단, 외부 대기 압력은 1bar이다.

11 그림과 같은 피스톤-실린더 장치에서 실린더를 가열(Q)하여 실린더 내부의 절대압력이 $200\,\mathrm{kPa}$로 상승하였다. 피스톤의 지름 $D = 20\,\mathrm{cm}$일 때 평형을 유지하기 위해 피스톤에 가해야할 힘 F를 구하라. 단, 대기압은 $100\,\mathrm{kPa}$이고 피스톤과 실린더 사이의 마찰은 무시한다.

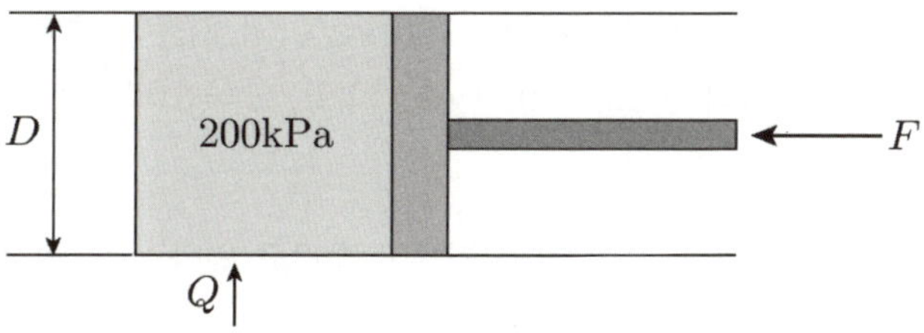

[문제 8.11]

12 그림과 같이 질량 m과 M의 두 피스톤이 평형을 이루고 있다. 지름 $D_1 = 10\,\mathrm{cm}$, $D_2 = 20\,\mathrm{cm}$이고, $m = 100\,\mathrm{kg}$일 때 큰 피스톤의 질량 M을 구하라. 단, 피스톤과 실린더 사이의 마찰은 무시한다.

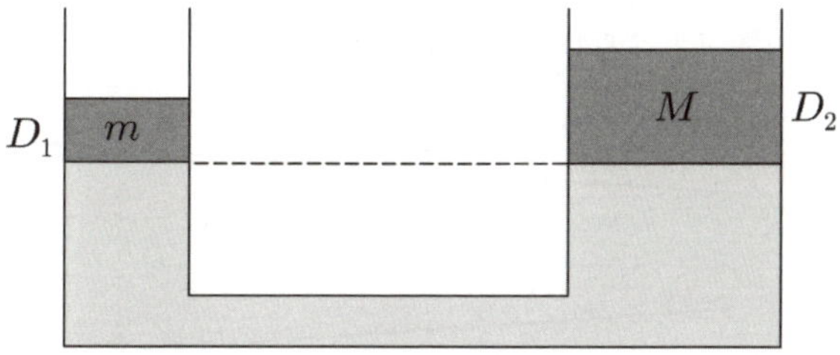

[문제 8.12]

13 안지름 $20\,\mathrm{cm}$의 관 속을 평균속도 $5\,\mathrm{m/s}$로 기름이 흐를 때 다음을 구하라. 기름의 비중은 0.8이다.

(1) 체적유량$[\mathrm{m^3/s}]$

(2) 질량유량$[\mathrm{kg/s}]$

(3) 중량유량$[\mathrm{N/s}]$

14 안지름 $4[\mathrm{m}]$의 송유관에 체적유량 $3[\mathrm{m}^3/\mathrm{s}]$의 기름이 흐를 때 기름의 평균속도를 구하라. 단, $\pi = 3$이다.

15 단면이 원형인 관에서 $1.2[\mathrm{m/s}]$의 평균유속으로 유체가 흐르고 있다. 유체의 체적유량이 $3.6[\mathrm{m}^3/\mathrm{s}]$일 때 관의 안지름을 구하라. 단, $\pi = 3$이다.

16 안지름 $2[\mathrm{m}]$의 송유관에 질량유량 $1200[\mathrm{kg/s}]$의 기름이 흐를 때 기름의 평균속도를 구하라. 단, 기름의 밀도는 $800\,\mathrm{kg/m}^3$이고, $\pi = 3$이다.

17 안지름 D의 송유관에 비중이 S인 기름이 흐르고 있다. 기름의 질량유량이 $\dot{m}$일 때 기름의 평균속도(V)를 구하라. 물의 밀도는 ρ_w이다.

18 송유관에 질량유량 $1000[\mathrm{kg/s}]$의 기름이 흐르고 있다. 송유관을 흐르는 중량유량 $[\mathrm{N/s}]$은 얼마인가? 중력가속도는 $9.8\mathrm{m/s}^2$이다.

19 그림과 같은 관 속을 일정한 유량으로 비압축성 유체가 흐르고 있다. 안지름 비가 $D_1 : D_2 = 2:3$일 때 속도비 $V_1 : V_2$를 구하라.

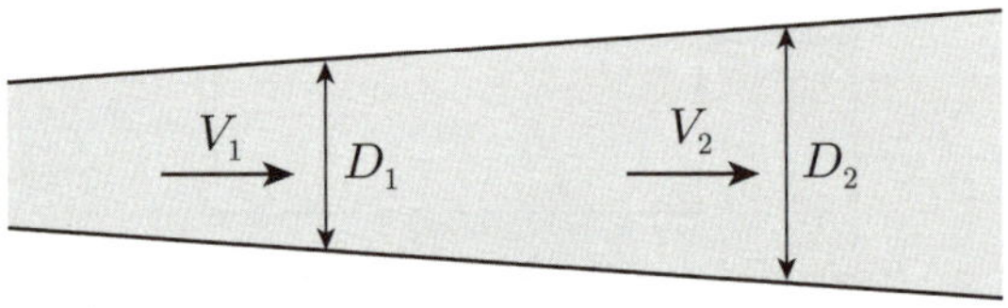

[문제 8.19]

20 지름이 변화하는 관 속에서 물이 흐르고 있다. 안지름 $5\mathrm{cm}$인 단면에서의 평균유속이 $8\mathrm{m/s}$일 때 안지름이 $8\mathrm{cm}$인 부분에서의 유속과 체적유량을 구하라.

21 수평으로 놓인 관 내부를 비압축성유체가 흐르고 있다. 단면적 $50\mathrm{cm}^2$인 곳에서의 유속이 $9\mathrm{m/s}$, 압력이 $110\,\mathrm{kPa}$일 때, 단면적 $150\mathrm{cm}^2$인 곳에서의 압력을 구하라. 유체의 밀도는 $1000\,\mathrm{kg/m}^3$이며, 손실은 없다고 가정한다.

22 그림과 같은 송유관 속을 비중량 $9\,\mathrm{kN/m^3}$의 오일이 흐르고 있다. 송유관의 지름이 일정하고, 점 1에서 압력이 150 kPa, 유속이 2m/s일 때 점 2에서 유속과 압력을 구하라. 두 지점의 고도 차이는 2m이고, 손실은 무시한다.

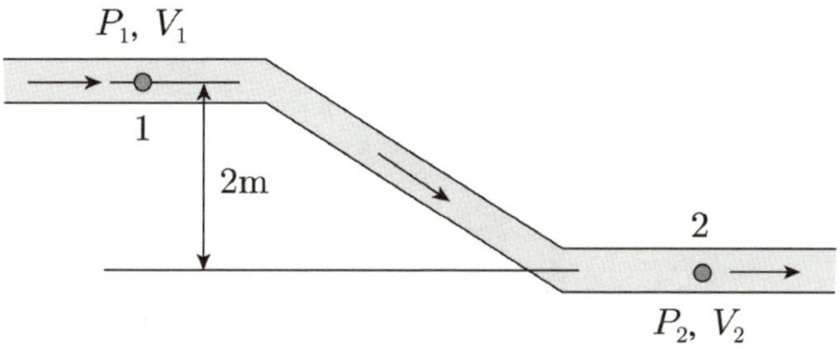

[문제 8.22]

23 수평으로 놓인 확대관 속을 기름이 흐르고 있다. 지름이 10cm인 곳에서의 속도와 압력이 8m/s, 150kPa일 때 지름이 40cm인 곳에서의 속도와 압력을 구하라. 단, 기름의 밀도는 $800\,\mathrm{kg/m^3}$이고, 손실은 무시한다.

24 그림과 같은 물탱크에 부착된 안지름 5 cm의 노즐에서 분출되는 물의 속도와 체적유량을 구하라. 탱크는 아주 크다고 가정한다.

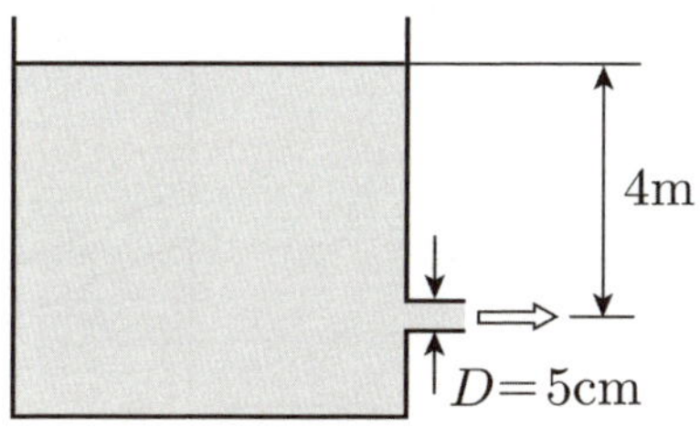

[문제 8.24]

25 수평으로 놓인 단면적이 변화하는 관 내부를 비압축성유체가 흐르고 있다. 단면적 $400\mathrm{cm^2}$인 곳에서의 유속이 2m/s, 압력이 150 kPa일 때 단면적 $100\mathrm{cm^2}$인 곳에서의 압력을 구하라. 단, 유체의 밀도는 $1000\,\mathrm{kg/m^3}$이며, 손실은 없는 것으로 가정한다.

26 그림과 같이 지면으로부터 높이 H까지 물이 차있는 물탱크가 있다. 수면으로부터 h 떨어진 지점에 작은 구멍을 뚫었을 때 구멍으로부터 분사되는 물이 땅에 닿는 지점은 물탱크의 바닥 모서리에서 $x = 2\sqrt{h(H-h)}$ 만큼 떨어진 점임을 보여라. 그리고 물줄기가 가장 멀리(x_{max}) 가도록 하려면 어느 위치에 구멍을 뚫어야 하는가?

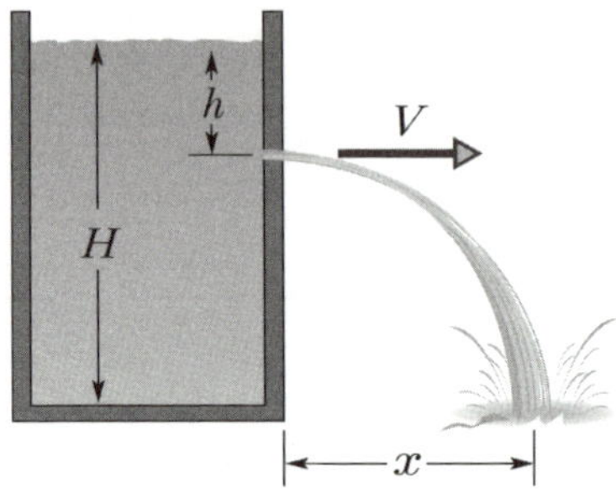

[문제 8.26]

27 그림과 같이 물탱크의 배수관(단면적: $0.25m^2$)에 $0.5m^3/s$의 물이 흐르고 있다. 점 A에서의 압력[kPa]을 구하라. (단, 물의 밀도는 $1,000 kg/m^3$, 중력가속도는 $9.8 m/s^2$이며, 대기압은 무시하고, 손실수두는 고려하지 않는다. 또한, 물탱크의 직경은 배수관의 직경에 비하여 매우 크다.) [중등교사 임용시험-기계·금속]

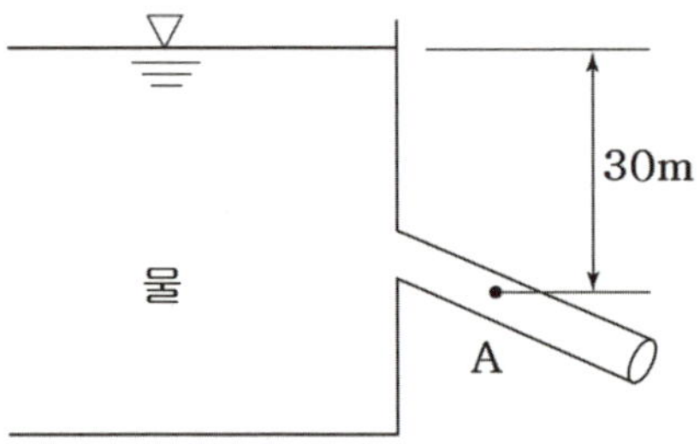

[문제 8.27]

28 물이 가득 차 있는 직경 1.0m인 관에 흐르는 유량이 $3.14m^3/s$일 때, 관 내의 평균 유속[m/s]은? (단, 원주율은 3.14이다) [공무원 임용시험]

① 2 ② 4 ③ 8 ④ 16

29 Bernoulli 방정식이 적용되기 위한 조건 중 가장 옳지 않은 것은? [공무원 임용시험]

① 마찰에 의한 에너지 손실이 없는 이상유체인 동시에 압축성 유체의 흐름이어야 한다.
② 임의의 두 점은 같은 유선 상에 있어야 한다.
③ 흐름은 정상류이다.
④ 하나의 유선에 대해서는 총에너지가 일정하다.

30 밀도가 0.5g/cm^3이고 유량이 157g/s인 유체가 지름이 1cm인 배관을 통하여 흐르다가 지름이 2cm인 배관으로 흐르게 된다. 지름이 2cm인 배관에서의 유속$[\text{cm/s}]$은? (단, 원주율은 3.14이다) [공무원 임용시험]

① 50 ② 75 ③ 100 ④ 125

31 수평 관로에서 단면 1의 유속이 2m/s, 압력이 30kPa이다. 두 단면의 면적 비 (A_1/A_2)가 0.5일 때 단면 2의 압력$[\text{kPa}]$을 구하라. 단, 물은 비압축성이며 관로에서의 에너지 손실은 무시하고, 중력가속도는 10m/s^2, 물의 단위중량은 10kN/m^3으로 한다. [공무원 임용시험]

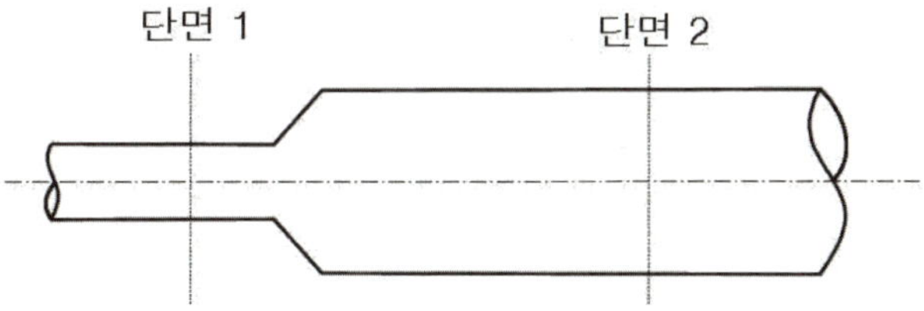

[문제 8.31]

32 베르누이 방정식 $\left(P+\frac{1}{2}\rho V^2+\rho gz=\text{상수}\right)$을 적용하기 위한 가정으로 옳지 않은 것은? [공무원 임용시험]

① 비정상상태 유동 ② 비압축성 유동
③ 무마찰 유동 ④ 유선을 따르는 유동

33 비중이 0.9인 액체의 밀도는? (단, 물의 밀도는 1000kg/m^3으로 간주한다.)

[공무원 임용시험]

① 0.0009kg/m^3 ② 900kg/m^3
③ 1000kg/m^3 ④ 1111kg/m^3

34 체적이 0.2m^3, 중량이 2720kgf인 액체의 비중은? [공무원 임용시험]

① 0.20 ② 0.55 ③ 2.72 ④ 13.60

35 그림은 지표면에서 같은 높이에 있는 실린더 피스톤의 단면적이 각각 $A_1 = 1\text{m}^2$, $A_2 = 4\text{m}^2$인 유압 장치를 나타낸 것이다. 이때 질량 10kg의 추를 A_1에 올려놓는다면 A_2가 들어 올릴 수 있는 최대 질량[kg]은? (단, 실린더 내의 유체는 압축되지 않으며, 마찰은 모두 무시하고 피스톤의 질량은 무시한다) [공무원 임용시험]

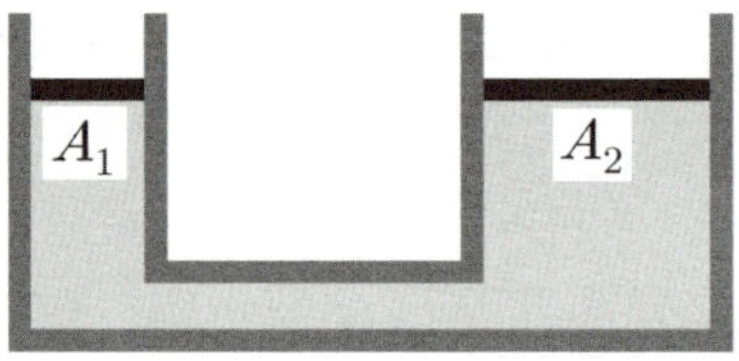

[문제 8.35]

① 2.5 ② 5 ③ 10 ④ 40

36 대기 중에 개방되어 있는 넓은 수조에서 수면 아래 1.8m인 지점의 작은 구멍에서 물이 빠져 나간다면, 이때 빠져나가는 물의 속력[m/s]은? (단, 중력가속도 $g = 10\text{m/s}^2$이고 수조 안의 물은 같은 높이로 유지되고 있다.) [공무원 임용시험]

① 2 ② 6 ③ 10 ④ 18

37 그림처럼 지름이 10cm에서 5cm로 줄어드는 관이 있다. 지름이 큰 부분인 단면적 A에서 유입되는 유체의 속력이 20cm/s였다면, 줄어든 면적 B에서 유체의 속력은? (단, 유체는 정상흐름을 하고 있다.) [공무원 임용시험]

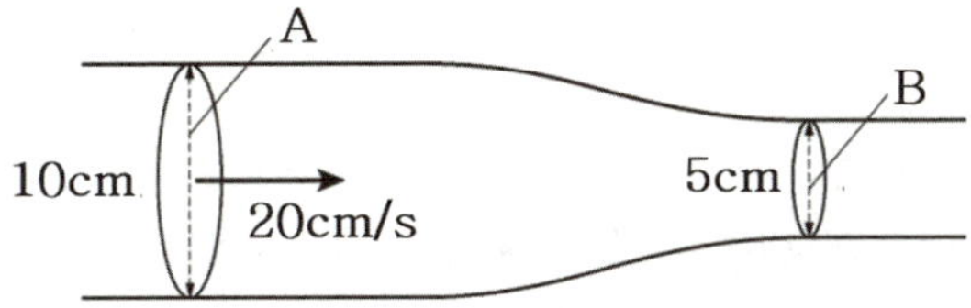

[문제 8.37]

① 80cm/s ② 40cm/s ③ 10cm/s ④ 5cm/s

38 그림과 같이 단면적이 A_1에서 A_2로 변하는 수평으로 놓인 긴 관에 일정한 양의 물이 유입되고 있다. 물의 속력과 압력이 단면적이 큰 영역에서 각각 v_1, P_1, 단면적이 작은 영역에서 각각 v_2, P_2라면 각 영역에서 물의 속력과 압력의 크기 관계로 옳은 것은? [공무원 임용시험]

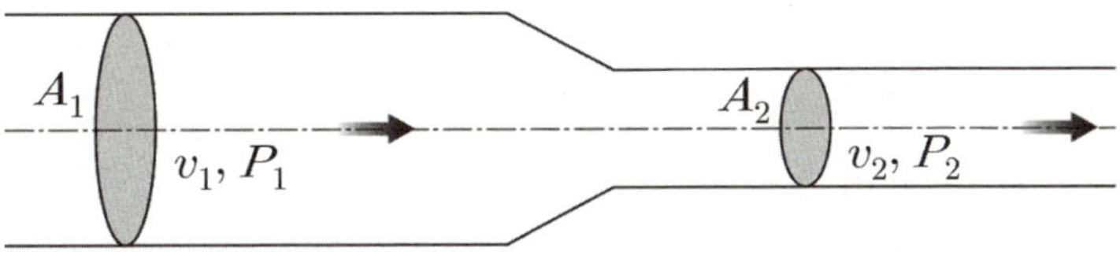

[문제 8.38]

① $v_1 > v_2$, $P_1 > P_2$ ② $v_1 > v_2$, $P_1 < P_2$
③ $v_1 < v_2$, $P_1 < P_2$ ④ $v_1 < v_2$, $P_1 > P_2$

39 다음 물리량 중 $[FLT]$계 차원으로 나타냈을 때, 길이의 차원을 포함하지 않는 것은? [공무원 임용시험]

① 비중 ② 밀도 ③ 점성계수 ④ 표면장력

40 소형 디젤기관에서 원형단면 흡입관로의 평균 공기유속을 25m/s, 초당 공기유입량을 $50\,m^3$으로 하는 관의 안지름[m]은? [공무원 임용시험]

① $\sqrt{\frac{2}{\pi}}$ ② $2\sqrt{\frac{2}{\pi}}$ ③ $4\sqrt{\frac{2}{\pi}}$ ④ $5\sqrt{\frac{2}{\pi}}$

41 그림과 같이 물이 가득 차 흐르고 있는 관이 수평으로 놓여있다. A 단면의 평균유속이 5m/s일 때, A, B 두 단면의 압력차[kN/m²]를 구하라. (단, 두 단면 간 손실은 무시하고, A 단면의 단면적은 $0.3\,m^2$, B 단면의 단면적은 $0.1\,m^2$, 중력가속도는 10 m/s^2, 물의 비중량은 $10\,kN/m^3$이다) [공무원 임용시험]

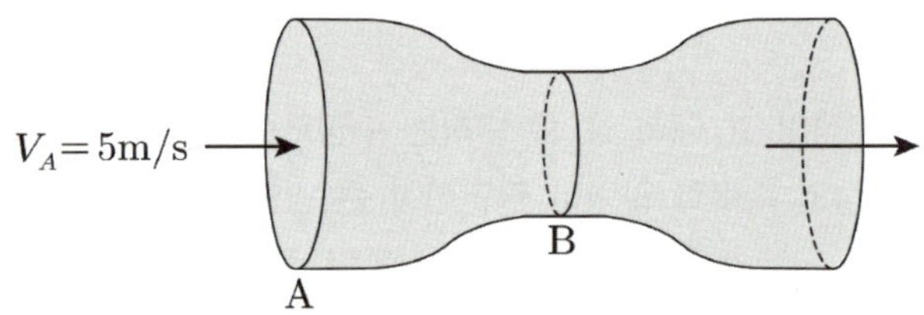

[문제 8.41]

42 그림과 같이 관로를 통해 물이 단면 ㉠으로부터 단면 ㉡으로 흐르고 있다. 단면 ㉠에서 직경 $D_1 = 5cm$, 유속 $V_1 = 4m/s$, 압력 $P_1 = 0.1\,kgf/cm^2$이고, 단면 ㉡에서는 직경 $D_2 = 10cm$이며, 단면 ㉠보다 1m 높이 위에 위치하고 있다. 단면 ㉡에서의 압력 P_2[kN/m²]를 구하라. (단, 물의 밀도는 $1{,}000\,kg/m^3$, 중력가속도 $g = 10$ m/s^2이고, 에너지 손실은 무시한다고 가정한다) [공무원 임용시험

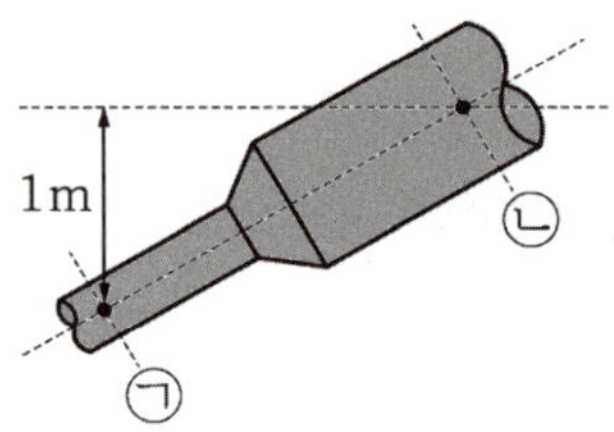

[문제 8.42]

제9장

열과 열역학 제1법칙

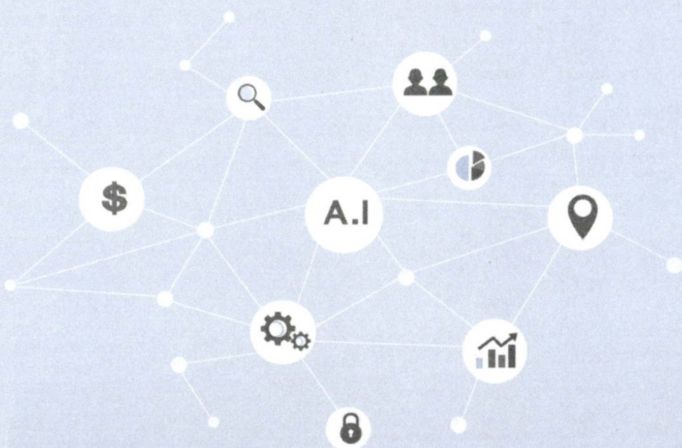

9.1 열역학 제0법칙과 온도

1 열역학 제0법칙

'두 물체의 온도가 각각 제3의 물체의 온도와 같다면 두 물체의 온도도 같다'는 것을 열역학 제0법칙이라 한다.

물체 A와 B가 제 3의 물체와 각각 열적 평형을 이룬다면, 두 물체 A와 B도 열적 평형을 이룬다.

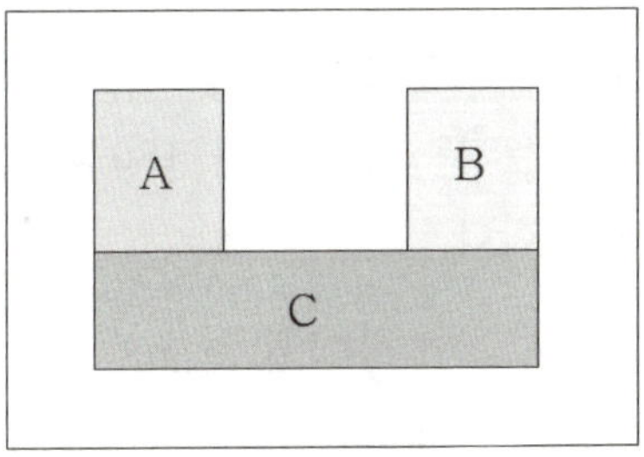

[그림 9.1]

설명 온도가 서로 다른 물체를 오랜 시간 동안 접촉시켜 놓으면 열은 높은 온도의 물체로부터 낮은 온도의 물체로 이동하여 마침내 두 물체의 온도가 같아진다. 이와 같은 상태를 열평형 상태라 한다. [그림 9.1]과 같이 세 물체 A, B, C가 열 평형 상태에 있다면 A와 C의 온도가 같고 B와 C의 온도가 같으므로 A와 B의 온도도 같다. 이것을 열역학 제0법칙이라 하는데 이 법칙은 온도 측정의 기본법칙이 된다. 물체와 온도계의 온도가 같다는 것이 성립할 때 온도계에서 읽은 온도를 그 물체의 온도라 할 수 있다.

2 섭씨온도, 화씨온도

(1) 표준 대기압 1 atm에서 순수한 물의 어는점을 0 ℃, 끓는점을 100 ℃로 한 온도를 섭씨(Celsius)온도라 하고, 어는점을 32 °F, 끓는점을 212 °F로 한 온도를

화씨(Fahrenheit)온도라 한다.

(2) 섭씨온도와 화씨온도의 관계: 섭씨온도와 화씨온도를 각각 $T[℃]$, $T[°F]$라 하면 다음 관계식이 성립한다.

$$T[℃] = \frac{5}{9}\{T[°F] - 32\}\ [℃] \quad \cdots\cdots\ (9.1)$$

$$T[°F] = \frac{9}{5}T[℃] + 32\ \ [°F] \quad \cdots\cdots\ (9.2)$$

설명 국제단위계(SI 단위계)에서 사용되는 온도 눈금은 섭씨온도이고, 영국단위계에서의 온도 눈금은 화씨온도이다. 섭씨온도는 어는점과 끓는점 사이를 100등분하고, 화씨온도는 두 점 사이를 180등분($212 - 32 = 180$)하였으므로 다음 비례식이 성립한다.

$$T[°F] - 32 : 180 = T[℃] - 0 : 100$$

$$180\,T[℃] = 100\{T[°F] - 32\}$$

$$\therefore\ \ T[℃] = \frac{100}{180}\{T[°F] - 32\} = \frac{5}{9}\{T[°F] - 32\}$$

3 절대온도

온도는 7개의 SI 기본 단위 중 하나이다. 1954년 제 10차 국제도량형회의에서 물의 고체(얼음), 액체(물), 기체(수증기) 상이 평형 상태로 존재하는 삼중점의 온도를 273.16 K, 0.01℃로 정하였다. 섭씨온도와 관련된 절대온도 척도는 Kelvin 척도이며 도의 기호를 생략한 기호 K로 나타낸다. 그리고 기호 K로 표시하는 켈빈온도를 절대온도라 하며 일반적으로 절대온도란 말을 많이 사용한다.

섭씨온도 $T[℃]$와 Kelvin 온도 $T[K]$의 관계식은 다음과 같다.

$$T\,[\mathrm{K}] = T\,[℃] + 273.15 \qquad \cdots\cdots\cdots (9.3)$$

1℃ 와 1K 의 눈금의 크기는 같다. 그러므로 섭씨 눈금과 Kelvin 눈금의 온도 차이 ΔT는 같다. 즉, 물질의 온도를 x℃ 상승시키는 것은 xK 상승시키는 것과 같다. 온도 차이에 대하여 다음 관계식이 성립한다.

$$\Delta T[\mathrm{K}] = \Delta T[℃] \qquad \cdots\cdots\cdots (9.4)$$

절대온도는 열역학적 온도라고도 한다. 열역학에서는 물질 자체 또는 물질의 상태량에 독립적인 온도 눈금을 가지는 것이 바람직한데 이러한 눈금을 열역학적 온도라 한다. 273.15는 정확한 값이다. 섭씨온도 −273.15℃는 기체의 분자운동이 정지하는 열역학적 최저온도이며, 이것을 0K로 하는 온도를 국제단위계(SI 단위계)에서의 절대온도라 한다.

절대온도를 구할 때 실제 계산에서는 상수를 반올림하여 다음 관계식을 많이 사용한다. 열역학의 이론식에서 사용하는 온도는 대부분 절대온도이다.

$$T\,[\mathrm{K}] = T\,[℃] + 273.2$$
$$T\,[\mathrm{K}] = T\,[℃] + 273$$

[예제 9.1] **섭씨온도 200℃를 화씨온도로 환산하라.**

풀이 화씨온도 $T[°\mathrm{F}] = \dfrac{9}{5}\,T[℃] + 32$

$$= \frac{9}{5} \times 200 + 32\,[°\mathrm{F}]$$

$$= 392\,[°\mathrm{F}]$$

[예제 9.2] 화씨온도 140 °F를 섭씨온도로 환산하라.

풀이 섭씨온도 $T[℃] = \frac{5}{9}\{T[°F] - 32\}$

$$= \frac{5}{9} \times (140 - 32)[℃]$$

$$= 60\,[℃]$$

[예제 9.3] 섭씨온도 25 ℃는 절대온도 몇 K인가?

풀이 절대온도 $T[K] = T[℃] + 273.15$

$$= 25 + 273.15\,[K]$$

$$= 298.15\,[K]$$

[예제 9.4] 어떤 계가 가열되어 계의 온도가 10 ℃ 상승하였다. 이 온도상승을 절대온도 K로 나타내어라.

풀이 섭씨 눈금과 Kelvin 눈금의 온도 차이는 같다.

$$\Delta T[K] = \Delta T[℃] = 10\,[K]$$

[Note] 영하 400도, 즉, −400℃의 온도는 실현 가능할까? 정답은 '불가능하다.'이다. 왜냐하면 −273.15 ℃보다 더 낮은 온도는 존재하지 않기 때문이다. 시험 문제를 낼 때 정답이 이와 같은 온도가 되지 않도록 주의한다. 어떤 물질의 온도가 절대온도 0도(−273.15 ℃)에 근접하는 상태를 '극저온 상태'라 한다. 이 상태에서는 여러 가지 특이한 현상이 일어날 수 있으므로 많은 과학자들이 이에 대해 연구하고 있다.

이와 달리 높은 온도는 거의 한계가 없다고도 할 수 있다. 예를 들어 태양에서 에너지가 생성되는 중심부(핵)의 온도는 약 1500만℃에 이른다고 한다.

9.2 열과 비열

1 열과 열량

열이란 계와 주위 환경 사이의 온도 차이 때문에 계의 경계를 넘나드는 에너지 전달을 의미한다. 예를 들어 온도가 서로 다른 두 물체를 접촉시켜 놓으면 열은 높은 온도의 물체로부터 낮은 온도의 물체로 이동하게 된다. 이와 같이 이동한 열의 양을 열량이라 한다. 열은 물질의 온도와 상태 변화의 원인이 되는 에너지이다.

열량의 단위에는 kcal, J 등이 있다. 1kcal는 14.5℃의 순수한 물 1kg의 온도를 1℃ 높이는 데 필요한 열량이다.

2 비열

어떤 물질 1kg의 온도를 1℃ 높이는 데 필요한 열량을 그 물질의 비열이라 한다. 단위로는 J/kg • ℃, kcal/kg • ℃, J/kg • K, kcal/kg • K 등을 사용한다. 물의 비열은 다음과 같다.

$$C_w = 1\,\mathrm{cal/g \cdot {}^\circ C} = 1\,\mathrm{kcal/kg \cdot {}^\circ C} \approx 4.2\mathrm{kJ/kg \cdot {}^\circ C}$$

섭씨 눈금과 Kelvin 눈금의 온도 차이 ΔT는 같다. 즉, 어떤 물질 1kg의 온도를 1℃ 높인다는 말은 그 물질의 온도를 1K 높인다는 것과 같다. 따라서 물의 비열을 다음과 같이 쓸 수 있다.

$$C_w = 1\,\mathrm{cal/g \cdot K} = 1\,\mathrm{kcal/kg \cdot K} \approx 4.2\mathrm{kJ/kg \cdot K}$$

질량이 m인 물질의 온도를 ΔT만큼 높이는 데 필요한 열량이 Q이면 물질의 비열 C는 다음과 같다.[1)]

1) 비열의 정의를 알아두도록 한다. 기초적인 열평형 문제는 이 식으로 풀 수 있다.

$$C = \frac{Q}{m\Delta T} \quad \cdots\cdots (9.5)$$

$$Q = mC\Delta T \quad \cdots\cdots (9.6)$$

비열은 물질의 에너지 증가에 대해 그 물질이 얼마나 열적으로 덜 민감한지를 나타내는 값이다. 비열이 큰 물질일수록 온도 변화를 일으키기 위해 더 많은 에너지가 필요하다. 일반적으로 물질의 비열은 온도에 따라 조금씩 변한다. 그런데 온도 변화 폭이 크지 않을 때는 온도에 따른 비열의 변화를 무시할 수 있고 비열(C)을 상수로 취급할 수 있다. 예를 들어 대기압에서 물의 비열은 0℃ 에서 100℃ 까지 약 1% 만이 변하므로 특별한 언급이 없으면 이러한 차이는 무시한다. [표 9.1]에 몇 가지 물질의 비열을 나타내었다.

[표 9.1] 25℃, 대기압에서 여러 물질의 비열

물질	비열(C)		물질	비열(C)	
	$\frac{\text{J}}{\text{kg}\cdot℃}$	$\frac{\text{cal}}{\text{g}\cdot℃}$		$\frac{\text{J}}{\text{kg}\cdot℃}$	$\frac{\text{cal}}{\text{g}\cdot℃}$
단원자고체			다른 고체		
알루미늄	900	0.215	황동	380	0.092
구리	387	0.0924	유리	837	0.200
금	129	0.0308	얼음(−5℃)	2090	0.50
은	234	0.056	나무	1700	0.41
납	128	0.0305	대리석	860	0.21
철	448	0.107	액체		
규소	703	0.168	에틸알코올	2400	0.58
베릴륨	1830	0.436	수은	140	0.033
카드뮴	230	0.055	물(15℃)	4186	1.00
게르마늄	322	0.077	기체		
			수증기(100℃)	2010	0.48

3 열용량

어떤 물질의 온도를 1℃ 높이는 데 필요한 열량을 말하며, 단위로는 J/K, kcal/℃ 등을 사용한다. 열용량은 물체가 흡수하거나 방출하는 열량 Q와 물체의 온도변화 ΔT 사이의 비례상수이다. 즉, 열용량(C_m)은 다음과 같이 정의된다.

$$Q = C_m \Delta T = C_m (T_2 - T_1) \quad \cdots\cdots (9.7)$$

질량 m, 비열 C인 물질의 열용량 $C_m = mC$가 된다. 열역학에서는 주로 비열(C)을 사용하여 문제를 해석한다.

4 열량 계산

비열이 C[J/kg • ℃]인 어떤 물체 m[kg]의 온도를 T_1[℃]로부터 T_2[℃]로 올리는데 필요한 열량은

$$Q = mC(T_2 - T_1) \ [\mathrm{J}] \quad \cdots\cdots (9.8)$$

이다. 즉, 온도가 올라가면($T_1 < T_2$) 그 물체는 $Q = mC(T_2 - T_1)$[J]의 열량을 흡수한다. 이와 반대로 어떤 물질 m[kg]의 온도가 T_1[℃]에서 T_2[℃]로 내려가면 ($T_1 > T_2$) 그 물체는

$$Q = mC(T_1 - T_2)[\mathrm{J}] \quad \cdots\cdots (9.9)$$

의 열량을 외부로 방출한다.

5 열평형 온도

서로 다른 온도의 물체를 접촉시켜 놓으면 두 물체 사이에서 열 이동이 일어나고

긴 시간 후에 두 물체의 온도가 같아진다. 이 상태를 열평형 상태라 하며, 그때 온도를 평형온도라 한다.

외부와 단열된 상태에서 질량 m_1, 비열 C_1, 온도 T_1인 물체와 질량 m_2, 비열 C_2, 온도 T_2의 물체를 접촉시켰을 때의 평형온도를 T_f라 하면 평형방정식과 평형온도(T_f)는 다음과 같다. (단, $T_1 < T_f < T_2$이다.)

$$m_1 C_1 (T_f - T_1) = m_2 C_2 (T_2 - T_f) \quad \cdots\cdots (9.10)$$

$$T_f = \frac{m_1 C_1 T_1 + m_2 C_2 T_2}{m_1 C_1 + m_2 C_2} \quad \cdots\cdots (9.11)$$

설명 외부와의 열전달이 없으므로 열량보존 법칙에 의해 저온 물체가 얻은 열량

$$Q_1 = m_1 C_1 (T_f - T_1)$$

은 고온 물체가 잃은 열량

$$Q_2 = m_2 C_2 (T_2 - T_f)$$

와 같다. 따라서 다음과 같이 열평형상태의 온도(T_f)를 구할 수 있다.

$$m_1 C_1 (T_f - T_1) = m_2 C_2 (T_2 - T_f)$$

$$\therefore \quad T_f = \frac{m_1 C_1 T_1 + m_2 C_2 T_2}{m_1 C_1 + m_2 C_2}$$

외부와의 열전달이 없을 때 '고온 물체가 잃은 열량은 저온 물체가 얻은 열량과 같다'는 것을 '열량보존 법칙'이라 한다. 고온(T_2) 물체와 저온(T_1) 물체를 접촉시켜 놓으면 시간이 지남에 따라 고온 물체의 온도는 내려가고 저온 물체 온도는 올라가서 [그림 9.2]와 같이 긴 시간 후에 두 물체 온도가 같은 평형온도(T_f)에 도달한다.

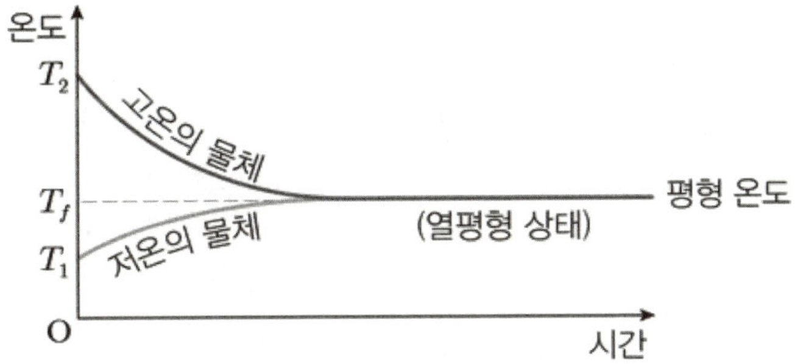

[그림 9.2] 시간에 따른 물체의 온도 변화

> **[예제 9.5]** 외부와 단열된 상태에서 70℃, 10kg의 금속을 20℃, 6kg의 물 속에 넣었을 때 평형온도가 40℃가 되었다. 금속의 비열을 구하라. 단, 물의 비열은 1kcal/kg • ℃이다.

풀이 금속의 질량 $m_1 = 10\text{kg}$, 처음 온도 $T_1 = 70℃$이고, 물의 질량 $m_2 = 6\text{kg}$, 처음 온도 $T_2 = 20℃$이며, 평형온도 $T_f = 40℃$이다. 처음 온도가 높은 금속은 열을 방출하고 물은 금속으로부터 열을 흡수한다. 금속의 비열을 C_1이라고 하면 고온의 금속이 방출한 열량(Q_1)은

$$Q_1 = m_1 C_1 (T_1 - T_f) = 10\text{kg} \times C_1 \times (70 - 40)℃$$
$$= 300 C_1 \times [\text{kg} \cdot ℃]$$

이고, 저온의 물이 흡수한 열량(Q_2)은

$$Q_2 = m_2 C_2 (T_f - T_2) = 6\text{kg} \times \frac{1\text{kcal}}{\text{kg} \cdot ℃} \times (40 - 20)℃$$
$$= 120\text{kcal}$$

이다. 따라서 $Q_1 = Q_2$이므로 금속의 비열(C_1)은 다음과 같다.

$$300 C_1 \times [\text{kg} \cdot ℃] = 120\text{kcal}$$
$$\therefore \; C_1 = \frac{120}{300}\left[\frac{\text{kcal}}{\text{kg} \cdot ℃}\right] = 0.4\,[\text{kcal/kg} \cdot ℃]$$

정확한 과정을 보여주기 위해 단위를 모두 넣어 계산하여 수식이 조금 복잡해 보인다. 손쉬운 방법으로는 물의 비열이 1kcal/kg • ℃ 이므로 질량을 kg. 온도를 ℃ 로 하고 수만 계산한 후 최종적으로 비열의 단위를 물의 비열과 같은 kcal/kg • ℃ 로 하면 된다. 즉, 다음과 같이 계산하면 된다.

$$Q_1 = 300C_1, \ Q_2 = 120; \ 300C_1 = 120$$

$$\therefore \ C_1 = \frac{120}{300} [\text{kcal/kg} \cdot ℃]$$

[예제 9.6] 외부와 단열된 상태에서 온도 $T_1 = 20℃$, 질량 $m_1 = 50\text{kg}$의 금속과 온도 $T_2 = 80℃$, 질량 $m_2 = 30\text{kg}$의 같은 종류의 금속을 접촉시켰을 때 열 평형상태의 온도를 구하라.

풀이 낮은 온도 T_1의 금속이 받은 열량은 높은 온도 T_2의 금속이 잃은 열량과 같다. 평형 온도를 T_f, 금속의 비열을 C 라고 하면,

$$m_1 C(T_f - T_1) = m_2 C(T_2 - T_f)$$

가 성립한다. 여기에서 양변을 C 로 나누고 T_f를 구한다.

$$m_1(T_f - T_1) = m_2(T_2 - T_f)$$

$$(m_1 + m_2)T_f = m_1 T_1 + m_2 T_2$$

$$\therefore \ T_f = \frac{m_1 T_1 + m_2 T_2}{m_1 + m_2} = \frac{50 \times 20 + 30 \times 80}{50 + 30} = 42.5 [℃]$$

[보충학습 9.1] 여러 개의 물체가 접촉하는 경우의 열평형 온도

[예제 9.6]에서 물체 온도의 높고 낮음에 무관하게 다음과 같이 열평형 방정식을 쓸 수 있다.

$$m_1 C(T_f - T_1) + m_2 C(T_f - T_2) = 0$$

왜냐하면 외부와 단열된 계에서 내부 물체끼리 전달한 열량의 총합은 0이기 때문이다. 두 물체의 평형온도(T_f)는 두 물체 온도 사이에 있으므로 각 물체에서 일어나는 열의 출입 방향을 알 수 있다. 그러나 평형 온도(T_f)를 예측하기 어려운 3개 이상의 여러 물체의 열평형에서는 열의 출입 방향을 알기가 어렵다. 이때는 다음과 같은 열평형 방정식을 사용하여 평형 온도(T_f)를 구하면 된다.

$$m_1 C_1 (T_f - T_1) + m_2 C_2 (T_f - T_2) + \cdots + m_n C_n (T_f - T_n) = 0$$

$$T_f = \frac{m_1 C_1 T_1 + m_2 C_2 T_2 + \cdots + m_n C_n T_n}{m_1 C_1 + m_2 C_2 + \cdots + m_n C_n}$$

6 잠열

일반적으로 어떤 물질과 주위 환경 사이에 열 교환이 일어날 때 그 물질의 온도가 변화한다. 그러나 어떤 경우에는 열 교환이 일어나더라도 물질의 온도 변화가 없을 때가 있다. 이러한 경우는 바로 물질의 상이 한 형태에서 다른 형태로 바뀌는 변화, 즉 상변화이다. 주변에서 흔히 볼 수 있는 상변화로는 고체에서 액체로(융해), 액체에서 고체로(응고), 액체에서 기체로(기화)의 변화 등이 있다. 이러한 상변화 과정에서는 온도 변화 없이 물질의 내부에너지 변화가 수반된다. 예를 들면 기화에서 내부 에너지 증가는 액체 상태의 분자 간의 결합이 깨어진다는 것을 의미한다. 이 분자 간의 결합이 끊어진다는 것은 분자들이 기체 상태에서는 서로 더 멀어지게 되어 분자 간의 위치 에너지가 증가한다는 것을 의미한다.

물질의 종류(기체, 액체, 고체)가 다르면 내부 분자 배열도 다르기 때문에 상변화가 일어날 때 필요한 에너지양도 달라진다. 또한 상변화가 일어나는 동안에 전달되는 에너지양은 물질의 양에도 의존한다. 물질이 상변화를 일으킬 때 열로 전달되는 단위 질량당 에너지를 그 물질의 잠열(L, 숨은 열, 변환 열)이라 한다. 즉, 질량 m인 물질의 상을 바꾸기 위해 필요한 에너지를 Q라 하면 잠열 L은 다음과 같이 정의된다.

$$L = \frac{Q}{m} \quad \cdots\cdots (9.12)$$

잠열은 물질의 고유한 특성이며 상변화 종류에 따라서도 다른 값을 가진다. 잠열의 정의로부터 질량 m인 물질의 상태를 바꾸기 위해 소요되는 열에너지의 크기는 다음과 같다.

$$Q = mL \quad \cdots\cdots (9.13)$$

융해열(융해잠열) L_f는 고체에서 액체로 상변화를 일으키는데 필요한 잠열이고, 기화열(증발잠열) L_v는 액체에서 기체로 상변화를 일으키는데 필요한 잠열이다. 예를 들어 질량 m의 물질이 고체에서 액체로 상변화를 일으킬 때는 mL_f의 열을 흡수하고, 액체에서 고체로 상변화를 일으킬 때는 mL_f의 열을 주위로 방출한다. 마찬가지로 액체에서 기체로 상변화를 일으킬 때는 mL_v의 열을 흡수하고, 기체에서 액체로 상변화를 일으킬 때는 mL_v의 열을 주위로 방출한다. 물(얼음)의 융해열(L_f)과 기화열(L_v)은 다음과 같다.

$$L_f = 79.7\,\mathrm{cal/g} = 334\,\mathrm{kJ/kg}$$
$$L_v = 539\,\mathrm{cal/g} = 2256\,\mathrm{kJ/kg}$$
$$1\,\mathrm{cal} = 4.186\,\mathrm{J}$$

대략적인 값으로써 일반적으로 $L_f = 80\,\mathrm{cal/g}$, $L_v = 540\,\mathrm{cal/g}$의 값을 많이 사용한다. L_f와 L_v는 실험에 의해 측정되는 값들로써 그 값들은 조금씩 다를 수가 있다. 근래에 열역학에서 많이 사용하고 있는 융해잠열(1기압)과 증발잠열의 엄밀한 값은 각각 333.7kJ/kg, 2256.5kJ/kg이다.

고체를 융해하거나 액체를 기화하는 데에는 별도의 에너지가 소요된다. 물을 가열하여도 물이 완전히 증발할 때까지는 온도가 올라가지 않고 일정한 것은 가해진 열량이 모두 증발에 소비되기 때문이다. 이와 반대로 기체 상태의 증기가 액체 상태로 변하면 주위로 에너지를 방출한다. 이와 같이 주어진 압력의 일정 온도에서 상변화 과정 동안에 흡수되거나 방출되는 에너지의 양을 통틀어 잠열이라 한다. 여름에 물을 뿌리면 시원해지는 것은 물이 증발하면서 주위로부터 열을 흡수하기 때문이다.

한편 1기압에서 10℃ 물을 가열하면 물의 온도가 올라가듯이 가열에 의한 열량이 물질의 온도상승을 일으키는 경우 그때 소요된 열량을 '현열'이라 한다.

[예제 9.7] **단열된 물 잔에 0℃ 얼음을 넣어서 0.4kg, 50℃ 물을 20℃로 냉각하려 한다. 이때 필요한 얼음의 양을 구하라. 얼음의 융해잠열은 80kcal/kg이고, 물의 평균비열은 1kcal/kg・℃이다. 단, 물과 얼음이 모두 20℃ 물이 된다.**

풀이 필요한 얼음의 양을 $m_{얼음}$[kg]이라 하면 0℃ 얼음이 녹아서 0℃ 물로 변하는데 소요된 열량(Q_1)은

$$Q_1 = m_{얼음} L_{얼음} = 80 m_{얼음} [\text{kcal}]$$

이고, 녹은 얼음(0℃) $m_{얼음}$을 20℃로 높이는 데 필요한 열량(Q_2)은

$$Q_2 = m_{얼음} C_{물} (20 - 0) [\text{kcal}]$$

이다. 그리고 질량 $m_{물} = 0.4\text{kg}$인 50℃ 물이 20℃로 냉각되면서 방출한 열량(Q_3)은

$$Q_3 = m_{물} C_{물} (50 - 20)$$

이다. 따라서 50℃ 물이 냉각되면서 잃은 열량(Q_3)은 얼음이 녹는데 소요된 열량(Q_1)과 녹은 얼음을 20℃로 높이는 데 필요한 열량(Q_2)의 합과 같으므로 다음과 같이 필요한 얼음의 양 $m_{얼음}$[kg]이 구해진다.

$$Q_3 = Q_1 + Q_2$$
$$m_{물} C_{물} (50 - 20) = 80 m_{얼음} + m_{얼음} C_{물} (20 - 0)$$

$$\therefore\ m_{\text{얼음}} = \frac{30m_{\text{물}}C_{\text{물}}}{80+20C_{\text{물}}} = \frac{30\times0.4\times1}{80+20\times1} = 0.12\,[\text{kg}]$$

0℃ 얼음은 0℃ 물로 변한 후에 온도가 올라간다. 상변화 과정(이 예제에서는 얼음이 물로 변할 때)에서는 온도 변화가 없이 물질이 열을 흡수하거나 방출한다는 것을 염두에 두도록 한다.

9.3 내부에너지

1 내부에너지

계가 가지고 있는 모든 미시적 에너지의 합을 내부에너지라 한다. 내부에너지는 분자구조와 분자 운동의 정도에 관계되며, 물체를 구성하고 있는 원자나 분자들의 운동에너지와 위치에너지의 합으로 볼 수 있다. 일반적으로 내부에너지는 U로 나타내고 단위 질량당 내부에너지는 비내부에너지라 부르며 u로 나타낸다.

$$u = \frac{U}{m} \quad (m\text{은 질량}) \qquad \cdots\cdots (9.14)$$

설명 열역학을 해석할 때 계의 에너지를 구성하는 거시적 형태의 에너지와 미시적 형태의 에너지의 두 종류로 나누어 생각하는 것이 도움이 된다. 거시적 형태의 에너지는 계의 운동에너지와 위치에너지와 같이 어떤 좌표계에 대하여 계가 전체적으로 가지고 있는 에너지이다. 미시적 형태의 에너지는 계의 분자구조 및 분자의 운동 정도와 관계되는 에너지이며 외부 좌표계와는 관계가 없다. 미시적 에너지의 총합을 내부에너지라 한다.

내부에너지를 좀 더 잘 이해하기 위해 분자와 원자의 관점에서 계를 살펴보자. 기체분자는 공간에서 움직이고 있으므로 운동에너지를 가지고 있다. 분자가 운동할 때 분자의 이동 속도와 관련된 에너지를 병진에너지라 한다. 한편 다원자분자의 원자들은 축 주위를 회전하는데 이것은 회전 운동 에너지이다. 또한 다원자 분자의 원자들은 질량 중심에 대해 앞뒤로 진동하는데 이것은 진동 운동에너지이다. 기체에서 대부분의 운동 에너지는 병진운동과 회전운동에 기인하며, 고온에서는 진동에너지가 중요하게 된다. 그리고 원자 내의 전자는 핵 주위를 회전하므로 회전 운동에너지를 가지고 있다. 또한 전자들은 자신의 축 주위를 회전하는데 이 운동에 의해 발생하는 에너지는 회전에너지이다. 원자의 핵에 있는 다른 입자들도 회전에너지를 가진다. 계의 내부에너지 중에서 분자의 운동과 관련된 에너지를 현열에너지라 한다. 기체 분자들의 평균속도와 운동의 정도는 기체의 온도에 비례한다. 따라서 온도가 높아지면 분자들은 더 큰 운동에너지를 갖게 되고 이에 따라 계의 내부에너지도 증가한다.

내부에너지는 물질을 구성하는 분자들 사이의 결합력과 분자들 내의 원자들 사이의 결합력과도 관련이 있다. 분자들 사이의 결합력의 크기는 다음과 같다.

$$(고체) > (액체) > (기체)$$

고체나 액체 분자들에 충분한 양의 에너지를 공급하면 분자들은 분자 간의 결합력을 극복하고 서로 떨어져 나가 기체로 바뀌게 될 것이다. 이와 같은 것을 상변화라 한다. 이 추가된 에너지 때문에 기체 상태의 계는 고체나 액체 상태의 계보다 큰 내부에너지를 가진다. 이와 같은 계의 상변화와 관련된 에너지를 잠열 또는 잠열에너지라 한다. 상변화 과정에서는 계의 화학적 조성이 변화하지 않는다. 대부분의 열역학 문제는 이 범주에 속하며 분자 내의 원자 결합까지는 고려할 필요가 없다.

2 단원자 분자의 내부에너지

입자의 운동을 여러 가지 성분으로 나누어 생각할 때 각각의 독립된 성분을 자유도라 한다. 단원자 분자는 하나의 점(질점)에 가까우므로 공간에서 x, y, z의 세 방향으로 운동할 수 있고 자유도는 3이 된다. 운동의 각 자유도에 대하여 분자의 평균운동 에너지는 $kT/2$이므로, 단원자 분자 한 개의 평균운동에너지는

$$E_k = \frac{1}{2}mv^2 = \frac{3}{2}kT \quad \cdots\cdots (9.15)$$

이다. 여기에서 k는 볼쯔만(Boltzmann) 상수이고 T는 절대온도이다. 따라서 분자수가 N인 단원자 분자들의 총 내부에너지는

$$U = \frac{3}{2}NkT \quad \cdots\cdots (9.16)$$

가 된다. 이와같이 단원자 분자로 된 이상기체의 내부에너지(U)는 절대온도(T)에 비례한다. 볼쯔만 상수의 값은 $k = 1.380658 \times 10^{-23}\,\mathrm{J/K}$ 이다.

3 내부에너지의 성질

물체(또는 계)의 내부에너지는 다음과 같은 성질을 가진다.

(1) 물체의 온도가 높아지면 분자 운동이 활발해져서 분자의 운동에너지가 증가하므로 내부에너지가 증가한다.

(2) 물체가 일을 받거나 열을 얻으면 분자 운동이 활발해져서 내부에너지가 증가하고 온도가 올라간다.

(3) 물체의 내부에너지 변화(ΔU)와 물체가 외부로부터 받은 열량(Q) 및 물체가 한 일(W)은 서로 밀접한 관계를 갖는데 이것이 열역학 제1법칙의 근간이 된다.[2)]

[예제 9.8] 어떤 이상기체 A 분자의 질량은 M이고 다른 이상 기체 B 분자의 질량은 $4M$이다. 두 기체의 온도가 같을 때 A 분자의 평균속도는 B 분자의 몇 배인가?

풀이 단원자 분자 한 개의 평균운동에너지(E_k)는

2) 내부에너지란 개념이 도입되어 열역학에서 에너지 보존법칙이 설명된다.

$$E_k = \frac{1}{2}mv^2 = \frac{3}{2}kT$$

이고, 이 식에서 기체 분자의 속도(v)는

$$v = \sqrt{\frac{3kT}{m}} \quad \cdots\cdots ①$$

이다. 따라서 질량이 M인 A 분자의 속도(v_A)는

$$v_A = \sqrt{\frac{3kT}{m_A}} = \sqrt{\frac{3kT}{M}} \quad \cdots\cdots ②$$

이고, 질량이 $4M$인 B 분자의 속도는 다음과 같다.

$$v_B = \sqrt{\frac{3kT}{m_B}} = \sqrt{\frac{3kT}{4M}} = \frac{1}{2}\sqrt{\frac{3kT}{M}} = \frac{1}{2}v_A \quad \cdots\cdots ③$$

$$\therefore \ v_A = 2v_B$$

즉, A 분자의 평균속도(v_A)는 B 분자의 평균속도(v_B)의 2 배이다. 여기에서 k는 상수이므로 온도(T)가 같으면 기체 분자의 속도(v)는 $\sqrt{\frac{1}{m}}$ 에 비례한다.

9.4 열역학 제1법칙

1 밀폐계에서 열역학 제1법칙

열역학 제1법칙은 열의 정의와 개념 및 에너지 함수의 존재를 분명하게 공식화하고 이로부터 에너지 보존법칙을 설명하는 법칙이다.[3]

3) 열역학 제1법칙을 잘 이해하도록 한다. 열역학의 많은 개념들이 제1법칙에서 출발한다.

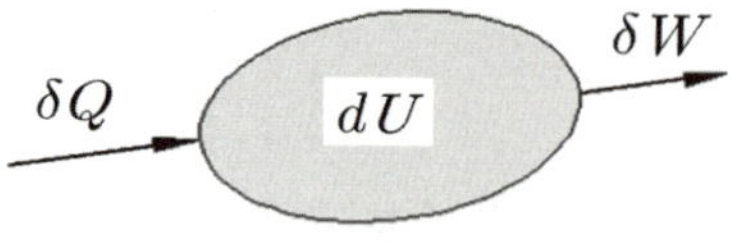

[그림 9.3] **열역학 제1법칙**

[그림 9.3]과 같은 밀폐계에서 계로 유입된 열량을 δQ, 계의 내부에너지 증가량을 dU, 계가 한 일을 δW라 하면 에너지 보존법칙은 다음과 같다.

$$\delta Q = dU + \delta W \quad \cdots (9.17a)$$

$$dU = \delta Q - \delta W \quad \cdots (9.17b)$$

설명 계에 에너지를 주는 방법에는 열을 가해 주거나 역학적으로 일을 해 주는 방법이 있다. 외부에서 계에 가한 열량을 Q, 계가 외부에 해 준 일의 양을 W라고 하면 계의 내부에너지 증가량(ΔU)은

$$\Delta U = Q - W \quad \cdots (9.18a)$$

이고, 열량과 일은 다음과 같다.

$$Q = \Delta U + W \quad \cdots (9.18b)$$

$$W = Q - \Delta U \quad \cdots (9.18c)$$

여기에서 $Q < 0$이면 그 절댓값만큼 열을 외부로 내 보낸 경우이고, $\Delta U < 0$이면 그 절댓값만큼 계의 내부 에너지가 감소한 경우이다. 반면 $W < 0$이면 그 절댓값만큼 계가 외부로부터 일을 얻는 경우가 된다.
열과 일은 모두 에너지의 한 형태로서 일을 열로 변환시킬 수 있고, 열을 일로 변환시킬 수도 있다. 열량(Q_1)과 일의 양(W_1)은 다음 관계를 가진다.

$$W_1 = JQ_1 \quad \cdots\cdots (9.19)$$

여기에서 비례상수 $J = 4.186\text{J/cal} \approx 4.2\text{kJ/kcal}$이고 J를 열의 일당량이라 한다.

[Note] [열과 일의 부호] 식 $Q = \Delta U + W$에서 열과 일의 부호는 다음과 같다. 계로 열이 유입되면 $Q > 0$이고, 계에서 열이 방출되면 $Q < 0$이다. 계가 외부에 대해 일을 하면 $W > 0$이고, 외부로부터 일을 받으면 $W < 0$이다.

2 제1종 영구기관

외부로부터 에너지를 공급받지 않고 계속해서 일을 할 수 있는 기관 또는 장치를 제1종 영구기관이라 한다. 즉, 계로 유입된 에너지 $Q = 0$이지만 일 $W = \infty$인 기관이다. 이 기관이 열역학 제1법칙 $Q = \Delta U + W$을 만족하려면 기관의 내부에너지 변화량 $\Delta U = -\infty$가 된다. 그런데 이와 같이 계의 내부에너지가 무한히 감소할 수는 없으므로 이 기관은 만들 수 없다. 기관의 내부 에너지가 무한히 감소할 수 있으려면 그 기관이 무한한 내부 에너지를 가지고 있어야 하는데 그런 기관은 있을 수 없기 때문이다.

[예제 9.9] 어떤 밀폐된 계가 700 kJ의 열을 받아서 500 kJ의 일을 하였다. 계의 내부에너지는 어떻게 변화하였는가?

풀이 계로 유입된 열량 $Q = 700\text{kJ}$, 계가 한 일 $W = 500\text{kJ}$이다. 열역학 제1법칙에 의해 내부에너지 변화(ΔU)는 다음과 같다.

$$Q = \Delta U + W$$

$$\therefore \ \Delta U = Q - W = 700 - 500 = 200\ [\text{kJ}]$$

따라서 계의 내부에너지가 200 kJ 증가하였다.

[예제 9.10] 어떤 밀폐된 계가 200 kJ 의 열을 받아서 600 kJ 의 일을 하였다. 계의 내부에너지는 어떻게 변화하였는가?

풀이 계로 유입된 열량 $Q = 200\text{kJ}$, 계가 한 일 $W = 600\text{kJ}$이다. 열역학 제1법칙에 의해 내부에너지 변화(ΔU)는 다음과 같다.

$$Q = \Delta U + W$$

$$\therefore \quad \Delta U = Q - W = 200 - 600 = -400\ [\text{kJ}]$$

즉, 계의 내부에너지가 400 kJ 감소하였다.

[예제 9.11] 어떤 기체가 300 J 의 일을 하고 내부 에너지가 540 J 증가하였다. 기체가 외부로부터 받은 열량은 몇 cal인가? 단, 1 cal = 4.2 J 이다.

풀이 기체가 한 일 $W = 300\text{J}$, 기체의 내부에너지 변화 $\Delta U = 540\text{J}$이다. 열역학 제1법칙에 의해 기체가 외부로부터 받은 열량(Q)은 다음과 같다.

$$\begin{aligned} Q = \Delta U + W &= 540 + 300\ [\text{J}] \\ &= 840\ [\text{J}] \\ &= 840 \times \frac{1}{4.2}\ [\text{cal}] = 200\ [\text{cal}] \end{aligned}$$

[예제 9.12] 어떤 계가 외부로부터 800 J 의 열량을 받은 후에 내부 에너지가 300 J 증가하였다. 계가 한 일은 몇 J 인가?

풀이 계로 유입된 열량 $Q = 800\text{J}$, 계의 내부 에너지 변화 $\Delta U = 300\text{J}$ 이다. 열역학 제1법칙에 의해 계가 한 일(W)은 다음과 같다.

$$\begin{aligned} W = Q - \Delta U &= 800 - 300\ [\text{J}] \\ &= 500\ [\text{J}] \end{aligned}$$

즉, 계는 외부에 대해 500 J 의 일을 하였다.

[보충학습 9.2] 열역학 제1법칙과 운동에너지 및 위치에너지

열역학 제1법칙은 열에너지가 일로, 혹은 일이 열에너지로 변환될 수 있다는 것을 보여주고 있다. 이와 마찬가지로 운동에너지와 위치에너지도 열에너지로 변환될 수 있다.

(1) 운동에너지와 열

질량 m의 총알이 v의 속력으로 날아갈 때 총알의 운동에너지는 $\frac{1}{2}mv^2$이다. 이 총알이 큰 물체에 박혔을 때 총알의 운동에너지의 P[%]가 물체의 내부에너지로 전환된다면 총알에는 다음과 같은 온도 상승(ΔT)이 일어난다. 총알의 비열은 C이다.

$$\frac{1}{2}mv^2 \times \frac{P}{100} = mC\Delta T$$

또한 차가 브레이크를 밟고 정지할 때와 같이 차의 운동에너지가 마찰열로 변환될 수 있다.

(2) 위치에너지와 열

지면을 기준면으로 할 때 높이 h에 있는 질량이 m인 물의 위치에너지는 mgh이다. 단열 상태라고 가정하고 폭포에서 떨어지는 물의 위치에너지 감소가 내부 에너지 증가와 같을 때, 물이 h의 폭포에서 떨어져서 지면에 충돌한 후 물의 온도 상승(ΔT)은 다음과 같다. 물의 비열은 C_w이고, g는 중력가속도이다.

$$mgh = mC_w\Delta T$$

또한 질량 m의 강구를 지상으로부터 높이 h에서 자유 낙하시켰을 때, 강구가 지면에 충돌한 후 강구의 운동에너지가 전부 강구의 온도를 높여 준다고 하면 강구의 온도 상승(ΔT)은 다음과 같다. 강구의 비열은 C_S이다.

$$mgh = mC_S \Delta T$$

자유 낙하이므로 지면에 떨어졌을 때 강구의 운동에너지는 처음 상태의 위치에너지와 같다.

[보충학습 9.3] 이상기체

다음 상태방정식을 만족하는 기체를 이상기체 또는 완전기체라 한다.

$$PV = n\overline{R}T$$

여기에서 n은 기체의 몰수(mole 수), P는 절대압력, V는 체적, T는 절대온도이다. 그리고 $\overline{R} = 8.31441\ \mathrm{kJ/kmol \cdot K}$는 일반기체상수라 하며, 모든 이상기체에 대해 적용되는 값이다.

질량(m)으로 이상기체 상태방정식을 나타내면, $n = \dfrac{m}{M}$ (M은 분자량)이므로

$$PV = mRT$$

가 된다. 여기에서 $R = \dfrac{\overline{R}}{M} = \dfrac{8.314}{M}\ [\mathrm{kJ/kg \cdot K}]$이며, 기체상수 또는 특정기체상수라 부른다. 이 값은 기체의 종류마다 다르다.

이상기체는 실제로 존재하지 않는 기체이지만 밀도가 낮은 실제기체의 거동은 이상기체 상태방정식과 비슷한 거동을 보인다는 것을 실험적으로 관찰하였다. 대개의 경우 공기, 산소, 수소, 질소 등을 이상기체로 취급할 수 있다. 그리고 '**이상기체의 내부에너지는 온도만의 함수**'라고 알려져 있다.

연습문제 9

01 다음 화씨온도를 섭씨온도로 환산하라.

(1) 50 °F　　　　(2) − 58 °F

02 다음 섭씨온도를 화씨온도로 환산하라.

(1) 70 ℃　　　　(2) − 80 ℃

03 200 kg의 물을 20 ℃에서 80℃로 가열하는데 필요한 열량[kJ]을 구하라. 단, 물의 비열은 4.2 kJ/kg • ℃이다.

04 질량 525 g의 은덩이가 1.23 kJ의 열을 흡수하여 온도가 10℃ 상승하였다. 은의 비열을 구하라.

05 0.5kg, 200℃의 금속덩이를 4kg, 20℃의 물 속에 넣었다. 물의 온도가 상승하여 평형 상태에서 22.4℃가 되었다. 물의 비열이 4.186kJ/kg • ℃일 때 금속의 비열을 구하라.

06 온도 100 ℃인 300 kg의 금속을 20 ℃의 물 200 kg이 들어있는 단열된 용기에 넣었다. 금속과 물의 비열이 각각 0.45 kJ/kg • ℃, 4.2 kJ/kg • ℃일 때 열평형에 도달했을 때의 평형온도를 구하라.

07 냉동 창고에서 질량 0.2 kg, 비열 3 kJ/kg • ℃인 과일을 20 ℃로부터 5 ℃로 냉각한다. 냉각 중에 과일로부터 방출되는 열량을 구하라.

08 질량 2kg의 물체를 지상으로부터 40m 높이에서 자유 낙하시킨다. 강구가 지면에 떨어졌을 때 운동 에너지가 전부 강구의 온도를 높여 준다고 하면 강구의 온도 상승은 몇 ℃인가? 단, 강구의 비열은 0.4 kJ/kg • ℃이다.

09 단열된 용기 내에서 10℃의 물 35kg과 40℃의 물 65kg을 혼합하면 물의 최종 온도는 몇 ℃가 되는가?

10 3kg, 20℃ 물과 4kg, 30℃의 알루미늄과 2kg, 80℃의 구리를 단열 용기 속에 함께 담아서 열평형이 이루어졌다. 용기에 전달되는 에너지를 무시하고 혼합계의 최종 평형 상태 온도를 구하라. [표 9.1]의 비열 값을 이용한다.

11 단열된 밀폐계의 내부에너지가 500kJ 감소하였다. 계가 한 일은 얼마인가?

12 단열된 밀폐계의 내부에너지가 400kJ 증가하였다면 계가 한 일은 얼마인가?

13 어떤 기체가 10kcal의 열을 받아서 외부에 30kJ의 일을 하였다. 기체의 내부에너지 변화(ΔU)는 몇 kJ 인가?

14 실린더 안의 기체에 10kcal의 열량을 가하여 기체가 1500kgf • m의 일을 하였다면 기체의 내부에너지 변화량(ΔU)은 몇 kcal인가?

15 방바닥에 설치한 전기장판으로 방을 따뜻하게 하고 있다. 어느 겨울날 방으로부터 외부로 빠져나가는 열량이 6480kJ/h일 때 방 안 온도를 일정하게 유지하기 위해 전기장판이 방에 공급해야 할 일률(동력)[kW]을 구하라.

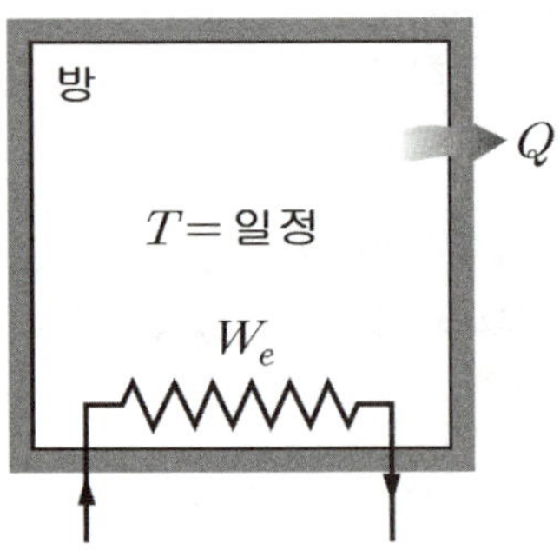

[문제 9.15]

16 높이 80m 되는 폭포에서 물이 떨어질 때 중력에 의한 위치 에너지 감소가 모두 물의 내부 에너지로 변화하였다면 폭포 바닥에 떨어진 물의 온도 변화는? 단, 중력 가속도 $g=10\mathrm{m/s^2}$, 물의 비열 $C=4\mathrm{kJ/kg}\cdot\mathrm{K}$으로 한다. [공무원 임용시험]

① 20K ② 5K ③ 0.5K ④ 0.2K

17 50℃의 에탄올 100g을 80℃의 물 200g과 혼합하면 이 혼합물의 최종온도[℃]는? 단, 용기를 통한 열손실과 혼합열은 무시하며, 에탄올과 물의 비열은 각각 0.5 cal/g · ℃, 1.0 cal/g · ℃이다. [공무원 임용시험]

① 65 ② 67.5 ③ 70 ④ 74

18 어떤 열역학적 계의 내부에너지가 500 J 감소하는 동안에 외부에서 계에 200 J의 일을 해주었다. 계에 유입된 열은? 단, 계가 잃은 열은 음(−)의 부호로 나타낸다. [공무원 임용시험]

① 700 J ② 300 J ③ −300 J ④ −700 J

19 물과 얼음이 담겨 있는 비이커를 열판에 올려놓고 나무 수저를 이용하여 얼음물을 저었다. 열판을 통해 600 cal의 열이 공급되었고 수저로 물을 저어서 800 J의 일이 비이커의 얼음물에 가해졌다면 녹은 얼음의 질량에 가장 가까운 값[g]은? 단, 얼음의 융해열은 80 cal/g, 1 cal = 4.2 J이고, 외부와의 열전달은 없다고 가정한다. [공무원 임용시험]

① 10 ② 20 ③ 30 ④ 40

20 섭씨온도[℃]와 화씨온도[℉]가 같은 값을 가지는 절대 온도[K]는? [공무원 임용시험]

① 233.15K ② 243.15K
③ 253.15K ④ 63.15K

21 100℃의 구리 10kg을 20℃의 물 2kg이 들어 있는 단열 용기에 넣었다. 물과 구리 사이의 열전달을 통해 얻어지는 최종 평형 온도는 대략 몇 ℃가 되겠는가? (단, 물과 구리의 비열은 각각 4.2kJ/kg·K와 0.45kJ/kg·K이라 한다.) [공무원 임용시험]

① 48℃ ② 53℃ ③ 58℃ ④ 63℃

22 질량 5kg인 금속 덩어리를 200℃로 가열한 후 30℃, 20kg 물에 넣었다. 충분히 기다린 후 물과 금속 덩어리의 온도가 40℃로 같아졌다면 이 금속의 비열은? 단, 물의 비열은 c이다. [공무원 임용시험]

① $c/2$ ② $c/3$ ③ $c/4$ ④ $c/6$

23 두 물체 A와 B의 질량과 비열이 각각 m_A, C_A와 m_B, C_B이다. 이 두 물체에 각각 같은 열량을 가한다면, 두 물체의 온도 변화의 비 $\Delta T_A : \Delta T_B$는? (단, 주입된 열 이외의 열 출입과 물체의 열팽창은 무시한다) [공무원 임용시험]

① $C_B : C_A$ ② $m_B : m_A$
③ $m_A C_A : m_B C_B$ ④ $m_B C_B : m_A C_A$

24 어떤 계의 내부에너지가 200kJ 감소하고 외부에 대해 100kJ의 일을 하였다. 이에 대한 설명으로 옳은 것은?

① 계에서 주위로 100kJ의 열이 방출되었다.
② 계가 주위로부터 100kJ의 열을 흡수하였다.
③ 계에서 주위로 300kJ의 열이 방출되었다.
④ 계가 주위로부터 300kJ의 열을 흡수하였다.

25 에너지의 소비 없이 계속하여 동력을 발생시킬 수 있는 것은?

① 증기 원동기 ② 카르노 기관
③ 제1종 영구기관 ④ 제2종 영구기관

26 다음 중 열역학 제1법칙과 가장 관계가 먼 것은?

① 밀폐계의 내부에너지 변화가 0일 때 경계를 통한 열전달의 합은 계의 일의 총합과 같다.
② 열은 일로 변환될 수 있고 그 역도 가능하다.
③ 열은 본질적으로 일과 같은 에너지의 일종이다.
④ 두 물체의 온도가 제 3의 물체의 온도와 같을 때 두 물체의 온도는 서로 같다.

27 시속 72km로 달리는 질량 2100kg의 트럭이 급브레이크를 밟고 정지하였다. 트럭의 운동에너지가 전부 마찰열로 변환되었을 때 발생한 마찰열에 가장 가까운 값은?

[공무원 임용시험]

① 100kcal ② 200kcal ③ 300kcal ④ 400kcal

28 절대온도 T에서 어떤 기체의 분자당 평균운동에너지가 $E=\frac{1}{2}kT$(k는 볼츠만 상수)로 주어진다고 하자. 절대온도가 $\frac{1}{2}$가 되고 기체분자의 질량이 8배가 된다면, 분자의 제곱평균 제곱근(rms) 속력은 원래 값의 몇 배가 되는가? [공무원 임용시험]

① $\frac{1}{4}$배 ② $\frac{1}{2}$배 ③ 2배 ④ 4배

29 질량 50g인 구리 총알이 320m/s 속력으로 날아가 큰 물체에 박혔다. 이 총알의 운동에너지 절반이 총알의 내부에너지로 전환되었다면 총알의 온도는 얼마나 올라가는가? 단, 구리의 비열은 400J/kg · K로 하고 중력가속도는 10m/s^2으로 한다.

[공무원 임용시험]

① 12K ② 32K ③ 64K ④ 256K

30 절대온도 300K에서 수소분자의 속력이 V이면 900K에서 수소분자의 속력은?

[공무원 임용시험]

① $\frac{V}{3}$ ② $\sqrt{3}\,V$ ③ $3V$ ④ $9V$

31 열역학 제1법칙과 가장 관계가 있는 법칙은? [공무원 임용시험]

① 질량 보존 법칙 ② 에너지 보존 법칙
③ 전압 보존 법칙 ④ 전하량 보존 법칙

32 기체의 온도와 가장 관계가 있는 것은? [공무원 임용시험]

① 기체 분자의 위치에너지 ② 기체 분자의 진동
③ 기체 분자의 운동에너지 ④ 기체 분자의 회전

33 단열된 상태라고 가정하고 폭포에서 떨어지는 물의 중력 퍼텐셜 에너지 감소가 내부 에너지 증가와 같을 때, 물이 100m의 폭포에서 떨어진다면 낙하한 후에 물의 온도 상승과 가장 가까운 것은? 단, 물의 비열은 $4.2\text{J/g}\cdot℃$ 이고, 중력가속도 $g=9.8\text{m/s}^2$이다. [공무원 임용시험]

① 0℃ ② 0.012℃ ③ 0.12℃ ④ 0.23℃

34 질량 4kg의 물체가 높이 5m에서 미끄러져 내려올 때 40cal의 마찰열이 발생하였다. 물체가 지면(높이 0)에 도달했을 때 물체의 속력은? 단, 중력가속도 $g=10\text{m/s}^2$, $1\text{cal}=4.2\text{J}$ 이다. [공무원 임용시험]

① $2\sqrt{3}$ m/s ② 4m/s ③ $3\sqrt{2}$ m/s ④ 5m/s

35 어떤 밀폐계가 1000cal의 열을 흡수하여 800J의 일을 하고 500cal의 열을 외부로 방출하였다. 계의 내부에너지 변화에 가장 가까운 값은? [공무원 임용시험]

① 1300J ② 2700J ③ 4300J ④ 5700J

36 발열량이 10,000kcal/kg인 어떤 연료 1kg을 연소해서 30%가 유용한 일로 전환될 때, 이 일을 사용하여 500kg의 물체를 올릴 수 있는 최대 높이[m]는? 단, 1cal는 4.2J, 중력가속도는 10m/s^2으로 한다. [공무원 임용시험]

① 25.2 ② 252 ③ 2,520 ④ 252,000

37 물이 끓는점은 373K이고, 기화열은 $2.3\times10^6\text{J/kg}$이다. 373K를 유지하는 물 2kg에 4.6kW 일률로 에너지를 공급하여 이 물을 모두 증발시키는 데 필요한 시간[s]은? [공무원 임용시험]

① 2×10^3 ② 1×10^3
③ 2×10^4 ④ 1×10^5

38 외부로부터 단열된 용기에 온도 15℃, 질량 0.2kg인 어떤 용액이 담겨 있다. 여기에 온도 100℃, 질량 0.5kg인 쇠구슬을 넣었더니 시간이 지난 후 온도가 30℃로 열평형 상태가 되었다. 이 용액의 비열[kcal/kg·°C]은? (단, 쇠구슬의 비열은 0.1kcal/kg·°C, 용기의 열용량은 0.1kcal/°C이다) [공무원 임용시험]

① $\frac{1}{3}$ ② $\frac{2}{3}$ ③ 1 ④ $\frac{4}{3}$

39 질량 2.0kg의 끓는 물을 10℃ 온도의 알루미늄 용기에 부으면 짧은 시간 후에 열적 평형에 이른다. 알루미늄 용기의 질량이 1.0kg이고 물의 비열이 알루미늄보다 4배 더 크다면, 평형 상태에서 알루미늄 용기의 온도[℃]는? (단, 외부압력은 1atm이다)

[공무원 임용시험]

① 20 ② 40 ③ 90 ④ 113

40 물체 A와 B의 질량은 각각 $m_A = 1\text{kg}$, $m_B = 2\text{kg}$이고, 비열은 각각 $C_A =$ 1,000J/kg°C, $C_B = 500\text{J/kg°C}$이다. 만약 물체 A와 B에 각각 같은 열량이 주어졌다면, 물체 A와 B의 온도 변화 비율 $\dfrac{\Delta T_A}{\Delta T_B}$는? (단, 주어진 열량 이외의 열출입과 물체의 열팽창은 무시한다)

[공무원 임용시험]

① 0.5 ② 1 ③ 1.5 ④ 2

41 비커에 담겨 있는 얼음물에 800cal의 열을 전달하였다. 이 얼음물을 휘저어서 320J의 일을 가하였을 때, 이 과정에서 최대로 녹을 수 있는 얼음의 질량[g]은? (단, 물의 융해열은 80cal/g이고, 외부로 열의 방출은 없고, 1cal는 4J과 동등하다고 가정한다)

[공무원 임용시험]

① 11 ② 22 ③ 33 ④ 44

42 온도 300K의 액체 4kg이 단열상태로 일정한 부피의 용기에 담겨 있으며 이 용기 내부에는 20Ω의 저항체가 들어 있다. 용기 속 저항체에 5A의 전류를 10분간 흐르게 하였을 때 액체의 최종온도[K]는? (단, 액체의 비열은 $1250\text{J/kg}\cdot\text{K}$이다.) (Hint: 저항체에서 발생하는 열량 $Q = I^2Rt$)

[공무원 임용시험]

① 350 ② 360 ③ 370 ④ 380

제10장

엔트로피와 열역학 제2법칙

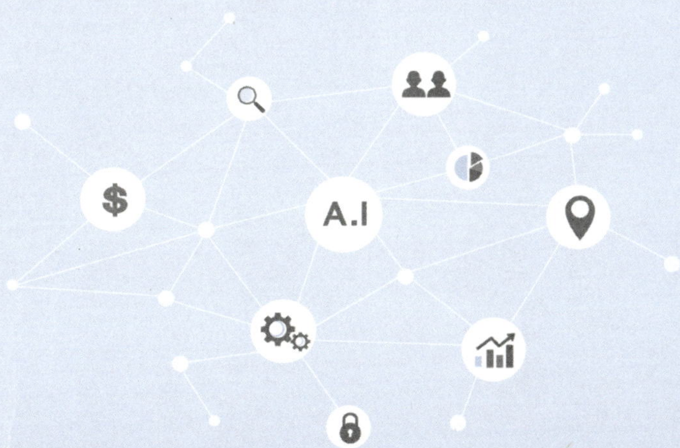

10.1 방향성을 갖는 현상

열역학 제1법칙과 제2법칙 등의 열역학 기본법칙은 다른 자연과학이나 공학의 기본법칙과 마찬가지로 실험과 경험을 통하여 얻은 결과를 토대로 하여 이를 일반화하고 공식화한 것이다. 즉, 기본법칙으로 불리는 이러한 법칙들은 다른 어떤 법칙으로부터 유도되는 것이 아니다.

열역학 제1법칙은 에너지 보존법칙을 말하며, 에너지는 보존되는 물리량이므로 열역학 제1법칙을 위반하는 현상은 일어나지 않는다. 그러나 열역학 제1법칙을 만족한다고 하여도 다음과 같이 실제로는 일어날 수 없는 현상이 많다.

1 온도 차이에 의한 열전달

온도가 서로 다른 두 물체가 접촉하고 있을 때, 온도가 높은 물체로부터 온도가 낮은 물체로의 열전달이 일어나며, 그 반대의 현상은 저절로 일어나지 않는다는 것을 일상생활에서 잘 알고 있다.

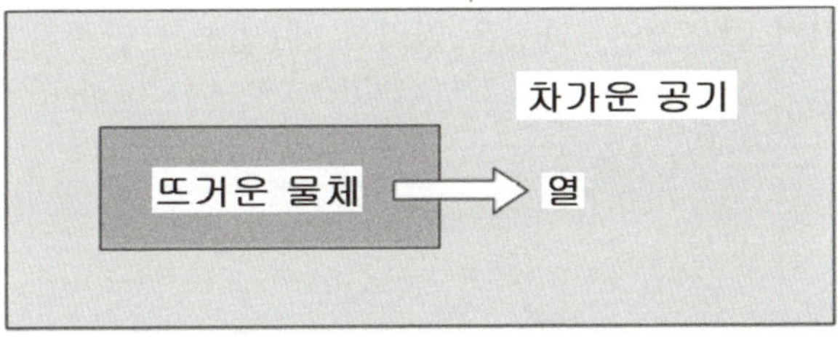

[그림 10.1] 뜨거운 물체가 차가운 공기로부터 열을 받아 더 뜨겁게 되지는 않는다.

예를 들어 방 안에 있는 공기보다 더 뜨거운 물체는 공기로 열을 빼앗겨서 결국에는 식게 된다[그림 10.1]. 이 과정에서 물체가 잃은 에너지와 주위 공기가 얻은 에너지는 같고 이것은 열역학 제1법칙을 만족한다.

이 현상과 반대 방향의 과정, 즉 방 안의 공기로부터 물체가 열을 전달받아 공기보다 뜨거운 물체가 더욱 더 뜨거워지는 과정을 생각해 보자. 이 과정은 공기가 잃은 에너지의 양은 물체가 받은 에너지의 양과 같으므로 열역학 제1법칙을 만족시킨다. 그러나 이런 현상은 일어나지 않는다.

2 전기와 열

니크롬선과 같은 전기저항체에 전류를 흘려 열을 발생하는 전열기를 살펴보자[그림 10.2]. 전열기를 켜면 저항체에 공급된 전기에너지는 열로 바뀌어 공기에 전달된다. 이때 소모된 전기에너지는 공기로 전달된 에너지의 양과 같으므로 이 과정은 열역학 제1법칙을 만족한다.

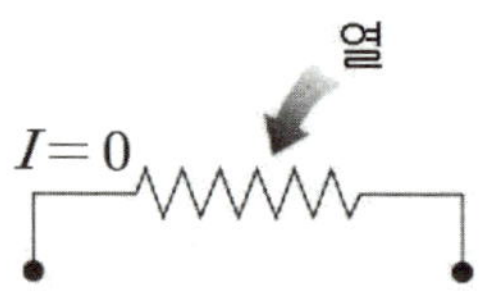

[그림 10.2] **전열선을 가열하여도 전기가 흐르지 않는다.**

그러나 이 과정을 거꾸로 되돌리는 현상은 일어나지 않는다. 즉 저항체를 가열하여도 저항체에는 전류가 흐르지 않는다. 공기가 저항체에 공급한 열과 저항체에 발생하는 전기에너지가 같으면 이 과정은 열역학 제1법칙을 만족하지만 이와 같은 일은 일어나지 않는다.

3 마찰

고체와 고체 사이의 마찰이나 유체 유동에서의 마찰은 기계적인 에너지를 열에너지 형태로 소산시킨다. 그러나 발생된 열에너지가 자연스럽게 기계적인 일로 변환되고 원래의 상태로 되돌아가는 일은 일어나지 않는다.

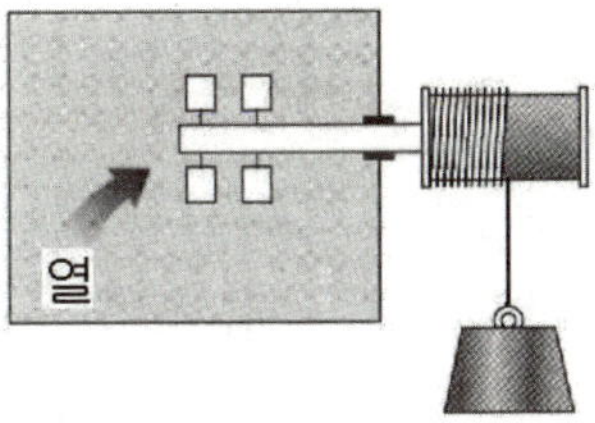

[그림 10.3] 날개에 열을 가해도 축이 회전하지 않는다.

예를 들어 [그림 10.3]과 같이 물체를 낙하시켜 날개바퀴를 돌리는 장치를 생각해보자. 물체가 낙하하면 회전하는 날개바퀴가 용기 안에 있는 유체를 휘젓게 되고 날개와 유체 사이에서 마찰열이 발생한다. 이 과정에서 에너지 보존법칙에 의해 물체의 위치에너지는 감소하고 유체의 내부에너지는 증가한다. 그러나 이 과정을 거꾸로 되돌리는 과정, 즉, 유체에서 날개바퀴에 열을 전달하여 물체를 본래의 위치로 들어 올리는 과정은 열역학 제1법칙을 만족하여도 자연적으로 일어나지는 않는다.

4 자유팽창과 혼합 및 확산

[그림 10.4]와 같이 단열된 용기를 얇은 막으로 분리한 후, 한쪽에만 기체를 넣었다가 막을 파괴하면 기체는 용기 전체에 고르게 분산된다. 즉, 처음의 기체 부피는 V이고 나중 부피는 $2V$가 된다. 이와 같은 것을 자유팽창이라고 하며 용기 내부 전체를 하나의 계로 생각하면 외부로의 열전달이 없으므로 계의 내부 에너지는 막의 파괴 전후에 동일하고 대부분의 저압기체에서 온도 변화도 거의 없다. 여기에서 기체가 다시 원래의 부피(V)로 저절로 압축된다는 것은 상상하기 어려우며 아직 그러한 경우가 관찰된 바는 없다.

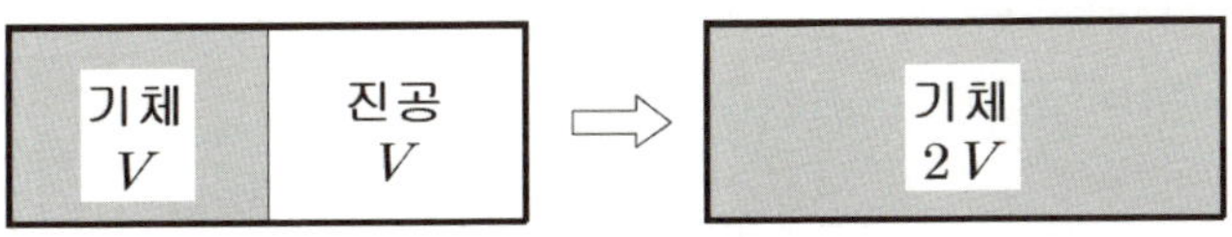

[그림 10.4] 기체의 자유팽창

이와 비슷한 예는 막의 좌우에 서로 다른 두 기체가 있는 경우이다. [그림 10.4]와 같이 막을 파괴하면 두 기체는 자연스럽게 혼합된다. 그러나 혼합된 후 저절로 두 기체가 분리되어 원상태로 되돌아가는 일은 일어나지 않는다. 또한 잉크를 물에 떨어뜨렸을 때 잉크는 물속에서 자연스럽게 확산된다. 그러나 확산된 잉크가 저절로 모여서 다시 원상태로 되돌아가는 일은 일어나지 않는다.

10.2 열역학 제2법칙

이상에서 살펴본 바와 같이 자연계에서 일어나는 과정은 어떤 정해진 방향성을 가지고 있다. 이러한 방향성으로 인하여 열역학 제1법칙을 만족하지만 실제 자연에서는 일어날 수 없는 현상이 많이 있으며 이러한 경험과 실험결과 등을 일반화하여 열역학 제2법칙이라 부른다.

열역학 제2법칙은 단순히 열을 일로 변환하는 경우를 한정하여 표현하는 것이 아니라 모든 자연현상이 어떤 제한(방향성)을 받고 있는 것을 나타낸다. 즉, 자연현상은 어떤 정해진 방향으로 일어나고, 그 과정을 거꾸로 되돌리는 일은 스스로 일어나지 않는다.

열역학 제2법칙은 여러 사람들에 의해 여러 가지로 서술되었는데, 대표적인 것은 켈빈-플랑크(Kelvin-Plank) 서술과 클라시우스(Clausius) 서술이다.

1 Kelvin-Plank 서술

"하나의 열원으로부터 열을 전달받아 사이클의 과정으로 열을 일로 변환시키는 열기관을 만들 수 없다."

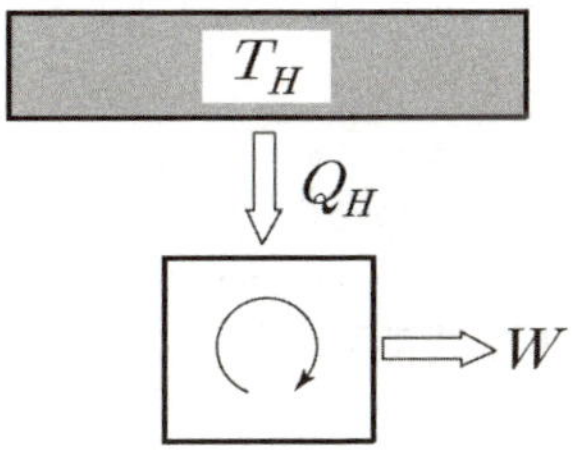

[그림 10.5] Kelvin-Planck 서술

이 말은 어떤 열원으로부터 전달받은 열의 일부가 일로 교환되고 나머지의 열은 다른 낮은 온도의 열원으로 방출해야 한다는 것을 의미한다. 즉, 열효율 100%의 열기관은 존재하지 않는다는 것을 뜻하고 있다.

열효율이 100%인 기관을 제2종 영구기관이라 한다. 이것은 공급된 열을 모두 일로 바꾸는 기관으로 열역학 제2법칙에 어긋나므로 만들 수 없다.

2 Clausius 서술

"낮은 온도의 물체로부터 그보다 높은 온도의 물체로 열을 전달하는 것 외에 다른 어떠한 변화도 남기지 않고 사이클로 작동하는 장치를 만들 수 없다."

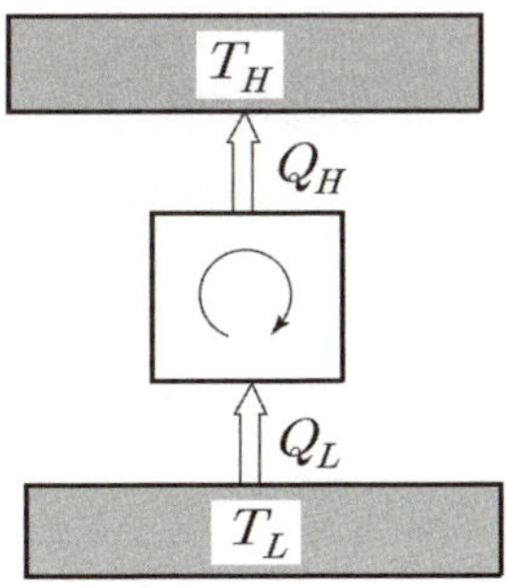

[그림 10.6] Clausius 서술

이 말은 냉동기나 열펌프와 관련이 있다. 즉, 열은 고온부로부터 저온부로 이동하지만 자연적으로 저온부에서 고온부로 흐르지 않는다. 따라서 주위로부터 냉동기로의 일의 전달이 있어야 냉동기를 사용하여 저온의 물체로부터 고온의 물체로 열을 전달할 수 있다는 것을 의미한다.

[참고 10.1] 가역과정과 비가역과정

주위에 아무런 변화도 남기지 않고 원래 상태(처음 상태)로 되돌아갈 수 있는 과정을 가역과정이라 하고, 그렇지 않은 과정을 비가역과정이라 한다.

가역과정은 항상 역학적 및 열적으로 평형 상태를 유지하면서 이루어지는 변화이므로 어떠한 마찰도 수반되지 않는다. 공기 저항이 없는 진공 중의 단진자 운동이나 마찰이 없는 피스톤-실린더 장치에서의 기체의 준 평형 팽창과 압축 등은 가역 과정의 예이다. 가역과정은 실제로 자연계에서는 일어나지 않는 현상이며 실제 과정을 단순화시킨 이상적인 과정이다. 실제 장치로 가역과정에 매우 가깝게 만들 수는 있지만 결코 완전한 가역과정을 만들 수는 없다. 즉, 자연현상에서 일어나는 과정은 모두 비가역과정이다.

비가역 과정은 한쪽 방향으로는 저절로 일어나지만 반대 방향으로는 저절로 일어나지 않는 과정을 말한다. 다음은 알기 쉬운 비가역과정의 예이다.

① 온도가 다른 물체를 접촉시켜 놓을 때 고온의 물체로부터 저온의 물체로 열이 이동하는 현상.

② 방의 한쪽에서 향수병을 열어 놓았을 때 향수 냄새가 방 전체로 퍼지는 현상.

③ 잉크를 물에 떨어뜨렸을 때 잉크가 물속에서 확산되는 현상.

④ 기체의 자유 팽창과정.

⑤ 진동하던 추가 공기와의 마찰 저항으로 마침내 정지하는 현상.

10.3 열기관

높은 온도의 열원으로부터 열을 공급받아 일부의 열을 상대적으로 낮은 온도의 열원으로 전달하고 일을 발생시키는 장치를 열기관이라 한다.

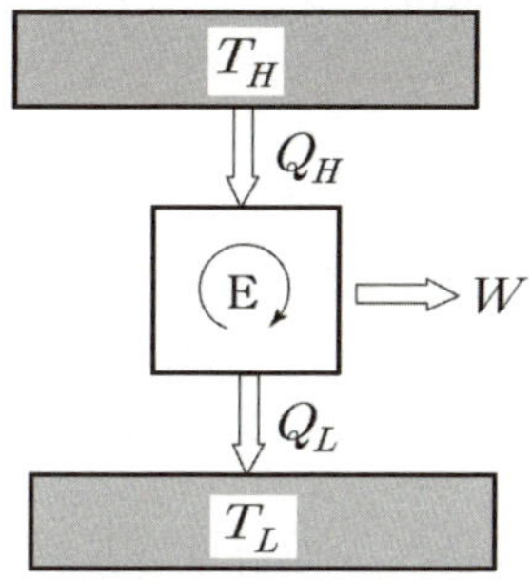

[그림 10.7] 두 열원 사이에서 작동하는 열기관

열기관은 일반적으로 다음과 같은 특징을 가진다.

(1) 사이클로 작동한다.

(2) 높은 온도의 열원(연소, 태양에너지, 핵반응 등)으로부터 열을 받는다.

(3) 받은 열의 일부를 일로 변환한다.

(4) 낮은 온도의 열 침전원(강, 대기 등)에 남은 열을 방출한다.

하나의 열원과의 열 교환만으로 작동하는 열기관은 없으므로 열기관을 구성하기 위해서는 [그림 10.7]과 같이 최소한 두 개의 열원이 필요하다. [그림 10.7]의 열기관 E는 온도 T_H인 고온 열원으로부터 Q_H의 열을 공급받아서 W의 일을 하고, 온도 T_L의 저온 열원으로 Q_L의 열을 방출한다. 열역학 제1법칙에 의해

$$Q_H = W + Q_L \qquad \cdots\cdots (10.1)$$

$$W = Q_H - Q_L \qquad \cdots\cdots (10.2)$$

이다. 공급된 열량(Q_H)에 대하여 열기관이 하는 일(W)의 비를 열기관의 열효율이라 한다.

$$\eta = \frac{W}{Q_H} = \frac{Q_H - Q_L}{Q_H} = 1 - \frac{Q_L}{Q_H} \quad \cdots\cdots (10.3)$$

열기관의 열효율(η)은 1보다 작다($\eta < 1$).

[예제 10.1] 한 사이클 동안에 고온 열원으로부터 5000cal의 열을 공급받아서 저온 열원으로 2000 cal의 열을 방출하는 열기관의 열효율을 구하라.

풀이 공급받은 열량 $Q_H = 5000\,\text{cal}$, 방출한 $Q_L = 2000\,\text{cal}$이므로 열효율(η)은 다음과 같다.

$$\eta = \frac{W}{Q_H} = \frac{Q_H - Q_L}{Q_H} = 1 - \frac{Q_L}{Q_H} = 1 - \frac{2000}{5000} = 0.6 = 60\,[\%]$$

[예제 10.2] 한 사이클 동안에 1000 cal의 열을 공급받아서 2100 J의 일을 하는 열기관의 열효율은 얼마인가? 단, 1cal = 4.2J 이다.

풀이 한 사이클 동안 공급받은 열량 $Q_H = 1000\,\text{cal} = 1000 \times 4.2\text{J} = 4200\text{J}$ 이고, 기관이 한 일 $W = 2100\text{J}$ 이므로 열기관의 열효율(η)은 다음과 같다.

$$\eta = \frac{W}{Q_H} = \frac{2100}{4200} = 0.5 = 50\,[\%]$$

[예제 10.3] 한 사이클 동안에 14 kJ의 일을 하고 저온 열원으로 5 kcal의 열을 방출하는 열기관의 열효율을 구하라. 단, 1kcal = 4.2kJ 이다.

풀이 한 사이클 동안 열기관이 한 일 $W = 14\,\text{kJ}$, 방출한 열량 $Q_L = 5\,\text{kcal}$이다. 열역학 제1법칙에 의해 한 사이클 당 고온열원으로부터 공급받은 열량은

$$Q_H = W + Q_L$$

이므로 열기관의 열효율(η)은 다음과 같다.

$$\eta = \frac{W}{Q_H} = \frac{W}{W + Q_L} = \frac{14}{14 + (5 \times 4.2)} = 0.4 = 40\,[\%]$$

[예제 10.4] 가열로로부터 50MW의 열이 열기관에 전달되고 있다. 강에 방출되는 폐기 열이 30MW일 때 열기관의 순 출력과 열효율을 구하라.

풀이 가열로는 고온 열원이고 강은 저온 열원이다. 이때 열기관이 공급받은 동력($\dot{Q}_H$)과 방출한 동력($\dot{Q}_L$)은 각각

$$\dot{Q}_H = 50\text{MW}, \quad \dot{Q}_L = 30\,\text{MW}$$

이므로, 열기관의 순 출력($\dot{W}$)과 열효율(η)은 다음과 같다.

$$\dot{W} = \dot{Q}_H - \dot{Q}_L = 50 - 30 = 20\,[\text{MW}]$$

$$\eta = \frac{\dot{W}}{\dot{Q}_H} = \frac{20}{50} = 0.4 = 40\,[\%]$$

10.4 엔트로피

1 엔트로피 변화 정의

계가 초기상태 1에서 최종상태 2로 변하는 동안 계의 엔트로피(entropy, S) 변화를 다음과 같이 정의한다.

$$\Delta S = S_2 - S_1 = \int_1^2 \frac{\delta Q}{T} \quad \cdots\cdots (10.4)$$

여기에서 Q는 외부에서 계로, 또는 계에서 외부로 전달된 에너지이고, T는 절대온도이다. 즉, 엔트로피 변화는 열로 전달된 에너지뿐만 아니라 열전달이 발생하는 온도에도 의존한다. 엔트로피의 SI 단위는 [J/K]이다.

일정 온도(T_0)를 유지하면서 상태 변화(1→2)가 일어났을 때 식 (10.4)를 적분하면

$$\Delta S = S_2 - S_1 = \int_1^2 \frac{\delta Q}{T_0} = \frac{1}{T_0}\int_1^2 \delta Q = \frac{{}_1Q_2}{T_0}$$

이다. 여기에서 전달된 열량 ${}_1Q_2$를 Q로 나타내면 온도 $T = T_0$로 일정한 계에서 Q의 열전달이 일어났을 때, 엔트로피 변화 ΔS는 다음과 같이 표현된다.

$$\Delta S = \frac{Q}{T_0} \quad \cdots\cdots (10.5)$$

이 식은 일정한 온도로 열을 공급하거나 흡수하는 열저장조에서 전달된 열량을 구하는 데 특히 유용하다.

$$Q = T_0 \Delta S \quad \cdots\cdots (10.6)$$

T_0는 항상 양(+)이므로 ΔS의 부호는 Q의 부호와 같다. 따라서 계로 열이 유입되면($Q > 0$) 계의 엔트로피가 증가($\Delta S > 0$)하고, 계로부터 외부로 열이 방출되면($Q < 0$) 계의 엔트로피는 감소한다($\Delta S < 0$).

[예제 10.5] 온도 200 ℃ 의 증기가 800 kJ 의 열을 받으면서 가역과정으로 등온 팽창할 때 증기의 엔트로피 변화를 구하라.

풀이 온도가 일정하므로 가역과정에서 엔트로피 변화(ΔS)는 다음과 같다. 여기에서 일정온도 $T_0 = 200$ ℃, 유입된 열량 $Q = 800\,\mathrm{kJ}$ 이다.

$$\Delta S = \frac{Q}{T_0} = \frac{800}{273 + 200} = 1.69\,[\mathrm{kJ/K}]$$

증기가 외부로부터 열을 받았으므로 증기의 엔트로피가 증가하였다.

† 엔트로피 식 $\Delta S = Q/T_0$에서 T_0는 절대온도라는 것에 주의한다.

[예제 10.6] 온도 500K 의 이상기체 1 kg이 등온 팽창하여 외부에 1500kJ 의 일을 하였다. 이 과정에서 기체의 엔트로피 변화를 구하라.

풀이 온도가 일정하므로 이상기체의 내부에너지 변화 $\Delta U = 0$이다. 따라서 열역학 제1법칙에서 기체로 전달된 열량은

$$Q = \Delta U + W = W = 1500\,[\mathrm{kJ}]$$

이고, 엔트로피 변화(ΔS)는 다음과 같다.

$$\Delta S = \frac{Q}{T_0} = \frac{1500}{500} = 3\,[\mathrm{kJ/K}]$$

기체는 외부로부터 열을 받아서($Q > 0$) 팽창하였고 엔트로피가 증가하였다.

† 이상기체의 내부에너지는 온도만의 함수이다. 따라서 등온 과정(온도가 일정한 과정)이면 내부에너지 변화가 없다($\Delta U = 0$).

[예제 10.7] 동력이 4kW 인 기관을 1시간 동안 제동 실험하여 발생한 마찰열이 모두 대기 중으로 전달되었을 때 대기의 엔트로피 변화를 구하라. 단, 대기 온도는 20℃ 이다.

풀이 기관의 동력(일률) $P = 4\text{kW}$ 이고 제동 시간 $t = 1\text{h}$ 이므로 제동실험에서 발생한 마찰열(Q)은

$$Q = Pt = 4\text{kW} \times 1\text{h} = 4\frac{\text{kJ}}{\text{s}} \times 3600\text{s} = 14,400\,\text{kJ}$$

이다. 대기는 아주 크므로 온도가 $T_0 = 20℃$ 로 일정하다고 할 수 있다. 따라서 대기의 엔트로피 변화(ΔS)는 다음과 같다.

$$\Delta S = \frac{Q}{T_0} = \frac{14400\,\text{kJ}}{(273+20)\text{K}} = 49.1[\text{kJ/K}]$$

[예제 10.8] [그림 10.8]과 같이 피스톤-실린더 장치에 온도가 300K 인 물의 액체와 수증기 혼합물이 들어 있다. 피스톤 장치에 의해 실린더 내의 압력을 일정하게 유지하면서 1200kJ 의 열이 실린더 벽을 통하여 물로 전달되었다. 물이 완전히 증발하지 않고 남아 있을 때 이 과정에서 일어나는 실린더 내 물(액체+수증기)의 엔트로피 변화를 구하라.

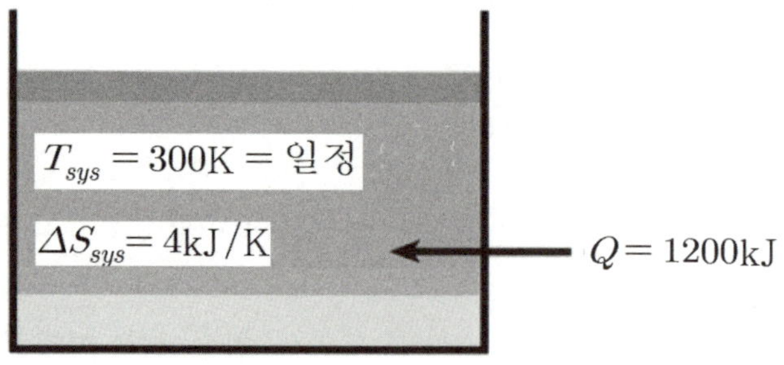

[그림 10.8] 열전달로 인한 계의 엔트로피 증가

풀이 물이 증발하고 있는 중에는 온도가 300K 로 일정하다. 즉, 물(액체+수증기) 전체를 하나의 계로 보면 계의 온도는 일정한 온도 $T_{sys} = 300\text{K}$ 이고, 계로

전달된 열량 $Q = 1200\,\text{kJ}$ 이므로 계의 엔트로피 변화는 다음과 같다.

$$\Delta S_{sys} = \frac{Q}{T_{sys}} = \frac{1200\,\text{kJ}}{300\,\text{K}} = 4\,[\text{kJ/K}])$$

계로 열이 유입되었으므로 계의 엔트로피 변화는 양(+)이다. 즉, 계의 엔트로피가 4 [kJ/K] 증가하였다.

2 엔트로피 증가 원리

엔트로피 증가 원리는 다음과 같이 기술된다. 엔트로피 증가 원리는 열역학 제2법칙의 또 다른 표현이다.

(1) 닫힌계(고립계)에서 어떤 상태 변화가 일어났을 때 그 계의 엔트로피는 항상 증가하거나, 가역 과정인 경우에만 일정하다. 즉, 닫힌계의 엔트로피는 결코 감소하지 않는다.

(2) 모든 과정에서 우주의 총 엔트로피는 증가하거나 일정하다. 즉, 우주의 엔트로피는 결코 감소할 수 없다.

하나의 고립계는 여러 개의 계를 포함할 수 있다. 예를 들면 [그림 10.9]와 같이 계와 그 주위를 열과 일과 물질 전달이 없는 임의의 큰 경계로 둘러쌀 수 있으므로 하나의 계와 그 주위는 고립계를 구성한다. 여기에서 계와 그 주위는 고립계를 구성하는 계이므로, 고립계의 엔트로피 변화는 계와 그 주위의 엔트로피 변화의 합이 된다. 따라서 다음 관계식이 구해진다.

$$\Delta S_{total} = \Delta S_{sys} + \Delta S_{surr} \geq 0 \qquad \cdots\cdots (10.7)$$

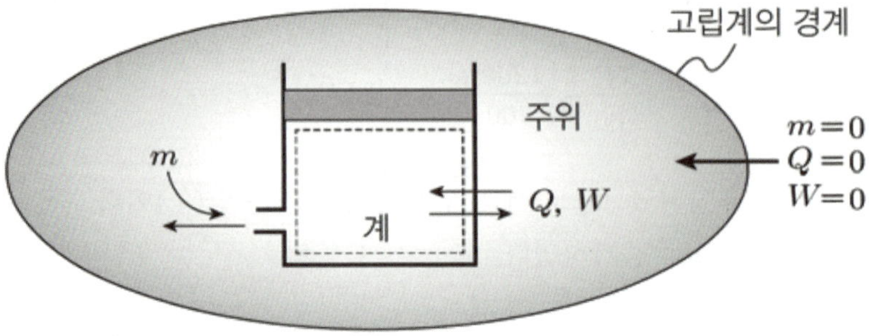

[그림 10.9] 계와 계의 주위는 하나의 고립계를 구성한다.

식 (10.7)에서 ΔS_{surr}은 계 주위의 엔트로피 변화를 나타낸다. 등호는 가역과정에서 성립하고 부등호는 비가역과정에서 성립한다. 엔트로피 증가의 원리는 계의 엔트로피(ΔS_{sys})가 감소할 수 없다는 것을 의미하지 않는다. 계와 주위를 포함하는 전체 엔트로피(ΔS_{total})는 감소할 수 없지만 계의 엔트로피는 감소할 수 있다.

한편으로는 계의 무질서 정도를 나타내는 양을 엔트로피라 정의하고, 통계열역학에서는 확률을 이용하여 엔트로피를 정의한다. 즉, 질서 있는 상태로 갈수록 엔트로피가 작아지고, 무질서한 상태로 갈수록 엔트로피는 증가한다. 엔트로피 증가 원리에 따라 자연계의 모든 현상은 엔트로피가 증가하는 방향으로 진행되며, 엔트로피가 증가한다는 말은 시간이 지날수록 자연은 점점 무질서하게 변한다는 것을 의미한다. 또한 '자연 현상은 확률이 높은 쪽으로 진행된다.'라는 뜻을 포함하고 있다. 따라서 조금 더 의미를 확장하면, 우리가 살고 있는 지구는 점점 더 오염되고, 세상은 점점 더 복잡하고 시끄러워진다는 것을 알 수 있다. 엔트로피 증가의 원리는 많은 의미를 포함하고 있으므로, 공학뿐만 아니라 경제학, 환경공학, 철학, 신학 등의 여러 분야에서 관심의 대상이 되기도 한다.

[예제 10.9] 온도가 800K 인 열 저장탱크 A 로부터 온도가 300K 인 열 저장탱크 B 로 1200kJ 의 열이 전달될 때 각각의 엔트로피 변화와 총 엔트로피 변화를 구하라. 단, 두 열저장탱크의 온도는 일정하다고 가정한다.

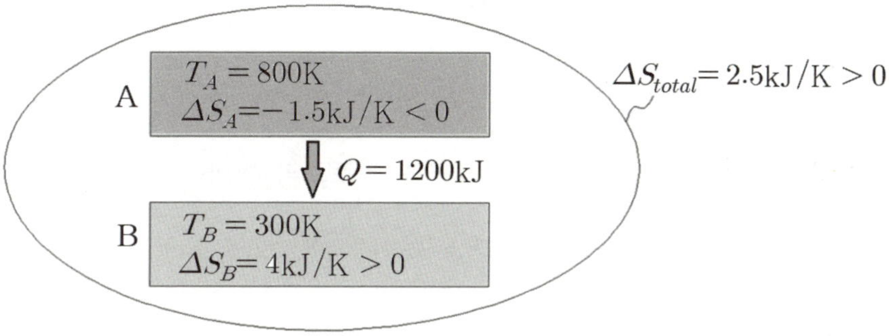

[그림 10.10] 열전달에 따른 엔트로피의 증가와 감소 및 총 엔트로피의 증가

풀이 고온의 열 저장탱크 A 에서는 1200kJ 의 열이 방출되고, 저온인 B 는 1200kJ 의 열을 전달받는다.

$$Q_A = -1200\text{kJ},\ Q_B = +1200\text{kJ}$$

따라서 A 와 B 의 엔트로피 변화는

$$\Delta S_A = \frac{Q_A}{T_A} = \frac{-1200\,\text{kJ}}{800\,\text{K}} = -1.5\,\text{kJ/K}$$

$$\Delta S_B = \frac{Q_B}{T_B} = \frac{+1200\,\text{kJ}}{300\,\text{K}} = +4\,\text{kJ/K}$$

이고, 총 엔트로피 변화는

$$\Delta S_{total} = \Delta S_A + \Delta S_B = -1.5 + 4\,[\text{kJ/K}] = +2.5\,[\text{kJ/K}]$$

이다. [그림 10.10]에 전체 시스템을 나타내었다. 이 예제로부터 열을 방출한 A 는 엔트로피가 감소하고, 열을 흡수한 B 는 엔트로피가 증가한다는 것을 알 수 있다. 그러나 총 엔트로피 변화는 양(+)이다. 즉, 각각의 엔트로피는 감소할 수 있지만 총 엔트로피는 증가하였다($\Delta S_{total} > 0$). 결과적으로 보면 열전달이 일어남으로써, 즉, 어떤 현상이 일어남으로써 전체적으로 2.5 kJ/K의 엔트로피가 생성되었다.

[Note] [예제 10.9]에서 만일 온도가 낮은 B로부터 온도가 높은 A로 열이 전달된다면 B는 열을 방출하고, A는 열을 전달받는다.

$$Q_A = +1200\text{kJ}, \quad Q_B = -1200\text{kJ}$$

따라서 A와 B의 엔트로피 변화와 총 엔트로피 변화는 다음과 같다.

$$\Delta S_A = +1.5\,\text{kJ/K}, \quad \Delta S_B = -4\,\text{kJ/K}, \quad \Delta S_{total} = -2.5\,[\text{kJ/K}]$$

이때는 총 엔트로피 변화가 음(−)이 된다. 이것은 엔트로피 증가 원리에 어긋나므로 이와 같은 일은 일어날 수 없다. 즉, 저온의 물체로부터 고온의 물체로 열이 전달되는 현상은 저절로 일어나지 않는다.

10.5 카르노 사이클

1 카르노 사이클, 카르노 기관

두 열원으로 구성되는 사이클 중에서 열효율이 최대인 사이클을 카르노 사이클(Carnot cycle)이라 하고, 이 사이클에서 작동하는 열기관을 카르노 기관이라 한다.

작업유체가 여러 가지 변화를 거쳐 다시 처음의 상태로 되돌아가는 일련의 과정을 사이클이라 하고, 사이클을 구성하는 모든 과정이 가역인 사이클을 가역사이클이라 한다. 카르노 사이클은 주어진 두 열원 사이에서 존재하는 열기관 사이클 중 가장 효율이 좋은 이상적인 가역사이클이다. 카르노 기관은 1824년 프랑스의 물리학자 카르노(Sadi Carnot)가 제시하였는데 열기관의 작업유체로 이상기체를 사용한 이상적인 열기관이다.

카르노 사이클의 $P-V$ 선도(압력−부피 선도)는 [그림 10.11]과 같다.

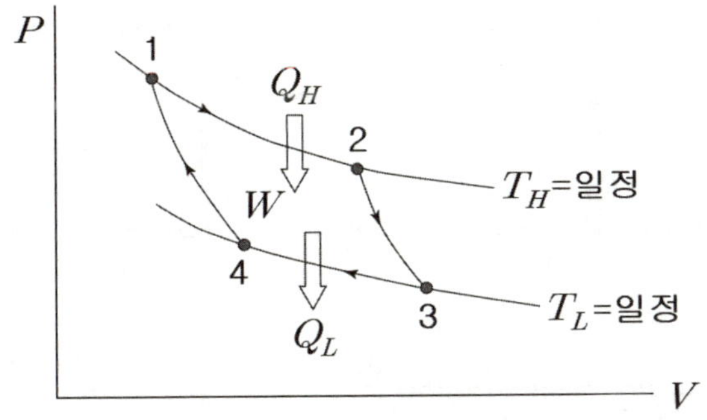

[그림 10.11] 카르노 사이클 $P-V$ 선도

카르노 사이클은 다음 네 과정으로 구성된다[그림 10.12].

(1) **가역 등온팽창 과정:** 과정 1→2, 온도 $T_H=$ 일정. 고온열원과 접촉하여 기체가 서서히 팽창하는 과정이며 고온열원으로부터 Q_H의 열을 공급받는다.

(2) **가역 단열팽창 과정:** 과정 2→3. 단열과정. 주위와 열 교환이 없이 기체는 주위에 일을 하면서 온도가 T_L로 낮아질 때까지 서서히 팽창한다.

(3) **가역 등온압축 과정:** 과정 3→4, 온도 $T_L=$ 일정. 저온열원과 접촉하여 기체가 압축되면서 저온열원으로 Q_L의 열을 방출한다.

(4) **가역 단열압축 과정:** 과정 4→1, 단열과정. 기체는 가역적인 방법으로 압축되어 초기 상태로 되돌아간다. 이 과정에서 온도가 T_L로부터 T_H로 높아지고 하나의 사이클이 완성된다.

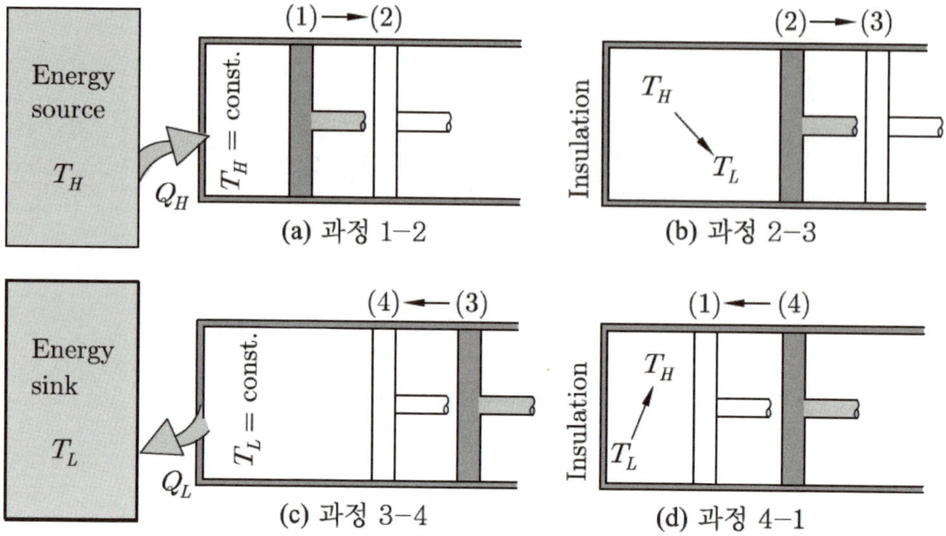

[그림 10.12]

2 카르노 사이클의 열효율

카르노 사이클을 온도-엔트로피($T-S$) 선도에 나타내면 사이클로 공급된 열량(Q_H), 사이클에서 방출한 열량(Q_L), 사이클이 한 순 일(W)을 쉽게 구할 수 있다.

카르노 사이클은 두 개의 가역단열과정과 두 개의 등온과정으로 구성된다. 등온과정에서 온도는

'$T=$ 일정'

이고, 가역단열과정에서 사이클로 전달되는 열이 없으므로($\delta Q=0$) 엔트로피 변화

$$dS=\frac{\delta Q}{T}=0, \text{ 즉 엔트로피 } `S= \text{일정}'$$

이다. 따라서 카르노 사이클은 [그림 10.13]과 같이 $T-S$ 선도에서 하나의 직사각형을 이룬다. 여기에서 1→2는 가역 등온 팽창과정, 2→3은 가역 단열 팽창과정, 3→4는 가역 등온 압축과정, 4→1은 가역 단열 압축과정이다.

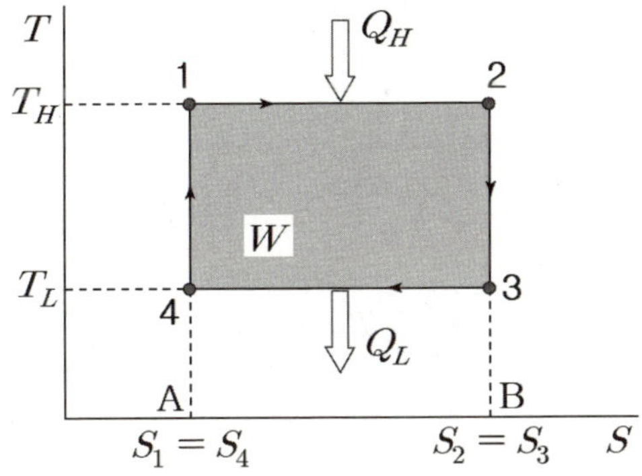

[그림 10.13] 카르노 사이클

과정 2→3, 4→1과 같이 엔트로피가 일정한 과정을 등엔트로피 과정이라 한다. [그림 10.13]에서 엔트로피 변화를

$$S_2 - S_1 = S_3 - S_4 = \Delta S$$

로 나타내면, 한 사이클을 수행하였을 때 사이클로 공급된 열량은

$$Q_H = T_H \Delta S \qquad \cdots\cdots (10.8)$$

이고, 사이클에서 방출된 열량은

$$Q_L = T_L \Delta S \qquad \cdots\cdots (10.9)$$

이며, 사이클이 한 일은

$$W = Q_H - Q_L = (T_H - T_L)\Delta S \qquad \cdots\cdots (10.10)$$

이다. 따라서 $T-S$ 선도에서

- Q_H = 사각형 $(1-2-B-A)$ 의 면적
- Q_L = 사각형 $(4-3-B-A)$ 의 면적
- W = 사각형 $(1-2-3-4)$ 의 면적

으로 나타난다. 식 (10.8) ~ (10.10)으로부터 카르노 사이클의 열효율은 다음과 같이 표현된다.

$$\eta = \frac{W}{Q_H} = \frac{(T_H - T_L)\Delta S}{T_H \Delta S} = \frac{T_H - T_L}{T_H} = 1 - \frac{T_L}{T_H}$$

$$\eta = \frac{W}{Q_H} = \frac{T_H - T_L}{T_H} = 1 - \frac{T_L}{T_H} \quad \cdots\cdots (10.11)$$

식 (10.11)에서 온도(T_H, T_L)는 절대온도라는 것에 유의한다. 카르노 기관의 열효율(η)은 작업유체의 종류와는 무관하고 고온열원과 저온열원의 온도만으로 결정되며, 열효율을 높이기 위해서는 두 열원의 온도 차이를 크게 해야 한다. 그러나 저온열원의 온도가 절대온도 0 K ($T_L = 0$K)는 될 수 없으므로 열효율 100%인 열기관은 존재하지 않는다. 그리고 실제 열기관의 열효율은 마찰 등의 비가역적인 요인에 의한 손실 때문에 언제나 카르노 사이클의 열효율보다 작다.

[예제 10.10] 고온열원 온도 $T_H = 250$ ℃, 저온열원 온도 $T_L = 30$ ℃ 사이에서 작동하는 카르노 사이클의 열효율을 구하라.

풀이 $T_H = 250 + 273 = 523$K, $T_L = 30 + 273 = 303$K이므로 카르노기관의 열효율(η)은 다음과 같다.

$$\eta = 1 - \frac{T_L}{T_H} = 1 - \frac{303}{523} = 0.42 = 42\,[\%]$$

[Note] 카르노 기관의 열효율 식에서 온도(T_L, T_H)는 절대온도[K]라는 것에 주의한다. 섭씨온도[℃]를 그대로 대입하여

$$\eta = 1 - \frac{T_L}{T_H} = 1 - \frac{30}{250} = 0.88$$

로 하지 않도록 한다. 절대온도 차이는 섭씨온도 차이와 같으므로 다음과 같이 온도 차이 $T_H - T_L$에는 섭씨온도를 그대로 사용해도 된다.

$$\eta = \frac{T_H - T_L}{T_H} = \frac{250-30}{250+273} = 0.42$$

[예제 10.11] 카르노 열기관이 500℃의 고온열원으로부터 열을 받아서 한 사이클 당 400kJ의 일을 하고 30℃의 저온열원으로 열을 방출한다. 한 사이클 당 방출하는 열량을 구하라.

풀이 고온열원 온도 $T_H = 500℃$, 저온열원 온도 $T_L = 30℃$, 한 사이클 당 기관이 하는 일 $W = 400kJ$이다. 카르노 기관의 열효율 식으로부터 고온열원으로부터 받은 열량(Q_H)은

$$\eta = \frac{W}{Q_H} = \frac{T_H - T_L}{T_H}$$

$$Q_H = \left(\frac{T_H}{T_H - T_L}\right) W = \left(\frac{500+273}{500-30}\right) \times 400 = 658\,[\mathrm{kJ}]$$

이다. 따라서 저온열원으로 방출한 열량(Q_L)은 다음과 같다.

$$Q_L = Q_H - W = 658 - 400 = 258\,[\mathrm{kJ}]$$

[예제 10.12] 카르노 열기관이 500K의 고온열원과 300K의 저온열원 사이에서 작동하고 있다. 고온열원으로부터 400kJ의 열을 공급받을 때 기관이 하는 일을 구하라.

풀이 고온열원 온도 $T_H = 500K$, 저온열원 온도 $T_L = 300K$, 고온열원으로부터 공급받는 열량 $Q_H = 400kJ$이다. 카르노 기관의 열효율 식으로부터 기관이 하는 일(W)은 다음과 같다.

$$\eta = \frac{W}{Q_H} = \frac{T_H - T_L}{T_H}$$

$$W = \left(\frac{T_H - T_L}{T_H}\right) Q_H = \left(\frac{500-300}{500}\right) \times 400 = 160\,[\mathrm{kJ}]$$

[예제 10.13] 온도가 각각 300K와 600K인 두 열원 사이에서 작동되는 카르노 사이클의 등온팽창 과정에서 작업유체의 엔트로피가 50J/K 증가하였다. 한 사이클을 완료하였을 때, 사이클로 공급된 열량[kJ], 사이클에서 방출된 열량[kJ], 사이클이 한 순 일[kJ], 사이클의 열효율을 각각 구하라.

풀이 고온열원 온도 $T_H = 600\,\mathrm{K}$, 저온열원 온도 $T_L = 300\mathrm{K}$이고, 등온팽창과정의 엔트로피 변화량 $\Delta S = 50\mathrm{J/K}$이므로 구하는 값은 다음과 같다.

- 공급된 열량(Q_H)

$$Q_H = T_H \Delta S = 600\mathrm{K} \times 50\frac{\mathrm{J}}{\mathrm{K}} = 30{,}000[\mathrm{J}] = 30\,[\mathrm{kJ}]$$

- 방출된 열량(Q_L)

$$Q_L = T_L \Delta S = 300\mathrm{K} \times 50\frac{\mathrm{J}}{\mathrm{K}} = 15{,}000[\mathrm{J}] = 15\,[\mathrm{kJ}]$$

- 순 일(W)

$$W = (T_H - T_L)\Delta S = (600-300)\mathrm{K} \times 50\frac{\mathrm{J}}{\mathrm{K}} = 15{,}000[\mathrm{J}] = 15\,[\mathrm{kJ}]$$

혹은, $W = Q_H - Q_L = 30 - 15 = 15[\mathrm{kJ}]$

- 열효율(η)

$$\eta = 1 - \frac{T_L}{T_H} = 1 - \frac{300}{600} = 0.5 = 50[\%]$$

혹은, $\eta = \dfrac{W}{Q_H} = \dfrac{15}{30} = 0.5 = 50[\%]$

연습문제 10

01 1초당 고온열원으로부터 1000 J의 열을 공급받아서 300J의 일을 하고 저온열원으로 700 J의 열을 방출하는 열기관의 열효율은 얼마인가?

02 1 kcal의 열을 흡수하여 1680 J의 일을 하는 열기관의 열효율은 얼마인가?

03 열효율이 30 %인 열기관에 10 kcal의 열을 공급하면 열기관은 몇 kJ의 일을 하는가?

04 온도 127 ℃의 증기 2kg이 500 kJ/kg의 열을 받으면서 가역과정으로 등온 팽창할 때 증기의 엔트로피 변화[kJ/K]를 구하라.

05 출력이 10kW인 기관을 2시간 동안 제동 실험하여 발생한 마찰열이 모두 대기 중으로 전달되었을 때 대기의 엔트로피 변화[kJ/K]를 구하라. 단, 대기 온도는 20℃이다.

06 운석이 바다에 떨어져 바닷물의 엔트로피가 80 kJ/K 증가하였다. 운석의 충돌로 인하여 바닷물에 전달된 마찰열은 몇 kcal인가? 바닷물의 온도는 5℃이다.

07 온도가 1000K인 열 저장탱크 A로부터 온도가 400K인 열 저장탱크 B로 4000kJ의 열이 전달될 때 A와 B의 엔트로피 변화와 전체 엔트로피 변화를 구하라. 단, 두 열저장탱크의 온도는 일정하다고 가정한다.

08 고온열원 227 ℃, 저온열원 27 ℃에서 작동하는 카르노사이클의 열효율은 얼마인가?

09 127 ℃의 고온열원으로부터 에너지를 공급받고, 27 ℃의 저온열원으로 에너지를 방출하는 열기관의 최대 효율은 얼마인가?

10 카르노 열기관이 $250\,℃$의 고온 열원으로부터 한 사이클 당 $50\,\mathrm{kcal}$의 열을 공급받아서 $20\,℃$의 저온열원으로 열을 방출한다. 한 사이클 당 기관이 하는 일과 사이클의 효율을 구하라.

11 높은 열원의 온도를 T_H, 낮은 열원의 온도를 T_L이라 하고, 이 두 열원 사이에서 가역적으로 작동하는 엔진(동력 사이클)이 있다. 이 엔진의 효율은 $80\,\%$이다. $T_H = 2000\,\mathrm{K}$일 때 받은 에너지는 Q_H이며 순환 과정을 거쳐 한 일은 $250\,\mathrm{kJ}$이다. Q_H와 T_L을 구하고 낮은 열원에 방출한 에너지 Q_L을 구하라.

12 카르노 열기관이 $500\,℃$의 고온열원으로부터 열을 받아서 사이클 당 $400\,\mathrm{kJ}$의 일을 하고 $30℃$의 저온열원으로 열을 방출한다. 사이클 당 방출하는 열량을 구하라.

13 그림과 같은 사이클로 작동하는 카르노 기관이 있다. 작업유체가 한 사이클을 완료할 때 다음을 구하라.

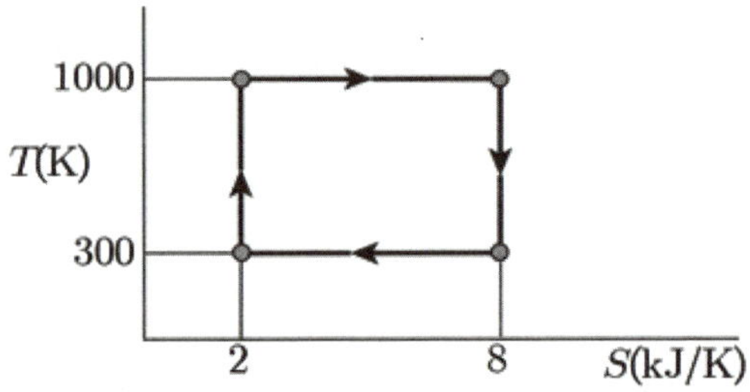

[문제 10.13]

(1) 기관이 흡수한 열량[kJ]
(2) 기관에서 외부로 방출한 열량[kJ]
(3) 기관이 한 일[kJ]
(4) 기관의 열효율[%]

14 온도 $500\mathrm{K}$와 $300\mathrm{K}$의 두 열원 사이에서 작동하는 카르노 열기관이 있다. 이 기관의 등온팽창 과정에서 엔트로피가 $4\mathrm{kJ/K}$ 증가하였을 때, 고온 열원으로부터 사이클로 유입된 열량을 구하라.

15 카르노 열기관이 527℃인 고온열원으로부터 한 사이클 당 400kJ의 열을 흡수하여 27℃의 저온열원으로 열을 방출한다. 다음 물음에 답하여라.

(1) 열기관 사이클을 $T-S$ 선도 위에 나타내라.
(2) 한 사이클 당 기관이 한 일과 사이클의 열효율을 구하라.
(3) 고온열원과 저온열원의 엔트로피 변화의 크기(ΔS)를 구하라.

16 열역학 제2법칙을 옳게 설명한 것은? [공무원 임용시험]

① 에너지 보존법칙이다.
② 저온 물체에서 고온 물체로 열을 전달하는 장치를 만들 수 없다.
③ 제 2종 영구기관은 실현될 수 없다.
④ 어떤 방법으로도 계를 절대온도 0K에 이르게 할 수 없다.

17 이상적인 Carnot 사이클의 과정이 아닌 것은? [공무원 임용시험]

① 등온 압축 ② 단열 팽창
③ 단열 압축 ④ 정압 팽창

18 800℃와 200℃ 사이에서 작동하는 열기관이 가질 수 있는 최대 효율에 가장 가까운 것은? [공무원 임용시험]

① 25% ② 33% ③ 56% ④ 76%

19 $T_H = 450\text{K}$의 고온 열원으로부터 10.0kJ을 흡수한 열기관이 열을 방출한 후 $T_C = 350\text{K}$가 되었다. 이 Carnot 순환기관에서 열이 일로 전환되는 효율(η)은? 단, 작동유체는 이상기체이다. [공무원 임용시험]

① 0.12 ② 0.22 ③ 0.32 ④ 0.42

20 어떤 이상적인 Carnot 기관이 고온 열원에서 $2\times10^3\,\text{J}$의 열을 받아 한 순환 과정 동안 $1.5\times10^3\,\text{J}$의 열을 저온 열원으로 방출한다. 이 Carnot 기관의 효율은? [공무원 임용시험]

① 0.1 ② 0.25 ③ 0.5 ④ 0.75

21 이상적인 Carnot사이클로 작동하는 열기관이 사이클 당 300 J의 일을 얻기 위하여 1,050 J의 열을 공급받는다. 저열원의 온도가 27℃라면, 고열원의 온도[℃]는?

[공무원 임용시험]

① 117 ② 127 ③ 137 ④ 147

22 열역학 제2법칙에 대한 표현으로 옳지 않은 것은? [공무원 임용시험]

① 계에 의해 흡수된 열이 계에 의해 수행된 일로만 전환하는 장치는 없다.
② 한 온도에서 높은 온도로 열을 전달하는 것만으로 구성된 공정은 없다.
③ 총 에너지는 일정하며 한 에너지 상태에서 다른 에너지 상태로 전환될 뿐이다.
④ 계에 의해 흡수된 열이 계에 의해 수행되는 일로 완전히 전환되는 순환공정은 없다.

23 100℃ 물 0.5 kg이 끓어 모두 100℃ 수증기가 되었다. 이 과정에서 물의 엔트로피 변화량은? 단, 물의 기화열은 2,260 kJ/kg이다. [공무원 임용시험]

① 약 3 kJ/K ② 약 6 kJ/K
③ 약 11.3 kJ/K ④ 약 22.6 kJ/K

24 열효율이 40%인 어떤 열기관이 열을 공급받아 매 순환마다 9,000 J의 폐열을 방출한다. 이 열기관의 일률이 3 kW라면 각 순환에 걸리는 시간[s]은? [공무원 임용시험]

① 0.5 ② 1 ③ 2 ④ 3

25 온도가 T_1인 고온 열저장고로부터 열 Q_1을 흡수하고 일 W를 생산하며, 온도가 T_2인 저온 열저장고로 열 Q_2를 방출하는 열기관이 있다. 이 열기관이 가역적으로 운전된다고 할 때 효율을 T_1과 T_2로 나타내라. 단, T_1과 T_2는 절대온도이다.

[공무원 임용시험]

26 외부로부터 고립된 두 계가 열적 접촉을 하고 있다. 온도 500 K인 계에서 250 J의 열이 온도 250 K인 계로 이동하였을 때, 두 계의 총 엔트로피 변화는? 단, 열이 이동하는 과정에서 두 계의 온도는 일정하다. [공무원 임용시험]

① 0.5 J/K만큼 감소 ② 1 J/K만큼 감소
③ 0.5 J/K만큼 증가 ④ 1 J/K만큼 증가

27 그림은 고열원에서 500kJ의 열을 흡수하여 W의 일을 하고 저열원으로 300kJ의 열을 방출하는 열기관을 도식적으로 나타낸 것이다. 이 열기관의 열효율[%]은?

[공무원 임용시험]

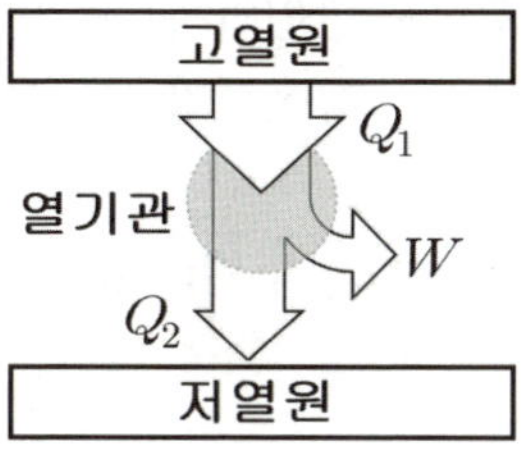

[문제 5.27]

① 20 ② 30 ③ 40 ④ 50

28 다음 현상 중, 열역학 제2법칙과 밀접한 관련이 있는 현상은? [공무원 임용시험]

① 잉크 방울을 물에 떨어뜨리면 결국 고르게 퍼지게 되지만, 고르게 퍼져있던 잉크분자들이 모여서 잉크방울로 뭉치지는 않는다.
② 자전거 바퀴에 공기를 팽팽하게 주입하고 나면 바퀴가 따뜻해진다.
③ 주전자 속의 물을 가열하면 물의 온도가 올라간다.
④ 압축 공기가 들어 있는 스프레이를 사용하고 나면 스프레이 통이 차가워진다.

29 찬 물과 뜨거운 물을 섞으면 미지근한 물이 되지만, 미지근한 물이 저절로 찬 물과 뜨거운 물로 나누어지지는 않는다. 이 현상을 설명하는 법칙은?

① 열역학 제0법칙 ② 열역학 제1법칙
③ 열역학 제2법칙 ④ 열역학 제3법칙

30 제2종 영구기관에 대한 설명으로 가장 옳은 것은?

① 열역학 제1법칙을 만족하지 못한다.
② 열역학 제1법칙을 만족하므로 만들 수 있다.
③ 열효율 0%인 열기관이다.
④ 열효율 100%인 열기관이다.

31 카르노 사이클(Carnot cycle)의 순환과정으로 옳은 것은? [공무원 임용시험]

① 등온팽창 → 단열팽창 → 등온압축 → 단열압축
② 단열팽창 → 등온팽창 → 단열압축 → 등온압축
③ 등온팽창 → 등온압축 → 단열압축 → 단열팽창
④ 단열팽창 → 단열압축 → 등온팽창 → 등온압축

32 그림은 온도 T_1인 고열원에서 Q_1의 열을 흡수하여 W의 일을 하고 온도 T_2인 저열원으로 Q_2의 열을 방출하는 열기관을 나타낸 것이다. 이에 대한 설명으로 옳은 것은? [공무원 임용시험]

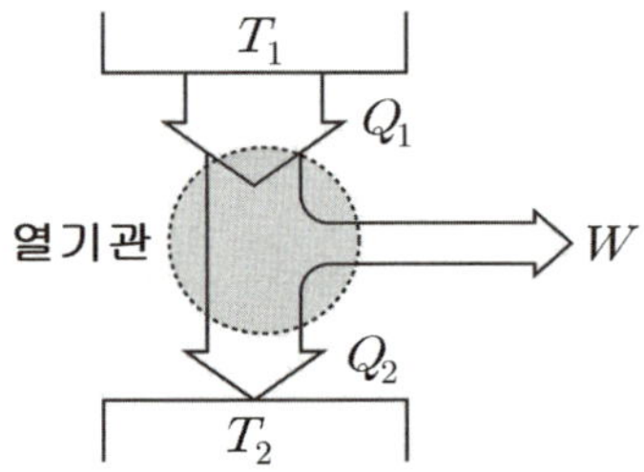

[문제 5.32]

① $Q_2 = 0$인 열기관을 만들 수 있다.
② $W = Q_1 - Q_2$이다.
③ $\dfrac{Q_1 - Q_2}{Q_1}$가 작을수록 열효율이 좋다.
④ $Q_1 < Q_2$이다.

33 온도와 열에 대한 설명으로 옳지 않은 것은? [공무원 임용시험]

① 온도는 물체의 차고 뜨거운 정도를 수량적으로 나타낸 것이다.
② 열기관은 열을 역학적인 일로 바꾸는 장치이다.
③ 열은 자발적으로 저온에서 고온으로 이동할 수 있다.
④ 절대온도에서 1K 차이는 섭씨온도에서 1℃ 차이와 같다

34 그림은 고열원으로부터 Q의 열을 공급받아 외부에 W만큼 일을 하고 저열원으로 q의 열을 방출하는 어떤 열기관을 나타낸 것으로 $q = \frac{Q}{2}$이다. 이에 대한 설명으로 옳은 것은? [공무원 임용시험]

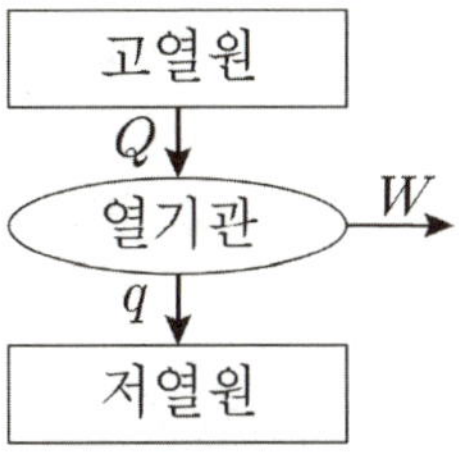

[문제 5.34]

① $q = 2W$이다.
② $Q = W$인 열기관을 만들 수 있다.
③ 열기관의 효율은 50%이다.
④ q를 줄이면 열효율이 떨어진다.

35 그림은 단열 상자가 고정된 칸막이로 분리되어 있고, 왼쪽에는 고온의 기체 A가, 오른쪽에는 저온의 기체 B가 들어 있는 것을 나타낸 것이다. A, B의 엔트로피 변화를 가장 잘 표현한 것은? [공무원 임용시험]

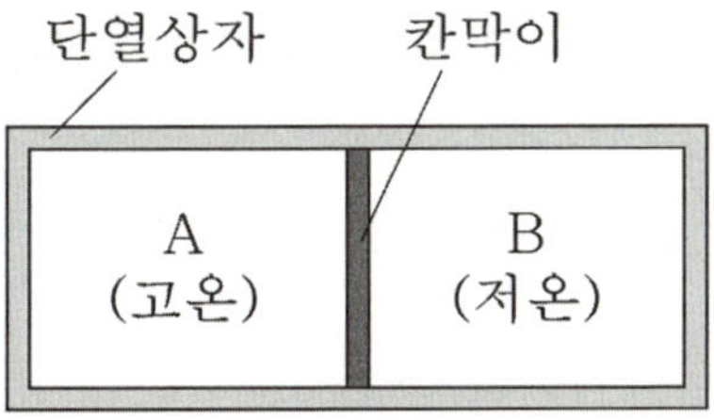

[문제 5.35]

① $\Delta S_A > 0,\ \Delta S_B > 0$
② $\Delta S_A > 0,\ \Delta S_B < 0$
③ $\Delta S_A < 0,\ \Delta S_B > 0$
④ $\Delta S_A < 0,\ \Delta S_B < 0$

36 0℃, 2g의 얼음이 같은 온도에서 물로 바뀌었다면, 이때 엔트로피의 변화량[J/K]은? (단, 잠열은 335J/g이다.) [공무원 임용시험]

① 3.35　② $\frac{670}{273}$　③ $\frac{335}{273}$　④ $\frac{33.5}{273}$

37 열효율이 0.4인 어떤 열기관이 고온 열원에서 열을 흡수하여 한 순환과정 동안 일을 한 후 저온 열원으로 600J의 열을 방출한다. 이 과정에서 열기관이 수행한 일을 구하라. [공무원 임용시험]

38 카르노(Carnot) 기관이 두 온도 $T_H = 600$K, $T_L = 300$K 사이에서 작동하고, 한 순환과정당 1,200J의 일을 한다. 매 순환과정마다 고온과 저온의 열저장고에서 뽑아내는 열에너지 Q_H와 Q_L 각각의 크기를 구하라. [공무원 임용시험]

39 고열원 900K와 저열원 300K 사이에서 작동하는 카르노열기관이 1분당 1800kJ의 열량을 공급받고 있을 때 열기관의 동력[kW]을 구하라.

40 $T_H = 500$K의 고온 저장고와 $T_L = 300$K의 저온 저장고 사이에서 작동하는 카르노 열기관이 있다. 이 열기관의 열효율을 1.1배로 향상시키기 위한 저온 저장고의 온도 변화량[K]은? [공무원 임용시험]

① -20　　② $+20$　　③ -33　　④ $+33$

41 어떤 열기관은 일률과 열효율이 각각 5kW, 20%이고, 한 순환과정 동안 4.8kJ의 열을 방출한다. 한 순환과정 동안 이 기관이 고열원에서 흡수한 열 Q_H[kJ]와 걸린 시간 t[s]를 구하라. [공무원 임용시험]

제11장

전류와 저항

11.1 전하

1 원자의 구조

원자는 **핵**과 그 주위를 도는 **전자**로 구성되어 있다[그림 11.1]. 핵은 다시 **양성자**와 **중성자**로 구성되어 있다. 양성자는 양(+)의 전기를 띠고, 전자는 음(−)의 전기를 띠고 있다. 양성자 한 개와 전자 한 개가 가지는 전기의 양은 같다. 원자핵은 쉽게 움직이지 못하지만 전자는 자유롭게 움직일 수 있다.

원자는 양(+)의 전기를 띠는 양성자와 음(−)의 전기를 띠는 전자로 구성되어 있지만 일반적으로 양성자와 전자의 수가 같으므로 원자의 전기적 상태는 중성(총 전기 합은 0)이다.

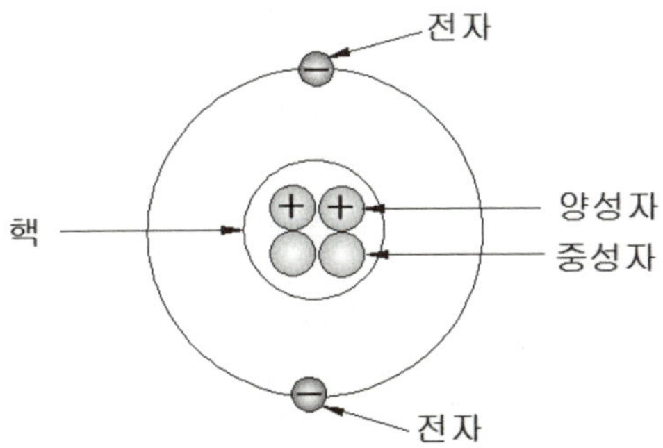

[그림 11.1] 헬륨(He) 원자의 구조

2 전하

원자를 구성하는 양성자와 전자가 각각 가지는 전기적 성질을 전하라 한다. 전하는 원자를 이루는 물질이 가지는 그 물질의 고유한 전기적 성질이며 전기 현상을 일으키는 원인이 된다.

전하의 종류에는 양(+)전하와 음(−)전하가 있다. 모든 원자는 중성을 띠고 있는데 마찰 등에 의한 여러 가지 원인으로 인하여 전자가 원자 밖으로 튀어나가게 되면 그 원자는 (+) 전하를 띠는 양전하가 된다. 반대로 중성인 원자 상태에서 외부의 전자가 원자 내부로 들어오게 되면 그 원자는 (−) 전하를 띠는 음전하가 된다. 이때 (+) 전하가 많으면 (+) 전기, (−) 전하가 많으면 (−) 전기를 띤다고 말한다.

전하량의 SI 단위는 C(쿨롱)이다. 양성자 1개의 전하량은 1.6×10^{-19}C 이고, 전자 1개의 전하량은 -1.6×10^{-19}C 이다. 여기에서 전하량 1.6×10^{-19}C 을 기본전하라고 하며 간단하게 e로 나타내기도 한다.

$$e = 1.6\times10^{-19}\,\mathrm{C} \quad \cdots\cdots (11.1)$$

기본전하 e는 자연의 고유 특성을 나타내는 물리 상수 중 하나이다. n개의 모든 양전하 또는 음전하의 전하량(q)은 다음과 같은 크기를 가진다.

$$q = ne \quad (n = \pm1, \pm2, \pm3, \ldots) \quad \cdots\cdots (11.2)$$

이와 같이 전하가 불연속적인 값을 가지는 것을 양자화되어 있다고 한다. 즉, 0 (전하가 없는 경우), $+4e$, $+7e$, $-2e$,… 등의 값을 가지는 입자는 있지만 $+2.34e$, $-4.57e$등의 값을 가지는 입자는 아직까지 발견되지 않았다.

3 대전

서로 다른 종류의 물체를 마찰시키면 서로 간에 전자를 잃거나 얻는 현상이 발생하여 두 물체는 전기를 띠게 된다. 이와 같이 물체가 전기를 띠게 된 것을 대전되었다고 한다. 같은 종류의 전하로 대전된 물체끼리는 서로 밀어내고(척력), 다른 종류의 전하로 대전된 물체끼리는 서로 당기는 성질(인력)이 있다.

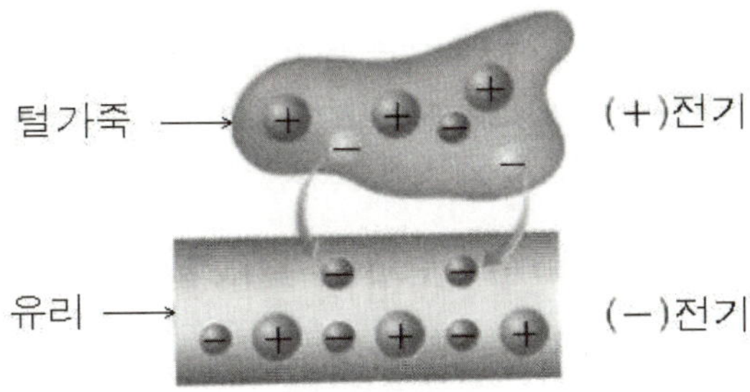

[그림 11.2] 털가죽과 유리를 서로 마찰 시킨 모습

물체가 전기를 띠게 되는 이유는 물체를 구성하는 원자 내부에 있는 전자들이 물체 사이를 서로 옮겨 다니기 때문이다. 예를 들어 털가죽으로 유리를 문지르면 털가죽으로부터 유리로 전자가 이동한다[그림 11.2]. 이때 털가죽을 이루는 원자는 전자를 잃게 되므로 그 원자는 (+) 전기를 띤 양성자의 수가 전자의 수보다 많아져서 (+) 전기를 띠게 된다. 반대로 털가죽으로부터 전자를 얻은 유리 원자 내부에는 (−) 전기를 띤 전자의 수가 많아지므로 유리는 (−) 전기를 띠게 된다. 이와 같은 전자의 이동에 의해 전기를 띠고 있는 물체를 대전체라 하고, 대전체가 띠고 있는 전기의 양을 전하량이라 한다. 식 (11.1)로부터 $\frac{1}{1.6\times10^{-19}}=6.25\times10^{18}$개의 전자가 가지는 전하량은 1C이 된다.

같은 물체라도 마찰하는 대상 물질에 따라 (+) 전하, 또는 (−) 전하로 대전되는데 이를 순서대로 나열한 것을 대전열이라 한다. 몇 가지 물질의 대전열은 다음과 같다.

(+) 털가죽 - 상아 - 수정 - 유리 - 명주 - 고무 - 종이 - 에보나이트 (−)

대전열은 물체를 마찰시킬 때 전자를 잃기 쉬운 순서대로 나열한 것이다. 예를 들어 대전열 상의 물질 중에서 유리와 명주를 서로 마찰시키면 유리로부터 명주 쪽으로 전자가 이동하여 유리는 (+) 전기를 띠게 되고, 명주는 (−) 전기를 띠게 된다. 이때 전자가 이동하지만 양성자는 이동하지 않는다.

[예제 11.1] 건조한 날 에보나이트 막대로 털가죽을 문지르면 서로 어떻게 전기를 띠게 되는가?

풀이 대전열에 의해 털가죽에 있는 자유 전자가 에보나이트 막대로 이동하여 털가죽은 (+)전기를 띠게 되고 에보나이트 막대는 (−)전기를 띠게 된다.

11.2 전하의 이동과 전류의 방향

1 전하의 이동

도선의 양 끝에 전압을 걸어주면 도선 내부의 자유전자가 양(+)극 쪽으로 끌려간다. 또한 전해질이 녹아있는 용액에 전극을 연결하면 양이온은 (−)극 쪽으로 이동하고 음이온은 (+)극 쪽으로 이동한다. 이와 같이 전기를 띤 물질(전자, 이온)이 이동하는 것을 전하가 이동한다고 하며 이러한 현상을 전류가 흐른다고 한다.

[Note] [이온과 전해질] 원자가 전자를 얻거나 잃어서 전기를 띠는 입자로 바뀐 것을 이온이라 한다. 예를 들어 구리 원자가 전자 2개를 잃으면 $+2e$의 전하량을 띠며 이러한 구리 이온을 Cu^{2+}로 표시한다. 그리고 염소 원자가 전자 하나를 얻으면 $-e$의 전하를 띠며 이와 같은 염소 이온은 Cl^{-}로 표기한다. 전해질은 수용액에서 양이온과 음이온으로 이온화되는 물질을 말한다. 전해질에서는 양이온과 음이온이 자유롭게 이동할 수 있다.

2 전류의 방향

양(+)전하가 이동하는 방향을 전류의 방향으로 정하였다. 양(+)전하는 (−)극 쪽으로 이동하고 음(−)전하는 (+)극 쪽으로 움직인다. 도선 속에서 전하의 이동은 전자에 의해 이루어지고 전자는 (−)전하를 운반하므로 전자의 이동방향과 전류의 방향은 반대가 된다.

[그림 11.3]과 같이 전자는 도선을 따라 전지의 (−)극에서 (+)극 쪽으로 흐르지만, 전류는 전지의 (+)극에서 (−)극 쪽으로 흐른다고 한다.

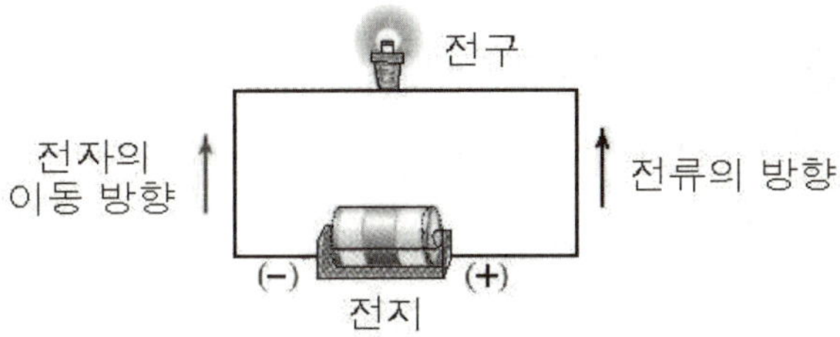

[그림 11.3] **전자의 이동 방향과 전류의 방향**

3 도선 속에서 전하의 운반

보통의 금속은 자신의 원자 둘레를 돌고 있는 전자 중 일부를 쉽게 내놓는데 이러한 전자를 자유전자라 한다. 자유전자는 금속의 원자 사이를 자유롭게 돌아다닌다. 도선의 양 끝에 전압이 걸리면 자유전자들은 (+)극 쪽으로 끌려간다. 도선 속에서 전자가 이동하게 되면 전자가 띠고 있는 (−)전하가 이동하게 되고 이것이 전류 흐름을 형성한다.

[그림 11.4(a)]와 같이 전류가 흐르지 않을 때는 전자들이 여러 방향으로 무질서하게 운동하고 있고, [그림 11.4(b)]와 같이 전류가 흐를 때는 전자들이 (−)극에서 (+)극 쪽으로 이동한다. 즉, 도선 속에서 자유전자가 (−)전하를 운반하며 이것이 전류 흐름을 만들어낸다.

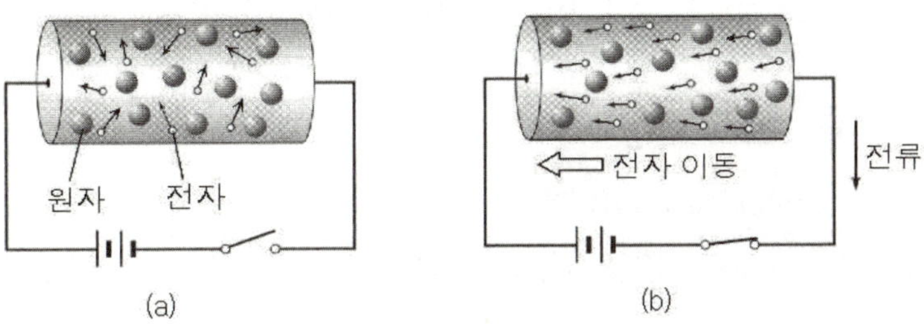

[그림 11.4] **도선 속에서 전하의 이동**

11.3 전류, 전압, 저항

1 전류

'전하를 띤 입자의 흐름'을 전류라 한다. 전류는 양극에서 음극으로 흐르며 음전하의 이동방향과 반대 방향이다.

(1) 전류의 세기

전류의 세기(I)는 1초 동안에 도선의 단면을 지나는 전하량(q)으로 나타낸다.

$$I = \frac{q}{t} \quad \left(\text{전류의 세기} = \frac{\text{전하량}}{\text{시간}}\right) \quad \cdots\cdots (11.3)$$

$$q = It \quad \cdots\cdots (11.4)$$

전류의 SI 단위는 A(암페어)이다. 1A는 1초 동안에 1C의 전하량이 도선의 한 단면을 통과할 때 전류 세기를 나타낸다.

$$1\text{A} = 1\frac{\text{C}}{\text{s}} \quad \cdots\cdots (11.5)$$

1C은 6.25×10^{18}개의 전자가 가지는 전하량이므로 1A는 1초 동안 6.25×10^{18}개의 전자가 지나갈 때의 전류 세기를 나타낸다. 전류의 단위로는 A나 mA(밀리암페어)를 많이 사용한다. $1\text{mA} = 10^{-3}\text{A}$, $1\mu\text{A} = 10^{-6}\text{A}$이다.

(2) 직류와 교류

(a) 직류(DC, direct current): 전지에서 나오는 전류와 같이 **'전류의 흐름 방향과 세기가 일정한 전류'를 직류라 한다.** 도선 내에서 자유전자들이 음극에서 양극으로 이동하면서 직류를 형성한다.

직류에서는 전압을 높이거나 낮추기가 쉽지 않고 멀리까지 송전하기가 어렵다.

(b) 교류(AC, alternating current): **'전류의 방향과 세기가 주기적으로 변하는 전류'를 교류라 한다.** 교류는 주로 발전소에서 만들어져서 가정이나 공장으로 공급된다. 전압을 높이거나 낮추기가 용이하므로 손실이 적은 상태에서 멀리까지 송전할 수 있다.

교류는 직류에 비해 적은 비용으로 생산되기 때문에 일상생활에서 교류 전기를 많이 사용하고 있다. 그러나 많은 전기 제품들의 내부 회로에는 직류가 흐르고 있다. 이것은 직류가 조절하기 쉽고 일정한 값을 유지할 수 있기 때문이다. 이때는 정류기를 사용하여 교류를 직류로 변환하여 사용한다. 정류기는 교류를 직류로 바꾸는 장치로 흔히 어댑터(직류 전원 장치)라고 부른다.

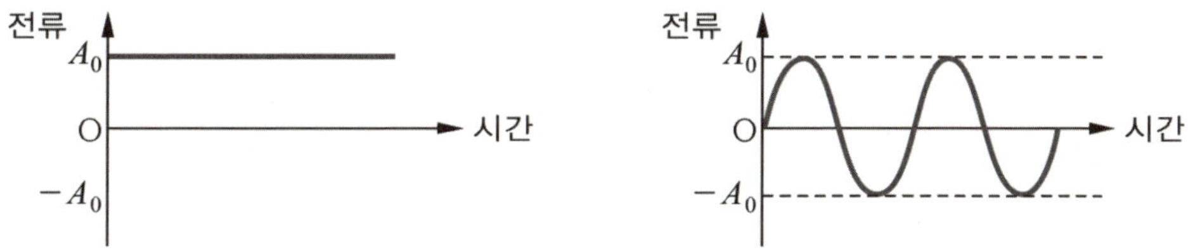

(a) 직류　　(a) 교류

[그림 11.5] 직류와 교류

2 전압

전압(V)은 '전기 회로에 전류를 흐르게 하는 능력'이다. 두 점 사이의 전기적인 위치 에너지 차이를 '전위차' 또는 '전압'이라 한다.

전압의 SI 단위는 V (볼트)이다. 1V는 1C의 전하량에 대해 1J의 일을 할 수 있는 능력이다.

$$1\text{V} = 1\,\frac{\text{J}}{\text{C}} \quad \cdots\cdots (11.6)$$

물이 들어 있는 두 개의 풍선을 빨대로 연결하여 한 쪽을 누르면 물은 압력이 높은 풍선에서 낮은 풍선으로 이동한다. 즉 양쪽에 압력 차이가 있을 때 빨대 속의 물이 압력이 낮은 쪽으로 이동한다. 도선 속의 전자들이 이동하여 전류를 흐르게 하기 위해서는 이와 같은 물의 압력차에 해당하는 것이 있어야 한다. 여기에서 압력차에 대응하는 이것을 전기회로에서는 전압이라 한다. 주변에서 흔히 볼 수 있는 건전지에는 $1.5\mathrm{V}$, $3\mathrm{V}$ 등으로 쓰진 것이 있는 데 이것은 건전지가 만들어주는 전압을 나타낸다.

3 저항

'전류의 흐름을 방해하는 정도를 나타내는 양'을 저항(R)이라 한다. 도선을 따라 이동하는 전자들이 도선 내의 원자들과 충돌하기 때문에 저항이 생긴다. 물질의 종류에 따라 원자 배열이 다르기 때문에 전기 저항은 물질의 특성을 나타내는 값이 된다.

저항의 SI 단위는 Ω(옴)이다. $1\,\Omega$은 $1\mathrm{V}$의 전압을 걸었을 때 $1\mathrm{A}$의 전류를 흐르게 하는 저항의 크기를 나타낸다.

$$1\,\Omega = 1\frac{\mathrm{V}}{\mathrm{A}} \qquad \cdots\cdots (11.7)$$

(1) 도선의 모양과 저항

같은 도선이라도 도선의 길이가 길어지면 자유전자들이 원자와 충돌하는 횟수가 많아지므로 저항이 커진다. 그러나 도선의 단면적이 넓어지면 자유 전자의 이동이 많아지므로 저항이 작아진다. 따라서 도선의 전기 저항(R)은 도선의 길이(l)에 비례하고 단면적(S)에 반비례한다.

$$R \propto \frac{l}{S} \qquad \cdots\cdots (11.8)$$

(2) 도선의 종류와 비저항

같은 길이와 단면적을 가지더라도 물질의 종류에 따라 저항 값이 달라진다. 비저항은 이와 같이 물질에 따라 달라지는 저항 값을 나타낸다. 예를 들어 은은 비저항이 작고 니크롬선은 은에 비해 비저항이 크다. 그리고 플라스틱과 같은 물질은 금속에 비해 상당히 큰 비저항 값을 가진다. 비저항(ρ)으로써 물질의 저항 값을 표현하면 다음과 같다.

$$R = \rho \frac{l}{S} \qquad \cdots\cdots (11.9)$$

비저항의 SI 단위는 Ω • m이다. 1Ω • m의 비저항은 길이가 1m, 단면적이 1m^2인 물질의 저항[Ω] 값이다. 비저항은 물질마다 고유한 값을 갖는 물질의 특성이다.

구리와 알루미늄 등과 같이 비저항이 작은 물질을 도체라 하고, 나무와 고무 등과 같이 비저항이 큰 물질을 부도체라 한다. 도체는 자유전자를 많이 가지고 있어서 전류가 잘 통하지만 부도체는 자유전자가 거의 없어 전류가 잘 통하지 않는다. 한편 비저항이 도체와 부도체의 중간 정도인 물질로 주어진 조건에 따라 전류가 흐르기도 하고 흐르지 않기도 하는 물질을 반도체라 한다. 반도체에는 규소(Si)와 게르마늄(Ge) 등이 있다. 순수한 규소와 게르마늄의 결정은 상온에서는 자유전자들이 없지만 온도가 높아지면 쉽게 원자의 구속력을 벗어나는 전자들이 증가하기 때문에 온도가 높을수록 비저항 값이 작아진다. 이러한 반도체를 고유 반도체라 한다. 또 상온에서도 소량의 불순물을 반도체에 첨가하면 자유롭게 이동할 수 있는 전자들이 생기기 때문에 전류가 흐르게 된다. 이와 같은 것을 불순물 반도체라 한다.

(3) 전기 전도도

전기 전도도(σ)는 비저항의 역수로 정의되며, 물질 내에서 '전류가 얼마나 쉽게 흐르는가'를 나타낸다. 이에 반해 비저항은 '전류가 얼마나 어렵게 흐르는가'를 나타낸다.

$$\sigma = \frac{1}{\rho} \quad \cdots\cdots (11.10)$$

$$R = \frac{l}{\sigma S} \quad \cdots\cdots (11.11)$$

(4) 온도에 따른 저항 변화

도체는 온도가 상승할수록 원자들의 진동이 활발해져 전자의 충돌 횟수가 증가하므로 전기 저항이 증가한다. 도체의 온도가 0℃일 때 전기 저항이 R_0이면 온도 t℃일 때 도체의 전기 저항(R)은 다음과 같다.

$$R = R_0(1+\alpha t) \quad \cdots\cdots (11.12)$$

여기에서 α를 전기 저항의 온도계수라 한다.

이에 반해 반도체와 부도체는 온도가 높아질수록 자유전자가 증가하여 저항이 감소한다.

한편 온도가 매우 낮아지면 물질에 따라서 전기 저항이 0이 되는데 이와 같은 현상을 '초전도 현상'이라 하고 이러한 물질을 초전도체라 한다. 초전도체는 저항이 없기 때문에 아무리 강한 전류가 흘러도 열이 발생하지 않으므로 전력 소모가 없다. 초전도체는 전기 송전이나 자기 부상 열차 등에 이용된다.

[예제 11.2] **어떤 도선에 4분 동안 300 mA의 전류가 흘렀다. 4분 동안 도선의 단면을 통과한 총 전하량은 몇 C인가?**

풀이 전류의 세기 $I = \frac{q}{t}$이므로 $I = 300\,\text{mA}$일 때 $t = 4\,\text{min}$ 동안 흘러간 총 전하량(q)은 다음과 같다.

$$\begin{aligned} q = It &= (200\,\text{mA}) \times (4\,\text{min}) \\ &= (200 \times 10^{-3}\,\text{A}) \times (4 \times 60\,\text{s}) \end{aligned}$$

$$= 48\,\text{A} \times \text{s} = 48\,[\text{C}]$$

여기에서 $1\text{A} = 1\dfrac{\text{C}}{\text{s}}$ 이므로 $1\text{A} \times \text{s} = 1\text{C}$ 이다.

SI 단위 [s, A]로 계산하면 결과로 나오는 전하량(q)의 단위는 C 이다.

[예제 11.3] 길이가 10cm, 지름이 2mm, 비저항이 $1.5 \times 10^{-8}\Omega \cdot \text{m}$ 인 균일한 원통 모양 도선의 길이 방향으로의 저항(R) 값은 몇 Ω 인가? 단, 온도에 따른 저항 변화는 무시하고 $\pi = 3$으로 계산한다.

풀이 SI 단위로 통일하여 계산한다.

- 길이: $l = 10\text{cm} = 10 \times 10^{-2}\text{m} = 10^{-1}\text{m}$
- 지름: $D = 2\text{mm} = 2 \times 10^{-3}\text{m}$
- 비저항: $\rho = 1.5 \times 10^{-8}\Omega \cdot \text{m}$

$$R = \rho\frac{l}{S} = \rho\frac{l}{\pi D^2/4} = \frac{4\rho l}{\pi D^2}$$

$$= \frac{4(1.5 \times 10^{-8})(10^{-1})}{3(2 \times 10^{-3})^2} = 0.5 \times 10^{-3}[\Omega]$$

모두 SI 단위로 계산하면 결과로 나오는 저항(R)의 단위는 Ω 이다.

[예제 11.4] 길이가 L_1이고 단면적이 S_1인 도선을 균일하게 잡아당겨서 길이가 3배로 늘어났다. 늘어난 도선의 저항은 처음의 몇 배가 되는가? 단, 도선의 부피는 일정하다.

풀이 늘어난 도선의 길이 $L_2 = 3L_1$이고, 도선의 부피가 일정하다는 관계식으로부터 이때의 단면적(S_2)은

- 도선의 부피 $= S_1L_1 = S_2L_2$

$$S_2 = \frac{S_1L_1}{L_2} = \frac{S_1L_1}{3L_1} = \frac{1}{3}S_1$$

이다. 따라서 늘어난 도선의 저항(R_2)은 다음과 같다.

$$R_2 = \rho \frac{L_2}{S_2} = \rho \frac{3L_1}{(S_1/3)} = 9\left(\rho \frac{L_1}{S_1}\right)$$

여기에서 길이 L_1, 단면적 S_1인 처음 도선의 저항 $R_1 = \rho \frac{L_1}{S_1}$이므로 늘어난 도선의 저항($R_2$)은 처음의 9배($R_2 = 9R_1$)가 된다.

11.4 옴의 법칙

1 옴의 법칙

'도선에 흐르는 전류의 세기(I)는 도선 양 끝에 걸리는 전압(V)에 비례하고 도선의 저항(R)에 반비례한다.' 이것을 옴의 법칙이라 하며 식으로 나타내면 다음과 같다.

$$I = \frac{V}{R} \qquad \cdots\cdots (11.13)$$

같은 전압을 걸어줄 때 저항이 작은 도선에는 강한 전류가 흐르고 저항이 큰 도선에는 상대적으로 약한 전류가 흐른다. 즉, 저항은 전류의 흐름을 방해한다.

2 전압강하

'도선에 걸리는 전압은 도선에서의 전압강하분에 해당하며, 이것은 전류와 저항의 곱과 같다.'

$$V = IR \qquad \cdots\cdots (11.14)$$

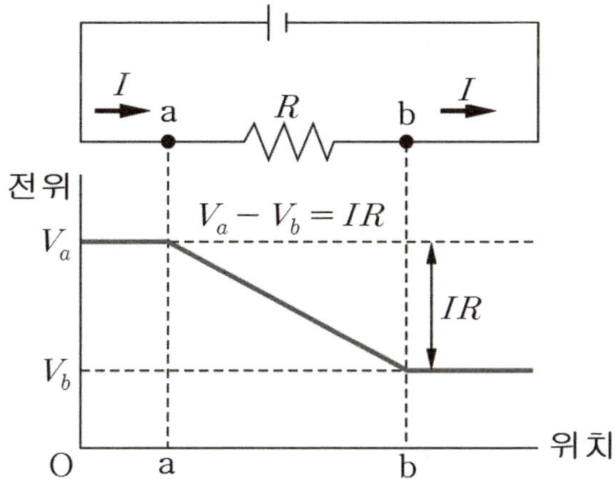

[그림 11.6] 전압강하

[그림 11.6]과 같이 저항 R에 전류 I가 흐르면 옴의 법칙에 따라 a점과 b점 사이의 전압은 $V_a - V_b = IR$이다. 따라서 저항을 통과하면서 b점의 전위(V_b)가 a점의 전위(V_a)보다 $V = IR$만큼 낮아진다. 이것을 저항(R)에 의한 전압강하라 한다.

전류가 니크롬선과 같은 저항체를 통과하면 니크롬선에 걸린 전압만큼 전위가 낮아진다. 이와 반대로 전원을 통과하면 전원의 전압만큼 전위가 높아진다.

[Note] **[전위와 전위차]** 단위 양전하(+1C)가 가지는 전기적 위치 에너지를 전위라 하고, 두 점 사이의 전위 차이를 전위차라 한다. 우리가 편리하게 사용하는 용어인 '저항체에 걸리는 전압'은 저항체의 두 끝점 사이의 전위차를 말한다.

[예제 11.5] 저항이 4Ω인 니크롬선에 60V의 전압을 걸어줄 때 니크롬선에 흐르는 전류는 몇 A인가?

풀이 저항 $R = 4\Omega$, 전압 $V = 60\text{V}$이므로 전류(I)는 다음과 같다.

$$I = \frac{V}{R} = \frac{60\,\text{V}}{4\Omega} = 15\frac{\text{V}}{\Omega} = 15\,\text{A}$$

저항(Ω)의 정의 식 (11.7) $1\Omega = 1\dfrac{\text{V}}{\text{A}}$ 로부터 $1\dfrac{\text{V}}{\Omega} = 1\text{A}$ 이다.

[예제 11.6] 그림과 같은 회로에서 3A의 전류가 흐를 때 4Ω의 양 끝단(a점과 b점)의 전위차 $V_a - V_b$를 구하라.

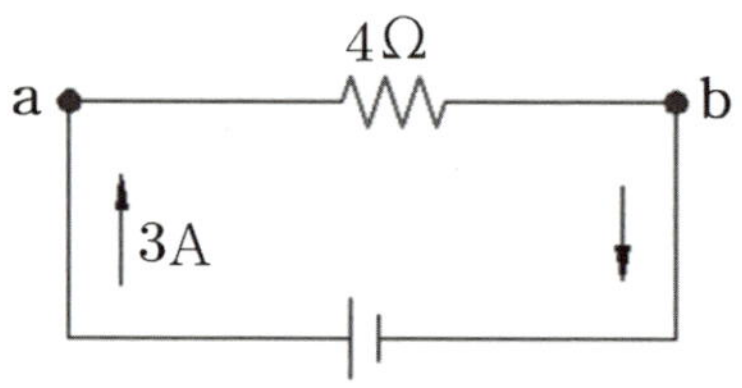

[그림 11.7]

풀이 그림에서 a점과 b점의 전위차($V_a - V_b$)는 4Ω의 저항체에서의 전압강화(V)와 같다. 옴의 법칙에 의해

$$V_a - V_b = V = IR = (3\text{A}) \times (4\Omega) = 12\,[\text{V}]$$

이다. 전류가 a점에서 b점로 흐를 때 b점의 전위는 a점보다 12[V] 낮다.

11.5 저항의 연결

1 저항의 연결과 합성저항

[그림 11.8(a)]와 같이 두 개의 저항을 직렬로 연결하면 도선의 길이가 길어지는 것과 같다. 따라서 도선의 저항은 길이(l)에 비례하므로($R \propto l/S$) 전체저항(합성저항)이 증가한다. 이에 반해 [그림 11.8(b)]와 같이 두 개의 저항을 병렬로 연결하면 도선의 단면적이 넓어지는 것과 같은 효과를 나타낸다. 따라서 도선의 저항은 단면적(S)에 반비례하므로($R \propto l/S$) 전체저항이 감소한다.

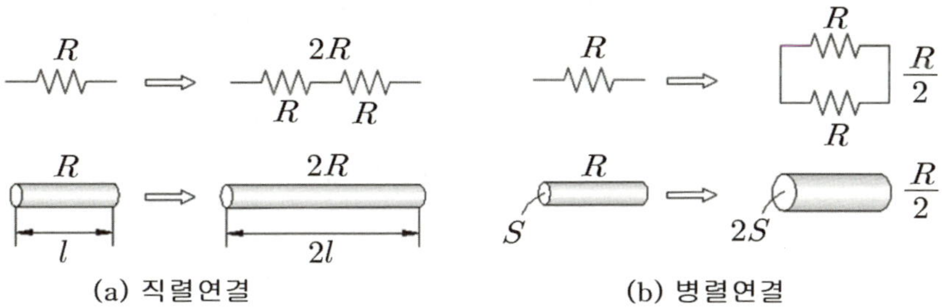

[그림 11.8] 직렬연결과 병렬연결의 합성저항

2 직렬연결

[그림 11.9]와 같이 저항을 일렬로 연결했을 때 회로의 전류, 전압, 저항 특성은 다음과 같다.

① 전체전류(I): **각 저항에 흐르는 전류의 세기가 같다.**

$$I = I_1 = I_2 = I_3 \quad \cdots\cdots (11.15)$$

② 전체전압(V): 각 저항에 걸리는 전압(V_1, V_2, V_3)의 합과 같다.

$$V = V_1 + V_2 + V_3 \quad \cdots\cdots (11.16)$$

③ 각 저항에 걸리는 전압(각 저항에서의 전압강하)은 저항의 크기에 비례한다. 옴의 법칙으로부터 저항 R_1, R_2, R_3에 걸리는 전압은 각각 다음과 같다.

$$V_1 = IR_1,\ V_2 = IR_2,\ V_3 = IR_3 \quad \cdots\cdots (11.17)$$

④ 합성저항(전체저항, 등가저항): 식 (11.16)과 (11.17)으로부터

$$V = V_1 + V_2 + V_3 = I(R_1 + R_2 + R_3)$$

가 된다. 여기에서 합성저항을 R로 하면 옴의 법칙에서 $V = IR$이다. 따라서 회로의 합성저항(R)은 다음과 같다.

$$V = V_1 + V_2 + V_3 = I(R_1 + R_2 + R_3) = IR$$

$$R = R_1 + R_2 + R_3 \quad \cdots\cdots (11.18)$$

⑤ 여러 개의 저항을 모두 직렬로 연결할 때 합성저항은 각 저항을 모두 더한 값과 같다.

$$R = R_1 + R_2 + R_3 + R_4 + \cdots \quad \cdots\cdots (11.19)$$

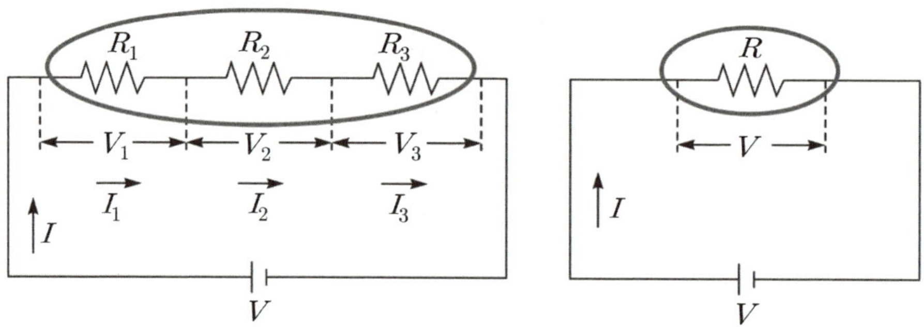

[그림 11.9] **직렬연결:** $V = V_1 + V_2 + V_3$

3 병렬연결

[그림 11.10]과 같이 저항을 병렬로 연결했을 때 회로의 전류, 전압, 저항 특성은 다음과 같다.

① 전체전류(I): 그림과 같이 저항의 병렬연결은 회로 전체를 흐르는 전류(I)가 각각의 저항에 나누어져 흐르게 한다. 따라서 각 저항에 흐르는 전류(I_1, I_2, I_3)의 합은 전체전류와 같다.

$$I = I_1 + I_2 + I_3 \quad \cdots (11.20)$$

② 전체전압(V)과 **각 저항에 걸리는 전압(V_1, V_2, V_3)이 모두 같다.**

$$V = V_1 = V_2 = V_3 \quad \cdots (11.21)$$

③ 옴의 법칙으로부터 각 저항에 흐르는 전류(I_1, I_2, I_3)는 저항에 반비례한다.

$$I_1 = \frac{V}{R_1},\ I_2 = \frac{V}{R_2},\ I_3 = \frac{V}{R_3} \quad \cdots (11.22)$$

④ 합성저항(전체저항, 등가저항): 식 (11.20)과 (11.22)로부터

$$I = I_1 + I_2 + I_3 = V\left(\frac{1}{R_1} + \frac{1}{R_2} + \frac{1}{R_3}\right)$$

이다. 여기에서 합성저항을 R로 하면 옴의 법칙에서 $I = \frac{V}{R}$이다. 따라서 회로의 합성저항(R)은 다음과 같이 표현된다.

$$I = V\left(\frac{1}{R_1} + \frac{1}{R_2} + \frac{1}{R_3}\right) = V\left(\frac{1}{R}\right)$$

$$\frac{1}{R} = \frac{1}{R_1} + \frac{1}{R_2} + \frac{1}{R_3} \quad \cdots (11.23)$$

⑤ 여러 개의 저항을 모두 병렬로 연결할 때는 각 저항의 역수를 모두 더한 값이 합성저항의 역수와 같다.

$$\frac{1}{R} = \frac{1}{R_1} + \frac{1}{R_2} + \frac{1}{R_3} + \frac{1}{R_4} + \cdots \quad \cdots (11.24)$$

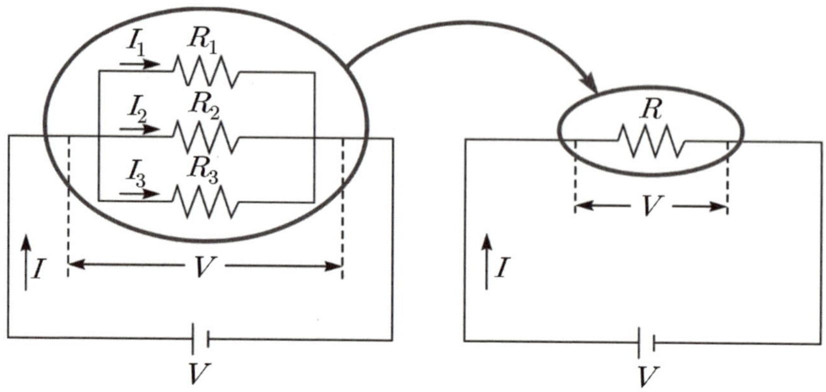

[그림 11.10] 병렬연결 : $I = I_1 + I_2 + I_3$

4 복합연결

[그림 11.11]과 같이 직렬과 병렬로 저항이 복합적으로 연결된 경우에는 먼저 병렬 연결된 부분의 합성저항을 구한 후 전체저항을 구한다. 그리고 옴의 법칙으로부터 전체전류를 구하면 각 저항에서의 전류와 전압을 모두 구할 수 있다. [그림 11.11]에서 전류, 전압, 저항의 관계는 다음과 같다.

① 전체전류(I): $I = I_1 = I_2 + I_3$

② 전체전압(V): $V = V_1 + V_2 = V_1 + V_3$

병렬연결(R_2, R_3)된 부분에서 $V_2 = V_3$이다.

③ 합성저항(R, 전체저항): $R = R_1 + R_p = R_1 + \dfrac{R_2 R_3}{R_2 + R_3}$

여기에서 R_p는 병렬연결된 R_2와 R_3의 합성저항$\left(\dfrac{1}{R_p} = \dfrac{1}{R_2} + \dfrac{1}{R_3}\right)$이다.

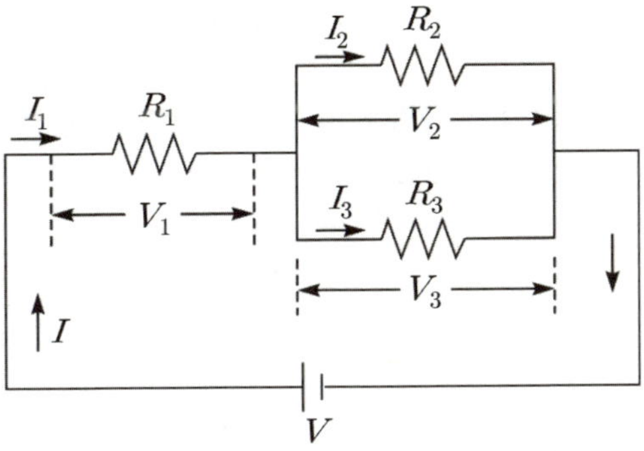

[그림 11.11] 복합연결

[Note] 직렬연결에서는 각 저항에 흐르는 전류가 같고, 병렬연결에서는 각 저항에 걸리는 전압이 모두 같다는 것을 염두에 두도록 한다.

[예제 11.7] **[직렬연결] [그림 11.12]의 (a)와 같이 2Ω, 3Ω, 5Ω의 저항을 직렬로 연결하여 40V의 전압을 걸어 주었다. 다음을 구하라.**

(1) 회로의 전체저항(합성저항)
(2) 회로에 흐르는 전류
(3) 각 저항(2Ω, 3Ω, 5Ω)에 걸리는 전압

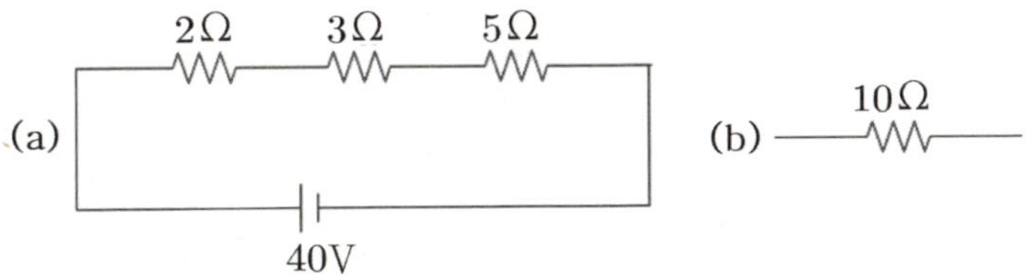

[그림 11.12]

풀이 세 개의 저항을 다음과 같이 나타낸다.

$$R_1 = 2\Omega,\ R_2 = 3\Omega,\ R_3 = 5\Omega$$

(1) 직렬로 연결할 때 전체저항(R)은 각 저항을 모두 더한 값이다.

$$R = R_1 + R_2 + R_3 = 2 + 3 + 5 = 10\,[\Omega]$$

그림의 (b)는 전체저항을 나타낸 것이다.

(2) 전체저항 $R = 10\Omega$ 에 전압 $V = 40\mathrm{V}$ 가 걸리고 있으므로 회로에 흐르는 전류(I)는 다음과 같다.

$$I = \frac{V}{R} = \frac{40}{10} = 4\,[\mathrm{A}]$$

(3) 직렬연결에서 각 저항에 흐르는 전류가 모두 같다. 따라서 $R_1 = 2\Omega$, $R_2 = 3\Omega$, $R_3 = 5\Omega$ 에 $I_1 = I_2 = I_3 = I = 4\mathrm{A}$ 의 전류가 흐르므로 각 저항에 걸리는 전압은 다음과 같다.

$$V_1 = I_1 R_1 = 4 \times 2 = 8\,[\mathrm{V}]$$
$$V_2 = I_2 R_2 = 4 \times 3 = 12\,[\mathrm{V}]$$
$$V_3 = I_3 R_3 = 4 \times 5 = 20\,[\mathrm{V}]$$

여기에서 전체전압 $V = V_1 + V_2 + V_3 = 40\mathrm{V}$ (직렬연결)임을 알 수 있다.

[예제 11.8] [병렬연결] [그림 11.13]의 (a)와 같이 2Ω, 3Ω, 4Ω 의 저항을 병렬로 연결하여 $24\mathrm{V}$ 의 전압을 걸어 주었다. 다음을 구하라.

(1) 회로의 전체저항(합성저항)
(2) 회로에 흐르는 전체전류
(3) 각 저항(2Ω, 3Ω, 4Ω)에 걸리는 전압
(4) 각 저항(2Ω, 3Ω, 4Ω)에 흐르는 전류

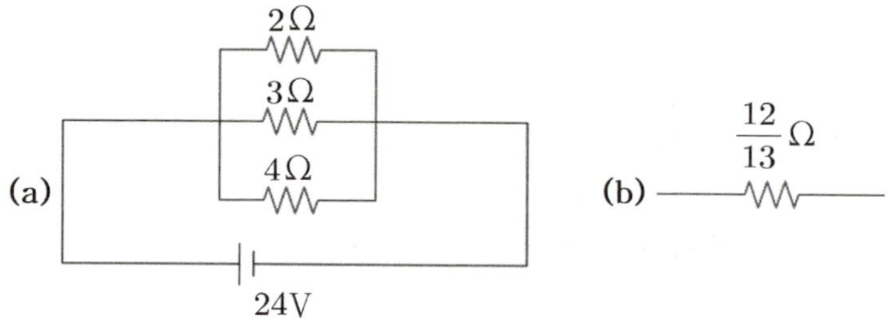

[그림 11.13]

풀이 세 개의 저항을 다음과 같이 나타낸다.

$$R_1 = 2\Omega,\ R_2 = 3\Omega,\ R_3 = 4\Omega$$

(1) 병렬연결에서는 각 저항의 역수를 모두 더한 값이 합성저항(R)의 역수와 같다.

$$\frac{1}{R} = \frac{1}{R_1} + \frac{1}{R_2} + \frac{1}{R_3} = \frac{1}{2} + \frac{1}{3} + \frac{1}{4} = \frac{13}{12}$$

$$R = \frac{12}{13}\Omega$$

그림의 (b)는 전체저항을 나타낸 것이다.

(2) 전체저항 $R = \frac{12}{13}\Omega$에 전압 $V = 24\text{V}$가 걸리고 있으므로 회로에 흐르는 전체전류(I)는 다음과 같다.

$$I = \frac{V}{R} = \frac{24}{(12/13)} = 26\,[\text{A}]$$

(3) 병렬연결에서 각 저항에 걸리는 전압이 모두 같으므로 세 개의 저항 (2Ω, 3Ω, 4Ω)에 걸리는 전압은 $V_1 = V_2 = V_3 = V = 24\text{V}$이다.

(4) $R_1 = 2\Omega$, $R_2 = 3\Omega$, $R_3 = 4\Omega$에 걸리는 전압이

$$V_1 = V_2 = V_3 = 24\text{V}$$

이므로 각 저항에 흐르는 전류는 다음과 같다.

$$I_1 = \frac{V_1}{R_1} = \frac{24}{2} = 12\,[\text{A}]$$

$$I_2 = \frac{V_2}{R_2} = \frac{24}{3} = 8\,[\text{A}]$$

$$I_3 = \frac{V_3}{R_3} = \frac{24}{4} = 6\,[\text{A}]$$

여기에서 전체전류 $I = I_1 + I_2 + I_3 = 26\text{A}$ (병렬연결)임을 알 수 있다.

[예제 11.9] **[복합연결] 세 개의 저항(4Ω, 3Ω, 6Ω)을 [그림 11.14]의 (a)와 같이 복합적으로 연결하여 30V의 전압을 걸어 주었다. 다음을 구하라.**

(1) 회로의 전체저항
(2) 회로에 흐르는 전체전류
(3) 각 저항(4Ω, 3Ω, 6Ω)에 걸리는 전압
(4) 3Ω과 6Ω에 흐르는 전류

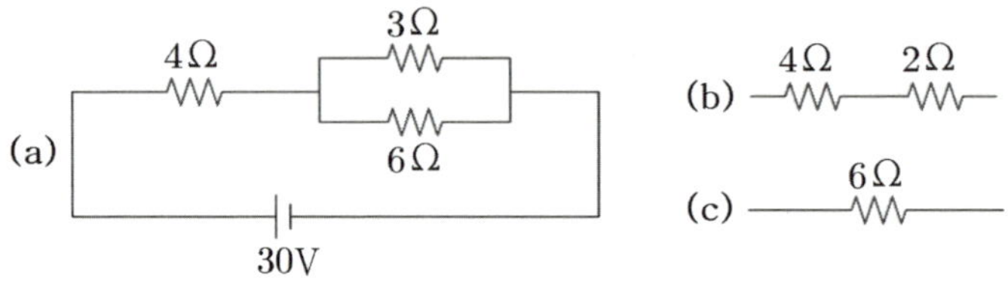

[그림 11.14]

풀이 세 개의 저항을 다음과 같이 나타낸다.

$$R_1 = 4\Omega,\ R_2 = 3\Omega,\ R_3 = 6\Omega$$

(1) 먼저 병렬연결된 3Ω과 6Ω의 합성저항(R_p)을 구한다.

$$\frac{1}{R_p} = \frac{1}{R_2} + \frac{1}{R_3} = \frac{1}{3} + \frac{1}{6} = \frac{1}{2}$$

$$R_p = 2\Omega$$

따라서 병렬연결 부분을 $R_p = 2\Omega$로 대체하여 회로를 구성하면 그림의 (b)와 같은 직렬연결이 된다. 여기에서 회로의 전체저항(R)을 구하면

$$R = R_1 + R_p = 4 + 2 = 6\,[\Omega]$$

이다. 그림의 (c)는 회로의 전체저항을 나타낸 것이다.

(2) 전체저항 $R = 6\Omega$, 전체전압 $V = 30\text{V}$이므로 회로에 흐르는 전체전류(I)는 다음과 같다.

$$I = \frac{V}{R} = \frac{30}{6} = 5\,[\text{A}]$$

(3) $R_1 = 4\Omega$ 의 저항에는 $I_1 = I = 5\text{A}$ 의 전류가 흐르므로 이 저항에 걸리는 전압은

$$V_1 = I_1 R_1 = 5 \times 4 = 20\,[\text{V}]$$

이다. 따라서 전체 전압 30V 중 $30\text{V} - V_1 = 10\text{V}$ 가 병렬연결 부분에 걸리게 된다. 그리고 병렬연결에서 전압은 같으므로 3Ω 과 6Ω 에 걸리는 전압은 $V_2 = V_3 = 10\text{V}$ 이다.

(4) $R_2 = 3\Omega$ 과 $R_3 = 6\Omega$ 에 걸리는 전압이 $V_2 = V_3 = 10\text{V}$ 이므로 두 저항에 흐르는 전류는 다음과 같다.

$$I_2 = \frac{V_2}{R_2} = \frac{10}{3}\,[\text{A}]$$

$$I_3 = \frac{V_3}{R_3} = \frac{10}{6} = \frac{5}{3}\,[\text{A}]$$

이상에서 전체전류 $I = I_1 = I_2 + I_3$가 만족된다.

11.6 전기에너지

1 전기에너지

전기회로에 흐르는 전류가 공급하는 에너지를 전기에너지라 한다. 저항 R인 전기 기구에 전압 V가 걸릴 때 흐르는 전류가 I이면 저항체(R)에서 t초[s] 동안 소비되는 전기에너지(E)는 다음과 같다.

$$E = VIt = I^2 Rt = \frac{V^2}{R}t \quad \cdots (11.25)$$

여기에서 $1\mathrm{V}=1\dfrac{\mathrm{J}}{\mathrm{C}}$, $1\mathrm{A}=1\dfrac{\mathrm{C}}{\mathrm{s}}$이므로 전압($V$), 전류($I$), 시간($t$)의 단위가 각각 V, A, s이면

$$[E]=[VIt]=\frac{\mathrm{J}}{\mathrm{C}}\times\frac{\mathrm{C}}{\mathrm{s}}\times\mathrm{s}=\mathrm{J}$$

이 된다. 즉, 식 (11.25)에서 모두 SI 단위 [V, A, Ω, s]를 사용하면 전기에너지(E)의 단위는 J이다.

2 전류의 열작용

도선에 전류가 흐를 때 이동하는 전자들은 원자와 충돌하여 가지고 있던 운동에너지를 잃게 되며 이로 인해 열이 발생한다. 이때 발생하는 열을 줄열이라 한다. 이와 같이 전류에 의해 저항선에서 발생하는 열의 양은 공급된 전기에너지(E)에 비례한다. 식 (11.25)로부터 저항 R인 도선의 양 끝에 V의 전압을 걸어서 전류 I가 t초 동안 흘렀을 때 발생하는 줄열(Q)은 다음과 같다.

$$Q=\frac{1}{J}VIt=\frac{1}{J}I^2Rt=\frac{1}{J}\frac{V^2}{R}t \quad \cdots\cdots (11.26)$$

여기에서 J는 열의 일당량을 나타낸다. 열량의 단위 cal와 일의 단위 J의 관계는 1cal = 4.186J 이므로

$$J=4.186\frac{\mathrm{J}}{\mathrm{cal}}\approx 4.2\frac{\mathrm{J}}{\mathrm{cal}} \quad \cdots\cdots (11.27)$$

이다. 식 (11.26)에서 전압, 전류, 저항, 시간의 단위를 모두 SI 단위 [V, A, Ω, s]를 사용하면 줄열(Q)의 단위는 cal이다.

[예제 11.10] 저항이 4Ω인 어떤 도선에 2분 동안 3A의 전류가 일정하게 흘렀을 때 도선에 공급된 전기에너지는 몇 J인가?

풀이 저항(R), 시간(t), 전류(I)를 모두 SI 단위 [Ω, s, A]로 계산하면 전기에너지(E)의 단위는 J이 된다.

$$E = I^2 Rt = (3\mathrm{A})^2 \times (4\Omega) \times (2 \times 60\mathrm{s}) = 4320\ [\mathrm{J}]$$

[예제 11.11] 저항이 21Ω인 니크롬선에 2A의 전류가 5분 동안 흐를 때 니크롬선에서 발생한 열량은 몇 kcal인가?

풀이 저항 $R = 21\Omega$, 전류 $I = 2\mathrm{A}$, 시간 $t = 5 \times 60\,\mathrm{s}$이므로 발생한 열량($Q$)은 다음과 같다.

$$Q = \frac{1}{J} I^2 Rt = \frac{1}{4.2} \times (2\mathrm{A})^2 \times (21\Omega) \times (5 \times 60\mathrm{s})$$
$$= 6{,}000\ [\mathrm{cal}] = 6\ [\mathrm{kcal}]$$

11.7 전력과 전력량

1 전력

단위 시간 동안 공급하거나 소비하는 전기에너지(E)의 양을 전력이라 한다. 전기 기기에서 소비하는 전력(P)은 전압(V)과 전류(I)의 곱과 같다.

$$P = \frac{E}{t} = VI = I^2 R = \frac{V^2}{R} \quad \cdots\ (11.28)$$

역학적 에너지에서 단위 시간 동안 한 일의 양을 일률이라 한다. 이와 같은 개념으로 전기에너지에서도 단위 시간 동안 전하가 한 일(전기에너지)의 양을 전력이라고 한다.

일률과 마찬가지로 전력의 단위로는 W(와트)를 쓴다. 1W는 1초 동안 1J의 전기에너지를 사용하는 전기기구의 소비전력이다. 식 (11.28)에서 전압, 전류, 저항의 단위를 모두 SI 단위[V, A, Ω]로 하면 전력의 단위는 W가 된다.

2 전력량

일정 시간 동안 소모하거나 공급된 전기에너지의 총량을 전력량이라 한다. 전력이 P인 전기기구를 t초 동안 작동시키면 전기기구가 소모한 전력량(W)은 다음과 같다.

$$W = Pt \qquad \cdots (11.29)$$

전력량은 일상생활에서 사용한 전기에너지를 나타내는 물리량 중 하나이다. 식 (11.29)에서 $1\mathrm{W} = 1\mathrm{J/s}$이므로

$$[W] = [Pt] = 1\mathrm{W} \times \mathrm{s} = 1\frac{\mathrm{J}}{\mathrm{s}} \times \mathrm{s} = \mathrm{J}$$

이다. 즉, 전력량의 기본 단위는 일(에너지)의 단위와 같은 J이다. 그런데 J의 단위가 전기에너지의 단위로는 너무 작기 때문에 일반적으로 전기기구가 사용한 전기에너지의 양을 시간 단위로 계산하여 Wh, kWh 등의 단위를 많이 사용한다. Wh와 kWh를 각각 '와트시', '킬로와트시'라고 한다. 1Wh(와트시)는 1W(와트)의 전력을 1시간 동안 사용한 전력량이다. 전력량[Wh]과 일[J]의 관계는 다음과 같다.

$$1\mathrm{Wh} = 1\mathrm{W} \times 1\mathrm{h} = 1\mathrm{W} \times (3600\mathrm{s}) = 1\frac{\mathrm{J}}{\mathrm{s}} \times (3600\mathrm{s}) = 3600\mathrm{J} = 3.6\,\mathrm{kJ}$$

즉, $1\mathrm{Wh} = 3.6\,\mathrm{kJ}$이다. 보통 가정에서 사용하는 전력량을 표시할 때 Wh(와트시)의 1000배인 kWh(킬로와트시)를 많이 사용한다.

[예제 11.12] 60W의 전구를 50분 동안 사용할 때, 전구에서 소모되는 전기에너지 (W)는 몇 kJ인가?

풀이 전력 $P=60\text{W}$, 사용 시간 $t=50\text{min}=50\times60\text{s}$, $1\text{W}=1\text{J/s}$이다.

$$W=Pt=60\text{W}\times50\text{min}=60\frac{\text{J}}{\text{s}}\times(50\times60\text{s})$$

$$=180\times10^3[\text{J}]=180[\text{kJ}]$$

[예제 11.13] [그림 11.15]와 같이 2Ω과 8Ω의 저항이 직렬연결되어 있다. 두 저항에서 소비되는 전력[W]을 각각 구하라.

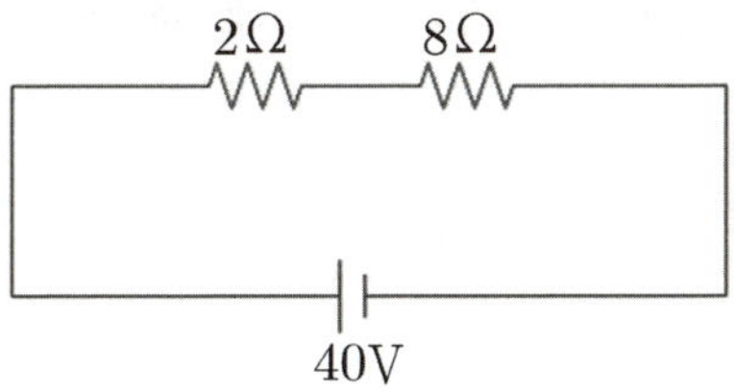

[그림 11.15]

풀이 직렬연결에서 합성저항 $R=2\Omega+8\Omega=10\Omega$이므로 전체전류($I$)는

$$I=\frac{V}{R}=\frac{40}{10}=4[\text{A}]$$

이다. 따라서 $I_1=I_2=I=4\text{A}$이며 $R_1=2\Omega$과 $R_2=8\Omega$에서 소비되는 전력 P_1과 P_2는 다음과 같다.

(1) 2Ω: $P_1=V_1I_1=I_1^2R_1=(4\text{A})^2\times(2\Omega)=32[\text{W}]$

(2) 8Ω: $P_2=V_2I_2=I_2^2R_2=(4\text{A})^2\times(8\Omega)=128[\text{W}]$

[예제 11.14] 어느 가정에서 $220\text{V} - 60\text{W}$의 전구를 220V 전원에 연결하여 하루 4시간씩 30일 동안 사용하였다. 총 소비전력량은 몇 kWh인가?

풀이 하루에 소비하는 전력량(W_1)은

$$W_1 = Pt = 60\text{W} \times 4\text{h} = 240\,[\text{Wh}]$$

이고, 30일 동안의 총 소비전력량(W_t)은 다음과 같다.

$$W_t = 30 \times W_1 = 30 \times (240\text{Wh}) = 7{,}200\,[\text{Wh}] = 7.2\,[\text{kWh}]$$

11.8* [심화학습] 키르히호프의 법칙[1)]

하나의 폐회로(닫힌회로) 또는 여러 개의 폐회로로 구성되는 복잡한 회로(다중고리 회로)는 다음과 같은 키르히호프의 법칙(Kirchhoff's Rules)을 이용하여 해석할 수 있다.

(1) 제1법칙-분기점 법칙 또는 접점 법칙: 모든 분기점에서 전류의 합은 0이다. 또는 하나의 접점으로 들어오는 전류의 합은 나가는 전류의 합과 같다.

$$\sum I = 0$$

(2) 제2법칙-고리 법칙: 모든 닫힌회로에서 각 소자를 지나갈 때 전위차의 합은 0이다. 또는 회로의 고리를 따라 전위차를 더해 나가면 그 결과는 0이다.

$$\sum \Delta V = 0$$

키르히호프의 분기점 법칙은 키르히호프의 전류법칙이라고도 하고, 고리법칙은

1) 기계계열에서는 많이 다루지 않지만 전기계열에서는 다루는 내용이므로 소개한다. 필요에 따라 공부하면 되겠다. 전기계열에서는 심화학습이 아니라 기본적인 내용에 속한다고 할 수 있을 것이다.

전압법칙이라고도 한다.

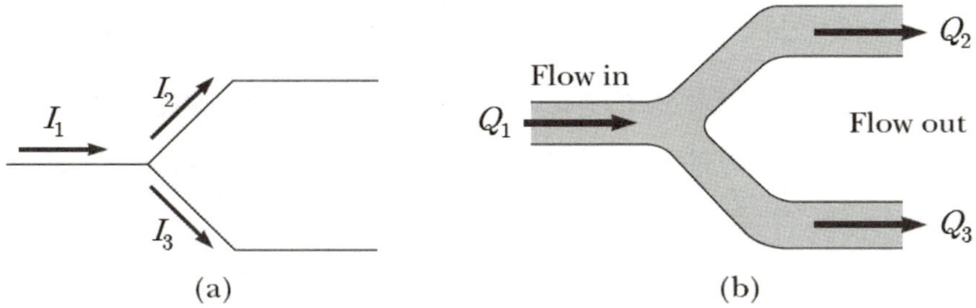

[그림(1)] (a) 키르히호프의 분기점 법칙 (b) 유체역학에서 연속법칙

제1법칙은 전하 보존법칙에 대한 설명이다. 전류 $I = dq/dt$이고, 회로 내 전하는 한 분기점에 쌓일 수 없으므로 그 분기점으로 들어가는 전류는 모두 흘러나온다. 일반적으로 분기점으로 흘러들어가는 전류를 양$(+I)$으로 하고 흘러나가는 전류를 음$(-I)$으로 한다. [그림(1)]의 (a)에서 제1법칙을 적용하면

$$I_1 - I_2 - I_3 = 0$$

이다. 이것은 유체역학에서 질량보존법칙을 설명해주는 연속법칙과 같은 개념이다. [그림(1)]의 (b)와 같이 비압축성유체가 관로를 흐를 때 흘러들어가는 유량은 흘러나오는 유량과 같으므로

$$Q_1 = Q_2 + Q_3$$

이다. 즉, $Q_1 - Q_2 - Q_3 = 0$이 성립한다.

제2법칙은 에너지 보존법칙에 대한 설명이다. 닫힌회로의 고리를 따라 하나의 양전하가 움직일 때 전하가 출발점에 돌아오면 전하-회로계는 전하가 출발하기 전의 총에너지와 같은 총에너지를 가져야 한다. 즉, 전하가 회로 내의 어떤 소자를 지나갈 때 증가한 에너지의 총합은 전하가 회로 내의 다른 소자를 지나갈 때 감소한 에너지의 총합과 같다.

제2법칙을 적용할 때 다음과 같은 부호 규칙에 유의해야 한다.

(1) 저항 규칙: 전류와 같은 방향으로 저항기를 지나면 저항에서 전위차는 $-IR$이고[그림(2)의 (a)], 반대방향이면 $+IR$이다[그림(2)의 (b)].

(2) 기전력 규칙: 기전력의 방향(음극에서 양극)으로 기전력 장치를 지나면 전위차는 $+E$이고[그림(2)의 (c)], 반대방향(양극에서 음극)으로 지나면 $-E$이다[그림(2)의 (d)].

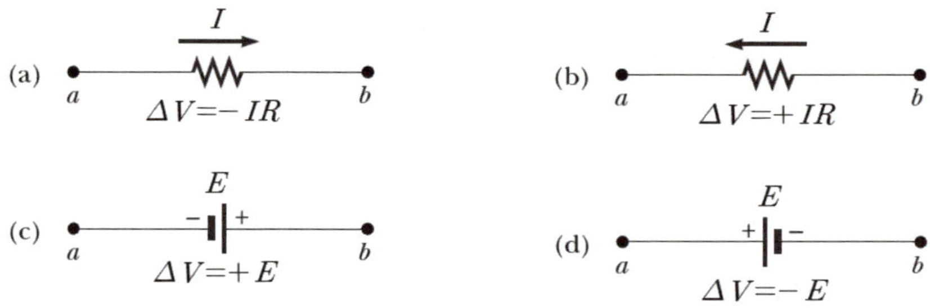

[그림(2)] 저항규칙[(a), (b)]과 기전력 규칙[(c), (d)]. 각 회로의 소자를 모두 a에서 b쪽으로($a \rightarrow b$) 지나는 경우이다. 즉, 전위차 $\Delta V = V_b - V_a$이다.

[예제 1] [단일 고리 회로] 그림과 같이 두 개의 저항기와 두 개의 전지를 포함하는 단일 고리 회로에 흐르는 전류를 구하라.

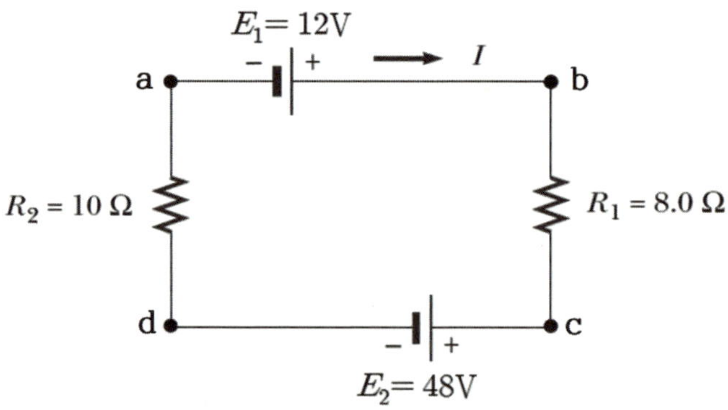

[그림(3)] 단일 고리 회로

풀이 그림과 같이 시계방향(↷)으로 전류가 흐른다고 가정한다. 점 a에서 출발하여 시계방향으로 회로를 순환하면 a→b에서는 $+E_1$, b→c에서는 $-IR_1$, c→d 에서는 $-E_2$, d→a 에서는 $-IR_2$의 전위차가 있다. 따라서 고리 abcda에 대해 키르히호프의 고리법칙을 적용하면

$$\sum \Delta V = 0$$
$$E_1 - IR_1 - E_2 - IR_2 = 0 \quad \cdots\cdots ①$$

이다. 식 ①에 그림에서 주어진 값(R_1, R_2, E_1, E_2)을 대입하면 다음과 같이 전류 I가 구해진다.

$$I = \frac{E_1 - E_2}{R_1 + R_2} = \frac{12-48}{8+10} = -2[\mathrm{A}] \quad \cdots\cdots ②$$

여기에서 음의 부호는 실제 전류의 방향은 처음에 가정한 방향과 반대 방향임을 말해준다. 즉, 주어진 회로에는 반시계방향(↶)으로 2[A]의 전류가 흐른다.

[예제 2] [다중 고리 회로] 그림과 같은 회로에 흐르는 전류 I_1, I_2, I_3을 구하라.

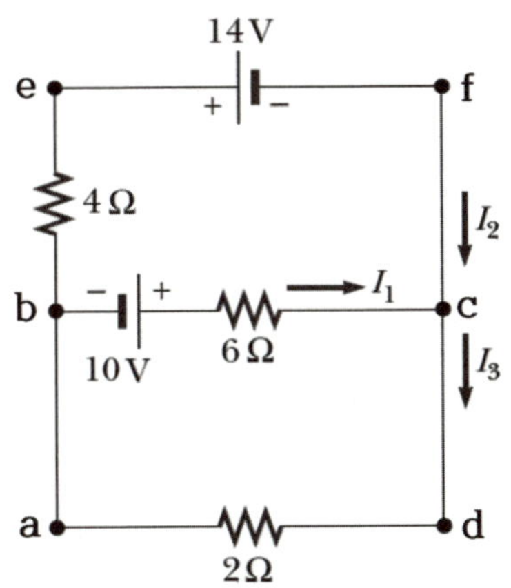

[그림(4)] 다중 고리 회로

풀이 그림과 같은 방향으로 전류가 흐른다고 가정한다. 먼저 접점 c에서 분기점 법칙($\sum I = 0$)을 적용하면

$$I_1 + I_2 = I_3 \cdots\cdots ①$$

이다. 다음에 닫힌회로에서 시계방향(↷)으로 고리법칙($\sum \Delta V = 0$)을 적용한다.

- 고리 abcda(↷): ad에는 I_3의 전류가 흐른다.

$$10 - 6I_1 - 2I_3 = 0$$
$$\therefore \ 3I_1 + I_3 = 5 \cdots\cdots ②$$

- 고리 befcb(↷): be에는 I_2의 전류가 흐른다.

$$-14 + 6I_1 - 10 - 4I_2 = 0$$
$$\therefore \ 3I_1 - 2I_2 = 12 \cdots\cdots ③$$

식 ②, ③에서 각 항의 단위는 볼트[V]이고, 전류의 단위는 암페어[A]이다. 식 ②에서 $I_3 = -3I_1 + 5$와 식 ③에서 $I_2 = \frac{3}{2}I_1 - 6$을 식 ①에 대입하여 정리하면 I_1은

$$I_1 + \left(\frac{3}{2}I_1 - 6\right) = (-3I_1 + 5)$$
$$2I_1 + (3I_1 - 12) = (-6I_1 + 10)$$
$$11I_1 = 22$$
$$\therefore \ I_1 = 2[\mathrm{A}]$$

이고, I_2와 I_3은 다음과 같다.

$$I_2 = \frac{3}{2}I_1 - 6 = \frac{3}{2} \times (2) - 6 = -3[\mathrm{A}]$$
$$I_3 = -3I_1 + 5 = -3 \times (2) + 5 = -1[\mathrm{A}]$$

이상에서 I_2와 I_3의 부호가 음(−)이라는 것은 그림에서 가정한 것과 반대 방향으로 전류가 흐른다는 것을 나타낸다.

연습문제 11

01 건조한 날 유리와 종이를 문지르면 서로 어떻게 전기를 띠게 되는가?

02 $400\,\mathrm{C}$은 몇 개의 전자가 가지는 전하량인가?

03 어떤 도선에 7분 동안 $400\,\mathrm{mA}$의 전류가 흘렀다. 7분 동안 도선의 단면을 통과한 총 전하량은 몇 C인가?

04 어떤 도선에 $4\,\mathrm{mA}$의 전류가 흘렀다. 1초 동안 도선의 단면을 통과한 전자는 몇 개인가?

05 원통형 도선을 균일하게 잡아당겨서 길이가 4배로 늘어났을 때, 늘어난 도선의 저항은 처음의 몇 배가 되는가? 단, 도선의 부피는 일정하다.

06 저항이 $4\,\Omega$인 니크롬선에 흐르는 전류가 $5\,\mathrm{A}$일 때 니크롬선에 걸리는 전압은 몇 V인가?

07 전원의 전압이 $4\,\mathrm{V}$인 회로에 $0.5\,\mathrm{A}$의 전류가 흐른다면 이 회로의 저항은 몇 Ω인가?

08 그림과 같은 회로에서 $5\,\mathrm{A}$의 전류가 흐를 때 $2\,\Omega$의 저항체에서의 전압강하를 구하라.

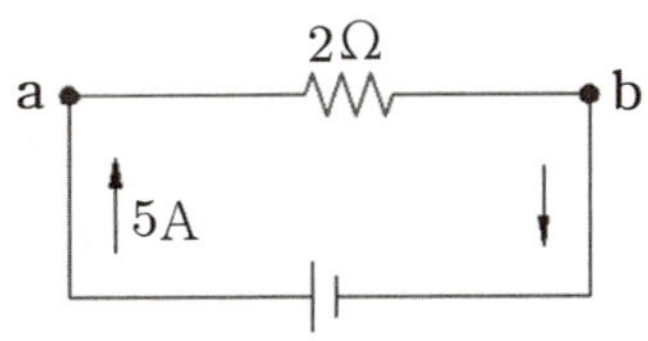

[문제 11.8]

09 그림과 같은 전기 회로에서 다음을 구하라.

(1) 회로에 흐르는 전류[A]
(2) 2분 동안 도선의 단면을 통과한 전하량[C]

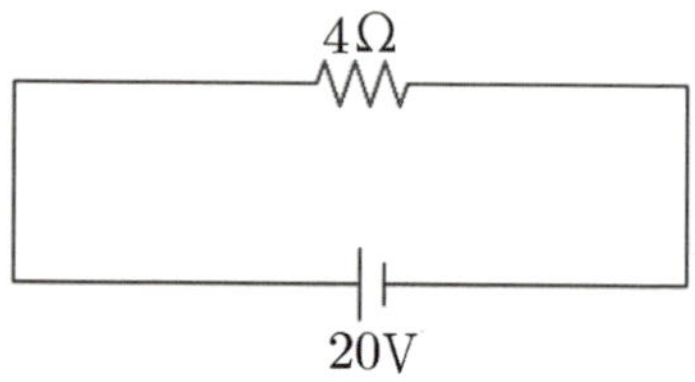

[문제 11.9]

10 세 개의 저항을 그림과 같이 복합적으로 연결하여 10V 의 전압을 걸어 주었다. 다음을 구하라.

(1) 회로의 전체저항
(2) 회로에 흐르는 전체전류
(3) 20Ω 과 10Ω 에 걸리는 전압

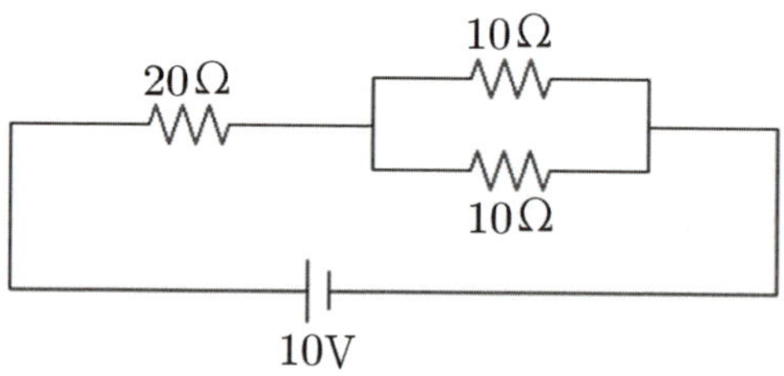

[문제 11.10]

11 그림과 같이 5Ω, 10Ω, 15Ω 의 저항을 병렬로 연결하여 30V 의 전압을 걸어 주었다. 다음을 구하라.

(1) 회로의 전체저항
(2) 회로에 흐르는 전체전류
(3) 각 저항(5Ω, 10Ω, 15Ω)에 걸리는 전압
(4) 각 저항(5Ω, 10Ω, 15Ω)에 흐르는 전류

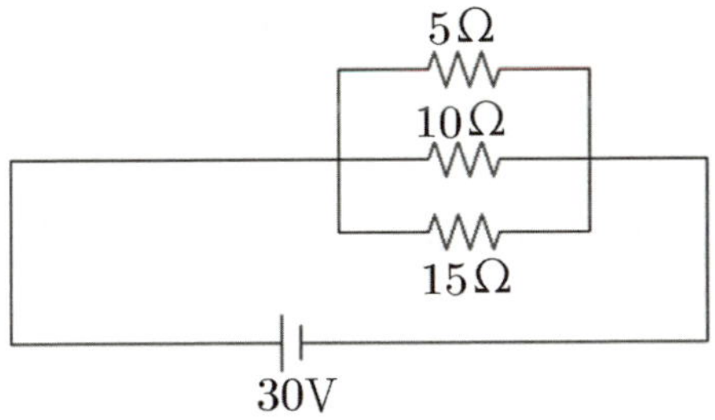

[문제 11.11]

12 네 개의 저항을 그림과 같이 복합적으로 연결하여 40V의 전압을 걸어 주었다. 다음을 구하라.

(1) 회로의 전체저항
(2) 회로에 흐르는 전체전류
(3) 각 저항(3Ω, 4Ω, 2Ω)에 걸리는 전압
(4) 2Ω에 흐르는 전류

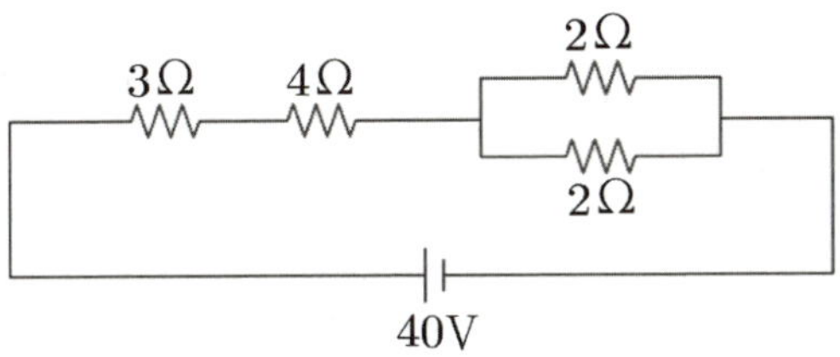

[문제 11.12]

13 네 개의 저항을 그림과 같이 복합적으로 연결하여 12V의 전압을 걸어 주었다. 회로의 전체저항과 전체전류를 구하라.

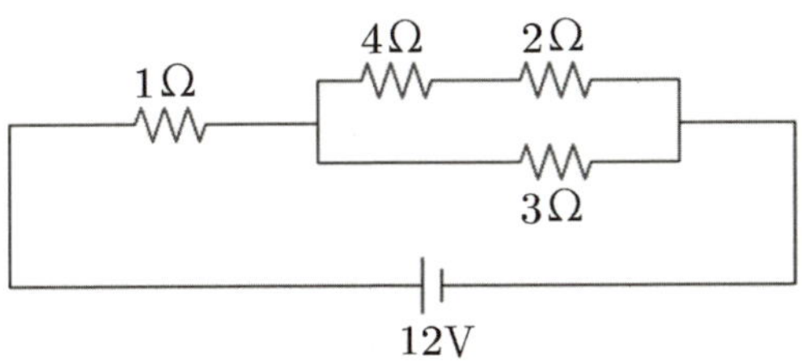

[문제 11.13]

14 저항이 10Ω 인 어떤 도선에 3분 동안 2A의 전류가 일정하게 흘렀을 때 도선에 공급된 전기에너지는 몇 kJ 인가?

15 그림과 같은 회로에서 12A의 전류가 흐르고 있을 때 10초 동안 4Ω 의 저항에서 소모되는 전기에너지는 몇 J 인가?

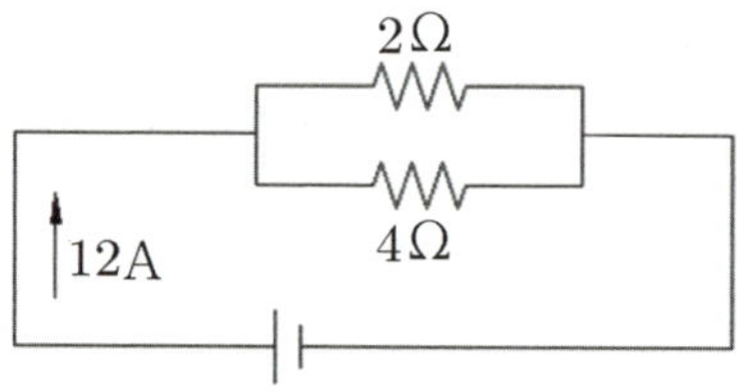

[문제 11.15]

16 저항이 10Ω 인 니크롬선에 4분 동안 30V의 전압이 걸렸을 때 니크롬선에서 발생한 열량은 몇 kcal인가?

17 220V − 500W 전열기를 220V 전원에 연결하여 40분 동안 사용했을 때 발생한 열에너지는 몇 kcal인가?

18 그림과 같이 2Ω 과 4Ω 의 저항이 직렬연결되어 있다. 다음을 구하라.

(1) 4Ω 의 저항에서 5초 동안 발생하는 전기에너지[J]

(2) 2Ω 의 저항에서 소비되는 전력[W]

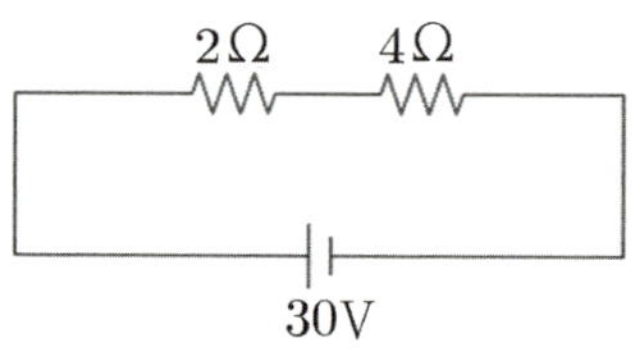

[문제 11.18]

19 어느 가정에서 220V − 60W 전구 한 개와 220V − 40W 형광등 한 개를 220V 전원에 연결하여 하루 10시간씩 30일 동안 사용하였다. 총 소비전력량은 몇 kWh 인가?

20 그림과 같은 회로에서 $R_1 = 4\Omega$, $R_2 = 2\Omega$일 때 각 저항에 걸리는 전압비 ($V_1 : V_2$)와 전류비($I_1 : I_2$)를 각각 구하라. [공무원 임용시험]

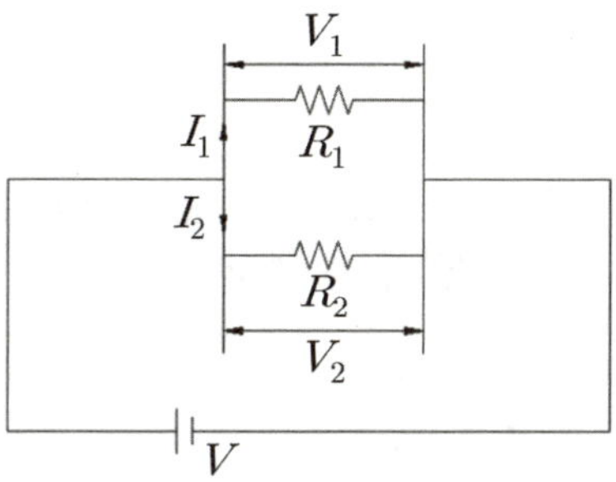

[문제 11.20]

21 실린더 모양의 두 도선 A, B가 있다. 도선 A의 길이는 B의 2배이고 단면 반지름은 B의 $\frac{1}{2}$배이다. 도선 A와 B에 같은 크기의 전압을 걸어줄 때 도선에 흐르는 전류비 ($I_A : I_B$)는? [공무원 임용시험]

① 1 : 2 ② 1 : 4 ③ 1 : 8 ④ 4 : 1
⑤ 2 : 1

22 그림과 같은 회로에서 15Ω짜리 저항체 1개가 10초 동안 소모하는 에너지[J]는? 단, 도선의 저항은 무시한다. [공무원 임용시험]

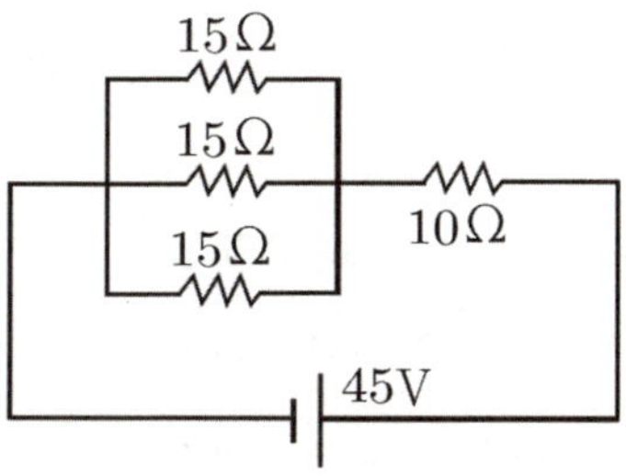

[문제 11.22]

① 150 ② 200 ③ 250 ④ 300

23 동일한 크기의 저항을 가진 3개의 저항체를 전지의 양단에 직렬로 연결했을 때 전지가 전달하는 일률이 10W였다. 이 저항체들을 같은 전지의 양단에 병렬로 연결하면 전지가 전달하는 일률[W]은? 단, 도선의 저항은 무시한다. [공무원 임용시험]

① 10 ② 30 ③ 50 ④ 90

24 길이 L, 반지름 r인 원기둥 모양 도체의 저항을 측정하였더니 R이었다. 길이와 반지름을 모두 2배로 할 경우 저항 값은 얼마인가? [공무원 임용시험]

① $\frac{1}{4}R$ ② $\frac{1}{3}R$ ③ $\frac{1}{2}R$ ④ R

25 다음 회로의 저항 3Ω에서 소비되는 전력[W]은? [공무원시험]

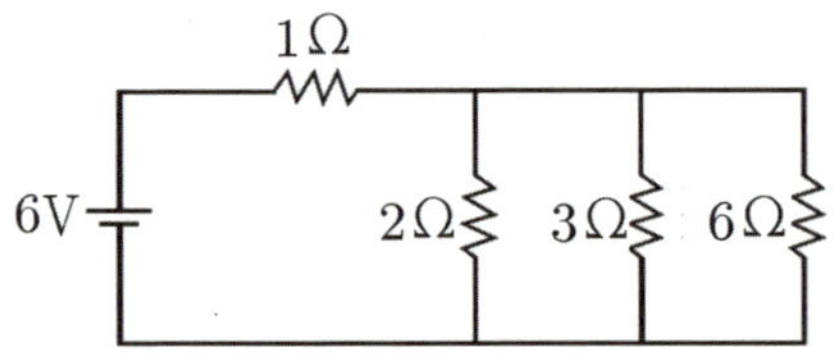

[문제 11.25]

① 2 ② 3 ③ 4 ④ 5

26 1Ω, 2Ω, 3Ω짜리 저항 세 개를 직렬로 연결하고 5V의 건전지에 연결하였다. 2Ω짜리 저항에서 소비되는 전력은? [공무원 임용시험]

① $\frac{25}{6}$W ② $\frac{25}{18}$W ③ $\frac{25}{24}$W ④ $\frac{25}{81}$W

27 비저항과 부피가 같은 원기둥 모양의 구리 도선 A, B의 길이 비가 $2:3$일 때, 두 도선의 저항은 각각 R_A, R_B이다. $R_A : R_B$는? [공무원 임용시험]

① $1:1$ ② $2:1$ ③ $2:3$ ④ $4:9$

28 단면적이 a, 비저항이 ρ, 길이가 L인 도선 A와 단면적이 $3a$, 비저항이 3ρ, 길이가 $3L$인 도선 B가 직렬로 연결되어 있다. 전체 도선의 양 끝에 일정한 전압 V를 가할 때, 도선 A에서 소모되는 전력은? [공무원 임용시험]

① $\frac{aV^2}{16\rho L}$ ② $\frac{3aV^2}{16\rho L}$ ③ $\frac{a\rho V^2}{4L}$ ④ $\frac{3a\rho V^2}{4L}$

29 50W의 전구를 30분 동안 사용할 때, 소모되는 에너지의 크기는? [공무원 임용시험]

① 25J ② 250J ③ 1,500J ④ 90,000J

30 그림과 같이 4개의 저항이 연결되어 있다. 저항의 크기는 $R_1 = 1\Omega$, $R_2 = 2\Omega$, $R_3 = 2\Omega$, $R_4 = 4\Omega$이다. a와 b 사이에 10V의 전압이 걸렸을 때 a와 b 사이의 등가 저항의 크기와 저항 R_2에 흐르는 전류의 세기를 올바르게 짝지은 것은?

[공무원 임용시험]

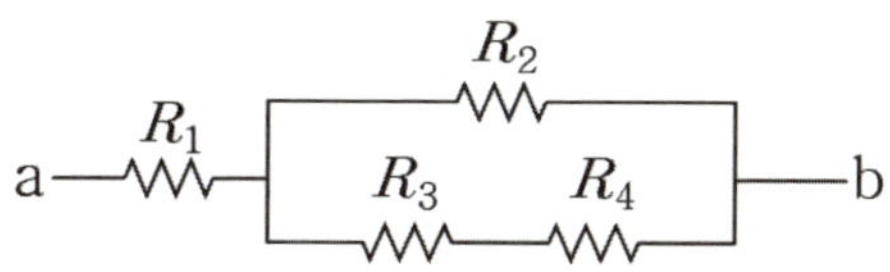

[문제 11.30]

① 2.5Ω, 1A ② 2.5Ω, 3A ③ 9Ω, 1A ④ 9Ω, 3A

31 전기 전도도 σ, 단면적 A, 길이가 L인 도선과 전기 전도도 2σ, 단면적 $2A$, 길이가 L인 도선을 병렬로 연결한 전체 도선의 저항은? [공무원 임용시험]

① $\dfrac{L}{5\sigma A}$ ② $\dfrac{5L}{4\sigma A}$ ③ $\dfrac{\sigma L}{5A}$ ④ $\dfrac{5\rho L}{4\sigma A}$

32 전선의 비저항 $\rho = 1 \times 10^{-8}\,\Omega \cdot$ m이다. 지름 1mm인 전선이 1Ω의 저항을 가질 때, 전선의 길이[m]는? [공무원 임용시험]

① 25π ② 50π ③ 100π ④ $100,000\pi$

33 3Ω과 4Ω 저항을 직렬로 연결한 회로에 14V의 전압을 걸어줄 때, 3Ω 저항에서 소모되는 전력의 값[W]은? (단, 회로 내의 전력손실은 없다.) [공무원 임용시험]

① 6 ② 12 ③ 16 ④ 28

34 저항 6Ω의 도선을 잡아당겨서 길이를 4배로 늘였다. 도선 물질의 비저항이나 밀도가 변하지 않는다고 가정할 때 늘어난 도선의 저항은? [공무원 임용시험]

① 24Ω ② 4Ω ③ 54Ω ④ 96Ω

35 단면이 원형인 같은 길이의 도선 A와 도선 B가 있다. 도선 A의 반지름과 비저항이 각각 도선 B의 2배이고 같은 전원이 공급될 때, 도선 A에 전달되는 전력의 크기는 도선 B의 몇 배인가? [공무원 임용시험]

① 2 ② $\sqrt{2}$ ③ 1 ④ $\frac{1}{\sqrt{2}}$

36 길이가 20m인 원형 단면의 구리선이 있다. 이 구리선의 저항이 0.112Ω일 때, 구리선의 반지름[mm]은? (단, 구리의 비저항은 1.68×10^{-8} Ω·m이고, 원주율 π는 3이다.) [공무원 임용시험]

① 0.5 ② 1 ③ 1.5 ④ 2

37 그림과 같이 직육면체 금속의 세 변의 길이의 비가 $a:b:c=1:2:3$이다. 10V의 전원을 A와 B 단자(양 옆면)에 걸었을 때 소비전력을 P_{AB}라 하고, 같은 전원을 C와 D 단자(위, 아래 면)에 걸었을 때 소비전력을 P_{CD}라 할 때, $P_{AB}:P_{CD}$ 값은? (단, 두 단자는 금속 내에 균일한 전류를 형성하게 한다.) [공무원 임용시험]

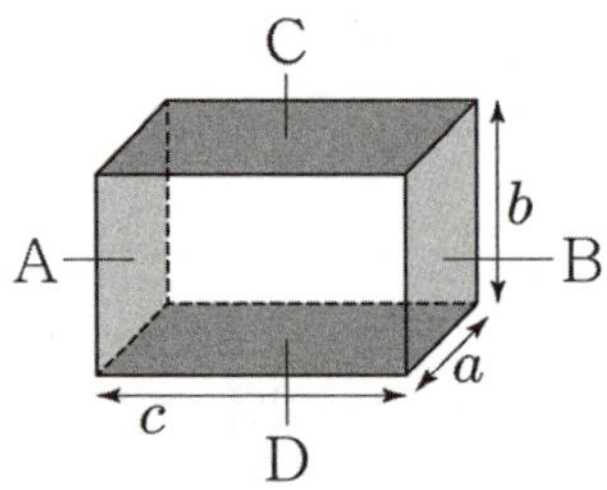

[문제 11.37]

① 2 : 3 ② 3 : 2 ③ 4 : 9 ④ 9 : 4

38 저항이 4Ω인 송전선에 20A의 전류가 흐를 때, 송전선에서 열로 손실된 전력[W]은? [공무원 임용시험]

① 800 ② 1,000 ③ 1,600 ④ 3,200

39 그림 (a), (b)와 같이 3개의 저항을 직렬과 병렬을 혼합하여 연결할 때 각각의 합성저항을 구하라. [공무원 임용시험]

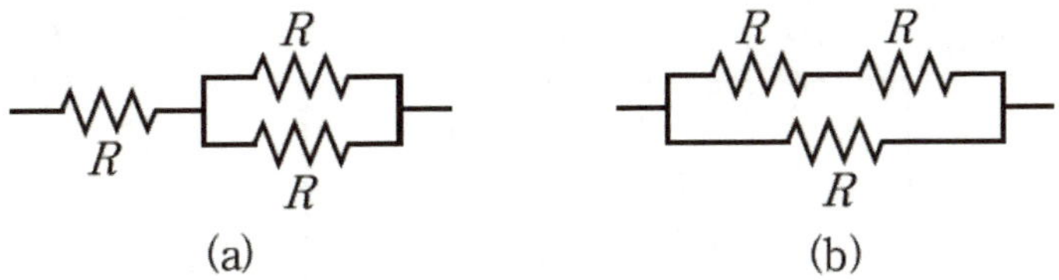

[문제 11.39]

40 그림과 같은 회로에서 2Ω의 저항기가 순수한 물 100g을 포함하고 있는 단열 용기에 잠겨 있다. 물의 초기온도가 $20℃$ 였다면 물의 온도가 $80℃$ 까지 올라가는 데 걸리는 시간은? (단, 단열 용기와 저항의 열용량은 무시하며, $1\text{cal} = 4\text{J}$로 근사하여 계산한다) [공무원 임용시험]

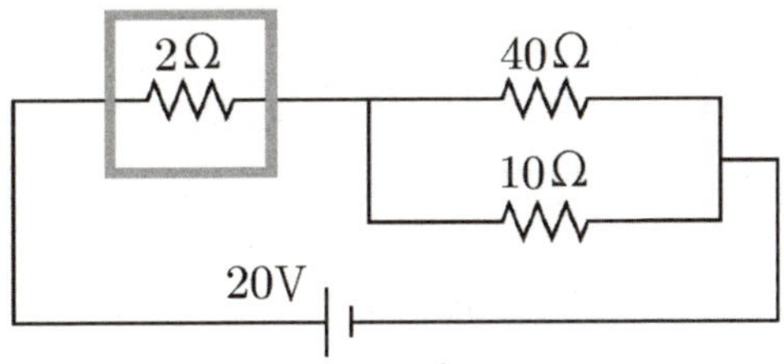

[문제 11.40]

① 50분 ② 60분 ③ 90분 ④ 100분

41 그림과 같은 두 회로에 흐르는 전류 I_1과 I_2가 같은 크기의 값을 가질 때, 즉, $I_1 = I_2$일 때 R_1, R_2의 저항 값이 될 수 있는 것은? [중등교사 임용시험]

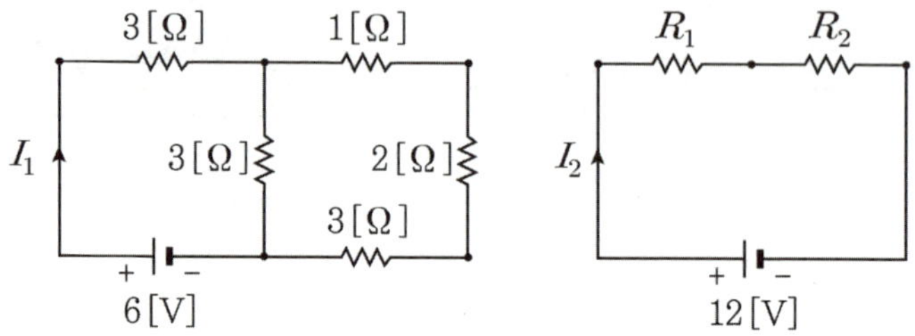

[문제 11.41]

① $R_1 = 3\,\Omega$, $R_2 = 1.5\,\Omega$　　② $R_1 = 3\,\Omega$, $R_2 = 2\,\Omega$
③ $R_1 = 3\,\Omega$, $R_2 = 3\,\Omega$　　④ $R_1 = 4\,\Omega$, $R_2 = 6\,\Omega$

42 [키르히호프의 법칙] 그림의 회로에서 전류 I_1[A], I_2[A]를 각각 구하고, 풀이 과정과 함께 쓰시오. (단, V_1, V_2는 전지 전압이며, R_1, R_2, R_3은 저항이고, 전지의 내부 저항과 도선의 저항은 무시한다) [중등교사 임용시험]

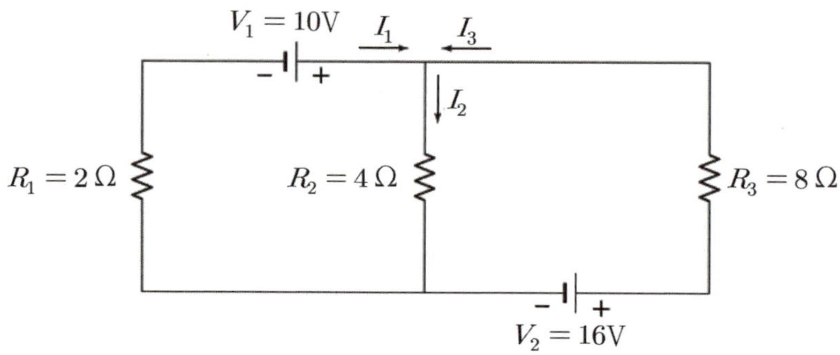

[문제 11.42]

연습문제 풀이 및 정답

연습문제 1

연습문제 2

연습문제 3

연습문제 4

연습문제 5

연습문제 6

연습문제 7

연습문제 8

연습문제 9

연습문제 10

연습문제 11

연습문제 1

01. $5\text{kN} \times 0.4\text{mm} = (5 \times 10^3\text{N}) \times (0.4 \times 10^{-3}\text{m}) = 2\text{N} \cdot \text{m} = 2\text{J}$

02. $F = ma = 40\text{kg} \times (20 \times 10^{-2})\text{m/s}^2 = 8\text{kg} \cdot \text{m/s}^2 = 8\text{N}$

03. $P = \dfrac{F}{A} = \dfrac{4 \times 10^3\text{N}}{2 \times (10^{-3}\text{m})^2} = 2 \times 10^9\text{N/m}^2 = 2 \times 10^9\text{Pa}$

04. $W = mg = 1200\text{kg} \times 9.8\text{m/s}^2 = 11760\text{N} = 11.76\text{kN}$

05. (a) $A = 4\pi R^2 = 4\pi \times (6.4 \times 10^3\text{km})^2 = 514.7 \times 10^6\text{km}^2 = 5.1 \times 10^8\text{km}^2$

(b) $V = \dfrac{4\pi}{3}R^3 = \dfrac{4\pi}{3} \times (6.4 \times 10^3\text{km})^3 = 1098.1 \times 10^9\text{km}^3 = 1.1 \times 10^{12}\text{km}^3$

06. $N = \dfrac{l}{d} = \dfrac{10\text{cm}}{0.1\text{nm}} = \dfrac{10 \times 10^{-2}\text{m}}{0.1 \times 10^{-9}\text{m}} = 10^{1-2-(-10)} = 10^9$[개]

07. (a) $1\mu\text{m} = 10^{-6}\text{m} = 10^{-4} \times (10^{-2}\text{m}) = 10^{-4}\text{cm}$

(b) $1\text{km} = 10^3\text{m} = 10^9 \times (10^{-6}\text{m}) = 10^9\mu\text{m}$

08. $V = \pi R^2 t = \pi \times (2000 \times 10^5\text{cm})^2 \times (3000 \times 10^2\text{cm}) = 3.8 \times 10^{22}\text{cm}^3$

09. $1\text{u} = 1.66 \times 10^{-27}$ kg이다.

$\therefore\ N = \dfrac{M}{40u} = \dfrac{5.97 \times 10^{24}}{40 \times (1.66 \times 10^{-27})} = 8.99 \times 10^{49}$(개)

10. 부피 = 넓이 × 깊이 $= (40 \times 10^4\text{m}^2) \times (50\text{m})$

$= 2 \times 10^7\text{m}^3 = 2 \times 10^7 \times (10^{-3}\text{km})^3 = 0.02\text{km}^3$

11. $1000\dfrac{\text{kg}}{\text{m}^3} = 1000 \times \dfrac{10^3\text{g}}{(10^2\text{cm})^3} = 1\dfrac{\text{g}}{\text{cm}^3}$

12. $700\dfrac{\text{m}}{\text{s}} = 700 \times \dfrac{10^{-3}\text{km}}{(1/3600)\text{h}} = 2520\dfrac{\text{km}}{\text{h}}$

13. $c = 3.0 \times 10^8\dfrac{\text{m}}{\text{s}} = (3.0 \times 10^8)\left(\dfrac{1}{1.5 \times 10^{11}}\text{AU}\right) \times \dfrac{1}{1/60\text{min}} = 0.12\text{AU/min}$

14. $\dot{m} = \dfrac{3\text{kg}}{1\text{주}} = \dfrac{(3\times 10^3 \times 10^3)\text{mg}}{(7\times 24\times 3600\,)\text{s}} = 4.96\,\text{mg/s}$

15. (1) $\rho = \dfrac{m}{V}$ $\quad\therefore\quad V = \dfrac{m}{\rho} = \dfrac{9.3\times 10^{-26}\,\text{kg}}{7.9\times 10^{-3}\,\text{kg}/(10^{-2}\text{m})^3} = 1.2\times 10^{-29}\,\text{m}^3$

(2) 원자의 부피 $V = \dfrac{4}{3}\pi R^3$ 으로부터 원자의 반지름(R)을 구한다.

$$R = \sqrt[3]{\frac{3V}{4\pi}} = \sqrt[3]{\frac{3\times(1.2\times 10^{-29}\text{m}^3)}{4\pi}}$$
$$= \sqrt[3]{\frac{3\times(1.2\times 10^{-2})}{4\pi}}\times 10^{-9}\,\text{m}$$
$$= 0.14\times 10^{-9}\,\text{m} = 0.14\,\text{nm}$$

따라서 이웃한 원자들 사이의 중심거리는 $2R = 0.28\,\text{nm}$ 이다.

16. $[W] = [F][s] = (ML/T^2)\times L = ML^2T^{-2}$

17. $[P] = \dfrac{[W]}{[t]} = \dfrac{[Fs\,]}{[t]} = \dfrac{(ML/T^2)L}{T} = ML^2T^{-3}$

18. 좌변의 속도 차원은 $[v] = L/T$ 이다. 그런데 우변의 차원은

$$\left[\frac{1}{gh^2}\right] = \frac{1}{[gh^2\,]} = \frac{1}{(L/T^2)L^2} = T^2/L^3$$

이므로 좌변의 차원과 일치하지 않는다. 따라서 학생이 구한 식은 옳은 식이 아니다.

19. $m = 2\text{kg} = 2\times 10^3\text{g},\ v = 2\text{mm/s} = 0.2\,[\text{cm/s}]$

$K = \dfrac{1}{2}mv^2 = \dfrac{1}{2}(2\times 10^3)(0.2)^2 = 40\,[\text{erg}]$

20. $\dfrac{23}{10{,}000}\,\text{m} = 2.3\times 10^{-3}\text{m} = 2.3\,\text{mm}$ $\;(\leftarrow\ 1\text{mm} = 10^{-3}\text{m})$

21. [정답: ④] 22. [정답: ③]

23. [정답: ①]

$$E = mc^2 \quad \therefore \ m = \frac{E}{c^2} = \frac{(9.0 \times 10^{26}\,\text{J})}{(3 \times 10^8\,\text{m/s})^2} = 1.0 \times 10^{10}\,\text{kg}$$

여기에서 $\dfrac{\text{J}}{(\text{m/s})^2} = \dfrac{\text{N} \cdot \text{m}}{(\text{m/s})^2} = \dfrac{(\text{kg} \cdot \text{m/s}^2) \cdot \text{m}}{(\text{m/s})^2} = \text{kg}$

24. [정답: ③] $W = mg = 3\text{kg} \times 4\text{m/s}^2 = 12\text{kg} \cdot \text{m/s}^2 = 12\text{N}$

25. [정답: ④] $1\text{J} = 1\text{N} \cdot \text{m} = 10^5\text{dyne} \cdot 10^2\text{cm} = 10^7\text{dyne} \cdot \text{cm} = 10^7\text{erg}$

26. [정답: ④] 27. [정답: ①] 28. [정답: ①]

29. [정답: ④] 에너지의 단위는 일의 단위[J, N • m]와 같다.

30. [정답: ④] 동력은 단위 시간당 일로 정의된다. SI 기본단위로 나타내면

$$P = \frac{(\text{일})}{(\text{시간})} = \frac{\text{J}}{\text{s}} = \frac{\text{N} \cdot \text{m}}{\text{s}} = \frac{(\text{kg} \cdot \text{m/s}^2) \cdot \text{m}}{\text{s}}$$

$$= \text{m}^2 \cdot \text{kg} \cdot \text{s}^{-3}$$

31. 본문의 [표 1.1] SI 기본 차원과 단위 참고

연습문제 2

01. $v_{avg} = \dfrac{d}{\Delta t} = \dfrac{42.195 \times 1000}{2 \times 3600 + 10 \times 60} = 5.41\,[\text{m/s}]$

02. $\Delta t = \dfrac{d}{v_{avg}} = \dfrac{20}{120 \times 1000/3600} = 0.6\,[\text{s}]$

03. $d = v_{avg}\Delta t = 1.4 \times (5 \times 3600) \times \dfrac{1}{1000} = 25.2\,[\text{km}]$

04. • 평균가속도 $a_{avg} = \dfrac{v_2 - v_1}{\Delta t} = \dfrac{(72 \times 1000/3600) - 0}{4} = 5\,[\text{m/s}^2]$

05. $a = \dfrac{v^2 - v_0^2}{2x} = \dfrac{10^2 - 4^2}{2 \times 20} = 2.1\,[\text{m/s}^2]$

06. • 속도 $v = \frac{dx}{dt} = \frac{d}{dt}(t^3 - 4t^2 + 5t) = 3t^2 - 8t + 5$ [m/s]

• 가속도 $a = \frac{dv}{dt} = \frac{d}{dt}(3t^2 - 8t + 5) = 6t - 8$ [m/s^2]

∴ $t = 3$일 때 속도 $v = 8$ [m/s], 가속도 $a = 10$ [m/s^2]

07. • 위치 $x = v_0 t + \frac{1}{2}at^2 = 0 + \frac{1}{2} \times 2 \times 7^2 = 49$ [m]

• 속도 $v = v_0 + at = 0 + 2 \times 7 = 14$ [m/s]

08. 정지 상태에서 출발하므로 초기속도 $v_0 = 0$이다.

$x = v_0 t + \frac{1}{2}at^2$에서 $x = 500\text{m}$, $t = 10\text{s}$를 대입하면

$$500 = 0 + \frac{1}{2}a \times 10^2 \quad \therefore \; a = 10 \,[\text{m/s}^2]$$

이고, 10초 후의 속도는 다음과 같다.

$$v = v_0 + at = 0 + 10 \times 10 = 100 \,[\text{m/s}]$$

09. 초기속도 $v_0 = 72\text{km/h} = \frac{72 \times 1000\text{m}}{3600\text{s}} = 20$ [m/s]

이고, 최종속도는 $v_1 = 0$이므로 가속도는

$$a = \frac{v_1 - v_0}{\Delta t} = \frac{0 - 20}{2} = -10 \,[\text{m/s}^2]$$

이다. v_0, v_1, a를 알고 있으므로 다음과 같이 브레이크를 밟은 후의 차의 이동 거리(x)가 구해진다.

$$v_1^2 - v_0^2 = 2ax \;\rightarrow\; 0 - 20^2 = 2 \times (-10) \times s \quad \therefore \; x = 20 \,[\text{m}]$$

10. $v^2 - v_0^2 = 2ax$에서 $40^2 - 0 = 2a \times 200 \quad \therefore \; a = 4$ [m/s^2]

$v = v_0 + at$에서 $t = \frac{v - v_0}{a} = \frac{40 - 0}{4} = 10$ [s]

11. $v-t$ 그래프에서 이동 거리는 넓이이다.

(1) $2<t<4$에서 $x=2\times 6=12\,[\mathrm{m}]$

(2) $x=\dfrac{1}{2}\times 2\times 6+2\times 6+\dfrac{1}{2}\times 4\times 6=30\,[\mathrm{m}]$

• 평균속력 $v=\dfrac{x}{t}=\dfrac{30}{8}=3.75\,[\mathrm{m/s}]$

(3) $0<t<2$에서 $a=\dfrac{\Delta v}{\Delta t}=\dfrac{6}{2}=3\,[\mathrm{m/s^2}]$

(4) $4<t<8$에서 $a=\dfrac{\Delta v}{\Delta t}=\dfrac{-6}{4}=-1.5\,[\mathrm{m/s^2}]$

12. $v-t$ 그래프에서 기울기는 가속도이므로 $a=-\dfrac{8}{2}=-4\,[\mathrm{m/s^2}]$이고, 그래프에서 $t=0$에서 초기속도 $v_0=8\,[\mathrm{m/s}]$, 초기위치 $x_0=0$이다.

$$x=\frac{1}{2}at^2+v_0t+x_0=-2t^2+8t\,[\mathrm{m}]$$

13. $H=\dfrac{1}{2}gt^2=\dfrac{1}{2}\times 9.8\times 10^2=490\,[\mathrm{m}]$

14. $h=\dfrac{1}{2}gt^2 \quad \therefore\ t=\sqrt{\dfrac{2h}{g}}=\sqrt{\dfrac{2\times 100}{9.8}}=4.52\,[\mathrm{s}]$

$$v=gt=9.8\times 4.52=44.3\,[\mathrm{m/s}]$$

15. $v^2-v_0^2=-2gh$에 최고점에서 $v=0$, $h=h_{max}$를 대입하면

$$v_0=\sqrt{2gh_{max}}=\sqrt{2\times 9.8\times 50}=31.3\,[\mathrm{m/s}]$$

16. 이동 거리 $x=\left(\dfrac{1}{2}\times 2\times 6\right)+(3\times 6)+\left\{\dfrac{1}{2}\times 5\times(2+6)\right\}=44\,[\mathrm{m}]$

17. $h_{max}=\dfrac{v_0^2}{2g}=\dfrac{49^2}{2\times 9.8}=122.5\,[\mathrm{m}]\quad (\because\ v^2-v_0^2=-2gh_{max},\ v=0)$

최고점에서 속도는 0에서 $v=v_0-gt=0 \ \therefore\ t=\dfrac{v_0}{g}=\dfrac{49}{9.8}=5\,[\mathrm{s}]$

18. 자유낙하 거리 $h=\dfrac{1}{2}gt^2$이므로 물체의 높이는 다음과 같다.

$$y = H - h = H - \frac{1}{2}gt^2$$

19. 물체 A가 자유낙하한 거리(h_A)와 물체 B가 올라간 거리(h_B)

$$h_A = \frac{1}{2}gt^2,\ h_B = v_0 t - \frac{1}{2}gt^2$$

두 물체가 충돌할 때 $h_A + h_B = 80\,[\mathrm{m}]$ 이므로 이때까지 걸린 시간은

$$h_A + h_B = \frac{1}{2}gt^2 + \left(v_0 t - \frac{1}{2}gt^2\right) = v_0 t = 80\,[\mathrm{m}]$$

$$\therefore\ t = \frac{80}{v_0} = \frac{80}{40} = 2\,[\mathrm{s}]$$

이다. 충돌 지점의 높이는 물체 B가 올라간 거리와 같다.

$$h_B = v_0 t - \frac{1}{2}gt^2 = 40 \times 2 - \frac{1}{2} \times 9.8 \times 2^2 = 60.4\,[\mathrm{m}]$$

20. [정답: ④] $v^2 - v_0^2 = 2ax,\ 0 - v_0^2 = 2 \times (-2.5) \times (2000)\ \ \therefore\ v_0 = 100\,[\mathrm{m/s}]$

21. [정답: ④] $v^2 - v_0^2 = -2gh$, 최고점에서 $v = 0$

22. [정답: ③] $h = \frac{1}{2}gt^2,\ v = gt,\ v_0 = 0,\ v_{avg} = \frac{v_0 + v}{2}$

23. [정답: ④] 처음 2초 동안은 $v_0 = 5\mathrm{m/s}$의 등속운동을 하고, 다음 2초 동안은 초기속도 $v_0 = 5\mathrm{m/s}$, 가속도 $a = 1\mathrm{m/s^2}$의 등가속도 운동을 한다.

$$\therefore\ s = v_0 t_1 + \left(v_0 t_2 + \frac{1}{2}at_2^2\right) = 5 \times 2 + \left(5 \times 2 + \frac{1}{2} \times 1 \times 2^2\right) = 22\,[\mathrm{m}]$$

24. [정답: ④] 브레이크를 밟으면 자동차의 가속도 $a < 0$

$$V^2 - V_0^2 = 2as;\ 0 - V_0^2 = 2as:\ s \propto V_0^2$$

25. [정답: ②] $v^2 - v_0^2 = 2gh$에서 초기속도 $v_0 = 0$

낙하거리 $h = H - \frac{3}{4}H = \frac{1}{4}H\ \ \therefore\ v = \sqrt{2gh} = \sqrt{2g \times \frac{H}{4}} = \sqrt{\frac{gH}{2}}$

26. [정답: ④] $v(t)=\dfrac{dx}{dt}=9-6t^2$; $v(3)=9-6(3)^2=-45$[m/s]

27. [정답: ②] • 0초에서 2초까지 이동한 거리$=\dfrac{1}{2}(2)(2)=2$[m]

• 2초에서 3초까지 이동한 거리$=(3-2)\times 2=2$[m]

28. [정답: ①] 출발점에서 도착점까지 거리를 $2L$로 한다.

$$\text{소요시간 } t=\frac{L}{100}+\frac{L}{25}=\frac{L}{20};\ v_m=\frac{2L}{t}=\frac{2L}{(L/20)}=40\,[\text{km/h}]$$

29. [정답: ④] $v_0=360\text{km/h}=360\times 10^3\text{m}/3600\text{s}=100\text{m/s}$

$$v^2-v_0^2=2as;\ 0-v_0^2=2as;\ s=-\frac{100^2}{2(-10)}=500\,[\text{m}]$$

30. [정답: ④] $v^2-v_0^2=2as$; $(10)^2-0=2a(1)$; $a=50[\text{m/s}^2]$

31. [정답: ③] $x_A=50t,\ x_B=\dfrac{1}{2}(20)t^2=10t^2;\ x_A=x_B$

$10t^2=50t;\ 10t(t-5)=0;\ t=5\,[\text{s}]$

32. [정답: ③] $s=\dfrac{1}{2}(1)(2)+2(2)+\dfrac{1}{2}(1)(2)+\dfrac{1}{2}(2)(2)=8$[m]

33. [정답: ②] 최고점에서 $v=0$

$$v^2-v_0^2=-2gh;\ 0-v_0^2=-2gh$$
$$v_0=\sqrt{2gh}=\sqrt{2(10)(20)}=20\,[\text{m/s}]$$

34. [정답: ④] $x_A=20t,\ x_B=\dfrac{1}{2}at^2=\dfrac{1}{2}(10)t^2=5t^2$

• 두 자동차가 만날 때: $x_A+x_B=300;\ 5t^2+20t=300$

$t^2+4t-60=0;\ (t-6)(t+10)=0;\ t=6\,[\text{초}]$

35. [정답: ②] $v=10+5(5)=35$[m/s]

36. [정답: ③] $h=\dfrac{1}{2}(10)(10)^2=75t+\dfrac{1}{2}(10)t^2$

$t^2+15t-100=0;\ (t+20)(t-5)=0$

37. [정답: ④] $v^2 - v_0^2 = 2as$; $v^2 - 0 = 2(9.8)(3000 - 2000)$

38. [정답: ④] $v_0 = 2\text{m/s}$, $v = v_0 + at$, $x(t) = v_0 t + \frac{1}{2}at^2$

① 가속도 크기: 1초 후 속력 $4 = 2 + a(1)$; $a = 2[\text{m/s}^2]$

② 2초인 순간의 속력: $v(2) = v_0 + at = 2 + 2 \times 2 = 6[\text{m/s}]$

③ 1초부터 2초까지 평균속력: $x(t) = v_0 t + \frac{1}{2}at^2 = 2t + t^2$

$$x(1) = 3,\ x(2) = 8;\ v_{avg} = \frac{x(2) - x(1)}{2 - 1} = 5[\text{m/s}]$$

④ 0초부터 3초까지 이동 거리: $x(3) = 2(3) + 3^2 = 15[\text{m}]$

39. [정답: ②] $80t + \frac{1}{2}(20)t^2 = 200$; $t^2 + 8t - 20 = 0$; $(t + 10)(t - 2) = 0$

40. [정답: ③] 변위 $x_2 - x_1 = \int_0^2 v\,dt = \int_0^2 (2t + 1)dt = \left[t^2 + t\right]_0^2 = 6$

연습문제 3

01. $R = \sqrt{(8-5)^2 + (6+4)^2} = 10.44\,[\text{N}]$

02. (a) $R = \sqrt{12^2 + 16^2} = 20\,[\text{N}]$, $\beta = \tan^{-1}\left(\frac{12}{16}\right) = 36.9°$

(b) $R = \sqrt{P^2 + Q^2 + 2PQ\cos\alpha} = \sqrt{8^2 + 5^2 + 2 \times 8 \times 5\cos45°} = 12.07\,[\text{N}]$

$$\beta = \tan^{-1}\left(\frac{Q\sin\alpha}{P + Q\cos\alpha}\right) = \tan^{-1}\left(\frac{5\sin45°}{8 + 5\cos45°}\right) = 17.04°$$

03. (a) $\vec{F} = F(\cos\theta\,\vec{i} + \sin\theta\,\vec{j}) = 4(\cos30°\,\vec{i} + \sin30°\,\vec{j}) = 2\sqrt{3}\,\vec{i} + 2\vec{j}\ [\text{N}]$

$$F_x = 2\sqrt{3}\ [\text{N}],\ F_y = 2\ [\text{N}]$$

(b) $\vec{F} = F(\cos\theta\,\vec{i} + \sin\theta\,\vec{j}) = 4(-\cos 60°\,\vec{i} + \sin 60°\,\vec{j}) = -2\vec{i} + 2\sqrt{3}\,\vec{j}$ [N]

$$F_x = -2\text{ [N]},\quad F_y = 2\sqrt{3}\text{ [N]}$$

04. $\vec{F_1} = 5\vec{i} - 2\vec{j}$ [N], $\vec{F_2} = -3\vec{i} + 4\vec{j}$ [N]

$\vec{R} = \vec{F_1} + \vec{F_2} = (5-3)\vec{i} + (-2+4)\vec{j} = 2\vec{i} + 2\vec{j}$ [N]

- 합력의 크기 $R = \sqrt{(2)^2 + (2)^2} = 2\sqrt{2}$ [N]

05. $\vec{F_1} = 4\vec{i} + 3\vec{j}$ [N], $\vec{F_2} = -5\vec{i} - \vec{j}$ [N]

$\vec{R} = \vec{F_1} + \vec{F_2} = (4-5)\vec{i} + (3-1)\vec{j} = -\vec{i} + 2\vec{j}$ [N]

- 합력의 크기 $R = \sqrt{(-1)^2 + (2)^2} = \sqrt{5}$ [N]

06. $\vec{F_1} = 6(\cos 30°\,\vec{i} + \sin 30°\,\vec{j}) = 3\sqrt{3}\,\vec{i} + 3\vec{j}$ [N]

$\vec{F_2} = 4(-\cos 30°\,\vec{i} + \sin 30°\,\vec{j}) = -2\sqrt{3}\,\vec{i} + 2\vec{j}$ [N]

$R_x = F_{1x} + F_{2x} = 3\sqrt{3} - 2\sqrt{3} = \sqrt{3}$ [N]

$R_y = F_{1y} + F_{2y} = 3 + 2 = 5$ [N]

$\vec{R} = R_x\vec{i} + R_y\vec{j} = \sqrt{3}\,\vec{i} + 5\vec{j}$ [N]

- 합력의 크기 $R = \sqrt{R_x^2 + R_y^2} = \sqrt{(\sqrt{3})^2 + (5)^2} = \sqrt{28}$ [N]
- 방향각 $\beta = \tan^{-1}\left(\dfrac{R_y}{R_x}\right) = \tan^{-1}\left(\dfrac{5}{\sqrt{3}}\right) = 70.9°$

07. $\vec{F_1} = 6\vec{i}$ [N], $\vec{F_2} = 8(\cos 60°\,\vec{i} + \sin 60°\,\vec{j}) = 4\vec{i} + 4\sqrt{3}\,\vec{j}$ [N]

$\vec{F_3} = 4(-\cos 60°\,\vec{i} + \sin 60°\,\vec{j}) = -2\vec{i} + 2\sqrt{3}\,\vec{j}$ [N]

$\vec{R} = \vec{F_1} + \vec{F_2} + \vec{F_3} = (6+4-2)\vec{i} + (4\sqrt{3} + 2\sqrt{3})\vec{j} = 8\vec{i} + 6\sqrt{3}\,\vec{j}$ [N]

- 합력의 크기 $R = \sqrt{(8)^2 + (6\sqrt{3})^2} = \sqrt{172} = 2\sqrt{43}$ [N]

08. • 스칼라 곱: $\vec{P} \cdot \vec{Q} = P_xQ_x + P_yQ_y + P_zQ_z = -6$

$$\vec{P} \cdot \vec{Q} = |\vec{P}||\vec{Q}|\cos\theta = 5\sqrt{13}\cos\theta = -6$$

- 두 벡터가 이루는 각 $\theta = \cos^{-1}\left(\dfrac{-6}{5\sqrt{13}}\right) = 109.4°$

09. (1) $\vec{P}\times\vec{Q}=(7\vec{j})\times(2\vec{i}+3\vec{j}-4\vec{k})=-14\vec{k}-28\vec{i}$

(2) $\vec{P}\times\vec{Q}=\begin{vmatrix}\vec{i} & \vec{j} & \vec{k}\\ -2 & 5 & 1\\ 2 & 3 & -4\end{vmatrix}$

$=[5(-4)-1(3)]\vec{i}-[(-2)(-4)-1(2)]\vec{j}+[(-2)(3)-5(2)]\vec{k}$

$=-23\vec{i}-6\vec{j}-16\vec{k}$

10. $\vec{F_3}=-\vec{F_1}-\vec{F_2}=-(-2\vec{i}+5\vec{j})-(7\vec{i}-3\vec{j})$

$=(2-7)\vec{i}+(-5+3)\vec{j}=-5\vec{i}-2\vec{j}\,(\mathrm{N})$

11. $\vec{F_1}+\vec{F_2}+\vec{F_3}=(a\vec{i}-2\vec{j})+(4\vec{i}+b\vec{j})+(3\vec{i}-7\vec{j})$

$=(a+4+3)\vec{i}+(-2+b-7)\vec{j}=(a+7)\vec{i}+(b-9)\vec{j}=0$

$\therefore\ a=-7,\ b=9$

12. $\vec{F_3}=-\vec{F_1}-\vec{F_2}=-(4\cos30°\vec{i}+4\sin30°\vec{j})-(-2\vec{j})$

$=-2\sqrt{3}\vec{i}+(-2+2)\vec{j}=-2\sqrt{3}\vec{i}\,[\mathrm{N}]$

13. • x 방향: $F_1\cos45°=20\cos30°$ $\therefore\ F_1=24.5\,[\mathrm{N}]$

• y 방향: $F_2=F_1\sin45°+20\sin30°=24.5\sin45°+20\sin30°=27.3\,[\mathrm{N}]$

14. $\dfrac{T_{OA}}{\sin135°}=\dfrac{T_{OB}}{\sin120°}=\dfrac{40\,\mathrm{N}}{\sin105°}$ $\therefore\ T_{OA}=29.3\,[\mathrm{N}],\ T_{OB}=35.9\,[\mathrm{N}]$

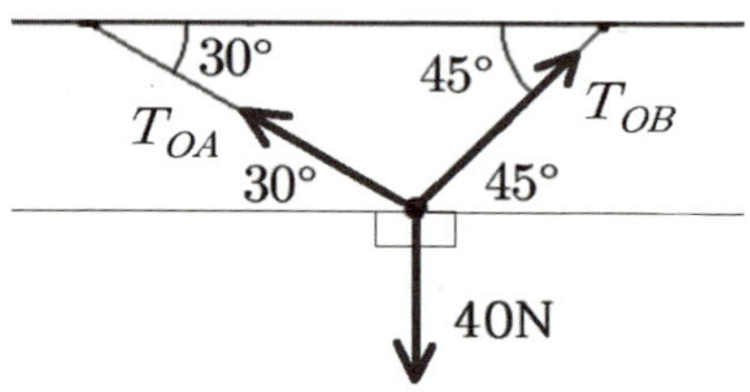

[문제 3.14]

15. $\dfrac{F_1}{\sin150°}=\dfrac{F_2}{\sin135°}=\dfrac{400}{\sin75°}$ $\therefore\ F_1=207.1[\mathrm{N}],\ F_2=292.8[\mathrm{N}]$

16. • x 방향: $500\cos15°-400\sin30°-700\cos\theta=0$ $\therefore\ \theta=66.16°$

• y 방향: $F+400\cos30°+500\sin15°-700\sin\theta=0$ $\therefore\ F=164.5\,[\mathrm{N}]$

17. • x 방향: $F\cos\theta + 2\cos60° - 4 - 7\sin30° = 0 \quad \therefore \quad F\cos\theta = 6.5$ [N]

• y 방향: $F\sin\theta - 2\sin60° - 7\cos30° = 0 \quad \therefore \quad F\sin\theta = 7.79$ [N]

$$\therefore \quad \theta = \tan^{-1}(7.79/6.5) = 50.16°, \quad F = 6.5/\cos\theta = 10.16 \text{ [N]}$$

18. $\sum F_x = 0$: $F_1\cos40° + 8 + F_2\sin20° - 16 = 0 \quad \therefore \quad 0.766F_1 + 0.342F_2 = 8$

$\sum F_y = 0$: $F_1\sin40° - 3 - F_2\cos20° = 0 \quad \therefore \quad 0.643F_1 - 0.940F_2 = 3$

연립방정식을 풀면 $F_1 = 9.09$[kN], $F_2 = 3.03$[kN]

19. [정답: ④] 속도는 벡터양, 속력은 스칼라양

20. [정답: ③]

21. [정답: ④]

22. [정답: ②]

• 성분 분해 이용: $R = \sqrt{(4\cos60° + 3)^2 + (4\sin60°)^2} = 6.08$[N]

• 또는, $R = \sqrt{P^2 + Q^2 + 2PQ\cos\alpha} = \sqrt{4^2 + 3^2 + 2(4)3\cos60°} = 6.08$[N]

23. [정답: ④] $R = \sqrt{(4)^2 + (3)^2} = 5$[N]

24. [정답: ③] $\vec{P} \times \vec{Q}$는 벡터이다.

25. [정답: ④] $(\vec{a} + \vec{b}) \cdot (\vec{a} - \vec{b}) = a^2 - b^2 = 0$

26. [정답: ②] $\vec{C} = \vec{A} - \vec{B} = \vec{A} + (-\vec{B}) \quad \therefore \quad \beta = 180° - 45°$

$C = \sqrt{A^2 + B^2 + 2AB\cos(180° - 45°)} = \sqrt{2 + 9 - 2\sqrt{2}(3)\cos45°} = \sqrt{5}$

27. [정답: ②]

$R = \sqrt{P_1^2 + P_2^2 + 2P_1P_2\cos60°} = \sqrt{5^2 + 10^2 + 2(5)(10)\cos60°} = 5\sqrt{7}$ [kN]

28. [정답: ④]

$R = \sqrt{U^2 + V^2 + 2UV\cos(90° + 30°)} = \sqrt{4^2 + 4^2 - 2(4)(4)\sin30°} = 4$[kN]

29. [정답: ②] $R_x = 30 - 30\cos60° - 30\cos30° = 15(1 - \sqrt{3})$[kN]

$R_y = 30\sin60° - 30\sin30° = 15(-1 + \sqrt{3})$[kN]

$R_x < 0$, $R_y > 0$이므로 2상한

30. [정답: ②] [문제 3.35] 자유물체도 참고: 같은 상황임

$$\frac{P}{\sin(180° - 30° - 60°)} = \frac{100}{\sin(30° + 90°)}$$

31. [정답: ④] 물체 무게 $W = mg = 3 \times 10 = 30$[N](↓)

- $\sum F_y = 0$: $T\cos 30° - W = 0$; $T = \dfrac{W}{\cos 30°} = \dfrac{30}{\cos 30°} = 20\sqrt{3}$ [N]

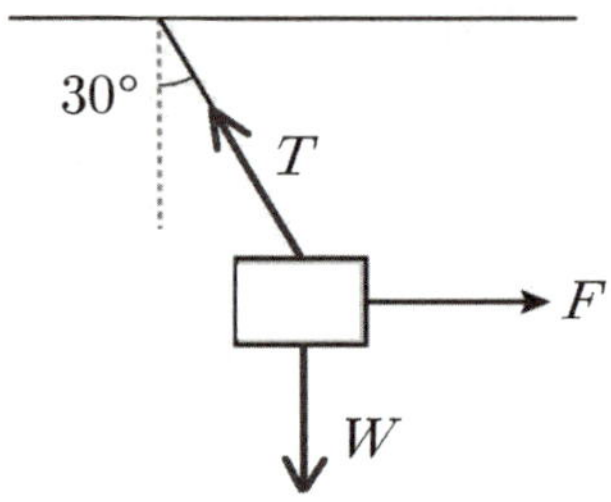

[문제 3.31]

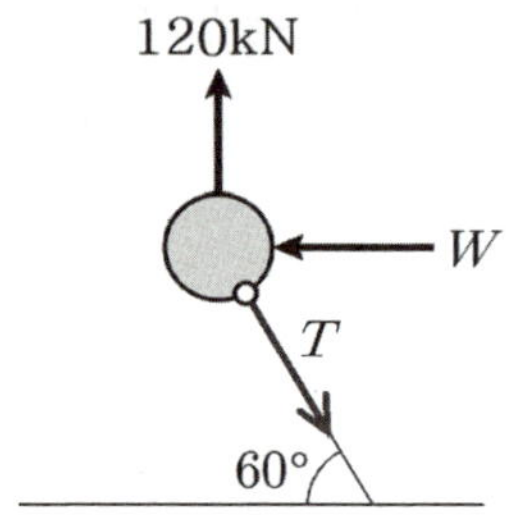

[문제 3.32]

32. [정답: ②] 케이블에는 기구를 당기는 인장력(↘)이 작용한다.

- $\sum F_y = 0$: $T\sin 60° - 120 = 0$; $T = \dfrac{120}{\sin 60°} = \dfrac{240}{\sqrt{3}}$ [kN]

33. [정답: ④] 성분 분해 이용: $\sum \vec{F_i} = 0$

$\vec{F} - 3\vec{i} + 5\left(\dfrac{3}{5}\vec{i} - \dfrac{4}{5}\vec{j}\right) = 0$; $\vec{F} = 4\vec{j}$ [kN]

F의 크기 $= 4$[kN], x축과 이루는 각 $\theta = 90°$

34. [정답: ④] $\vec{F_3}$과 $\vec{F_5}$는 크기가 같고 방향이 반대이므로 $\vec{F_3} + \vec{F_5} = 0$

$$\vec{R} = \vec{F_1} + \vec{F_2} + \vec{F_4} = 9\vec{i} + 4\vec{j} - 6\vec{i} = 3\vec{i} + 4\vec{j}\,[\text{kN}]$$

- 합력의 크기 $= |\vec{R}| = \sqrt{3^2 + 4^2} = 5$ [kN]

35. [정답: ①] 줄 C에는 $W = mg$의 인장력이 작용한다. $T_C = W$

$$\frac{T_C}{\sin(180° - 30° - 60°)} = \frac{T_A}{\sin(60° + 90°)} = \frac{T_B}{\sin(30° + 90°)}$$

$$\frac{W}{\sin(90°)} = \frac{T_A}{\sin(150°)} = \frac{T_B}{\sin(120°)};\ T_A = \frac{1}{2}W,\ T_B = \frac{\sqrt{3}}{2}W$$

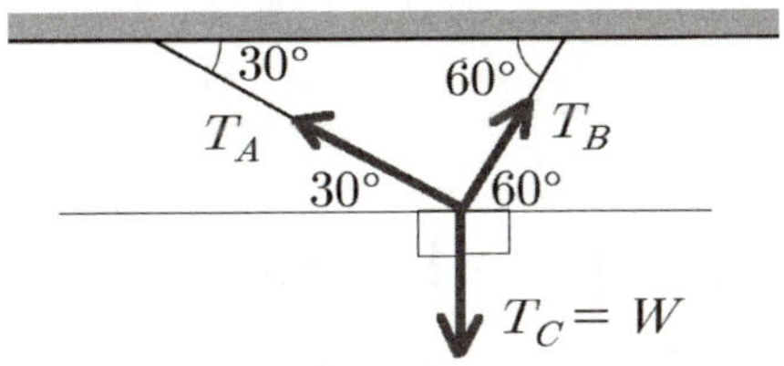

[문제 3.35]

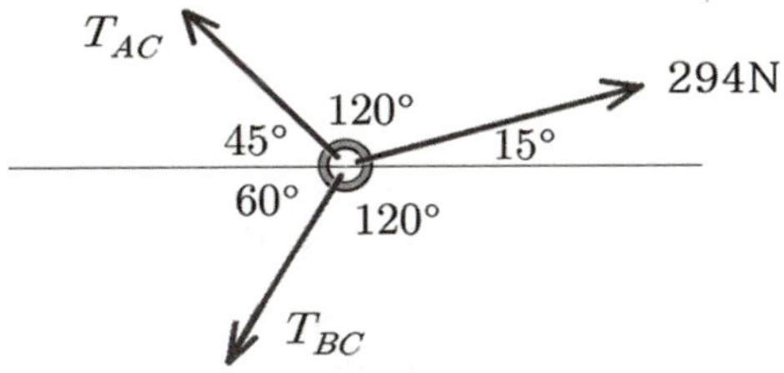

[문제 3.36]

36. 케이블 CD에는 30kg 실린더의 무게에 의해 $mg = 30 \times 9.8 = 294[\text{N}]$의 인장력이 작용한다. [그림]의 자유물체도에서 라미의 정리 적용

$$\frac{T_{BC}}{\sin 120°} = \frac{T_{AC}}{\sin(15° + 120°)} = \frac{294}{\sin(45° + 60°)}$$

$$T_{BC} = 264[\text{N}], \quad T_{AC} = 215[\text{N}]$$

37. 점 B에 작용하는 세 힘이 그림의 자유물체도와 같이 평형을 이루고 있다.
(a)에서 $\sum F_x = 0$: $F_{AB} - F_{BC}\cos 60° = 0$; $\sum F_y = 0$: $F_{BC}\sin 60° - P = 0$

$$F_{AB} = \frac{\sqrt{3}\,P}{3}, \quad F_{BC} = \frac{2\sqrt{3}\,P}{3}$$

혹은 (b)와 같이 F_{AB}를 평행 이동시켜 라미의 정리 적용

$$\frac{F_{BC}}{\sin 90°} = \frac{F_{AB}}{\sin(90° + 60°)} = \frac{P}{\sin(180° - 60°)}$$

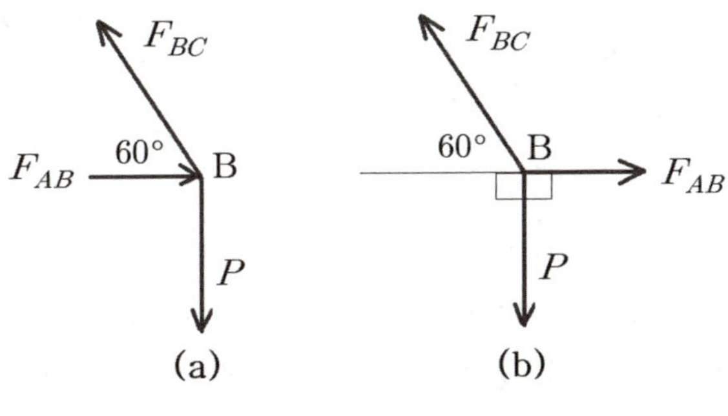

[문제 3.37]

38. 물체를 중심으로 자유물체도를 그리면 [그림]과 같다. 힘의 평형: $\sum F_y = 0$

(a) $2F - W = 0 \quad \therefore \quad F = \dfrac{W}{2}$ (b) $4F - W = 0 \quad \therefore \quad F = \dfrac{W}{4}$

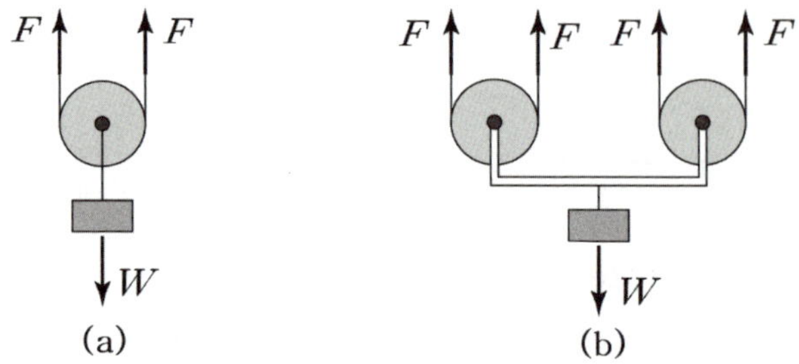

[문제 3.38]

39. 50kg 구의 무게 $mg = 50 \times 9.8 = 490$[N]은 연직 아래로 작용한다. 구 중심에 작용하는 힘을 도시하면 [그림]과 같다.

$$\sum F_x = 0: \; R_A \cos 60° - R_B = 0 \quad \cdots\cdots ①$$

$$\sum F_y = 0: \; R_A \sin 60° - 490 = 0 \quad \cdots\cdots ②$$

식 ①, ②를 풀면 $R_A = 566$[N], $R_B = 283$[N]

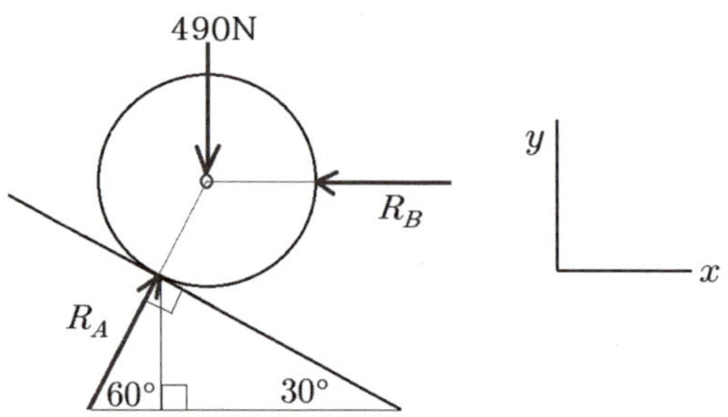

[문제 3.39]

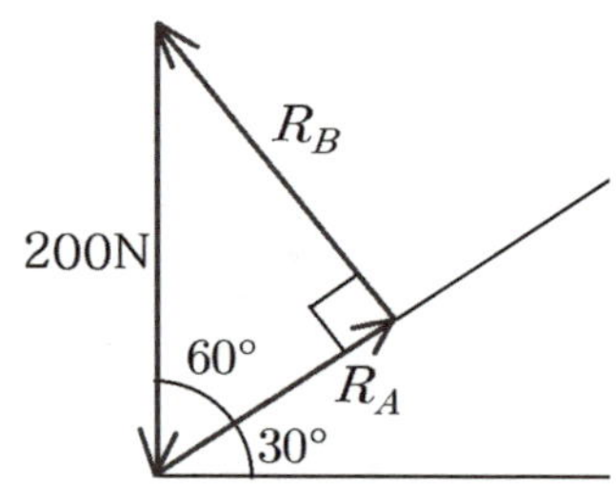

[문제 3.40]

40. [정답: ③] 마찰을 무시하므로 A, B에서 반력은 모두 경사면에 수직으로 작용하며, 구의 중심을 향한다. A, B에서의 반력과 200N의 힘을 도시하면 그림과 같다. 세 힘이 평형을 이루고 있으므로 그림과 같은 힘의 삼각형을 이룬다.

$$R_A = 200\cos 60° = 100[\text{N}]; \quad R_B = 200\sin 60° = 100\sqrt{3}[\text{N}]$$

연습문제 4

01. 평균속도 $\overrightarrow{v_{avg}} = \dfrac{\vec{r_2}-\vec{r_1}}{\Delta t} = \dfrac{(2\vec{i}-7\vec{j})-(4\vec{i}+3\vec{j})}{2} = -\vec{i}-5\vec{j}$ [m/s]

02. (1) $\vec{r} = (4t-t^2)\vec{i} + (-3t+t^2)\vec{j}$ [m]에 $t=1$을 대입하면

$t=1$일 때 위치 $\vec{r} = 3\vec{i}-2\vec{j}$ [m]

(2) $\vec{v} = \dfrac{d\vec{r}}{dt} = (4-2t)\vec{i} + (-3+2t)\vec{j}$ [m/s]

$t=1$일 때 속도 $\vec{v} = 2\vec{i}-\vec{j}$ [m/s]

$\theta = \tan^{-1}\left(\dfrac{v_y}{v_x}\right) = \tan^{-1}\left(\dfrac{-1}{2}\right) = -26.6°$

(3) $\vec{a} = \dfrac{d\vec{v}}{dt} = -2\vec{i}+2\vec{j}$ [m/s^2] : t에 따라 변하지 않는 등가속도 운동이다.

$t=1$일 때 가속도 $\vec{a} = -2\vec{i}+2\vec{j}$ [m/s^2]

03. $\vec{v} = \dfrac{d\vec{r}}{dt} = \dfrac{d}{dt}(r\cos\omega t)\vec{i} + \dfrac{d}{dt}(r\sin\omega t)\vec{j} = (-r\omega\sin\omega t)\vec{i} + (r\omega\cos\omega t)\vec{j}$ [m/s]

- 속도 크기 $|\vec{v}| = \sqrt{v_x^2+v_y^2} = \sqrt{(-r\omega\sin\omega t)^2+(r\omega\cos\omega t)^2}$

$= \sqrt{(r\omega)^2(\sin^2\omega t+\cos^2\omega t)} = r\omega$ [m/s]

$\vec{a} = \dfrac{dv}{dt} = \dfrac{d}{dt}(-r\omega\sin\omega t)\vec{i} + \dfrac{d}{dt}(r\omega\cos\omega t)\vec{j}$

$= (-r\omega^2\cos\omega t)\vec{i} + (-r\omega^2\sin\omega t)\vec{j}$ [m/s^2]

- 가속도 크기 $|\vec{a}| = \sqrt{a_x^2+a_y^2} = \sqrt{(-r\omega^2\cos\omega t)^2+(-r\omega^2\sin\omega t)^2}$

$= \sqrt{(r\omega^2)^2(\sin^2\omega t+\cos^2\omega t)} = r\omega^2$ [m/s^2]

04. (1) $\vec{v} = \dfrac{d\vec{r}}{dt} = \dfrac{d}{dt}(\cos t)\vec{i} + \dfrac{d}{dt}(4-\sin t)\vec{j} = (-\sin t)\vec{i} + (-\cos t)\vec{j}$ [m/s]

$t=0$일 때 $\vec{v} = -\vec{j}$ [m/s]

- 속도 크기 $|\vec{v}| = \sqrt{v_x^2+v_y^2} = \sqrt{0+(-1)^2} = 1$ [m/s]

(2) $\vec{a}=\frac{d\vec{v}}{dt}=\frac{d}{dt}(-\sin t)\vec{i}+\frac{d}{dt}(-\cos t)\vec{j}=(-\cos t)\vec{i}+(\sin t)\vec{j}$ [m/s^2]

$t=0$일 때 $\vec{a}=-\vec{i}$ [m/s^2]

• 가속도 크기 $|\vec{a}|=\sqrt{a_x^2+a_y^2}=\sqrt{(-1)^2+0}=1$ [m/s^2]

05. 평균 가속도 $\overrightarrow{a_{avg}}=\frac{\overrightarrow{v_2}-\overrightarrow{v_1}}{\Delta t}=\frac{(16\vec{i}-10\vec{j})-(-4\vec{i}+2\vec{j})}{4}=5\vec{i}-3\vec{j}$ [m/s^2]

06. 가속도 $\vec{a}=\frac{\overrightarrow{v_2}-\overrightarrow{v_1}}{\Delta t}$

$\overrightarrow{v_1}=\overrightarrow{v_2}-\Delta t\,\vec{a}=(5\vec{i}-6\vec{j})-4\times(2\vec{i}+3\vec{j})=-3\vec{i}-18\vec{j}$ [m/s]

07. • 낙하 시간: $h=\frac{1}{2}gt^2$에서 $t=\sqrt{\frac{2h}{g}}=\sqrt{\frac{2\times1400}{9.8}}=16.9$ [s]

• 수평 방향 이동 거리: $R=v_0t=\frac{500\times1000}{3600}\times16.9=2347$ [m]

08. • 수평 성분 $v_x=30$ [m/s] (등속운동)

• 수직 성분 $v_y=gt=9.8\times4=39.2$ [m/s] (자유낙하, 등가속도 운동)

• 속도의 크기 $v=\sqrt{v_x^2+v_y^2}=\sqrt{30^2+39.2^2}=49.36$ [m/s]

• 각도 $\theta=\tan^{-1}\left(\frac{v_y}{v_x}\right)=\tan^{-1}\left(\frac{39.2}{30}\right)=52.57°$

09. 연직 방향으로는 자유낙하이므로 낙하거리 $y=\frac{1}{2}gt^2$에서 바닥에 떨어질 때까지 걸린 시간은 $y=80\,\text{m}$를 대입하면

$$t=\sqrt{\frac{2y}{g}}=\sqrt{\frac{2\times80}{9.8}}=4.04\ [\text{s}]$$

이고, 이때 수평방향(등속운동)으로 날아간 거리 R은 다음과 같다.

$$R=v_0t=30\times4.04=121.2\ [\text{m}]$$

10. $v_{0x}=v_0\cos\alpha=48\times\cos60°=24$ [m/s]

$v_{0y}=v_0\sin\alpha=48\times\sin60°=41.57$ [m/s]

(1) 2초 후 높이: $h = v_{0y}t - \frac{1}{2}gt^2 = 41.57 \times 2 - \frac{1}{2} \times 9.8 \times 2^2 = 63.54$ [m]

- 수평방향 속도 성분: $v_x = v_{0x} = 24$ [m/s]
- 수직방향 속도 성분: $v_y = v_{0y} - gt = 41.57 - 9.8 \times 2 = 21.97$ [m/s]

(2) 6초 후 높이: $h = v_{0y}t - \frac{1}{2}gt^2 = 41.57 \times 6 - \frac{1}{2} \times 9.8 \times 6^2 = 73.02$ [m]

- 수평방향 속도 성분: $v_x = v_{0x} = 24$ [m/s]
- 수직방향 속도 성분: $v_y = v_{0y} - gt = 41.57 - 9.8 \times 6 = -17.23$ [m/s]

† 2초 후에는 $v_y > 0$이므로 위로 올라가고, 6초 후에는 $v_y < 0$이므로 아래로 떨어진다.

11. $H = \dfrac{v_0^2 \sin^2\alpha}{2g} = \dfrac{80^2 \times (\sin 30°)^2}{2 \times 9.8} = 81.63$ [m]

$$R = \frac{v_0^2 \sin 2\alpha}{g} = \frac{80^2 \times \sin(60°)}{9.8} = 565.6 \text{ [m]}$$

12. 비거리 $R = \dfrac{v_0^2 \sin 2\alpha}{g}$

$\therefore\ v_0 = \sqrt{\dfrac{gR}{\sin 2\alpha}} = \sqrt{\dfrac{9.8 \times 140}{\sin(40°)}} = 46.2$ [m/s]이므로

공의 속도가 $v_0 \geq 46.2$ [m/s]가 되게 타격해야 한다.

13. 최고점에서 $v_y = v_0 \sin\alpha - gt = 0$이고 최고점까지 도달 시간은 5/2초이다.

$$\therefore\ \sin\alpha = \frac{gt}{v_0} \text{에서 } \alpha = \sin^{-1}\left(\frac{gt}{v_0}\right) = \sin^{-1}\left(\frac{9.8 \times 5/2}{40}\right) = 37.77°$$

14. 해수면은 같은 고도에 있으므로 수평 도달 거리 $R = \dfrac{v_0^2 \sin 2\alpha}{g}$에서

$$\sin 2\alpha = \frac{gR}{v_0^2} \quad \therefore\ 2\alpha = \sin^{-1}\left(\frac{gR}{v_0^2}\right) = \sin^{-1}\left(\frac{9.8 \times 4000}{300^2}\right) = 25.82°$$

즉, 포신을 수평선으로부터 위로 $\alpha = 12.91°$ 각도로 조준해야 한다.

혹은, $180° - 2\alpha = \sin^{-1}\left(\dfrac{gR}{v_0^2}\right) = 25.82° \ \rightarrow\ \alpha = 77.09°$

그런데 목표물에 도달하는 시간은 $t = 2t_1 = \dfrac{2v_0 \sin\alpha}{g}$ 이므로 $\alpha = 12.91°$ 으로 발사하면 더 빨리 목표물을 타격할 수 있다.

15. 수평 방향으로는 등속운동이므로 $R = v_0 t \quad \therefore \ t = \dfrac{R}{v_0} = \dfrac{40}{10} = 4\ [\mathrm{s}]$

연직방향으로는 자유낙하운동이므로 $H = \dfrac{1}{2}gt^2 = \dfrac{1}{2} \times 9.8 \times 4^2 = 78.4\ [\mathrm{m}]$

16. 두 물체는 수평방향으로는 등속운동($v\cos 45°$, 10m/s)을 하고 수직방향으로는 등가속도 운동(g)을 한다. 충돌한 시간을 t라 할 때 이 시간 동안 두 물체가 이동한 수평방향과 수직방향의 거리의 합은 각각 50m, 30m 이다.

- 수평방향: $(v\cos 45°)t + 10t = 50$ ························· ①
- 수직방향: $\left[(v\sin 45°)t - \dfrac{1}{2}gt^2\right] + \dfrac{1}{2}gt^2 = 30$ ··················· ②

식 ①, ②를 풀면 $t = 2[\mathrm{s}]$, $v = 15\sqrt{2}\ [\mathrm{m/s}]$

17. (1) 최고점(B)에서 속도의 y성분은 0이다.

$$0 - v_{0y}^2 = -2gh \quad \therefore \ v_{0y} = \sqrt{2gh} = \sqrt{2 \times 10 \times 20} = 20\ [\mathrm{m/s}]$$

C점에 도달하는 데 걸리는 시간을 구한다.

$$v_{0y}t - \frac{1}{2}gt^2 = 15 \quad \therefore \ 20t - \frac{1}{2} \times 10 \times t^2 = 15$$

이 식을 풀면 $t = 1, 3\,[\mathrm{s}]$인데 C점은 최고점에서 내려오는 점이므로 $t = 3\,[\mathrm{s}]$이다. 따라서 C점까지 수평거리에서

$$v_{0x}t = 45 \quad \therefore \ v_{0x} = \frac{45}{3} = 15\ [\mathrm{m/s}]$$

가 구해진다. 따라서 $v_0 = \sqrt{v_{0x}^2 + v_{0y}^2} = \sqrt{15^2 + 20^2} = 25\,[\mathrm{m/s}]$이다.

(2) D점에 도달하는 시간은 $v_{0y}t - \dfrac{1}{2}gt^2 = 0$에서 $t = 4[\mathrm{s}]$이므로 수평거리는

$$R = v_{0x}t = 15 \times 4 = 60[\mathrm{m}]$$

18. [정답: ②] 물체가 $h=5\text{m}$를 자유낙하 하는 동안 수평 방향으로 $L=4\text{m}$ 거리를 날아가야 한다.

- 낙하 시간 $h=\frac{1}{2}gt^2 \rightarrow t=\sqrt{\frac{2h}{g}}$
- 수평 도달 거리 $L=v_0t \rightarrow v_0=\frac{L}{t}=\frac{L}{\sqrt{2h/g}}=\frac{4}{\sqrt{2(5)/10}}=4[\text{m/s}]$

19. [정답: ④] 수평면으로부터 높이를 y로 하면 공이 떨어지는 점에서 $y=0$

$$y=(v_0\sin 45°)t-\frac{1}{2}gt^2=0$$

$$v_0=\frac{gt}{2\sin 45°}=\frac{10(2)}{2\sin 45°}=10\sqrt{2}\,[\text{m/s}]$$

$$L=(v_0\cos 45°)t=(10\sqrt{2}\cos 45°)\times 2=20[\text{m}]$$

20. $\omega=\frac{2\pi N}{60}=\frac{2\pi\times 3000}{60}=314\,[\text{rad/s}]$

$v=r\omega=(0.2\text{m})\times(314\,\text{rad/s})=62.8\,[\text{m/s}]$

21. $a=r\omega^2=(0.8\text{m})\times(10\text{rad/s})^2=80\,\text{m/s}^2$: $80\text{cm}=0.8\text{m}$

22. $a=r\omega^2 \quad \therefore \quad \omega=\sqrt{\frac{a_r}{r}}=\sqrt{\frac{3.6(\text{m/s}^2)}{0.4\text{m}}}=3\,[\text{rad/s}]$

23. $a=r\omega^2=(0.5\text{m})\times(4\text{rad/s})^2=8[\text{m/s}^2]$: $500\text{mm}=0.5\text{m}$

24. $a=r\omega^2=r\times\left(\frac{2\pi N}{60}\right)^2=(4\text{m})\times\left(\frac{2\pi\times 120}{60\,\text{s}}\right)^2=632\,[\text{m/s}^2]$

25. $T=\frac{5}{10}=0.5[\text{s}]$, $v=\frac{2\pi r}{T}=\frac{2\pi(5)}{0.5}=20\pi[\text{m/s}]$

26. $T=98\text{min}=98\times 60\text{s}=5880[\text{s}]$

$r=640\times 10^3+6.37\times 10^6=7.01\times 10^6[\text{m}]$

$v=\frac{2\pi r}{T}=\frac{2\pi(7.01\times 10^6)}{5880}=7490[\text{m/s}]$; $a=\frac{v^2}{r}=\frac{(7490)^2}{7.01\times 10^6}=8.0[\text{m/s}^2]$

27. (1) $l=2\pi r=2\pi(0.15)=0.94[\text{m}]$

(2) $T=\frac{1\text{min}}{1200}=\frac{60\text{s}}{1200}=0.05[\text{s}]$; $v=\frac{2\pi r}{T}=\frac{l}{T}=\frac{0.94}{0.05}=19[\text{m/s}]$

(3) $a=\dfrac{v^2}{r}=\dfrac{19^2}{0.15}=2400[\mathrm{m/s^2}]$

28. $v=\dfrac{36\mathrm{km}}{\mathrm{h}}=\dfrac{36\times10^3\mathrm{m}}{3600\mathrm{s}}=10[\mathrm{m/s}];\ a=\dfrac{v^2}{r}=\dfrac{10^2}{25}=4[\mathrm{m/s^2}]$

29. (1) $r_{\min}=\dfrac{v^2}{a_{\max}}=\dfrac{(240\times10^3\mathrm{m}/3600\mathrm{s})^2}{0.05(9.8)\mathrm{m/s^2}}=9070[\mathrm{m}]$

(2) $v_{\max}=\sqrt{a_{\max}r}=\sqrt{0.05(9.8\mathrm{m/s^2})(1\times10^3\mathrm{m})}=22.1[\mathrm{m/s}]$

30. [정답: ③] 가속도의 크기는 v^2에 비례한다.

31. [정답: ③] $a=r\omega^2;\ \omega=\sqrt{\dfrac{a}{r}}=\sqrt{\dfrac{10}{1000}}=0.1[\mathrm{rad/s}]$

32. [정답: ③] $T=2[\mathrm{s}],\ v=\dfrac{2\pi r}{T}=\dfrac{2\pi(1)}{2}=\pi[\mathrm{m/s}];\ a=\dfrac{v^2}{r}=\dfrac{\pi^2}{1}=\pi^2[\mathrm{m/s^2}]$

33. [정답: ③] 가속도의 방향은 (↓)

34. [정답: ④] $R=\dfrac{v_0^2\sin2\alpha}{g};\ \sin(2\times30°)=\sin(2\times60°)$

35. [정답: ③] • 지면에 도달할 때까지 걸린 $=\dfrac{2\times(2v_0\sin30°)}{g}=\dfrac{2v_0}{g}$

• 최고점까지 높이 $=\dfrac{(2v_0)^2\sin^2 30°}{2g}=\dfrac{v_0^2}{2g}$

• 수평 방향 도달 거리 $=\dfrac{(2v_0)^2\sin(2\times30°)}{g}=\dfrac{2\sqrt{3}\,v_0^2}{g}$

36. [정답: ④] $a=\dfrac{v^2}{r}=\dfrac{(7\times10^3)^2}{7000\times10^3}=7[\mathrm{m/s^2}]$

37. [정답: ③] $r_A=\dfrac{1}{2}r_B;\ \omega=\dfrac{2\pi}{T}$이므로 $T_A=2T_B\ \rightarrow\ \omega_A=\dfrac{1}{2}\omega_B$

$\dfrac{v_B}{v_A}=\dfrac{r_B\omega_B}{r_A\omega_A}=\left(\dfrac{r_B}{r_A}\right)\left(\dfrac{\omega_B}{\omega_A}\right)=2\times2=4$

38. A가 최고점에 도달하는 시간은 $10\sqrt{2}\sin60°-gt=0$에서 $t=\dfrac{\sqrt{6}}{2}[\mathrm{s}]$이다. 이때 B가 수평 방향으로 이동한 거리는 $10\sqrt{3}\cos45°\times t=15[\mathrm{m}]$

39. 두 물체는 모두 연직방향으로는 자유낙하 하므로 임의 시간에서 두 물체의 고도는 항상 같다. 따라서 시간이 지나면 A가 점점 B로 다가와서 결국은 만나게 된다. (처음에 두 물체 간 거리를 R이라 하면 만나는 시간 $t = R/v_0$)

40. 문제에 주어진 그림과 같이 발사점을 원점으로 하는 좌표축을 잡고 공의 위치와 속도를 각각 x, y 성분으로 분해하여 해석한다. 공의 처음 위치 $x_0 = 0$, $y_0 = 0$이고, 처음 속도($\overrightarrow{v_0}$)의 성분은

$$v_{0x} = 40\cos 30° = 20\sqrt{3}\ [\mathrm{m/s}],\quad v_{0y} = 40\sin 30° = 20\,[\mathrm{m/s}]$$

이다. 수평 방향으로는 등속운동이므로 시간 t에서 속도의 x성분과 공의 위치(x)는

$$v_x = v_{0x} = 20\sqrt{3}\,[\mathrm{m/s}] \quad \cdots\cdots ①$$

$$x = v_{0x}t = 20\sqrt{3}\,t\ [\mathrm{m}] \quad \cdots\cdots ②$$

이다. 그리고 수직방향으로는 $a = -g$의 등가속도 운동이므로 시간 t에서 속도의 y성분과 위치(y)는 다음과 같다.

$$v_y = v_{0y} - gt = 20 - 10t\ [\mathrm{m/s}] \quad \cdots\cdots ③$$

$$y = v_{0y}t - \frac{1}{2}gt^2 = 20t - 5t^2\ [\mathrm{m}] \quad \cdots\cdots ④$$

(1) 공이 최고점에 도달했을 때 연직방향 속도성분 $v_y = 0$이다. 식 ③으로부터

$$v_y = 20 - 10t = 0 \quad \therefore\ t = 2\,[\mathrm{s}]$$

이고, 식 ④로부터 최고점의 높이($y_{\max}$)는 다음과 같다.

$$y_{\max} = 20t - 5t^2 = 20 \times 2 - 5 \times (2)^2 = 20\ [\mathrm{m}]$$

(2) 공이 지면에 떨어졌을 때 공의 위치 $y = -60\mathrm{m}$이다. 식 ④로부터 공이 지면에 떨어질 때까지 걸리는 시간은

$$y = 20t - 5t^2 = -60$$

$$t^2 - 4t - 12 = 0; \ (t-6)(t+2) = 0 \quad \therefore \ t = 6\,[\mathrm{s}] \ (\because \ t > 0)$$

이다. 식 ②로부터 공이 날아간 수평 거리($R = x$)는 다음과 같다.

$$x = 20\sqrt{3}\,t = 20\sqrt{3} \times 6 = 120\sqrt{3}\ [\mathrm{m}]$$

연습문제 5

01. (a) $\vec{F}_{net} = 100 + 40 = 140\,[\mathrm{N}]\,(\rightarrow)$

(b) $\vec{F}_{net} = 80 - 30 = 50\,[\mathrm{N}]\,(\rightarrow)$

02. $50\,\mathrm{kgf} = 50 \times 9.8\,\mathrm{N} = 490\,\mathrm{N}$

03. $4\mathrm{kN} = 4 \times 1000 \times \dfrac{1}{9.8}\,\mathrm{kgf} = 408\,\mathrm{kgf}$

04. $27{,}300\,\mathrm{dyne} = 2.73 \times 10^4 \times (10^{-5}\,\mathrm{N}) = 0.273\,\mathrm{N}$

05. $a = \dfrac{F}{m} = \dfrac{200}{4} = 50\ [\mathrm{m/s^2}]$

06. $m = \dfrac{F}{a} = \dfrac{8}{0.2} = 40\ [\mathrm{kg}]\ :\ 20\mathrm{cm/s^2} = 0.2\mathrm{m/s^2}$

07. (1) 수직 방향으로는 운동이 없으므로 $a_y = 0$에서

$$\sum F_y = 0: \quad N - mg - 5 = 0$$
$$N = mg + 5 = 2 \times 9.8 + 5 = 24.6\ [\mathrm{N}]\,[\uparrow]$$

(2) 수평 방향으로 받는 순 힘 $F = 8 - 4 = 4\,[\mathrm{N}]$이므로

$$a_x = \frac{F}{m} = \frac{4}{2} = 2\ [\mathrm{m/s^2}]\ (\rightarrow)$$

(3) 이동 거리 $s = \dfrac{1}{2}a_x t^2 = \dfrac{1}{2} \times 2 \times 5^2 = 25\,[\mathrm{m}]$

08. $T = m_A a,\ F - T = m_B a$

$$\therefore\ a = \frac{F}{m_A + m_B} = \frac{70}{4+6} = 7\ [\mathrm{m/s^2}]$$

$$T = m_A a = 4 \times 7 = 28\ [\mathrm{N}]$$

09. 처음속도 $v_0 = 0$, 나중속도 $v_1 = 108\mathrm{km/h} = 108 \times 1000\mathrm{m}/3600\mathrm{s} = 30\mathrm{m/s}$

$$\therefore\ a = \frac{v_1 - v_0}{\Delta t} = \frac{30-0}{5} = 6\ [\mathrm{m/s^2}]$$

$$F = ma = 400\mathrm{kg} \times 6\mathrm{m/s^2} = 2400\mathrm{N}$$

10. $F = ma = m\dfrac{v_1 - v_0}{\Delta t} = 3 \times \dfrac{0-40}{6} = -20\ [\mathrm{N}]$

물체의 운동 방향과 반대 방향으로 20N의 힘을 가해야 한다.

11. $mg - T = ma \quad \therefore\ T = mg - ma = 4 \times (9.8 - 6.8) = 12\ [\mathrm{N}]$

12. $a = \dfrac{F_x}{m} = \dfrac{8\cos 30°}{2} = 2\sqrt{3}\ [\mathrm{m/s^2}]\ (\rightarrow)$

13. $\sum F = ma$에서 $mg\sin\theta = ma$

$$\therefore\ a = g\sin\theta = 9.8 \times \sin 30° = 4.9\ [\mathrm{m/s^2}]$$

14. M의 물체가 내려가는 방향을 $+a$로 한다.

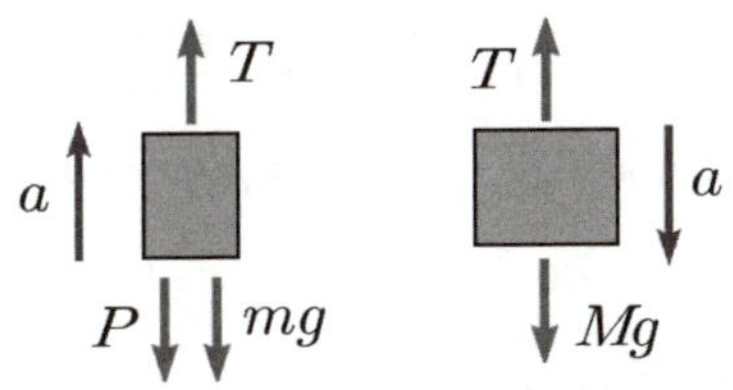

[문제 5.14]

장력을 T로 하여 각 물체에 대해 2법칙($\sum F = ma$)을 적용하면

$$T - mg - P = ma \quad \cdots\cdots ①$$

$$Mg - T = Ma \quad \cdots\cdots ②$$

① + ② $a = \dfrac{Mg - mg - P}{M + m} = \dfrac{8 \times 9.8 - 2 \times 9.8 - 20}{8+2} = 3.88\ [\mathrm{m/s^2}]$

$$T = M(g-a) = 8 \times (9.8 - 3.88) = 47.36\ [\text{N}]$$

[Note : $Mg > mg + P$ 이므로 물체는 오른쪽 아래로 내려간다.]

15. 그림의 각 물체에 제2법칙($\sum F = ma$)을 적용한다.

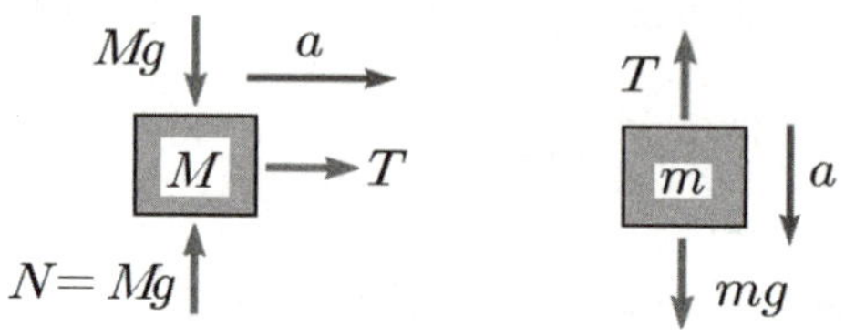

[문제 5.15]

$T = Ma$ ·· ①

$mg - T = ma$ ··· ②

① + ② $a = \dfrac{mg}{M+m} = \dfrac{3 \times 9.8}{7+3} = 2.94\ [\text{m/s}^2]$

$$T = Ma = 7 \times 2.94 = 20.58\ [\text{N}]$$

16. • 가속도 $a = \dfrac{F}{m_A + m_B} = \dfrac{20}{2+3} = 4\ [\text{m/s}^2]$

• 물체 A가 B에 작용하는 힘 $F_{AB} = m_B a = 3 \times 4 = 12\ [\text{N}]$

17. $\sum F = ma$: $P - mg = ma$ (P는 추진력)

$100 \times 10^3 - 9000(9.8) = 9000a \quad \therefore \quad a = 1.31\,[\text{m/s}^2]$

$v = at = 1.31(4) = 5.24\,[\text{m/s}]$

$h = \dfrac{1}{2}at^2 = \dfrac{1}{2}(1.31)(4^2) = 10.48\,[\text{m}]$

18. $\sum F_x = ma$: $800\cos 30° + 1000 \times \dfrac{4}{5} = 7a$; $a = 213[\text{m/s}^2]$

19. $\sum F_x = ma$: $30 - 10 + 40\cos 60° = 5a$; $a = 8[\text{m/s}^2]$

20. [정답: ②] ①은 1법칙; ③은 2법칙; ④는 3법칙

21. [정답: ②] $N - mg = ma$

$$N = m(g+a) = m(g+0.1g) = 1.1mg = 1.1 \times 50 = 55[\text{kgf}]$$

22. [정답: ③] $12 = (4+2)a$; $a = 2[\text{m/s}^2]$; $F_{net,\,2\text{kg}} = 2a = 2 \times 2 = 4[\text{N}]$

23. [정답: ③] $200 - F_{AB} = 5a$, $F_{AB} - F_{BC} = 3a$, $F_{BC} = 2a$

$$\therefore\ a = 20\text{m/s}^2,\ F_{BC} = 40\text{N}$$

24. (1) 변위 $= 25\text{m} - 25\text{m} = 0\,\text{m}$
 (2) 이동 거리 $= 25\text{m} + 25\text{m} = 50\,\text{m}$
 (3) 평균 속력 $v_{avg} = \dfrac{(\text{이동 거리})}{(\text{걸린 시간})} = \dfrac{50\text{m}}{20\text{s}} = 2.5\text{m/s}$
 (4) $v-t$ 그래프에서 가속도는 기울기이다. $a = -0.5\,\text{m/s}^2$
 (5) 물체에 작용하는 힘의 크기 $F = ma = 10 \times |-0.5| = 5\,\text{N}$

25. [정답: ③] $W = mg = 3\text{kg} \times 4\text{m/s}^2 = 12[\text{N}]$

26. [정답: ③] $F = (m_A + m_B)a$; $20 = (4+6)a$; $a = 2[\text{m/s}^2]$
 $F_B = m_B a = 6 \times 2 = 12[\text{N}]$

27. [정답: ②] 아래로 가속 $N = m(g-a)$; 위로 가속 $N = m(g+a)$
 일정한 속력이면 $a = 0$이고 $N = mg$

28. [정답: ④] 줄에 걸리는 장력을 T라 하면

$$Mg - T = M \times \frac{1}{2}g \quad \cdots\cdots ①$$

$$T - mg = m \times \frac{1}{2}g \quad \cdots\cdots ②$$

두 식을 연립하면 $M = 3m$, $T = \dfrac{3}{2}mg$이므로 A, B에 작용하는 알짜 힘은 다음과 같다.

$$F_A = Mg - T = 3mg - \frac{3}{2}mg = \frac{3}{2}mg$$

$$F_B = T - mg = \frac{3}{2}mg - mg = \frac{1}{2}mg$$

29. [정답: ③] 수평면이 B를 떠받치는 반력의 크기는 $3mg$이다.

30. [정답: ①] $F=(m+2m)a;\ a=\dfrac{F}{3m}$

$F_A=ma,\ F_B=2ma;\quad F_A:F_B=1:2$

31. [정답: ③] 세 물체의 가속도를 a, A가 B에 작용하는 힘의 크기를 F_1이라 한다.

(가)에서 $(\rightarrow)F_1=(2m+m_C)a$; (나)에서 $(\leftarrow)F_1=5ma$; $m_C=3m$

32. [정답: ③] $m_A=\dfrac{F_A}{a_A}=\dfrac{6}{2}=3[\text{kg}];\ m_B=\dfrac{F_B}{a_B}=\dfrac{6}{3}=2[\text{kg}]$

[A+B] $a_{A+B}=\dfrac{F_{A+B}}{m_A+m_B}=\dfrac{10}{3+2}=2[\text{m/s}^2]$

[A] $10-R=m_A a_{A+B};\ R=10-m_A a_{A+B}=10-3(2)=4[\text{N}]$

혹은 B에서 $R=m_B a_{A+B}=2(2)=4[\text{N}]$

33. [정답: ③] [$M+m$] $Mg-mg=(M+m)a=(M+m)\times\dfrac{3}{5}g$

$M-m=\dfrac{3}{5}(M+m);\ 5(M-m)=3(M+m);\ M=4m$

34. [정답: ①] $T-5(10)=5a$ …… ①; $20(10)-T=20a$ …… ②

①+②: $20(10)-5(10)=5a+20a;\ a=6[\text{m/s}^2]$

$T=5a+5(10)=5(6)+50=80[\text{N}]$

35. [정답: ③] 경사면 방향으로 A의 무게(↙)와 B의 무게(↘)가 평형을 이룬다.

$m_A g\sin 60°=m_B g\sin 30°;\ \dfrac{m_B}{m_A}=\dfrac{\sin 60°}{\sin 30°}=\sqrt{3}$

36. $(\swarrow)\sum F_x=ma$: $mg\sin 20°-P\cos 20°=ma$

$5(9.8)\sin 20°-10\cos 20°=5a;\ a=1.47[\text{m/s}^2](\swarrow)$

37. [정답: ④] $T-mg=ma;\ T=\dfrac{W}{g}(g+a)=\dfrac{30}{10}(10+2)=36[\text{kN}]$

38. [정답: ①] $a=\dfrac{F}{m}=\dfrac{2.4}{4}=0.6[\text{m/s}]$; $v^2-v_0^2=2as$; $5^2-1^2=2(0.6)s$

39. [정답: ④] $18=(3+2+1)\times a$; $a=3\text{m/s}^2$; $T_1=m_1a=3\times 3=9[\text{N}]$

40. [A] $F=m_Aa_1$ 로부터 $m_A=\dfrac{F}{a_1}$ [B] $2F=m_Ba_2$ 로부터 $m_B=\dfrac{2F}{a_2}$

[A+B] $3F=(m_A+m_B)a=\left(\dfrac{F}{a_1}+\dfrac{2F}{a_2}\right)a$; $a=\dfrac{3}{(1/a_1+2/a_2)}=\dfrac{3a_1a_2}{2a_1+a_2}$

41. [m_1+m_2+m_3] 전체에 대해 뉴턴 운동법칙을 적용하여 a를 구한다.

$$m_3g-\mu m_1g-\mu m_2g=(m_1+m_2+m_3)a;$$
$$a=\frac{(m_3-\mu m_1-\mu m_2)g}{(m_1+m_2+m_3)}$$

[m_1] $T-\mu m_1g=m_1a$

$$T=\mu m_1g+m_1a=\mu m_1g+m_1\frac{(m_3-\mu m_1-\mu m_2)g}{m_1+m_2+m_3}$$
$$=\frac{(1+\mu)m_1m_3g}{m_1+m_2+m_3}$$

혹은, 각각에 대해 뉴턴 운동법칙을 적용해도 된다. m_2, m_3 사이의 줄의 장력을 T_1이라 하면

[m_1] $T-\mu m_1g=m_1a$ ………… ①

[m_2] $T_1-T-\mu m_2g=m_2a$ ………… ②

[m_3] $m_3g-T_1=m_3a$ ………… ③

①+②+③을 하면 $a=\dfrac{(m_3-\mu m_1-\mu m_2)g}{(m_1+m_2+m_3)}$

연습문제 6

01. $\phi = \tan^{-1}\mu_s = \tan^{-1}0.25 = 14.04°$

02. 등속운동이므로 가속도 $a=0$이다. 물체 무게($W=mg$)의 빗면 방향 성분과 수직 성분은 각각 $W\sin\theta$, $W\cos\theta$고, 마찰력은 $\mu_k N = \mu_k W\cos\theta$가 된다.

빗면 방향으로 $\sum F = ma = 0$을 적용하면

$$W\sin\theta - \mu_k W\cos\theta = 0;\ \ \mu_k = \tan\theta = \tan 10° = 0.176$$

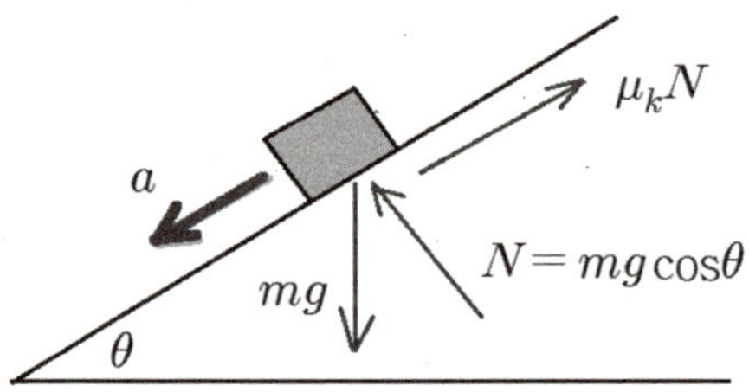

[문제 6.2, 6.3]

03. 빗면 방향(↙)으로 뉴턴의 제2법칙 적용

$$\sum F = ma:\ mg\sin\theta - \mu_k mg\cos\theta = ma$$

$$a = (\sin\theta - \mu_k\cos\theta)g = (\sin 30° - 0.3\cos 30°)(9.8) = 2.35\ [\text{m/s}^2]$$

04. (1) $a_y = 0$: $\sum F_y = 0$

$$N = mg + 40 - 60\sin 30° = 4(9.8) + 40 - 60\sin 30° = 49.2\ [\text{N}]\ (\uparrow)$$

(2) $\sum F_x = ma_x$

$$a_x = (\sum F_x)/m = \frac{60\cos 30° - 30 - 0.2(49.2)}{4} = 3.03\ [\text{m/s}^2]\ (\rightarrow)$$

(3) $\Delta x = \frac{1}{2}a_x t^2 = \frac{1}{2} \times 3.03 \times 2^2 = 6.06\ [\text{m}]$

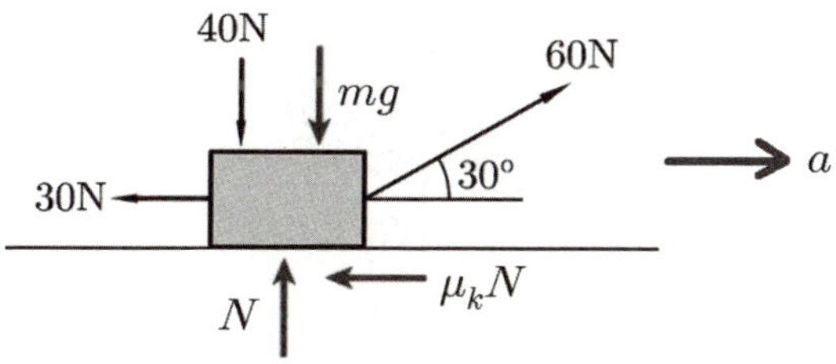

[문제 6.4]

05. 장력을 T, 빗면을 따라 미끄러져 내려오는 방향을 가속도의 방향($+a$)으로 잡는다. A, B에 2법칙을 적용하면,

$$m_A g\sin\theta - \mu_k m_A g\cos\theta - T = m_A a \quad \cdots\cdots ①$$

$$T - m_B g = m_B a \quad \cdots\cdots ②$$

이다. ①+②에서

$$a = \frac{(m_A \sin\theta - \mu_k m_A \cos\theta - m_B)g}{m_A + m_B}$$

$$= \frac{(8\sin 40° - 0.2\times 8\cos 40° - 2)\times 9.8}{8+2} = 1.878\,[\mathrm{m/s^2}]$$

이고, ②에서 $T = m_B(a+g) = 2\times(1.878+9.8) = 23.36\ [\mathrm{N}]$이다.
가속도의 값이 양이므로 A는 빗면을 따라 미끄러져 내려온다.

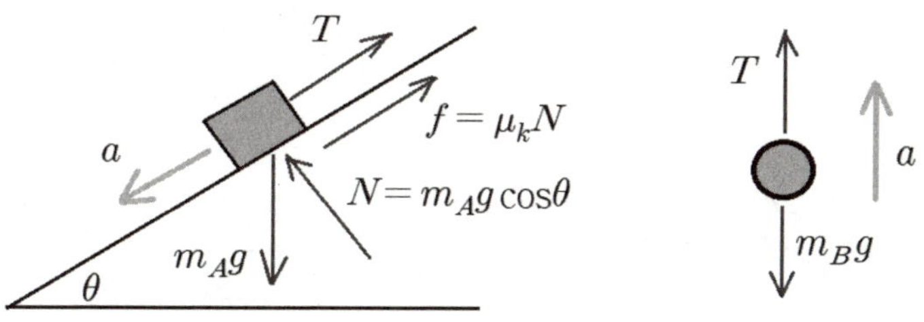

[문제 6.5]

06. 속도가 일정하므로 가속도 $a=0$이고, 2법칙에서 $\sum \vec{F} = 0$이 된다. 장력을 수평성분과 수직성분으로 분해하여 해석한다.

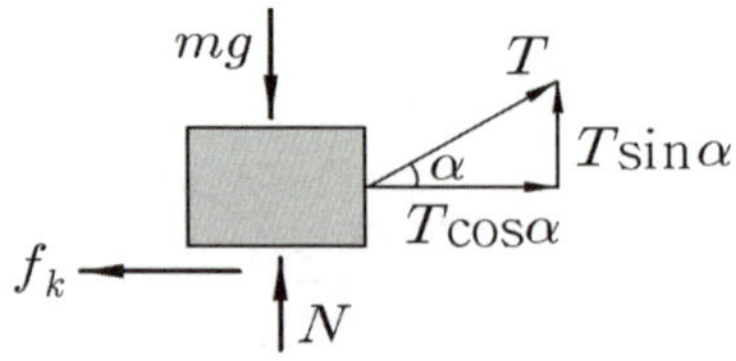

[문제 6.6]

반력을 N으로 하면 마찰력 $f_k = \mu_k N$이다.

- $\sum F_y = 0$: $N - mg + T\sin\alpha = 0$ ······························ ①
- $\sum F_x = 0$: $T\cos\alpha - \mu_k N = 0$ ······························ ②

①에서 $N = mg - T\sin\alpha$를 ②에 대입하여 T를 구한다.

$$T\cos\alpha - \mu_k(mg - T\sin\alpha) = 0$$

$$\therefore \quad T = \frac{\mu_k mg}{\cos\alpha + \mu_k \sin\alpha} = \frac{0.1 \times 40 \times 9.8}{\cos 40° + 0.1 \sin 40°} = 47.21\ [\mathrm{N}]$$

07. 장력을 T로 하고 각 물체에 대해 제2법칙을 적용한다.

- A: $m_A g \sin\theta - T = m_A a$ ······························ ①
- B: $T - \mu_k m_B g = m_B a$ ······························ ②

①+②를 하면 $m_A g \sin\theta - \mu_k m_B g = m_A a + m_B a$

$$a = \frac{(m_A \sin\theta - \mu_k m_B)g}{m_A + m_B} = \frac{(4\sin 30° - 0.3 \times 2) \times 9.8}{4 + 2} = 2.287\ [\mathrm{m/s^2}]$$

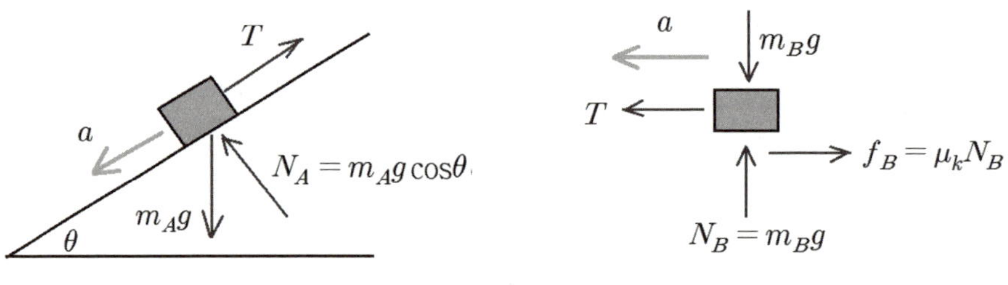

[문제 6.7]

08. (1) $\sum F_x = ma$: $P\cos 20° = 5a$

$$v = at = a \times 2 = 20$$

두 식을 풀면 $a = 10[\mathrm{m/s^2}]$, $P = 53.2[\mathrm{N}]$

(2) $\sum F_x = ma$: $P\cos 20° - 0.1N = 5a$

$$\sum F_y = 0:\ N - 5(9.8) - P\sin 20° = 0$$
$$v = at = a \times 2 = 20$$

세 식을 풀면 $a = 10[\mathrm{m/s^2}]$, $P = 60.6[\mathrm{N}]$

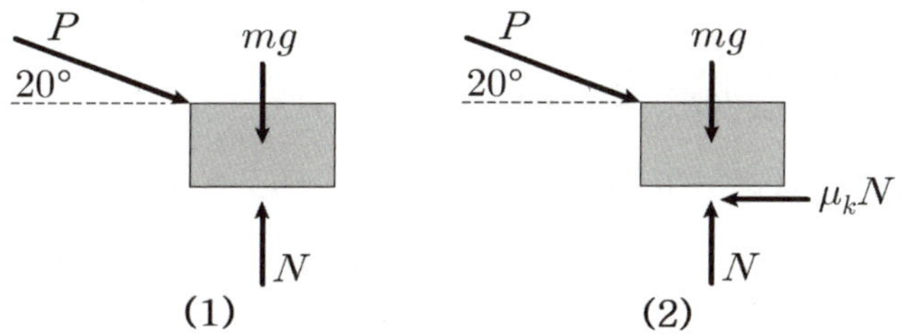

[문제 6.8]

09. (1) $T = Ma$ ……… ① $mg - T = ma$ ……… ②

①, ②: $a = \dfrac{mg}{M+m} = \dfrac{2(9.8)}{3+2} = 3.92\ [\mathrm{m/s^2}]$

$T = Ma = 3(3.92) = 11.76\ [\mathrm{N}]$

(2) 수직 반력 $N = Mg$; 등속운동($a = 0$)이므로 $\sum F = 0$

$T - \mu_k Mg = 0$ ……… ① $mg - T = 0$ ……… ②

①, ②: $\mu_k = \dfrac{T}{Mg} = \dfrac{mg}{Mg} = \dfrac{m}{M} = \dfrac{3}{8} = 0.375$

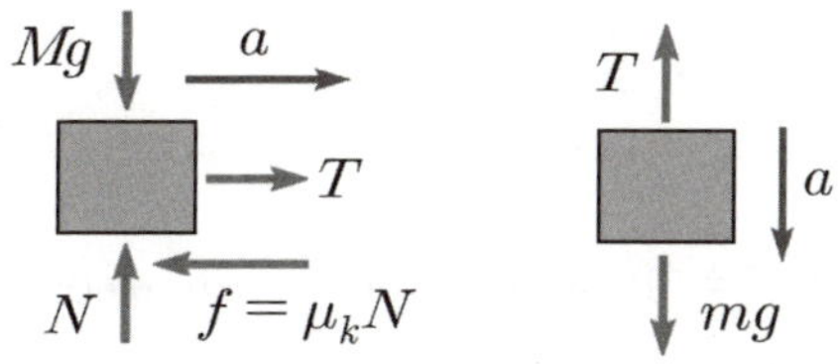

[문제 6.9]

(3) $T-\mu_k Mg = Ma$ ········· ① $mg - T = ma$ ········· ②

①, ②: $a = \dfrac{(m-\mu_k M)g}{M+m} = \dfrac{(4-0.2\times 6)(9.8)}{6+4} = 2.744\ [\mathrm{m/s^2}]$

(4) (3)에서 $a = \dfrac{(m-\mu_k M)g}{M+m}$; 이 식에서 μ_k를 구하면

$$m - \mu_k M = \frac{a}{g}(M+m)$$

$$\mu_k = \frac{m}{M} - \frac{a}{g}\left(1+\frac{m}{M}\right) = \frac{2}{4} - \frac{1.3}{9.8}\left(1+\frac{2}{4}\right) = 0.301$$

10. [정답: ①] (외력) $\geq$ 2N으로 일정하지 않다.

11. [정답: ①] 80N의 힘에서 등속 운동하므로 운동 중 마찰력 $f = 80\mathrm{N}$

$$\mu_k = \frac{f}{mg} = \frac{80}{20(10)} = 0.4$$

12. [정답: ④] $F\cos\theta = \mu_s(Mg - F\sin\theta)$; $F\times 0.7 = 0.7(34\times 10 - F\times 0.7)$

13. [정답: ③] [본문 예제] $a = \dfrac{(M_2-\mu_k M_1)g}{M_1+M_2}$; $T = \dfrac{M_1 M_2 g(1+\mu_k)}{M_1+M_2}$

$$\frac{T}{a} = \frac{M_1 M_2(1+\mu_k)}{M_2-\mu_k M_1} = \frac{4(7)(1+0.3)}{7-0.3(4)} = 6.28$$

14. [정답: ①] $mg\sin 30° - \mu_k mg\cos 30° = ma$

15. [정답: ④] $N = mg - F\sin\theta$, $F\cos\theta - \mu_k N = ma$

16. [정답: ③] 반력 $N = mg$, 마찰력 $f = \mu N = \mu mg$

$$P = f = \mu mg \quad \therefore\ m = \frac{P}{\mu g} = \frac{15}{0.5\times 10} = 3[\mathrm{kg}]$$

17. [정답: ②] $\sum F_y = 0$: $N - mg + F\sin 45° = 0$

$N = mg - F\sin 45° = 1(10) - \sqrt{2}\sin 45° = 9[\mathrm{N}]$

$\sum F_x = ma$: $F\cos 45° - \mu N = ma$

$\sqrt{2}\cos 45° - 0.1(9) = 1a$; $a = 0.1[\mathrm{m/s^2}]$

18. [정답: ③] $(\swarrow)\sum F = 0$; $m_1 g\sin 30° - \mu m_1 g\cos 30° - m_2 g = 0$

$m_1(\sin 30° - \mu\cos 30°) - m_2 = 0$

$$\frac{m_2}{m_1} = \sin 30° - \mu\cos 30° = \frac{1}{2} - \mu\frac{\sqrt{3}}{2} = \frac{1-\mu\sqrt{3}}{2}$$

19. [정답: ①] $F - \mu mg = ma$; $18 - 0.4m \times 10 = m \times 5$

20. [정답: ②] 등속운동이므로 $\sum\vec{F} = 0$. F가 수평선과 이루는 각을 θ라 하면

$$\sum F_x = 0 \ : \ F\cos\theta - f = 0 \quad \therefore \ F > f$$

$$\sum F_y = 0 \ : \ N + F\sin\theta - W = 0 \quad \therefore \ N < W$$

21. [정답: ②] 최대정지마찰력은 운동마찰력보다 크다.

22. [정답: ②] $10\sin\theta + f = 10$; $10 \times \frac{3}{5} + f = 10$; $f = 4\text{N}(\swarrow)$

23. $F = mr\omega^2 = mr \times \left(\frac{2\pi N}{60}\right)^2 = (2\text{kg}) \times (0.3\text{m}) \times \left(\frac{2\pi \times 200}{60\,\text{s}}\right)^2 = 263\,\text{N}$

24. $Mg = m\frac{v^2}{R}$; $R = \frac{mv^2}{Mg}$: $R \propto \frac{1}{M}$ 이므로 M이 2배가 되면 $R = \frac{1}{2}$ 배가 된다.

25. $\omega = 2\pi[\text{rad/s}]$, $\mu_s mg = mR\omega^2$; $\mu_s = \frac{R\omega^2}{g} = \frac{5(2\pi/7)^2}{9.8} = 0.411$

26. $\mu_s mg = m\frac{v^2}{R}$; $v = \sqrt{\mu_s Rg} = \sqrt{0.6(40)(9.8)} = 15.34[\text{m/s}] = 55.2[\text{km/h}]$

27. $\mu_s mg = m\frac{v^2}{R}$; $R = \frac{v^2}{\mu_s g} = \frac{(30/3.6)^2}{0.5(9.8)} = 14.17[\text{m}]$

28. $a = \frac{v^2}{R} = \frac{(108/3.6)^2}{10} = 90[\text{m/s}^2] = \frac{90}{9.8}g = 9.2g$

29. $m\frac{v^2}{r} = Mg$; $v = \sqrt{\frac{Mgr}{m}} = \sqrt{\frac{5(9.8)(0.2)}{3}} = 1.81[\text{m/s}]$

30. $mg = m\frac{v^2}{R}$; $v = \sqrt{gR} = \sqrt{9.8(200)} = 44.3[\text{m/s}] = 159.5[\text{km/h}]$

31. 공이 가장 높은 지점에 도달했을 때 원심력은 위로(↑), 중력은 아래로 (↓) 작용한다.

$$T = m\frac{v^2}{r} - mg = 0.1\left(\frac{10^2}{2} - 10\right) = 4[\text{N}]$$

32. [정답: ③] 마찰력 $f=\mu N=\mu mg=m\frac{v^2}{r}$; $\mu=\frac{v^2}{gr}=\frac{(8)^2}{10(20)}=0.32$

33. [정답: ④] 두 물체에 작용하는 원심력의 합이다.

$$T=m_1r_1\omega^2+m_2r_2\omega^2=(m_1r_1+m_2r_2)\omega^2=(1\times0.5+2\times1)10^2$$
$$=250[\mathrm{N}]$$

34. [정답: ④] $m\frac{v^2}{r}=\mu mg$; $v=\sqrt{\mu gr}=\sqrt{0.9(10)(100)}=30[\mathrm{m/s}]$

35. [정답: ①] $m_2g=m_1R\omega^2$; $\omega=\sqrt{\frac{m_2g}{m_1R}}$; $T=\frac{2\pi}{\omega}=2\pi\sqrt{\frac{m_1R}{m_2g}}$

36. [정답: ②] 구심력 $F=m\frac{v^2}{r}$

37. 구심력과 원심력의 크기는 같다.

(1) $F_R=W\tan\theta=mg\tan\theta=0.2(10)\tan45°=2[\mathrm{N}]$

(2) $F_R=m\frac{v^2}{R}=mg\tan\theta$; $v=\sqrt{gR\tan\theta}=\sqrt{10(0.1)\tan45°}=1[\mathrm{m/s}]$

38. 회전 반지름 $R=L\cos\theta$이다.

$$\tan\theta=\frac{mg}{mv^2/R}=\frac{g}{v^2/(L\cos\theta)}$$
$$v=\sqrt{\frac{gL\cos\theta}{\tan\theta}}=\sqrt{\frac{10(0.6)\cos30°}{\tan30°}}=3[\mathrm{m/s}]$$

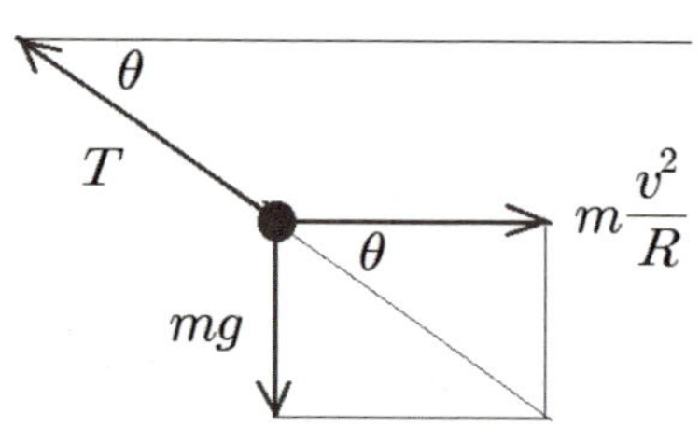

[문제 6.38]

본문의 공식을 이용하면 $\alpha=90°-30°=60°$

$$v=\sqrt{gR\tan\alpha}=\sqrt{gL\sin\alpha\tan\alpha}$$
$$=\sqrt{10(0.6)\sin60°\tan60°}=3[\mathrm{m/s}]$$

39. $F_R = \sqrt{F_T^2 - W^2} = \sqrt{25^2 - (2\times 10)^2} = 15[\mathrm{N}]$

$$F_R = m\frac{v^2}{R};\ v = \sqrt{RF_R/m} = \sqrt{1.2(15)/2} = 3[\mathrm{m/s}]$$

40. $\tan\theta = \dfrac{mR\omega^2}{mg} \rightarrow \omega = \sqrt{\dfrac{g\tan\theta}{R}} \quad \therefore\ T = \dfrac{2\pi}{\omega} = 2\pi\sqrt{\dfrac{R}{g\tan\theta}}$

41. $\sum F_y = 0:\ N - mg\cos\theta = 0 \quad \therefore\ N = mg\cos\theta$

$\sum F_x = ma_x:\ mg\sin\theta - \mu_k mg\cos\theta = ma_x \quad \therefore\ a_x = g(\sin\theta - \mu_k\cos\theta)$

(1) $\theta = 15°$

$a = a_x = 9.8(\sin 15° - 0.4\cos 15°) = -1.25[\mathrm{m/s^2}]$

$v = v_0 + at:\ 0 = 5 - 1.25t \quad \therefore\ t = 4[\mathrm{s}]$

$v^2 - v_0^2 = 2as,\ 0 - 5^2 = 2(-1.25)\Delta x \quad \therefore\ \Delta x = 10[\mathrm{m}]$

(2) $\theta = 30°$

$a_x = 9.8(\sin 30° - 0.4\cos 30°) = +1.51[\mathrm{m/s^2}]$

$a_x > 0$이므로 계속 가속되어 내려간다. 즉, 멈추지 않는다.

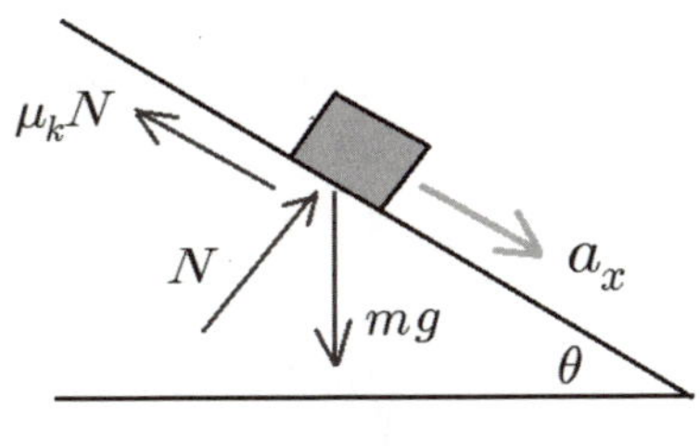

[문제 6.41]

연습문제 7

01. $K = \dfrac{1}{2}mv^2 = \dfrac{1}{2}\times 2\times 10^2 = 100\,[\mathrm{J}]$

02. $K = \dfrac{1}{2}mv^2 = \dfrac{1}{2}\times 400\times\left(\dfrac{72\times 1000}{3600}\right)^2\times\dfrac{1}{1000} = 80\,[\mathrm{kJ}]$

03. $W = Fh = mgh = 20\times 9.8\times 1800\,[\text{J}] = 352.8\,[\text{kJ}]$

04. 힘(무게)의 방향과 이동 방향이 이루는 각이 90°이므로 한 일=0

05. 뉴턴 운동법칙 $\sum F = ma$에서 일정속력일 때 $a = 0$이면 $\sum F = 0$이다.

(1) $W = (F\cos\theta)s = 40\times\cos 60°\times 20 = 400\,[\text{J}]$

(2) 등속운동이므로 수평방향으로 물체에 작용하는 총 힘은 0이다.

$$\sum F_x = F\cos 60° - f = 0$$

$\therefore$ 마찰력 $f = F\cos 60° = 40\cos 60° = 20\,[\text{N}]$

06. $W = \vec{F}\cdot\vec{s} = 2\times 5 + 3\times 4 = 22(\text{N}\cdot\text{m}) = 22\,[\text{J}]$

07. 변위 $\Delta\vec{s} = \vec{s_2} - \vec{s_1} = (2-4)\vec{i} + \{3-(-5)\}\vec{j} = -2\vec{i} + 8\vec{j}\,[\text{m}]$

$$W = \vec{F}\cdot\Delta\vec{s} = 2\times(-2) + 3\times(8) = 20\,[\text{J}]$$

08. $W = \Delta K = \frac{1}{2}m(v_2^2 - v_1^2) = \frac{1}{2}\times 4\text{kg}\times(10^2 - 3^2)(\text{m/s})^2 = 182\,[\text{J}]$

09. $W = K_2 - K_1 = \frac{1}{2}mv_2^2 - 0 = \frac{1}{2}(2)(4)^2 = 16\,[\text{J}]$

10. $K_2 = K_1 + W = \frac{1}{2}mv_1^2 + Fs = \frac{1}{2}(5)(2^2) + 4(10) = 50\,[\text{J}]$

11. $K_2 = K_1 + W\ ;\ \frac{1}{2}mv_2^2 = \frac{1}{2}mv_1^2 + Fs$

$$v_2 = \sqrt{v_1^2 + \frac{2Fs}{m}} = \sqrt{20^2 + \frac{2(100)10)}{10}} = 10\sqrt{6}\,[\text{m/s}]$$

12. $W = (F_1 - F_2 + F_3\cos\theta)\times d = (30 - 10 + 40\cos 60°)(0.2) = 8[\text{J}];\ K_1 = 0$

$$K_2 = K_1 + W = W;\ \frac{1}{2}mv_2^2 = W\ ;\ v_2 = \sqrt{\frac{2W}{m}} = \sqrt{\frac{2(8)}{4}} = 2\,[\text{m/s}]$$

13. $W = \vec{F}\cdot\vec{d} = (-3)(2) + 2(3) + 3(3) = 9[\text{J}]$

$K_2 = K_1 + W;\ \frac{1}{2}mv_2^2 = \frac{1}{2}mv_1^2 + W$

$v_2 = \sqrt{\frac{2W}{m} + v_1^2} = \sqrt{\frac{2(9)}{2} + 4^2} = 5\,[\text{m/s}]$

14. $W_{올릴\ 때} = Fd\cos 0 = mgd = 100(9.8)(0.4) = 392[\mathrm{J}]$

$W_{내릴\ 때} = Fd\cos 180° = mgd(-1) = -392[\mathrm{J}]$

15. (1) 줄에 작용하는 힘: $mg - F = m \times \frac{g}{4}$; $F = \frac{3}{4}mg$

$$W_F = Fd\cos 180° = -\frac{3}{4}mgd$$

(2) $W_g = mgd$

16. 뉴턴 운동 제2법칙으로부터 헬리콥터의 케이블에 작용하는 장력을 구한다.

$$T - mg = ma;\ T = m(g+a) = \frac{11}{10}mg\ (\uparrow)$$

(1) $W_F = Td\cos 0 = \frac{11}{10}mgd = \frac{11}{10}(70)(9.8)(15) = 11{,}319[\mathrm{J}]$

(2) $W_g = -mg(y_2 - y_1) = -70(9.8)(15) = -10{,}290[\mathrm{J}]$

17. (1) $2F = mg;\ F = \frac{mg}{2} = \frac{20(9.8)}{2} = 98[\mathrm{N}]$

(2) $d_1 = 2d = 2(2) = 4[\mathrm{cm}]$

(3) $W_F = Fd_1 = 98(0.04) = 3.92[\mathrm{J}]$

$W_g = -mgd = -20(9.8)(0.02) = -3.92[\mathrm{J}]$

18. $K_2 = K_1 + W;\ \frac{1}{2}mv_2^2 = \frac{1}{2}mv_1^2 + W_F + W_g$

$\frac{1}{2}(3)v_2^2 = \frac{1}{2}(3)(2)^2 + [15\cos 20° - 3(9.8)\sin 20°]\ (1);\ v_2 = 2.59[\mathrm{m/s}]$

이동방향(↗)과 중력의 방향(↙)이 반대이므로 중력이 한 일은 음(−)이 된다.

19. (1) $k = \frac{F}{x} = \frac{40\mathrm{N}}{0.2\mathrm{m}} = 200\ [\mathrm{N/m}]$

(2) $W = \frac{1}{2}kx^2 = \frac{1}{2}(200)(0.2)^2 = 4\ [\mathrm{J}]$

$W = \int F dx$ 이므로 $F - x$ 그래프에서 면적이 일이 된다.

$W = \frac{1}{2}(0.2)(40) = 4\ [\mathrm{J}]$

20. $\frac{1}{2}mv^2 = \frac{1}{2}kx^2 \quad \therefore \quad x = \sqrt{\frac{mv^2}{k}} = v\sqrt{\frac{m}{k}} \quad ; \; d = v\sqrt{\frac{m}{k}}$

(1) $x = (4v)\sqrt{\frac{m}{k}} = 4d$

(2) $x = v\sqrt{\frac{m}{(k/9)}} = 3d$

(3) $x = (2v)\sqrt{\frac{m}{2k}} = \sqrt{2}\,d$

21. 그림에서 스프링상수 $k = \frac{160}{2} = 80[\text{N/cm}] = 8000[\text{N/m}]$

$$W_S = \frac{k}{2}\left(x_1^2 - x_2^2\right)$$

(1) 15.6[J]　(2) 15.6[J]　(3) 0[J]　(4) − 14.4[J]

22. (1) 힘이 한 일 Fx와 스프링이 한 일의 크기가 같다.

$$Fx = \frac{1}{2}kx^2 \;\rightarrow\; x = \frac{2F}{k} = \frac{2(3)}{50} = 0.12[\text{m}]$$

(2) $W_F = Fx = 3(0.12) = 0.36[\text{J}]$

(3) $W_S = \frac{k}{2}(x_1^2 - x_2^2) = \frac{50}{2}(0 - 0.12^2) = -0.36[\text{J}]$

23. (1) $x_1 = 0,\; x_2 = 10\text{mm} = 0.01\text{m}$

$$W_S = \frac{k}{2}\left(x_1^2 - x_2^2\right) = \frac{2000}{2}\left[0 - (0.01)^2\right] = -0.1[\text{J}]$$

(2) $x_1 = 10\text{mm} = 0.01\text{m},\; x_2 = 10\text{mm} + 10\text{mm} = 0.02\text{m}$

$$W_S = \frac{k}{2}\left(x_1^2 - x_2^2\right) = \frac{2000}{2}\left[(0.01)^2 - (0.02)^2\right] = -0.3[\text{J}]$$

24. $W_g = mgd = 0.2(9.8)(0.1) = 0.196[\text{J}]$

$$k = \frac{2.5\text{N}}{\text{cm}} = \frac{2.5\text{N}}{(10^{-2}\text{m})} = \frac{250\text{N}}{\text{m}}$$

$$W_S = -\frac{1}{2}kd^2 = -\frac{1}{2}(250)(0.1)^2 = -1.25[\text{J}]$$

25. $P = \frac{W}{t} = \frac{Fs}{t} = \frac{40 \times 12}{10} = 48\,[\mathrm{W}]$

26. $P = Fv = (5{,}000 \times 9.8) \times 0.2 = 9{,}800\,[\mathrm{W}] = 9.8\,[\mathrm{kW}]$

27. $W = Pt = 2 \times (40 \times 60) = 4{,}800\,[\mathrm{kJ}]$

28. $P = \vec{F} \cdot \vec{v} = 4(5) + (-3)(2) = 14\,[\mathrm{W}]$

29. $P = \vec{F} \cdot \vec{v} = Fv\cos\theta = 400\mathrm{N} \times (0.3\mathrm{m/s})\cos 60° = 60\,[\mathrm{W}]$

30. 빗면 방향 힘 $F = W\sin\theta = mg\sin\theta$; $v = 10\mathrm{cm/s} = 0.1\mathrm{m/s}$

$$P = Fv = mg\sin\theta \times v = 400 \times 9.8 \times \sin 30° \times 0.1 = 196\,[\mathrm{W}]$$

31. [정답: ②] $P = \frac{W}{t} = \frac{Fs}{t} = \frac{100(10)}{2} = 500[\mathrm{W}]$

32. [정답: ③] $K = \frac{1}{2}mv^2$; $K \propto v^2$; $\left(\frac{100}{50}\right)^2 = 4$[배]

33. 경사면 방향 가속도가 $a = g\sin 30° = 0.5g(\swarrow)$인 등가속도 운동이고, 최고점에서 속도 $v_2 = 0$이다. 최고점까지 거리와 소요 시간을 구한다.

$$v_2 = v_1 + at = v_1 - 0.5gt = 0;\ t = \frac{v_1}{0.5g} = \frac{2}{0.5(10)} = 0.4[\mathrm{s}]$$

$$K_2 - K_1 = W_g;\ 0 - K_1 = W_g$$

$$-\frac{1}{2}mv_1^2 = -mg\sin 30° \times s;\ s = \frac{v_0^2}{2g\sin 30°} = \frac{(2)^2}{2(10)(0.5)} = 0.4[\mathrm{m}]$$

올라간 거리와 내려간 거리가 같고, 올라가는데 걸린 시간과 내려가는데 걸리는 시간이 같으므로 총 이동 거리는 $2s = 0.8\mathrm{m}$, 소요시간은 $2t = 0.8\mathrm{s}$. 혹은, $v^2 - v_0^2 = 2as$로 이동 거리를 구할 수 있다.

$$v^2 - v_0^2 = -2(0.5g)s;\ 0 - v_0^2 = -2(0.5g)s;\ s = \frac{v_0^2}{g} = \frac{(2)^2}{10} = 0.4[\mathrm{m}]$$

34. $v = \frac{dx}{dt} = 3 + 4t$; $a = \frac{dv}{dt} = 4$; $t = 2$초에서 $v = 11[\mathrm{m/s}]$, $a = 4[\mathrm{m/s^2}]$

$$F = ma = 2(4) = 8[\mathrm{N}];\ K = \frac{1}{2}mv^2 = \frac{1}{2} \times 2 \times (11)^2 = 121\,[\mathrm{J}]$$

35. [정답: ②] SI 단위로 계산한다. 스프링 힘이 물체에 한 일은 음(−)이다.

$K_2 = K_1 + W = K_1 + mgd - \frac{k}{2}d^2$; 최대로 압축되었을 때 $v_2 = 0$; $K_2 = 0$

$0 = \frac{1}{2}mv_1^2 + mgd - \frac{k}{2}d^2$; $\frac{1}{2}(0.1)v_1^2 = \frac{1}{2}(110)(0.1)^2 - (0.1)(10)(0.1)$

$\frac{1}{20}v_1^2 = \frac{9}{20}$; $v_1 = 3[\text{m/s}]$

36. [정답: ②] 물체가 올라갈 때 중력이 한 일 $W(\uparrow) = -MgH$, 내려올 때 중력이 한 일 $W(\downarrow) = MgH$; $W = W(\uparrow) + W(\downarrow) = -MgH + MgH = 0$

37. [정답: ③] 일은 사다리꼴 A-B-6-3의 면적과 같다.

$$W = \frac{1}{2}(6+12)(6-3)\times 10^{-2}[\text{N}\cdot\text{m}] = 0.27[\text{J}]$$

38. [정답: ④]

$$W = \int F dx = \int_0^L (ax + bx^2)dx = \left[\frac{1}{2}ax + \frac{1}{3}bx^3\right]_0^L$$

$$= \frac{1}{2}aL^2 + \frac{1}{3}bL^3$$

39. [정답: ②]

$$W = \int_{A_1}^{A_2}(F_x dx + F_y dy + F_z dz)$$

$$= \int_1^1 x^2 dx + \int_2^{-2}(-2y)dy + \int_1^3 3dz$$

$$= 0 + 0 + 3\times(3-1) = 6[\text{J}]$$

40. [정답: ①] 힘-거리 그래프에서 일은 면적과 같다.

$$W = \frac{1}{2}(5-0)(3) + (10-5)(3) + \frac{1}{2}(15-10)(3) = 30[\text{J}]$$

$$\frac{1}{2}mv_2^2 - \frac{1}{2}mv_1^2 = W;\ \frac{1}{2}(15)(2)^2 - \frac{1}{2}(15)v_1^2 = 30;\ v_1 = 0$$

41. [정답: ①] $\frac{1}{2}mv_2^2 - \frac{1}{2}mv_1^2 = W$; $W = \frac{1}{2}(3)(4) + 3(4) = 18[\text{J}]$

$$\frac{1}{2}(4)v_2^2 - 0 = 18;\ v_2 = \sqrt{9} = 3[\text{m/s}]$$

42. [정답 : ②] $\frac{1}{2}(1)v_2^2 - 0 = \frac{1}{2}(2)(2) + \frac{1}{2}(2)(2) + 2(2) = 8$

43. [정답: ②] $1\text{PS} = 75\text{kgf} \cdot \text{m/s}$

44. [정답: ③] 초기 지점을 1, 가장 우측 지점을 2로 하여 일-에너지 정리를 적용한다.

$$K_2 - K_1 = W_g;\ \frac{1}{2}mv_2^2 - 0 = mg\left(h - \frac{h}{5}\right);\ v_2^2 = \frac{8}{5}gh$$

• 가장 우측 지점 2에서 원심력 $F_r = m\frac{v_2^2}{r} = m\frac{(8gh/5)}{(h/5)} = 8mg$

45. [정답: ②] $K_2 - K_1 = W_g + W_S;\ 0 - 0 = mgh - \frac{1}{2}kd^2;\ d = \sqrt{\frac{2mgh}{k}}$

연습문제 8

01. • 밀도 $\rho = \frac{m}{V} = \frac{90}{0.1} = 900\,[\text{kg/m}^3]$

• 비중량 $\gamma = \rho g = 900 \times 9.8 = 8820\,[\text{N/m}^3]$

• 비중 $S = \frac{\gamma}{\gamma_w} = \frac{8820}{9800} = 0.9$

02. • 질량 $m = \rho V = 750 \times (50 \times 10^{-3}) = 37.5\,[\text{kg}]$

$1\text{cm}^3 = (10^{-2}\text{m})^3 = 10^{-6}\text{m}^3$

• 무게 $W = mg = 37.5 \times 9.8 = 367.5\,[\text{N}]$

03. 질량 $m = \rho V = 700 \times \frac{\pi(0.5)^2}{4} \times 0.9 = 123.7\,[\text{kg}]$

04. 비중량 $\gamma = \frac{W}{V} = \rho g;\ \rho = \frac{W}{g\,V} = \frac{665}{9.8 \times (0.1 \times 0.1 \times 0.5)} = 13{,}570\,\text{kg/m}^3$

05. 비중 $S = \frac{\gamma}{\gamma_w} = \frac{7670}{9800} = 0.783$

06. 온도가 올라가면 밀도가 감소하므로 부피가 증가한다. 따라서 뜨거운 한낮보다 아침 시간을 이용하면 조금이라도 더 많은 양의 기름을 받을 수 있다.

07. $W = \gamma V = S\gamma_w \times V = 4 \times 9.8 \dfrac{\text{kN}}{\text{m}^3} \times 5\text{m}^3 = 196[\text{kN}]$

08. 질량 $m = \rho V = S\rho_w V$

$$\rho_{혼합} = \frac{m_{혼합}}{V_{혼합}} = \frac{(2\rho_w \times 2V) + (3\rho_w \times 3V)}{2V + 3V} = \frac{13}{5}\rho_w$$

$$\therefore \; S_{혼합} = \frac{\rho_{혼합}}{\rho_w} = \frac{13}{5}$$

09. 절대압력 $P_{abs} = P_{atm} + P_{gage} = 100 + 30 = 130\,[\text{kPa}]$

10. 계기압력 $P_{gage} = P_{abs} - P_{atm} = 150 - 100 = 50\,[\text{kPa}]$

$$1\text{bar} = 10^5\text{Pa} = 100 \times 10^3\text{Pa} = 100\text{kPa}$$

11. 힘과 같은 방향(←)으로 대기압이 피스톤에 작용한다. $F + P_0 A = PA$

$$F = (P - P_0)A = (200 - 100) \times \frac{\pi}{4} \times (0.2)^2 = 3.14\,[\text{kN}]$$

12. $P = \dfrac{mg}{A_1} = \dfrac{Mg}{A_2} \quad \therefore \; M = \dfrac{A_2}{A_1}m = \left(\dfrac{D_2}{D_1}\right)^2 m = 2^2 \times 100 = 400\,[\text{kg}]$

13. (1) $Q = AV = \dfrac{\pi D^2}{4} \times V = \dfrac{\pi \times (0.2)^2}{4} \times 5 = 0.157\,[\text{m}^3/\text{s}]$

(2) $\dot{m} = \rho Q = (S\rho_w) = (0.8 \times 1000) \times 0.157 = 125.6\,[\text{kg/s}]$

(3) $G = \gamma Q = (S\gamma_w)Q = (0.8 \times 9800) \times 0.157 = 1231\,[\text{N/s}]$

14. $V = \dfrac{Q}{A} = \dfrac{Q}{\pi D^2/4} = \dfrac{4Q}{\pi D^2} = \dfrac{4 \times 3}{3(4)^2} = 0.25\,[\text{m/s}]$

15. $Q = AV = \dfrac{\pi D^2}{4} V \;\rightarrow\; D = \sqrt{\dfrac{4Q}{\pi V}} = \sqrt{\dfrac{4(3.6)}{3(1.2)}} = 2[\text{m}]$

16. $V = \dfrac{\dot{m}}{\rho A} = \dfrac{\dot{m}}{\rho(\pi D^2/4)} = \dfrac{4\dot{m}}{\pi \rho D^2} = \dfrac{4 \times 1200}{3(800)(2)^2} = 0.5\,[\text{m/s}]$

17. $V=\dfrac{\dot{m}}{\rho A}=\dfrac{\dot{m}}{S\rho_w(\pi D^2/4)}=\dfrac{4\dot{m}}{\pi\rho_w S D^2}$

18. $G=\gamma A V=\rho g A V=(\rho A V)g=\dot{m}g=1000\dfrac{\text{kg}}{\text{s}}\times 9.8\dfrac{\text{m}}{\text{s}^2}=9800[\text{N/s}]$

19. 연속 방정식에서 $Q=A_1V_1=A_2V_2$

$$V_2=\frac{A_1}{A_2}V_1=\left(\frac{D_1}{D_2}\right)^2V_1=\left(\frac{2}{3}\right)^2V_1=\frac{4V_1}{9}\quad\therefore\ V_1:V_2=9:4$$

20. $Q=A_1V_1=A_2V_2\quad\therefore\ V_2=\dfrac{A_1}{A_2}V_1=\left(\dfrac{D_1}{D_2}\right)^2V_1=\left(\dfrac{5}{8}\right)^2\times 8=3.125\,[\text{m/s}]$

$$Q=A_1V_1=\frac{\pi\times(0.05)^2}{4}\times 8=0.0157[\text{m}^3/\text{s}]$$

21. $V_2=\dfrac{A_1}{A_2}V_1=\dfrac{50}{150}\times 9=3[\text{m/s}]$. 수평관이므로 $z_1=z_2$.

$$\frac{P_1}{\gamma}+\frac{V_1^2}{2g}+0=\frac{P_2}{\gamma}+\frac{V_2^2}{2g}+0$$

$$P_2=P_1+\frac{\rho(V_1^2-V_2^2)}{2}=110+\frac{1000\times(9^2-3^2)}{2}\times\frac{1}{1000}$$

$$=146\,[\text{kPa}]$$

22. 지름이 일정하므로 점 2에서의 유속 $V_2=V_1=2\,\text{m/s}$.

베르누이 방정식 $\dfrac{P_1}{\gamma}+0+z_1=\dfrac{P_2}{\gamma}+0+z_2$로부터 점 2에서의 압력

$P_2=P_1+\gamma(z_1-z_2)=150+9\times 2\,[\text{kPa}]=168[\text{kPa}]$

23. $V_2=\dfrac{A_1}{A_2}V_1=\left(\dfrac{D_1}{D_2}\right)^2V_1=\left(\dfrac{10}{40}\right)^2\times 8=0.5[\text{m/s}]$. 수평관 $z_1=z_2$.

$$\frac{P_1}{\gamma}+\frac{V_1^2}{2g}+0=\frac{P_2}{\gamma}+\frac{V_2^2}{2g}+0$$

$$\therefore\ P_2=P_1+\frac{\rho(V_1^2-V_2^2)}{2}=150+\frac{800\times(8^2-0.5^2)}{2}\times\frac{1}{1000}\,[\text{kPa}]$$

$$=175.5\,[\text{kPa}]$$

24. $V=\sqrt{2gh}=\sqrt{2\times 9.8\times 4}=8.85[\mathrm{m/s}]$

$$Q=AV=\frac{\pi D^2}{4}\times V=\frac{\pi\times 0.05^2}{4}\times 8.85=0.0174[\mathrm{m^3/s}]$$

25. 단면적 $400\mathrm{cm}^2$, $100\mathrm{cm}^2$인 면을 각각 1, 2라 한다. 먼저 연속방정식으로부터 2에서 유속을 구한다.

$$Q=A_1V_1=A_2V_2 \quad \therefore \quad V_2=\frac{A_1}{A_2}V_1=\frac{400}{100}\times 2=8\,[\mathrm{m/s}]$$

다음에 1, 2 사이에 베르누이 방정식을 적용하여 2에서 압력을 구한다.

$$\frac{P_1}{\gamma}+\frac{V_1^2}{2g}+z_1=\frac{P_2}{\gamma}+\frac{V_2^2}{2g}+z_2 \quad (\leftarrow \text{수평관이므로 } z_1=z_2)$$

$$\frac{P_2}{\gamma}=\frac{P_1}{\gamma}+\frac{V_1^2-V_2^2}{2g}$$

$$P_2=P_1+\frac{\gamma(V_1^2-V_2^2)}{2g}=P_1+\frac{\rho(V_1^2-V_2^2)}{2} \quad (\leftarrow \ \gamma=\rho g)$$

$$=150+\frac{1000\times(2^2-8^2)}{2}\times\frac{1}{1000}[\mathrm{kPa}]$$

$$=120\,[\mathrm{kPa}]$$

26. 토리첼리의 정리로부터 분사되는 물줄기의 속도는 $V=\sqrt{2gh}$이다. 물줄기는 수평 방향으로는 속도 V의 등속 운동, 수직 방향으로는 자유낙하운동을 한다. 따라서 물줄기가 지면에 떨어지는 시간(t)은

$$\frac{1}{2}gt^2=H-h \quad \therefore \quad t=\sqrt{\frac{2(H-h)}{g}} \quad \cdots\cdots ①$$

이고, 수평 도달 거리 x는 다음과 같다.

$$x=Vt=\sqrt{2gh}\times\sqrt{\frac{2(H-h)}{g}}=2\sqrt{h(H-h)} \quad \cdots\cdots ②$$

식 ①에서 x가 최대가 되는 h를 구한다.

$$y = h(H-h) = -\left(h - \frac{H}{2}\right)^2 + \frac{H^2}{4}$$

이므로 $h = \dfrac{H}{2}$일 때 $x_{\max} = 2\sqrt{y_{\max}} = 2\sqrt{\dfrac{H^2}{4}} = H$이다.

27. 배수관 단면적 $A = 0.25\text{m}^2$, 유량 $Q = 0.5\text{m}^3/\text{s}$이므로 점 A에서 유속은 다음과 같다.

$$V_2 = \frac{Q}{A} = \frac{0.5}{0.25} = 2\,[\text{m/s}]$$

물탱크 수면을 1, 점 A를 2로 하여 1과 2 사이에 베르누이 정리를 적용한다.

$$\frac{P_1}{\gamma} + \frac{V_1^2}{2g} + z_1 = \frac{P_2}{\gamma} + \frac{V_2^2}{2g} + z_2$$

탱크 단면적이 관 단면적보다 아주 클 때 수면의 하강 속도 $V_1 = 0$이며, 대기압을 무시하므로 $P_1 = 0$이고, $z_1 - z_2 = 30\,[\text{m}]$이다.

$$0 + 0 + z_1 = \frac{P_2}{\gamma} + \frac{V_2^2}{2g} + z_2$$

$$\therefore\ P_2 = \gamma(z_1 - z_2) - \frac{\rho V_2^2}{2} = 9.8(1000)(30) - \frac{1000(2^2)}{2}\,[\text{Pa}]$$

$$= 292 \times 10^3\,[\text{Pa}] = 292\,[\text{kPa}]$$

28. [정답: ②] $V = \dfrac{Q}{A} = \dfrac{Q}{\pi D^2/4} = \dfrac{4Q}{\pi D^2} = \dfrac{4(3.14)}{3.14(1)^2} = 4[\text{m/s}]$

29. [정답: ①] 비압축성 유체에 대해 Bernoulli 방정식이 적용된다.

30. [정답: ③] $\dot{m} = \rho A V = \rho \dfrac{\pi D^2}{4} V$

$$V = \frac{4\dot{m}}{\pi \rho D^2} = \frac{4(157)}{3.14 \times (0.5)(2)^2} = 100\,[\text{cm/s}]$$

31. $V_1 = 2\text{m/s},\ V_2 = \dfrac{A_1}{A_2} V_1 = 1\text{m/s};\ \rho = \dfrac{\gamma}{g} = \dfrac{10 \times 1000}{10} = 1000[\text{kg/m}^3]$

$$\frac{P_1}{\gamma} + \frac{V_1^2}{2g} = \frac{P_2}{\gamma} + \frac{V_2^2}{2g}$$

$$P_2 = P_1 + \frac{\rho}{2}(V_1^2 - V_2^2) = 30 + \frac{1000}{2}(2^2 - 1^2) \times \frac{1}{1000}[\text{kPa}]$$
$$= 31.5[\text{kPa}]$$

32. [정답: ①] 베르누이 방정식은 정상상태 유동에 대해 적용한다.

33. [정답: ②] $\rho = S\rho_w = 0.9 \times 1000[\text{kg/m}^3]$

34. [정답: ④] 물의 비중량은 1000kgf/m^3

$$S = \frac{\gamma}{\gamma_w} = \frac{W/V}{\gamma_w} = \frac{2720/0.2}{1000} = 13.6$$

35. [정답: ④] $P = \dfrac{m_1 g}{A_1} = \dfrac{m_2 g}{A_2};\ m_2 = \dfrac{A_2}{A_1} m_1 = \dfrac{4}{1} \times 10 = 40[\text{kg}]$

36. [정답: ④] $v = \sqrt{2gh} = \sqrt{2(10)(1.8)} = 6[\text{m/s}]$

37. [정답: ①] $V_B = \left(\dfrac{D_A}{D_B}\right)^2 V_A = \left(\dfrac{10}{5}\right)^2 \times 20 = 80[\text{m/s}]$

38. [정답: ④] 단면적이 작은 영역에서 유속이 빠르고 압력이 낮아진다.

39. [정답: ①] 비중 $S = \gamma/\gamma_w$: 차원이 없는 무차원수

40. [정답: ②] 평균 공기유속 $v = 25\text{m/s}$, 공기의 체적 유량 $Q = 50\text{m}^3/\text{s}$이다. 관의 안지름을 d[m]라 하면

$$Q = Av = \left(\frac{\pi}{4}d^2\right)v \quad \therefore\ d = \sqrt{\frac{4Q}{\pi v}} = \sqrt{\frac{4(50)}{\pi(25)}} = 2\sqrt{\frac{2}{\pi}}\ [\text{m}]$$

41. $Q = A_A V_A = A_B V_B$로부터 $V_B = 3V_A = 15\text{m/s}$

$$\frac{P_A}{\gamma} + \frac{V_A^2}{2g} = \frac{P_B}{\gamma} + \frac{V_B^2}{2g}$$

$$P_A - P_B = \frac{\gamma(V_B^2 - V_A^2)}{2g} = \frac{10(15^2 - 5^2)}{2(10)} = 100[\text{kN/m}^2]$$

42. $P_1 = 0.1\frac{\text{kgf}}{\text{cm}^2} = 0.1\frac{10\text{N}}{(10^{-2}\text{m})^2} = 10^4\frac{\text{N}}{\text{m}^2} = 10[\text{kN/m}^2]$

$$V_2 = \left(\frac{D_1}{D_2}\right)^2 V_1 = \left(\frac{5}{10}\right)^2 \times 4 = 1[\text{m/s}]$$

$$P_2 = P_1 + \frac{\rho}{2}(V_1^2 - V_2^2) + \rho g(z_1 - z_2)$$

$$= 10 + \frac{1000}{2}(4^2 - 1^2) \times \frac{1}{1000} - 1000 \times 10 \times 1 \times \frac{1}{1000}[\text{kN/m}^2]$$

$$= 7.5[\text{kN/m}^2]$$

연습문제 9

01. (1) $T(℃) = \frac{5}{9}[T(°\text{F}) - 32] = \frac{5}{9}(50 - 32) = 10[℃]$

(2) $T(℃) = \frac{5}{9}(-58 - 32) = -50[℃]$

02. (1) $T(°\text{F}) = \frac{9}{5}T(℃) + 32 = \frac{9}{5} \times 70 + 32 = 158[°\text{F}]$

(2) $T(°\text{F}) = \frac{9}{5} \times (-80) + 32 = -112[°\text{F}]$

03. $Q = mC\Delta T = 200 \times 4.2 \times (80 - 20) = 50,400[\text{kJ}]$

04. $C = \frac{Q}{m\Delta T} = \frac{1.23\text{kJ}}{0.525\text{kg} \times 10℃} = 0.234\text{kJ/kg} \cdot ℃$

05. $m_w C_w(T_f - T_{w,1}) = m_x C_x(T_{x,1} - T_f)$

$$4(4186)(22.4 - 20) = 0.5C_x \times (200 - 22.4)$$

$$\therefore C_x = 452.5\text{J/kg} \cdot ℃$$

06. $T_f = \frac{m_1c_1T_1 + m_2c_2T_2}{m_1c_1 + m_2c_2} = \frac{300 \times 0.45 \times 100 + 200 \times 4.2 \times 20}{300 \times 0.45 + 200 \times 4.2} = 31.1[℃]$

07. $Q = mc\Delta T = 0.2 \times 3 \times (20-5) = 9\,[\mathrm{kJ}]$

08. $Q = mC\Delta T = mgh \quad \therefore \quad \Delta T = \dfrac{gh}{C} = \dfrac{9.8 \times 40}{0.4 \times 10^3} = 0.98\,[℃]$

자유낙하이므로 지면에 떨어졌을 때 강구의 운동에너지는 위치에너지와 같다.

09. $Q = m_1 C(T_f - T_1) = m_2 C(T_2 - T_f)$

$$T_f = \frac{m_1 T_1 + m_2 T_2}{m_1 + m_2} = \frac{35 \times 10 + 65 \times 40}{35 + 65} = 29.5\,[℃]$$

10. 외부와 단열되었으므로 내부에서 전달되는 열량의 총합은 0이다.

$$3(1)(T_f - 20) + 4(0.215)(T_f - 30) + 2(0.0924)(T_f - 80) = 0$$
$$\therefore \quad T_f = 24.87\,℃$$

11. 단열되었으므로 $Q = 0$이다. 따라서 $Q = \Delta U + W$에서 $0 = -500 + W$ 이므로 $W = 500\,\mathrm{kJ}$의 일을 하였다.

12. $Q = \Delta U + W$에서 $0 = 400 + W$ 이므로 $W = -400\,\mathrm{kJ}$이다. 즉, 계는 외부로부터 $400\,\mathrm{kJ}$의 일을 받았다.

13. $Q = \Delta U + W$에서 $10 \times 4.2 = \Delta U + 30 \quad \therefore \ \Delta U = 12\,\mathrm{kJ}$

14. $\Delta U = Q - W = 10 - 1500 \times 9.8 \times \dfrac{1}{4.2} \times \dfrac{1}{1000} = 6.5\,[\mathrm{kcal}]$

15. 방 안 온도가 일정하므로 방의 내부에너지 변화 $\Delta U = 0$이다. 따라서 열역학 제1법칙에 의해 $Q = \Delta U + W_e = 0 + W_e$ 이므로 전기장판이 방에 공급해야 할 일률[kW]은 다음과 같다.

$$\dot{W}_e = \dot{Q} = \frac{6480\mathrm{kJ}}{\mathrm{h}} = \frac{6480\mathrm{kJ}}{3600\mathrm{s}} = 1.8\frac{\mathrm{kJ}}{\mathrm{s}} = 1.8\,[\mathrm{kW}]$$

16. [정답: ④] $mgh = mC\Delta T \quad \therefore \quad \Delta T = \dfrac{gh}{C} = \dfrac{10(80)}{4000} = 0.2\,[\mathrm{K}]$

17. [정답: ④] $T_f = \dfrac{m_1 C_1 T_1 + m_2 C_2 T_2}{m_1 C_1 + m_2 C_2} = \dfrac{100(0.5)(50) + 200(1)(80)}{100(0.5) + 200(1)} = 74\,[℃]$

18. [정답: ④] $Q = \Delta U + W = -500\text{J} - 200\text{J} = -700\text{J}$

계가 200 J 의 일을 받았으므로 $W = -200\text{J}$ 이다. 이 경우는 계는 냉각되어 계의 내부에너지가 감소하고 부피가 줄어든 상황을 나타낸다.

19. [정답: ①] $\left(600 + \frac{800}{4.2}\right)\text{cal} = (80 \times m)\ \text{cal}$

20. [정답: ①] $T = -40$℃ 에서 섭씨온도와 화씨온도가 같은 값을 가진다.

$$x = \frac{9}{5}x + 32 \ \rightarrow \ \frac{4}{5}x = -32 \quad \therefore \ x = -40$$

21. [정답: ①] $T_f = \frac{m_1 C_1 T_1 + m_2 C_2 T_2}{m_1 C_1 + m_2 C_2} = \frac{10(0.45)(100) + 2(4.2)(20)}{10(0.45) + 2(4.2)} = 48[℃]$

22. [정답: ③] $5C_{금속}(200 - 40) = 20c(40 - 30) \ \therefore \ C_{금속} = \frac{20(10)}{5(160)}c = \frac{1}{4}c$

23. [정답: ④] $Q = m_A C_A \Delta T_A = m_B C_B \Delta T_B$

24. [정답: ①] $Q = \Delta U + W = -200 + 100 = -100\,[\text{kJ}]$

25. [정답: ③]

26. [정답: ④]

27. [정답: ①] $v = \frac{72\text{km}}{(한\ 시간)} = \frac{72 \times 1000}{3600} = 20[\text{m/s}]$

$$Q = \frac{1}{2}mv^2 \times \frac{1}{J} = \frac{1}{2}(2100)(20)^2 \times \frac{1}{4200} = 100[\text{kcal}]$$

28. [정답: ①] $E = \frac{1}{2}kT = \frac{1}{2}mv^2 \ \therefore \ v_2 = \sqrt{\frac{kT_2}{m_2}} = \sqrt{\frac{k(1/2)T}{8m}} = \frac{1}{4}v_1$

29. [정답: ③] $\frac{1}{2}\left(\frac{1}{2}mv^2\right) = mc\Delta T \ \therefore \ \Delta T = \frac{v^2}{4c} = \frac{320^2}{4(400)} = 64[\text{K}]$

30. [정답: ②] $E_k = \frac{1}{2}mv^2 = \frac{3}{2}kT \ \therefore \ v \propto \sqrt{T}$

31. [정답: ②]

32. [정답: ③]

33. [정답: ④] $mgh = mc\Delta T \quad \therefore \ \Delta T = \frac{gh}{c} = \frac{9.8(100)}{4200} = 0.23[℃]$

34. [정답: ②] $mgh = \frac{1}{2}mv^2 + Q_{마찰열}$

$$v = \sqrt{\frac{2}{m}(mgh - Q_{마찰열})} = \sqrt{\frac{2}{4}(4\times10\times5 - 40\times4.2)} = 4[\text{m/s}]$$

35. [정답: ①] $Q_{흡수} - Q_{방출} = \Delta U + W$; $(1000-500)\times4.2 = \Delta U + 800$

계로 순 유입된 열량 $Q = Q_{흡수} - Q_{방출}$

36. [정답: ③] $Q = mq\times0.3\times J = Mgh$

$$1\times(10{,}000\times10^3)\times0.3\times4.2 = 500(10)h;\ h = 2520[\text{m}]$$

37. [정답: ②] $Q = mL = 2\times(2.3\times10^6) = 4.6\times10^6[\text{J}] = 4.6\times10^3[\text{kJ}]$

$$Q = Pt;\ t = \frac{Q}{P} = \frac{4.6\times10^3}{4.6} = 1\times10^3[\text{s}]$$

38. [정답: ②] 용기의 초기 온도는 용액과 같은 15℃ 이다.

$$m_{용액}C_{용액}(30-15) + m_{쇠구슬}C_{쇠구슬}(30-100) + C_{m,용기}(30-15) = 0$$
$$0.2C_{용액}\times15 + 0.5\times0.1\times(-70) + 0.1\times15 = 0$$
$$C_{용액} = \frac{0.5\times0.1\times(70) - 0.1\times15}{3} = \frac{2}{3}[\text{kcal/kg}\cdot{}^\circ\text{C}]$$

39. [정답: ③] 1atm에서 물의 끓는 온도는 100℃ 이다.

$$T_f = \frac{m_1C_1T_1 + m_2C_2T_2}{m_1C_1 + m_2C_2} = \frac{2(4C)(100) + 1(C)(10)}{2(4C) + 1(C)} = 90[℃]$$

40. [정답: ②] $Q = m_AC_A\Delta T_A = m_BC_B\Delta T_B$; $\frac{\Delta T_A}{\Delta T_B} = \frac{m_BC_B}{m_AC_A} = \frac{2(500)}{1(1000)} = 1$

41. [정답: ①] $Q + \frac{W}{J} = mL$; $800 + \frac{320}{4} = 80m$; $m = 11[\text{g}]$

42. [정답: ②] 주울 열 $Q = I^2Rt = mC(T_2 - T_1)$

$$T_2 = \frac{I^2Rt}{mC} + T_1 = \frac{5^2(20)(10\times60)}{4(1250)} + 300 = 360[\text{K}]$$

연습문제 10

01. $\eta = \dfrac{W}{Q_H} = \dfrac{300}{1000} = 30[\%]$

02. $\eta = \dfrac{W}{Q_H} = \dfrac{1680}{1 \times 4200} = 40[\%]$

03. $W = \eta Q_H = 0.3 \times 10 \times 4.2 = 12.6[\text{kJ}]$

04. $\Delta S = \dfrac{Q}{T_0} = \dfrac{(2) \times 500}{273 + 127} = 2.5[\text{kJ/K}]$

05. $\Delta S = \dfrac{Q}{T_0} = \dfrac{(10) \times (2 \times 3600)}{273 + 20} = 246[\text{kJ/K}]$

06. 바다는 아주 크므로 온도가 일정하다고 볼 수 있다.

$$Q = T_0 \Delta S = (273 + 5) \times 80 = 22{,}240[\text{kJ}]$$
$$= 22{,}240 \times \frac{1}{4.2}[\text{kcal}] = 5{,}295[\text{kcal}]$$

07. A에서는 4000kJ의 열이 방출되고, B는 4000kJ의 열을 전달받는다.

$$\Delta S_A = \frac{Q_A}{T_A} = \frac{-4000\,\text{kJ}}{1000\,\text{K}} = -4[\text{kJ/K}]$$

$$\Delta S_B = \frac{Q_B}{T_B} = \frac{4000\,\text{kJ}}{400\,\text{K}} = 10[\text{kJ/K}]$$

• 총 엔트로피 변화 $\Delta S_{total} = \Delta S_A + \Delta S_B = -4 + 10 = 6[\text{kJ/K}]$

08. $\eta = 1 - \dfrac{T_L}{T_H} = 1 - \dfrac{273 + 27}{273 + 227} = 40[\%]$

09. 카르노 기관의 효율이 가장 크다. $\eta = 1 - \dfrac{T_L}{T_H} = 1 - \dfrac{273 + 27}{273 + 127} = 25[\%]$

10. 열효율 $\eta = 1 - \dfrac{T_L}{T_H} = 1 - \dfrac{273 + 20}{273 + 250} = 0.44$

$$W = \eta Q_H = 0.44 \times (50 \times 4.2) = 92.4[\text{kJ}]$$

11. • 일과 열량에 대한 효율의 정의로부터 열량을 구한다.

$$\eta = \frac{W}{Q_H} \quad \therefore \ Q_H = \frac{W}{\eta} = \frac{250}{0.8} = 312.5\ [\text{kJ}]$$

$$Q_L = Q_H - W = 312.5 - 250 = 62.5\ [\text{kJ}]$$

• 열원의 온도에 대한 효율의 식으로부터 온도를 구한다.

$$\eta = 1 - \frac{T_L}{T_H} \quad \therefore \ T_L = T_H(1-\eta) = 2000 \times (1 - 0.8) = 400\ [\text{K}]$$

12. • 카르노기관의 열효율 $\eta = \frac{W}{Q_H} = 1 - \frac{T_L}{T_H} = 1 - \frac{273+30}{273+500} = 0.608$

• 고온열원으로부터 받은 열량 $Q_H = \frac{W}{\eta} = \frac{400}{0.608} = 657.9\ [\text{kJ}]$

• 저온열원으로 방출한 열량 $Q_L = Q_H - W = 657.9 - 400 = 257.9\ [\text{kJ}]$

13. (1) $Q_H = T_H \Delta S = 1000 \times (8-2) = 6000\ [\text{kJ}]$

(2) $Q_L = T_L \Delta S = 300 \times (8-2) = 1800\ [\text{kJ}]$

(3) $W = Q_H - Q_L = 6000 - 1800 = 4200\ [\text{kJ}]$

(4) $\eta = \frac{W}{Q_H} = \frac{4200}{6000} = 0.7 = 70\,[\%]$

14. 카르노 사이클에서 고온 열원의 온도 $T_H = 500\text{K}$ 이고, T_H가 일정하게 유지되면서 고온 열원으로부터 Q_H의 열량을 전달받아서 팽창한다.

$$Q = T_H \Delta S = 500 \times 4 = 2000\ [\text{kJ}]$$

15. (1) 열기관 사이클은 그림과 같다.

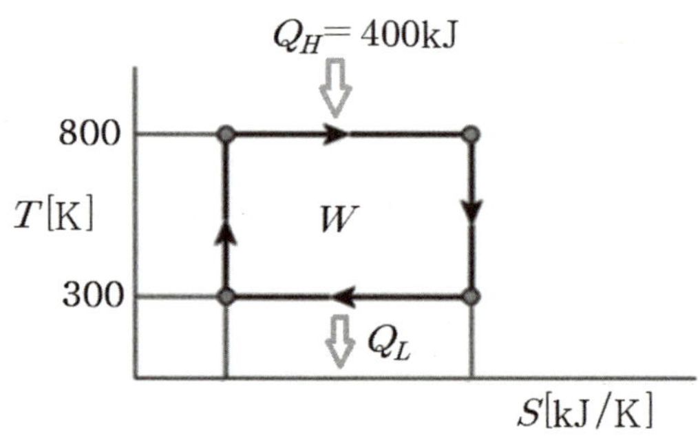

[문제 10.15] 카르노 사이클의 $T-S$ 선도

(2) 열효율 $\eta = \frac{W}{Q_H} = 1 - \frac{T_L}{T_H} = 1 - \frac{273+27}{273+527} = 0.625$

$W = \eta Q_H = 0.625 \times 400 = 250[\mathrm{kJ}]$

(3) $Q_H = T_H \Delta S \quad \therefore \ \Delta S = \frac{Q_H}{T_H} = \frac{400}{273+527} = 0.5[\mathrm{kJ/K}]$

16. [정답: ③]

17. [정답: ④]

18. [정답: ③] $\eta_{max} = \frac{T_H - T_L}{T_H} = \frac{800-200}{273+800} = 0.56$

19. [정답: ②] $\eta = \frac{T_H - T_C}{T_H} = \frac{450-350}{450} = 0.22$

20. [정답: ②] $\eta = \frac{W}{Q_H} = \frac{Q_H - Q_L}{Q_H} = \frac{(2-1.5)\times 10^3}{2\times 10^3} = 0.25$

21. [정답: ④] $\eta = \frac{W}{Q_H} = 1 - \frac{T_L}{T_H}; \ \frac{T_L}{T_H} = 1 - \frac{W}{Q_H} = 1 - \frac{300}{1050} = \frac{5}{7}$

$T_H = \frac{7}{5} T_L = \frac{7}{5} \times (273+27)[\mathrm{K}] = 420[\mathrm{K}] = 147[℃]$

22. [정답: ③] ③은 열역학 제1법칙에 대한 표현

23. [정답: ①] $\Delta S = \frac{Q}{T} = \frac{0.5 \times 2,260}{273+100} = 3\,[\mathrm{kJ/K}]$

24. [정답: ③] $\eta = 1 - \frac{Q_L}{Q_H} = 0.4; \ \frac{Q_L}{Q_H} = 1 - 0.4 = 0.6$

$Q_H = \frac{Q_L}{0.6} = \frac{9000}{0.6} = 15,000[\mathrm{J}]$

$W = Q_H - Q_L = 15000 - 9000 = 6000[\mathrm{J}]$

$P = \frac{W}{t}; \ t = \frac{W}{P} = \frac{6000}{3\times 10^3} = 2[\mathrm{s}]$

25. $\eta = \frac{T_H - T_L}{T_H} = \frac{T_1 - T_2}{T_1} = 1 - \frac{T_2}{T_1}$

26. [정답: ③] $(\Delta S)_{total} = \Delta S_1 + \Delta S_2 = \frac{-Q}{T_1} + \frac{Q}{T_2} = \frac{-250}{500} + \frac{250}{250} = 0.5\,[\mathrm{J/K}]$

27. [정답: ③] 기관의 일 $W = Q_1 - Q_2 = 500 - 300 = 200[\mathrm{kJ}]$

열효율 $\eta = \dfrac{(\text{일})}{(\text{흡수한 열})} = \dfrac{W}{Q_1} = \dfrac{200}{500} \times 100 = 40[\%]$

28. [정답: ①]　29. [정답: ③]　30. [정답: ④]

31. [정답: ①]　32. [정답: ②]　33. [정답: ③]

34. [정답: ③] $W = Q - q = \dfrac{Q}{2};\ \eta = \dfrac{W}{Q} = 0.5 = 50[\%]$

35. [정답: ③] 열 방출 $Q_A < 0$, 열 유입 $Q_B > 0$

36. [정답: ②] $Q = mL = 2 \times 335 = 670\mathrm{J}\ ;\ \Delta S = \dfrac{Q}{T_0} = \dfrac{670}{273}[\mathrm{J/K}]$

37. $\eta = \dfrac{W}{Q_H} = \dfrac{W}{Q_L + W} \rightarrow \eta(Q_L + W) = W \rightarrow (1-\eta)W = \eta Q_L$

$$W = \frac{\eta Q_L}{1-\eta} = \frac{0.4(600)}{1-0.4} = 400[\mathrm{J}]$$

38. $\eta = \dfrac{W}{Q_H} = \dfrac{T_H - T_L}{T_H} = \dfrac{600-300}{600} = \dfrac{1}{2}$

$$Q_H = \frac{W}{\eta} = \frac{1200}{1/2} = 2400[\mathrm{J}]$$

$$Q_L = Q_H - W = 2400 - 1200 = 1200[\mathrm{J}]$$

39. • 기관이 1분당 하는 일

$$W = \eta Q_H = \left(\frac{T_H - T_L}{T_H}\right) Q_H = \left(\frac{900-300}{900}\right) \times 1800 = 1200[\mathrm{kJ}]$$

• 동력(단위시간당 일) $P = \dfrac{W}{t} = \dfrac{1200\mathrm{kJ}}{1\mathrm{min}} = \dfrac{1200\mathrm{kJ}}{1 \times 60\mathrm{s}} = 20\ [\mathrm{kW}]$

40. [정답: ①] $\eta_1 = 1 - \dfrac{T_L}{T_H} = 1 - \dfrac{300}{500} = 0.4$

$$\eta_2 = 1 - \frac{T_{L,2}}{T_H} = 1 - \frac{T_{L,2}}{500} = 1.1\eta_1 = 1.1(0.4) = 0.44$$

$$T_{L,2} = 500(1-0.44) = 280[\mathrm{K}]$$

$$\Delta T_{\text{저온저장고}} = T_{L,2} - T_L = 280 - 300 = -20[\mathrm{K}]$$

41. $\eta = 1 - \frac{Q_L}{Q_H}$; $Q_H = \frac{Q_L}{1-\eta} = \frac{4.8}{1-0.2} = 6[\text{kJ}]$

$$W = Q_H - Q_L = 6 - 4.8 = 1.2[\text{kJ}];\ P = \frac{W}{t}$$

$$t = \frac{W}{P} = \frac{1.2}{5} = 0.24[\text{s}]$$

연습문제 11

01. 대전열에 의해 유리에 있는 자유 전자가 종이로 이동하여 유리는 (+)전기를 띠게 되고 종이는 (−)전기를 띠게 된다.

02. 6.25×10^{18}개의 전자가 가지는 전하량은 1C이므로 400C은

$$400 \times (6.25 \times 10^{18}) = 2.5 \times 10^{21}[\text{개}]$$

의 전자가 가지는 전하량이다.

03. $q = It = (400\text{mA}) \times (7\text{min}) = (400 \times 10^{-3}\text{A}) \times (7 \times 60\text{s}) = 168\text{C}$

04. 1A는 1초 동안 6.25×10^{18} 개의 전자가 지나갈 때의 전류 세기이므로 4mA의 전류가 흐를 때 1초 동안 도선의 단면을 통과한 전자 수(n)는 다음과 같다.

$$n = I \times (6.25 \times 10^{18}) = (4 \times 10^{-3}) \times (6.25 \times 10^{18}) = 2.5 \times 10^{16}[\text{개}]$$

05. 늘어난 도선의 길이 $L_2 = 4L$, 단면적 $S_2 = \frac{SL}{L_2} = \frac{SL}{4L} = \frac{1}{4}S$

$$R_2 = \rho\frac{L_2}{S_2} = \rho\frac{4L}{(S/4)} = 16\left(\rho\frac{L}{S}\right) = 16R_1$$

늘어난 도선의 저항은 처음의 16배이다.

06. $V = IR = 5\text{A} \times 4\Omega = 20\text{V}$

07. $R = \frac{V}{I} = \frac{4\text{V}}{0.5\text{A}} = 8\frac{\text{V}}{\text{A}} = 8\Omega$

08. $V_a - V_b = V = IR = (5\text{A}) \times (2\Omega) = 10\text{V}$

09. (1) $I=\frac{V}{R}=\frac{20}{4}=5\,[\mathrm{A}]$

(2) $q=It=5\times(2\times60)=600\,[\mathrm{C}]$

10. (1) 병렬연결 부분의 합성저항 $\frac{1}{R_p}=\frac{1}{10}+\frac{1}{10}=\frac{1}{5}$ $\quad\therefore\ R_p=5\Omega$

따라서 회로의 전체 저항은 $R=20+R_p=20+5=25\,[\Omega]$

(2) 전체전류 $I=\frac{V}{R}=\frac{10}{25}=0.4\,[\mathrm{A}]$

(3) $R_1=20\Omega$ 에는 $I_1=I=0.4\mathrm{A}$ 의 전류가 흐르므로 여기에 걸리는 전압은

$$V_1=I_1R_1=(0.4)\times(20)=8\,[\mathrm{V}]$$

이다. 따라서 $R_2=10\Omega$ 에 걸리는 전압은

$$V_2=V-V_1=10\mathrm{V}-8\mathrm{V}=2\mathrm{V}$$

11. (1) 전체저항 $\frac{1}{R}=\frac{1}{R_1}+\frac{1}{R_2}+\frac{1}{R_3}=\frac{1}{5}+\frac{1}{10}+\frac{1}{15}=\frac{11}{30}$ $\quad\therefore\ R=\frac{30}{11}\Omega$

(2) 전체전류 $I=\frac{V}{R}=\frac{30}{30/11}=11\,[\mathrm{A}]$

(3) 병렬연결에서 각 저항에 걸리는 전압이 같으므로 세 개의 저항에 걸리는 전압은 모두 30V 이다.

(4) $R_1=5\Omega$, $R_2=10\Omega$, $R_3=15\Omega$ 에 걸리는 전압이

$$V_1=V_2=V_3=30\mathrm{V}$$

이다. 따라서 각 저항에 흐르는 전류는 다음과 같다.

$$I_1=\frac{V_1}{R_1}=\frac{30}{5}=6\,[\mathrm{A}],\quad I_2=\frac{V_2}{R_2}=\frac{30}{10}=3\,[\mathrm{A}]$$

$$I_3=\frac{V_3}{R_3}=\frac{30}{15}=2\,[\mathrm{A}]$$

12. (1) 병렬연결 부분의 합성저항 $\frac{1}{R_p}=\frac{1}{2}+\frac{1}{2}=1$ $\quad\therefore\ R_p=1\Omega$

회로의 전체 저항 $R=3+4+R_p=3+4+1=8\,[\Omega]$

(2) 전체전류 $I = \dfrac{V}{R} = \dfrac{40}{8} = 5\,[\mathrm{A}]$

(3) $R_1 = 3\Omega$, $R_2 = 4\Omega$ 에는 $I_1 = I_2 = I = 5\mathrm{A}$ 의 전류가 흐르므로 여기에 걸리는 전압은 다음과 같다.

$$V_1 = I_1 R_1 = (5) \times (3) = 15[\mathrm{V}],\quad V_2 = I_2 R_2 = (5) \times (4) = 20[\mathrm{V}]$$

(4) $R_1 = 3\Omega$, $R_2 = 4\Omega$ 에 $V_1 = 15\mathrm{V}$, $V_2 = 20\mathrm{V}$ 의 전압이 걸린다.

$R_3 = 2\Omega$ 에 걸리는 전압 $V_3 = V - V_1 - V_2 = 40\mathrm{V} - 15\mathrm{V} - 20\mathrm{V} = 5\mathrm{V}$

13. $R_1 = 4\Omega$ 과 $R_2 = 2\Omega$ 의 합성저항 $R_{12} = 4 + 2 = 6[\Omega]$이므로 병렬연결 부분의 합성저항은 다음과 같다. $\dfrac{1}{R_p} = \dfrac{1}{R_{12}} + \dfrac{1}{R_3} = \dfrac{1}{6} + \dfrac{1}{3} = \dfrac{1}{2}$

$\therefore\ R_p = 2\Omega$

- 전체저항 $R = 1\Omega + R_p = 1\Omega + 2\Omega = 3\Omega$
- 전체 전류 $I = \dfrac{V}{R} = \dfrac{12}{3} = 4[\mathrm{A}]$

14. $E = I^2 Rt = (2\mathrm{A})^2 \times (10\Omega) \times (3 \times 60\mathrm{s}) = 7200\mathrm{J} = 7.2\mathrm{kJ}$

15. 병렬연결에서 저항에 걸리는 전압이 같다. 전압이 같을 때 흐르는 전류는 저항에 반비례하므로 2Ω 과 4Ω 의 저항에는 각각 $2k$, k의 전류가 흐른다. 이들 전류의 합은 $12\mathrm{A}$ 이므로 $2k + k = 12\mathrm{A}$ 에서 $k = 4\mathrm{A}$ 이다. 즉 4Ω 의 저항에 흐르는 전류가 $k = 4\mathrm{A}$ 이므로 여기에서 소모되는 전기에너지(E)는 다음과 같다.

$$E = I^2 Rt = (4\mathrm{A})^2 \times (4\Omega) \times (10\mathrm{s}) = 640\,[\mathrm{J}]$$

16. $Q = \dfrac{1}{J}\dfrac{V^2}{R}t = \dfrac{1}{4.2} \times \dfrac{30^2}{10} \times (4 \times 60) = 5143\mathrm{cal} = 5.14\,\mathrm{kcal}$

17. $Q = \dfrac{1}{J}VIt = \dfrac{1}{J}Pt = \dfrac{1}{4.2} \times 500 \times (40 \times 60) \times \dfrac{1}{1000} = 285.7\,[\mathrm{kcal}]$

18. (1) 합성저항 $R = 2\Omega + 4\Omega = 6\Omega$ 이므로 전체 전류는

$$I = \frac{V}{R} = \frac{30}{6} = 5\,[\mathrm{A}]$$

이고, 직렬연결이므로 두 저항에 흐르는 전류는 $I = 5\mathrm{A}$ 이다. 따라서 4Ω 의 저항에서 5초 동안 발생하는 전기에너지는 다음과 같다.

$$E = I^2 Rt = (5\text{A})^2 \times (4\Omega) \times (5\text{s}) = 500\ [\text{J}]$$

(2) 전력 $P = VI = I^2 R = (5\text{A})^2 \times (2\Omega) = 50\ [\text{W}]$

19. $W = (60 + 40)\text{W} \times (10\text{h}) \times 30 = 30{,}000\,\text{Wh} = 30\,\text{kWh}$

20. 병렬연결: 각 저항에 걸리는 전압이 같다. $V_1 : V_2 = 1 : 1$

$$V = I_1 R_1 = I_2 R_2 \rightarrow I_1 \times 4 = I_2 \times 2 \quad \therefore\ I_1 : I_2 = 1 : 2$$

21. [정답: ③] $R \propto \frac{l}{S}$, $S = \pi r^2$이므로 A의 저항은 B의 $\frac{2}{(1/2)^2} = 8$배가 된다.

$$I = \frac{V}{R} \rightarrow I \propto \frac{1}{R} \quad \therefore\ I_A : I_B = \frac{1}{8} : 1 = 1 : 8$$

22. [정답: ①] 병렬연결 부분의 합성저항은 5Ω이므로 전체 합성저항은 $5\Omega + 10\Omega = 15\Omega$이 된다. 따라서 전체전류는 $\frac{45\text{V}}{15\Omega} = 3\,\text{A}$이고 15Ω에는 1A의 전류가 흐른다.

$E = I^2 Rt = (1)^2 \times 15 \times 10 = 150\ [\text{J}]$

23. [정답: ④] 직렬연결 $P = VI = V \times \frac{V}{3R} = 10[\text{W}]$, $\frac{V^2}{R} = 30[\text{W}]$; 병렬연결에서 한 개의 저항에는 $\frac{V^2}{R}$, 3개를 전부 합하면 $3\frac{V^2}{R} = 90[\text{W}]$

24. [정답: ③] $\frac{l}{S} = \frac{2L}{\pi(2r)^2} = \frac{1}{2} \times \frac{L}{\pi r^2}$

25. [정답: ②] $\frac{1}{2} + \frac{1}{3} + \frac{1}{6} = \frac{1}{1}$이므로 병렬연결 부분의 합성저항은 1Ω

전체 합성저항 $R = 1\Omega + 1\Omega = 2\Omega$; 전체 전류 $I = \frac{V}{R} = \frac{6}{2} = 3[\text{A}]$

1Ω에 걸리는 전압$= 1 \times I = 3[\text{V}]$

병렬연결 부분에 걸리는 전압 $V_1 = 6 - 3 = 3[\text{V}]$

3Ω에서 소비되는 전력$= \frac{V_1^2}{R_3} = \frac{3^2}{3} = 3[\text{W}]$

26. [정답: ②] $I = \frac{V}{R} = \frac{5}{1+2+3} = \frac{5}{6}[\text{A}]$, $P = I^2 R = \left(\frac{5}{6}\right)^2 (2) = \frac{25}{18}[\text{W}]$

27. [정답: ④] 부피 $Sl=$(일정)이므로 $l_A=2L$, $l_B=3L$이면

$$S_A=\frac{1}{2}A,\ S_B=\frac{1}{3}A$$

$$R_A=\rho\frac{l_A}{S_A}=\rho\frac{2L}{A/2}=\rho\frac{4L}{A},\ R_B=\rho\frac{l_B}{S_B}=\rho\frac{3L}{A/3}=\rho\frac{9L}{A}$$

$$\therefore\ R_A:R_B=4:9$$

28. [정답: ①] $R_A=\rho_A\dfrac{l_A}{S_A}=\rho\dfrac{L}{a}=\dfrac{\rho L}{a}$, $R_B=\rho_B\dfrac{l_B}{S_B}=3\rho\dfrac{3L}{3a}=\dfrac{3\rho L}{a}$

- 직렬연결: 합성저항 $R=R_1+R_2=\dfrac{4\rho L}{a}$, $I=\dfrac{V}{R}=\dfrac{aV}{4\rho L}$
- 도선 A에서 소모되는 전력: $P_A=I^2R_A=\left(\dfrac{aV}{4\rho L}\right)^2\times\dfrac{\rho L}{a}=\dfrac{aV^2}{16\rho L}$

29. [정답: ④] $W=Pt=50\times(30\times 60)=90{,}000[\mathrm{J}]$

30. [정답: ②] $(R_3,\ R_4)$의 합성저항 6Ω; R_2, $(R_3,\ R_4)$의 합성저항 $\dfrac{3}{2}\Omega$

전체 합성저항 $R=1+\dfrac{3}{2}=2.5[\Omega]$; 전체 전류 $I=\dfrac{V}{R}=\dfrac{10}{2.5}=4[\Omega]$

R_1에 걸리는 전압 $V_1=IR_1=1\times 4=4[\mathrm{V}]$

R_2에 걸리는 전압 $V_2=10-V_1=6[\mathrm{V}]$

R_2에 흐르는 전류 $I_2=\dfrac{V_2}{R_2}=\dfrac{6}{2}=3[\mathrm{A}]$

31. [정답: ①] $R_1=\dfrac{l}{\sigma S}=\dfrac{L}{\sigma A}$, $R_2=\dfrac{l}{\sigma S}=\dfrac{L}{2\sigma\times 2A}=\dfrac{L}{4\sigma A}$

- 병렬연결 $R=\dfrac{R_1R_2}{R_1+R_2}=\dfrac{1\times(1/4)}{1+1/4}\times\dfrac{L}{\sigma A}=\dfrac{L}{5\sigma A}$

32. [정답: ①] $R=\rho\dfrac{l}{S}=\rho\dfrac{l}{\pi D^2/4}=\dfrac{4\rho l}{\pi D^2}$

$$l=\frac{\pi D^2R}{4\rho}=\frac{\pi\times(10^{-3})^2\times 1}{4\times(1\times 10^{-8})}[\mathrm{m}]=25\pi[\mathrm{m}]$$

33. [정답: ②] $R=3+4=7[\Omega]$, $I=\dfrac{V}{R}=\dfrac{14}{7}=2[\mathrm{A}]$

$$P=I^2R=2^2(3)=12[\mathrm{W}]$$

34. [정답: ④] (부피) $= Sl =$ (일정)이므로 길이가 4배가 되면 면적은 $\frac{1}{4}$이 된다. 저항 $R \propto \frac{l}{S}$로부터 저항은 $\frac{4}{1/4} = 16$배가 된다. $16 \times 6 = 96[\Omega]$

35. [정답: ①] 전력 $P = \frac{V^2}{R} = \frac{S}{\rho l} \times V^2 = \frac{\pi r^2}{\rho} \times \frac{V^2}{l}$

$$P_A = \frac{\pi(2r)^2}{(2\rho)} \times \frac{V^2}{l} = 2 \times \left(\frac{\pi r^2}{\rho} \times \frac{V^2}{l}\right) = 2P$$

36. [정답: ②] $R = \rho \frac{l}{S} = \rho \frac{l}{\pi r^2}$

$$r = \sqrt{\frac{\rho l}{\pi R}} = \sqrt{\frac{(1.68 \times 10^{-8}) \times 20}{3 \times 0.112}}\,[\mathrm{m}] = 10^{-3}[\mathrm{m}] = 1[\mathrm{mm}]$$

37. [정답: ③] $R \propto \frac{l}{S}$, $P = \frac{V^2}{R}$이므로 V가 일정할 때 전력은 $\frac{1}{R} = \frac{S}{l}$에 비례

$$P_{AB} : P_{CD} = \frac{ab}{c} : \frac{ac}{b} = \frac{b}{c} : \frac{c}{b} = \frac{2}{3} : \frac{3}{2} = 4 : 9$$

38. [정답: ③] $P = I^2 R = (20)^2 \times 4 = 1{,}600[\mathrm{W}]$

39. (a) $R_p = R + \frac{R}{2} = \frac{3R}{2}$ (b) $\frac{1}{R_p} = \frac{1}{R} + \frac{1}{2R} = \frac{3}{2R}$; $R_p = \frac{2R}{3}$

40. [정답: ①] $\frac{1}{R_1} = \frac{1}{40} + \frac{1}{10} = \frac{5}{40} = \frac{1}{8}$; $R_p = 2 + 8 = 10[\Omega]$; $I = \frac{20}{10} = 2[\mathrm{A}]$

$$Q = \frac{1}{J} I^2 Rt = mC\Delta T \text{ ; 물의 비열 } C = 1\mathrm{cal/g} \cdot ℃$$

$$t = \frac{mCJ\Delta T}{I^2 R} = \frac{100(1)(4)(80-20)}{(2)^2(2)} = 3000[\mathrm{s}] = 50[\mathrm{min}]$$

41. [정답: ④] 오른쪽 직렬연결 $1[\Omega]$, $2[\Omega]$, $3[\Omega]$의 합성저항은

$$R_{p1} = 1 + 2 + 3 = 6[\Omega]$$

이고, 이것과 병렬연결 $3[\Omega]$의 합성저항은

$$\frac{1}{R_{p2}} = \frac{1}{3} + \frac{1}{6} = \frac{1}{2} \rightarrow R_{p2} = 2[\Omega]$$

이므로, 전체저항은 $R = 3 + R_{p2} = 3 + 2 = 5[\Omega]$이다.

$$I_1 = \frac{V}{R} = \frac{6}{5}[\mathrm{A}]$$

그림의 오른쪽 회로에서 $I_2 = I_1 = \frac{12}{R_1 + R_2} = \frac{6}{5}$ $\therefore$ $R_1 + R_2 = 10[\Omega]$

[키르히호프의 법칙 이용] 그림과 같이 전류가 흐른다고 가정한다.

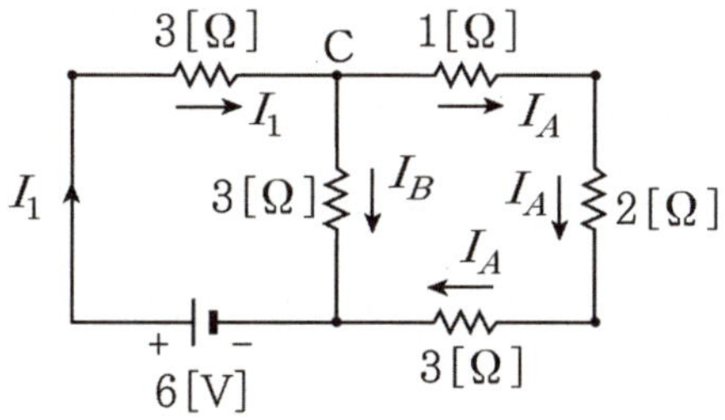

[문제 11.41]

- 접점 C에서 분기점 법칙($\sum I = 0$) 적용: $I_1 - I_A - I_B = 0$ ················ ①
- 닫힌회로에서 시계방향(↷)으로 고리법칙($\sum \Delta V = 0$) 적용

  − 왼쪽 고리: $6 - 3I_1 - 3I_B = 0$ ·· ②
  − 오른쪽 고리: $-(1+2+3)I_A + 3I_B = 0$ ································ ③

식 ②에서 $I_1 = 2 - I_B$, ③에서 $I_A = \frac{1}{2}I_B$를 ①에 대입하면

$$(2 - I_B) - \frac{1}{2}I_B - I_B = 0\ ;\ I_B = \frac{4}{5}[\mathrm{A}],\ I_1 = 2 - \frac{4}{5} = \frac{6}{5}[\mathrm{A}]$$

42. 주어진 그림과 같은 방향으로 전류가 흐른다고 가정한다.
- 접점에서 분기점 법칙($\sum I = 0$) 적용: $I_1 + I_3 = I_2$ ································ ①
- 닫힌회로에서 시계방향(↷)으로 고리법칙($\sum \Delta V = 0$) 적용

  − 왼쪽 폐회로: R_1에는 I_1의 전류가 흐른다.

  $10 - R_2I_2 - R_1I_1 = 0$; $10 - 4I_2 - 2I_1 = 0$

  $\therefore$ $2I_2 + I_1 = 5$ ·· ②

– 오른쪽 폐회로: R_3에는 I_3의 전류가 흐른다.

$$-16 + R_2I_2 + R_3I_3 = 0\,;\ -16 + 4I_2 + 8I_3 = 0$$

$$\therefore\ I_2 + 2I_3 = 4 \ \cdots\cdots\ ③$$

식 ②, ③에서 각 항의 단위는 볼트[V]이고, 전류의 단위는 암페어[A]이다. 식 ②에서 $I_1 = -2I_2 + 5$와 식 ③에서 $I_3 = -\frac{1}{2}I_2 + 2$를 식 ①에 대입

$$(-2I_2 + 5) + \left(-\frac{1}{2}I_2 + 2\right) = I_2\,;\ (-4I_2 + 10) + (-I_2 + 4) = 2I_2$$

$$7I_2 = 14 \quad \therefore\ I_2 = 2\,[\mathrm{A}]$$

$$I_1 = -2I_2 + 5 = -2(2) + 5 = 1\,[\mathrm{A}]$$

$$I_3 = -\frac{1}{2}I_2 + 2 = -\frac{1}{2}(2) + 2 = 1\,[\mathrm{A}]$$

부록

기초수학

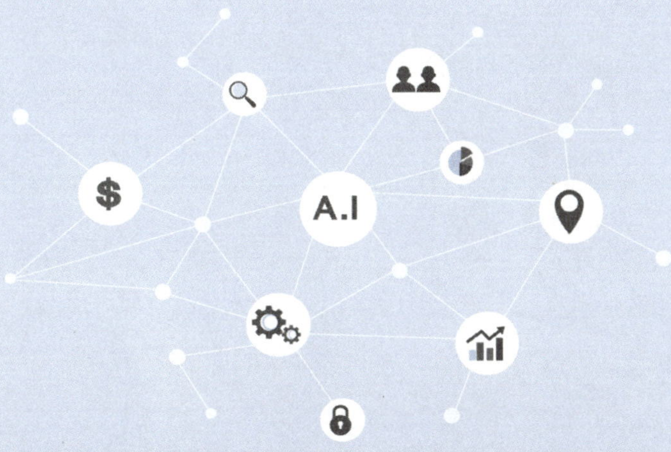

A.1 기하

1 동위각과 엇각, 법선과 경사각

[그림 A-1]에서 두 개의 평행선과 이들을 가로지르는 선 사이의 각 θ는 같다. (동위각과 엇각은 같다.)

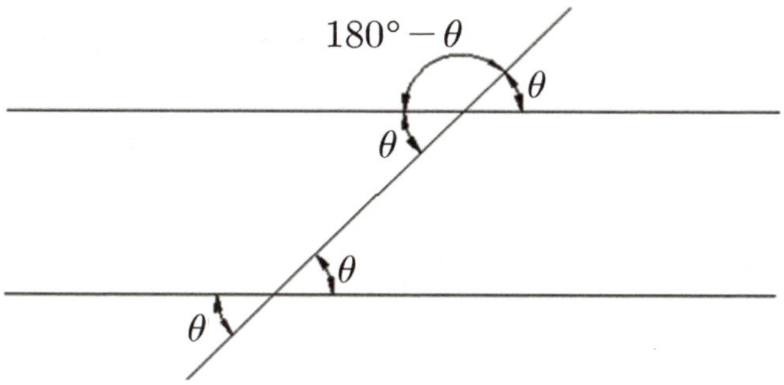

[그림 A-1] 동위각과 엇각

경사각 θ와 법선이 이루는 각 사이의 관계는 [그림 A-2]와 같다.

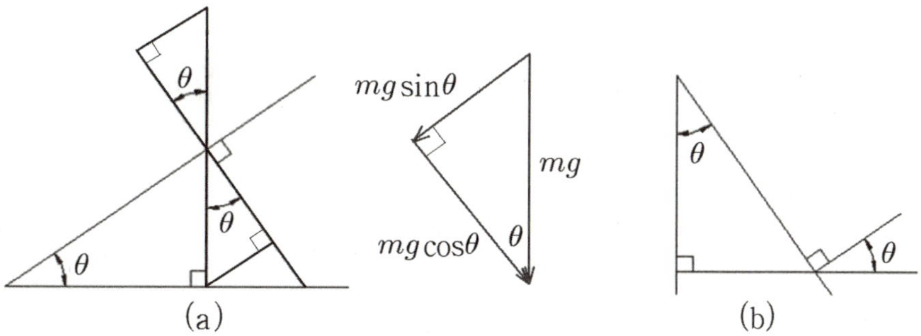

[그림 A-2]

[그림 A-2(a)]는 특히 경사면에 놓인 물체의 운동을 해석할 때 많이 사용된다. 즉, 연직 아래 방향인 물체 무게 mg(↓)의 경사면 방향 성분(접선성분)은 $mg\sin\theta$(↙)이고 경사면에 수직인 성분(법선성분)은 $mg\cos\theta$(↘)이다.

2 삼각형

1. 삼각형의 내각의 합은 180°이다[그림 A-3(a)].

$$\alpha+\beta+\gamma=180°$$

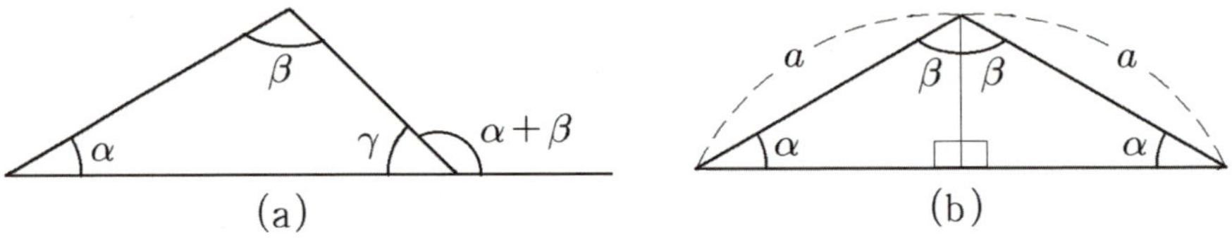

[그림 A-3] (a) 삼각형의 내각 (b) 이등변삼각형의 내각

2. 이등변삼각형[그림 A-3(b)]의 두 내각은 같다.

$$\alpha+\beta=90°$$

3. 닮은 삼각형[그림 A-4]의 변 길이 사이에는 다음 관계가 성립한다.

$$\frac{a}{A}=\frac{b}{B}=\frac{c}{C}$$

[그림 A-4]에서 $a:h=x:(h-y)$ 또는 $\frac{x}{a}=\frac{h-y}{h}$, $x=\frac{a}{h}(h-y)$이다.

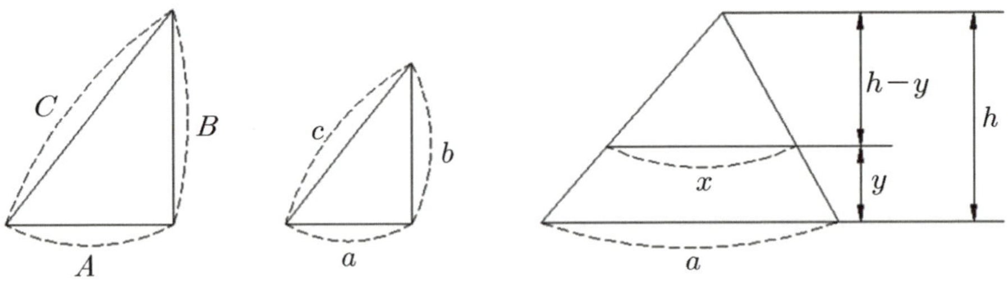

[그림 A-4] 닮은 삼각형

4. 삼각형의 넓이

[그림 A-5]와 같이 세 각의 크기가 A, B, C이고, 마주보는 대변의 길이가 a, b, c인 $\triangle ABC$의 넓이 S는 다음과 같다. a는 삼각형의 밑변 길이, h는 높이이다.

$$S=\frac{1}{2}ah=\frac{1}{2}ab\sin C=\frac{1}{2}bc\sin A=\frac{1}{2}ca\sin B$$

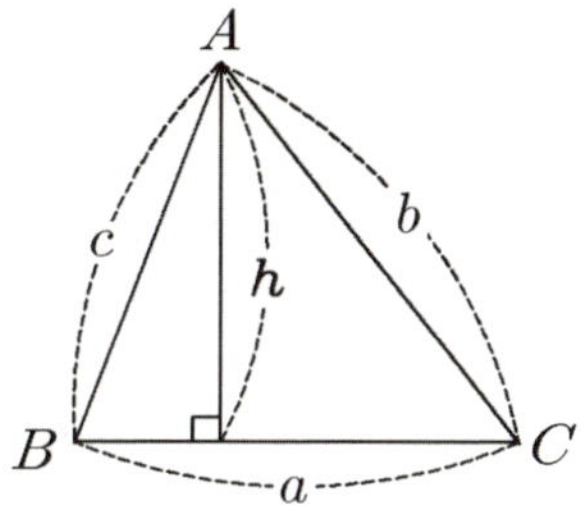

[그림 A-5]

3 원, 부채꼴, 구

1. 원: 반지름 r인 원의 둘레 $l=2\pi r$, 넓이 $S=\pi r^2$
2. 부채꼴: 반지름 r, 중심각 θ[rad]인 부채꼴

• 호의 길이 $l=r\theta$ • 넓이 $S=\frac{1}{2}r^2\theta$

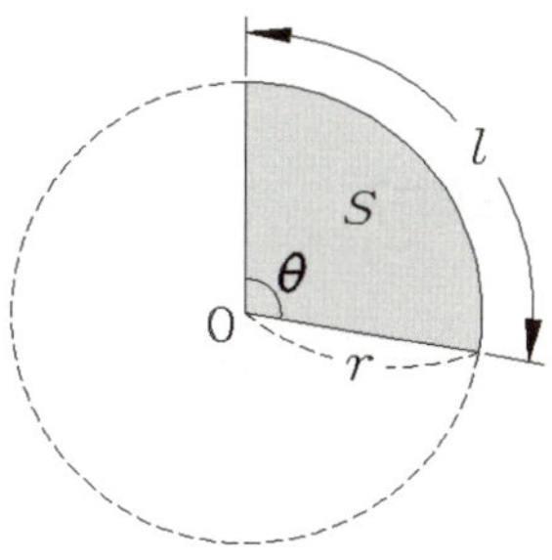

[그림 A-6] 부채꼴

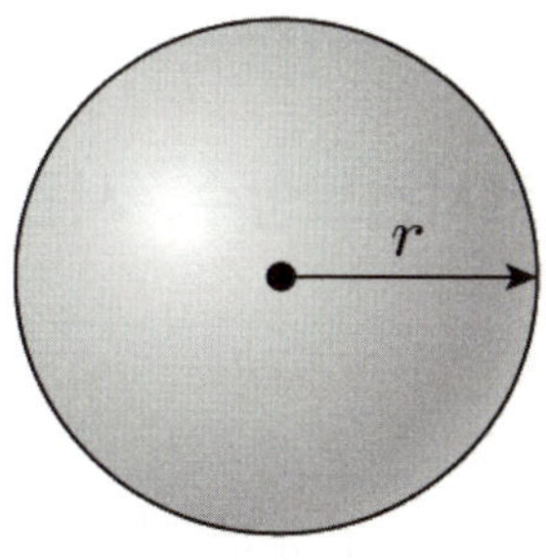

[그림 A-7] 구

3. 구: 반지름 r인 구의 부피 $V=\frac{4}{3}\pi r^3$, 표면적 $S=4\pi r^2$

A.2 삼각함수

1 삼각비와 피타고라스 정리

1. 삼각비: $\angle C = 90°$ 인 직각삼각형 ABC에서 세 변의 길이 사이의 비의 값을 다음과 같이 정의한다. A는 $\angle A$의 크기를 나타낸다[그림 A-8].

$$\sin A = \frac{a}{c}, \quad \cos A = \frac{b}{c}, \quad \tan A = \frac{a}{b}$$

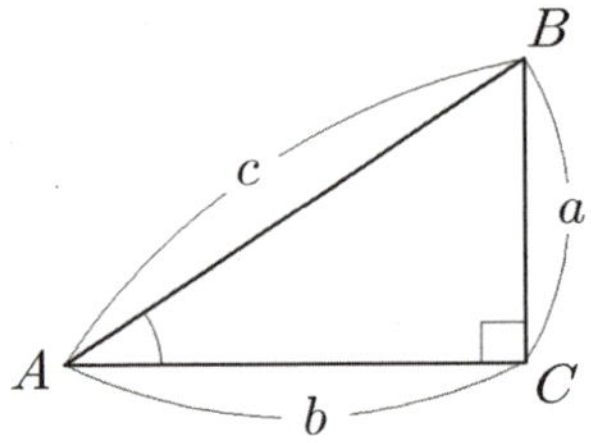

[그림 A-8]

2. 피타고라스 정리: 빗변의 길이가 c이고 나머지 두 변의 길이가 a, b일 때 a, b, c사이에는 다음 관계식이 성립한다.

$$a^2 + b^2 = c^2$$

2 코시컨트함수, 시컨트함수, 코탄젠트함수

1. 코시컨트함수($\csc\theta$), 시컨트함수($\sec\theta$), 코탄젠트함수($\cot\theta$)의 정의

$$\csc\theta = \frac{1}{\sin\theta}, \quad \sec\theta = \frac{1}{\cos\theta}, \quad \cot\theta = \frac{1}{\tan\theta}$$

2. 사인함수, 코사인함수와 탄젠트함수, 코탄젠트함수의 관계식

$$\tan\theta = \frac{\sin\theta}{\cos\theta}, \quad \cot\theta = \frac{\cos\theta}{\sin\theta}$$

3 기본 공식

1. $\sin^2\theta+\cos^2\theta=1,\quad 1+\tan^2\theta=\sec^2\theta,\quad 1+\cot^2\theta=\csc^2\theta$
2. $\sin(\alpha\pm\beta)=\sin\alpha\cos\beta\pm\cos\alpha\sin\beta$
3. $\cos(\alpha\pm\beta)=\cos\alpha\cos\beta\mp\sin\alpha\sin\beta$
4. $\tan(\alpha+\beta)=\dfrac{\tan\alpha+\tan\beta}{1-\tan\alpha\tan\beta},\quad \tan(\alpha-\beta)=\dfrac{\tan\alpha-\tan\beta}{1+\tan\alpha\tan\beta}$
5. $\sin2\alpha=2\sin\alpha\cos\alpha$

   $\cos2\alpha=\cos^2\alpha-\sin^2\alpha=1-2\sin^2\alpha=2\cos^2\alpha-1$
6. $\sin^2\dfrac{\alpha}{2}=\dfrac{1-\cos\alpha}{2},\quad \cos^2\dfrac{\alpha}{2}=\dfrac{1+\cos\alpha}{2},\quad \tan^2\dfrac{\alpha}{2}=\dfrac{1-\cos\alpha}{1+\cos\alpha}$

4 여러 가지 각의 삼각함수 공식

1. $-\theta$의 삼각함수

   $\sin(-\theta)=-\sin\theta,\quad \cos(-\theta)=\cos\theta,\quad \tan(-\theta)=-\tan\theta$
2. $\dfrac{\pi}{2}\pm\theta$의 삼각함수

   $\sin\left(\dfrac{\pi}{2}+\theta\right)=\cos\theta,\quad \cos\left(\dfrac{\pi}{2}+\theta\right)=-\sin\theta,\quad \tan\left(\dfrac{\pi}{2}+\theta\right)=-\cot\theta$

   $\sin\left(\dfrac{\pi}{2}-\theta\right)=\cos\theta,\quad \cos\left(\dfrac{\pi}{2}-\theta\right)=\sin\theta,\quad \tan\left(\dfrac{\pi}{2}-\theta\right)=\cot\theta$
3. $\pi\pm\theta$의 삼각함수

   $\sin(\pi+\theta)=-\sin\theta,\quad \cos(\pi+\theta)=-\cos\theta,\quad \tan(\pi+\theta)=\tan\theta$

   $\sin(\pi-\theta)=\sin\theta,\quad \cos(\pi-\theta)=-\cos\theta,\quad \tan(\pi-\theta)=-\tan\theta$

5 역삼각함수

1. 역사인함수: $y=\sin x$일 때 $x=\sin^{-1}y$ 로 나타낸다.
2. 역코사인함수: $y=\cos x$일 때 $x=\cos^{-1}y$로 나타낸다.

3. 역탄젠트함수: $y = \tan x$ 일 때 $x = \tan^{-1} y$ 로 나타낸다.

6 사인법칙

세 각의 크기가 A, B, C 인 $\triangle ABC$ 에서 세 각의 대변의 길이를 각각 a, b, c 라 하고 $\triangle ABC$의 외접원의 반지름을 R 이라고 하면 다음 관계가 성립한다[그림 A-9].

$$\frac{a}{\sin A} = \frac{b}{\sin B} = \frac{c}{\sin C} = 2R$$

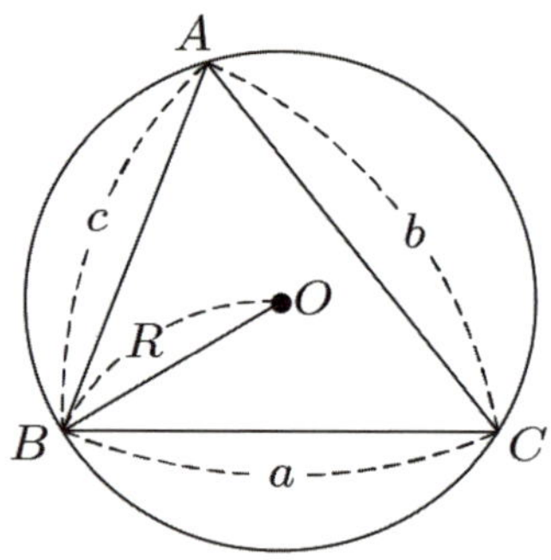

[그림 A-9]

7 코사인법칙

$\triangle ABC$의 세 각의 크기 A, B, C 와 세 각의 대변의 길이 a, b, c 사이에 다음 관계가 성립한다[그림 A-10].

1. 제1코사인법칙
   (1) $a = b\cos C + c\cos B$
   (2) $b = c\cos A + a\cos C$
   (3) $c = a\cos B + b\cos A$

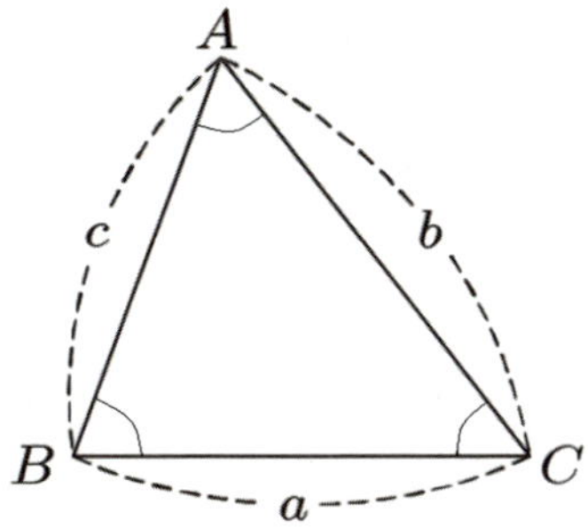

[그림 A-10]

2. 제2코사인법칙

(1) $a^2 = b^2 + c^2 - 2bc\cos A$

(2) $b^2 = c^2 + a^2 - 2ca\cos B$

(3) $c^2 = a^2 + b^2 - 2ab\cos C$

A.3 대수

1 2차방정식

1. $ax^2 + bx + c = 0 \ (a \neq 0)$의 근

$b^2 - 4ac \geq 0$일 때 실근 $x = \dfrac{-b \pm \sqrt{b^2 - 4ac}}{2a}$

2. $Ax^2 + 2Bx + C = 0 \ (A \neq 0)$의 근

$B^2 - AC \geq 0$일 때 실근 $x = \dfrac{-B \pm \sqrt{B^2 - AC}}{A}$

2 지수법칙

$a > 0,\ b > 0$ 이고 x, y 가 실수일 때

1. $a^x a^y = a^{x+y}$

2. $a^x \div a^y = a^{x-y}$

3. $(a^x)^y = a^{xy}$

4. $(ab)^x = a^x b^x$

5. $a \neq 0$일 때: $a^0 = 1$, $a^{-x} = \dfrac{1}{a^x}$

3 로그

1. 로그의 정의

$a > 0,\ a \neq 1$ 일 때, 임의의 양수 N 에 대하여 $a^x = N$ 이 되는 실수 x 를 a 를 밑으로 하는 N 의 로그(log)라 하고, $x = \log_a N$ 으로 나타낸다.

2. 로그의 기본 성질

$a > 0,\ a \neq 1$ 이고 $x > 0,\ y > 0$ 일 때

① $\log_a a = 1,\ \log_a 1 = 0$

② $\log_a xy = \log_a x + \log_a y$

③ $\log_a \dfrac{x}{y} = \log_a x - \log_a y$

④ $\log_a x^m = m \log_a x$ (m 은 실수)

밑 변환공식 : $a > 0,\ a \neq 1,\ b > 0,\ b \neq 1,\ x > 0$ 일 때

① $\log_a x = \dfrac{\log_b x}{\log_b a}$

② $\log_a b = \dfrac{1}{\log_b a}$

3. 자연로그

밑이 e 인 $\log_e x$ 를 자연로그라 하고 $\ln x$ 으로 나타낸다. 즉, $\ln x = \log_e x$ 이다.

여기에서 $e = \lim_{h \to 0}(1+h)^{\frac{1}{h}} = 2.718281\cdots$ (무리수)이다.

5 행렬식

1. 2차정사각행렬 $A=\begin{bmatrix} a & b \\ c & d \end{bmatrix}$의 행렬식(determinant)

$$\det(A)=|A|=\begin{vmatrix} a & b \\ c & d \end{vmatrix}=ad-bc$$

2. 3차정사각행렬 $A=\begin{bmatrix} a_1 & b_1 & c_1 \\ a_2 & b_2 & c_2 \\ a_3 & b_3 & c_3 \end{bmatrix}$의 행렬식

$$\begin{aligned}\det(A)=|A| &= a_1\begin{vmatrix} b_2 & c_2 \\ b_3 & c_3 \end{vmatrix} - b_1\begin{vmatrix} a_2 & c_2 \\ a_3 & c_3 \end{vmatrix} + c_1\begin{vmatrix} a_2 & b_2 \\ a_3 & b_3 \end{vmatrix} \\ &= a_1(b_2c_3-c_2b_3)-b_1(a_2c_3-c_2a_3)+c_1(a_2b_3-b_2a_3) \\ &= a_1b_2c_3+b_1c_2a_3+c_1a_2b_3-a_1c_2b_3-b_1a_2c_3-c_1b_2a_3\end{aligned}$$

A.4 미분과 적분

1 미분

1. $\dfrac{d}{dx}(C)=0$ (C는 상수)
2. $\dfrac{d}{dx}(x)=1$
3. $\dfrac{d}{dx}(x^n)=nx^{n-1}$
4. $\dfrac{d}{dx}(e^x)=e^x$
5. $\dfrac{d}{dx}(\ln x)=\dfrac{1}{x}$
6. $\dfrac{d}{dx}(\sin x)=\cos x$
7. $\dfrac{d}{dx}(\cos x)=-\sin x$
8. $\dfrac{d}{dx}(\tan x)=\sec^2 x$

2 적분

1. $\int k dx = kx + C$ (k, C는 상수)

2. $\int x^n dx = \frac{1}{n+1} x^{n+1} + C \; (n \neq -1)$

3. $\int \frac{1}{x} dx = \ln|x| + C$

4. $\int a^x dx = \frac{a^x}{\ln a} + C \; (a > 0, \; a \neq 1)$

5. $\int e^x dx = e^x + C$

6. $\int \sin dx = -\cos x + C$

7. $\int \cos x dx = \sin x + C$

8. $\int \tan x dx = -\ln|\cos x| + C$

9. $\int e^{ax} \sin bx dx = \frac{e^{ax}}{a^2 + b^2}(a \sin bx - b \cos bx) + C$

10. $\int e^{ax} \cos bx dx = \frac{e^{ax}}{a^2 + b^2}(a \cos bx + b \sin bx) + C$

단위변환

- 길이: 1mm = 0.0394 inch ; 1m = 3.281 ft ; 1 km = 0.622 mile ; 1 mile = 5280 ft
  1 inch = 2.54 cm ; 1 ft = 12 inch = 0.3048 m ; 1 yard = 0.9144 m
- 면적: $1m^2 = 10.76 ft^2$; $1mm^2 = 0.00155 inch^2$
- 체적: $1m^3 = 10^3 L = 35.31 ft^3$; $1 L = 10^3 cm^3 = 10^{-3} m^3$
- 질량: 1kg = 0.0685 slug ; 1 slug = 14.59 kg ; 1ton = 1000 kg
- 중력가속도: $g = 9.80665 m/s^2 = 32.174 ft/s^2$
- 힘: $1N = 10^5$ dyne ; 1 N = 0.2248 lb ; 1kgf = 9.80665 N ; 1 lb = 4.448 N
- 밀도: $1g/cm^3 = 1kg/L = 1000kg/m^3$; $1 kg/m^3 = 0.00194 slug/ft^3$
- 에너지: 1J = 1N • m = 0.7375 ft • lb ; $1J = 10^7$ erg
  1cal = 4.1860 J
- 체적유량: $1 m^3/s = 10^6 cm^3/s = 1000L/s = 35.31 ft^3/s$; $1 L/s = 10^{-3} m^3/s$
- 동력: 1W = 1J/s = 0.7375 ft • lb/s ; 1kW = 1.341 hp = 737.5 ft • lb/s
  1 PS = 75 kgf • m/s = 735.5 W ; 1 hp = 746 W ; 1hp = 550 lb • ft/s
- 압력: $1bar = 10^5 Pa = 100kPa = 0.987$ atm ; $1kN/m^2 = 1 kPa = 0.145$ psi
  $1mm H_2O = 9.807 Pa$; 1mmHg = 0.0394 inch Hg = 133.3 Pa
- 표준 대기압력: 1 atm = 760 mmHg = 101.325 kPa = 1.01325bar = 14.70 psi
- 비열, 기체상수: 1 J/kg • K = 5.98 ft • lb/slug • R
- 비체적: $1 m^3/kg = 515.5 ft^3/slug$
- 비중량: $1 N/m^3 = 0.006365 lb/ft^3$
- 온도: $T[K] = T[℃] + 273.15$
  $T[R] = T[°F] + 459.67 = 1.8 T[K]$
  $T[°F] = 1.8 T[℃] + 32$
- 온도차: $\Delta T[K] = \Delta T[℃]$
  $\Delta T[°F] = \Delta T[R] = 1.8 \Delta T[K]$
- 속도: 1 m/s = 3.281 ft/s = 3.60 km/h = 2.28mile/h ; 1knot = 0.5155 m/s
- 1atm 에서 얼음(물)의 융해열: $h_{i,f} = 333.7 kJ/kg$
- 1atm 에서 물의 증발잠열: $h_{f,g} = 2256.5 kJ/kg$

[L = liter = 1000 cc = $1000 cm^3$; ft = foot ; lb = pound force ; psi = $lb/inch^2$]

참고문헌

[1] 권진회 외 공역, J. L. Meriam & L. G. Kraige 저, 정역학, (주)범한서적, 2006.

[2] 김용은 외 공역, 물리학, 북스힐, 2010.

[3] 물리학교재편찬위원회 역, 물리학의 기초, 북스힐, 2011.

[4] 물리학교재편찬위원회 옮김, 핵심 대학 물리학, 북스힐, 2011.

[5] 물리학과 공역, 일반물리학(개정9판), 범한서적주식회사, 2013.

[6] 수능특강 물리 I (연구용), EBS, 2009.

[7] 유주식, 알기 쉬운 동역학, 경문사, 2023.

[8] 유주식, 쉽게 배우는 핵심 열역학, 교육과학사, 2023.

[9] 유주식, 알기 쉬운 핵심기초 유체역학, 경문사, 2024.

[10] 유주식, 쉽게 배우는 핵심 정역학, 교육과학사, 2024.

[11] 유주식, 쉽게 배우는 기계공학 개론, 교육과학사, 2025.

[12] 유주식, 고형종, 고급 동역학 문제연습, 교육과학사, 2022.

[13] M. Browne, Physics for Engineering and Science, Schaum's Outlines, Mcgraw Hill, 2010.

[14] M. Potter & C. Somerton, Thermodynamics for Engineers, Schaum's Outlines, Mcgraw Hill, 2006.

[15] M. Potter & D. Wiggert, Fluid Mechanics, Schaum's Outlines, Mcgraw Hill, 2008.

[16] 사이버국가고시센터(www.gosi.go.kr)

[17] 서울특별시 인재개발원(hrd.seoul.go.kr)

[18] 한국교육과정평가원(www.kice.re.kr)

찾아보기

『 ㅅ 』

『 ㅇ 』

『 ㅈ 』

지은이 소개

유주식

서울대학교 공과대학 기계공학과 졸업
한국과학기술원 기계공학과 석 · 박사
University of Michigan (USA) 연구교수
[현재] 국립경국대학교 기계교육과 교수

쉽게 배우는 대학기초물리

2025년 7월 20일 1판 1쇄 인쇄
2025년 7월 25일 1판 1쇄 발행

지은이 : 유 주 식
펴낸이 : 한 정 주
펴낸곳 : 교육과학사

지은이와 협의하에 인지생략

경기도 파주시 광인사길 71
전화 (031)955-6956~8/팩스 (031)955-6037
Home-page : www.kyoyookbook.co.kr
E-mail : kyoyookbook@daum.net
등록 : 1970년 5월 18일 제2-73호

낙장 · 파본은 교환해 드립니다.
Printed in Korea.

정가 29,000 원
ISBN 978-89-254-1923-7